KB122368

C언어로 구현한 자료구조

이충세·김현수 共著

PREFACE

컴퓨터 과학은 처리 대상이 되는 자료에 대하여 적절한 알고리즘을 적용하여 유용한 정보를 적기에 생성하는 데 관련된 여러 영역의 내용을 취급하는 학문으로, 자료의 논리적 구조와 표현 및 이와 관계를 갖고 있는 알고리즘의 기술 방법은 매우 중요하다.

대부분의 대학에서 자료구조를 필수 과목으로 다루고 있는 까닭은 바로 자료구조와 알고리즘의 중요성에 기인한 것인데, 문제 해결을 위하여 취급되는 자료를 어떤 논리적 구조로 표현하느냐에 따라 이에 적합한 알고리즘이 기술되어야 하고, 반대로 적용하고자 하는 알고리즘에 따라 능률적으로 처리될 수 있는 자료구조를 선택하여야 하므로 자료구조와 알고리즘은 불가분의 관계에 놓여 있다.

이러한 관점에서, 이 책에서는 자료구조와 알고리즘을 추상적으로 정의할 수 있는 능력과 자료구조의 구현 방법 및 알고리즘의 기술 능력을 기르고, 아울러 프로그램의 수행에 따르는 공간 및 시간을 분석할 수 있는 능력을 배양하는데 역점을 두었다.

또한, 독자들이 쉽게 이해할 수 있도록 자료의 논리적 구조는 가능한 한 그림으로 표현하였고, 알고리즘의 기술은 C 언어로 하였으며, 특수한 경우 Pascal 언어를 사용하였고, 많은 프로그램 예제를 통하여 보다 쉽게 관련된 지식을 습득할 수 있도록 세심한 배려를 하였으며, 각 장의 끝에는 다양한 연습 문제를 수록하여 종합적인 정리를 할 수 있도록 하였다.

이 책은 모두 5편 13장으로 구성하였으며, 제1편에서는 자료구조의 개요와 알고리즘의 분석에 대하여, 제2편에서는 선형 구조로서 배열과 집합, 큐, 스택 및 리스트에 대하여, 제3편에서는 비선형 구조로서 트리와 그래프에 대하여 다루었다.

그러나, 전체 내용이 광범위하기 때문에 제4편까지는 심도있게 다루었으며, 제5편의 파일 처리 부분에서는 기본 개념만을 취급하였다.

이 책을 집필하는데 있어서 Horwitz와 Sahni *Fundamentals of Data Structures in Pascal* 및 Lewis와 Smith의 *Applying Data Structures*를 참고로 하여, 그간 저자의 오랜 강의 경험을 바탕으로 보다 쉽게 이해할 수 있도록 집필하고자 노력하였다.

끝으로 이 책의 출판을 맡아준 도서출판 21세기사 이범만 사장님과 여러 직원들게 감사드린다.

2013년 2월

저자 씀

CONTENTS

PART 2 선형 자료 구조

PART 4 검색과 정렬

PART 5 테이블과 파일

PART 1

자료구조와 알고리즘

전산학은 자료에 대하여 연구하는 학문, 또는 알고리즘에 관하여 연구하는 학문이라고 할 만큼 자료와 알고리즘은 큰 비중을 두고 다루어지는 학문이다.

따라서 이 파트에서는 자료의 정의와 표현 및 자료 구조의 개념과 종류에 대하여 고찰한다. 아울러 자료 구조와 밀접한 관련을 가지고 있는 알고리즘에 대한 구성 및 분석방법에 대하여 다룬다.

Chapter

01 자료 구조의 개요

1.1 자료와 자료 객체

1.1.1 자료 개념

우리는 일상 생활이나 직장 생활 또는 사회 생활을 통하여 다양한 자료와 더불어 살고 있다. 활동 중에 자연스럽게 자료가 발생하고, 이 자료를 가공 처리하여 유효한 정보를 생성하며, 또 생성된 정보를 이용하여 보다 효율적인 생활을 영위한다.

정보(information)가 어떤 목적을 가진 활동에 직접 또는 간접적인 도움을 주는 지식이라고 한다면, 자료(data)는 정보라는 제품의 생산에 입력되는 원재료 자원이라고 할 수 있다.

정보와 자료라는 용어는 때로는 같은 의미로 사용되기도 하지만, 자료는 특정의 조직 활동상에서 발생하는 사실(fact),개념(concept), 명령(instruction)의 총칭으로서 실체의 유무와는 직접적인 관련이 없다.

이렇게 자료는 어떤 정보를 얻기 위하여 자료 처리 시스템(data processing system)에 입력되는 원재료이므로, 컴퓨터 시스템에서 효율적으로 처리할 수 있도록 다양한 자료 형(data type)이 정의되게 마련이다.

자료 형이란 일반적으로 프로그래밍 언어의 변수(variable)들이 가질 수 있는 자료의 종류를 나타내는 데 관련된 용어로, FORTRAN에서 정의된 자료 형은 정수형 (integer), 실수형(real), 논리형 (logical), 복소수형(complex) 및 배정도 실수형 (double precision) 등이 있고, PL/I에는 문자형(character)이 있다. 또 SNOBOL의 기본 자료형은 문자열(character string)이며, LISP는 리스트(list) 또는 s-수식(s-expression)이란 자료형을 다룬다. Pascal의 표준 자료 형으로는 정수형, 실수형, 논리형(boolean), 문자형 및 배열(array) 등이 정의되어 있고, COBOL이나 PL/I에서의 STRUCTURE나 Pascal에서의 RECORD처럼 여러 종류의 자료 형이 복합적으로 결합된 형태도 허용된다. 따라서 프로그램에서 자료를 취급할 때에는 처리 대상이 되는 자료의 형을 유념하여야 한다.

1.1.2 자료와 전산학

컴퓨터를 자료 처리 기계라고 한다면, 원시 자료는 프로그램에 의해서 컴퓨터 내부에서 가공 처리되므로, 전산학은 결국 다음과 같은 영역에 관련된 자료에 관한 연구를 하는 학문이라고 정의할 수가 있다.

- 자료를 저장하는 기계(machine)에 관한 영역
- 자료 취급에 관련된 내용을 기술하는 언어(language)에 관한 영역
- 원시자료부터 생성할 수 있는 여러 종류의 정제된 자료를 기술하는 기초 내용에 관한 영역
- 표현되는 자료에 대한 구조와 관련된 영역

전산학을 자료에 관한 연구라고 정의할 만큼 프로그래밍에서 자료의 중요성은 매우 크다. 특히 자료를 어떻게 표현하며, 자료 상호간의 관련성을 의미하는 자료 구조를 어떻게 정의하여 다루느냐 하는 것은 알고리즘의 정립과 불가분의 관계에 놓여 있다.

1.1.3 자료 객체

프로그램에서 자료를 취급할 때에는 자료의 실체와 같은 형태의 자료 형을 정의하고, 이에 적합한 변수들을 활용한다. 여기에서 자료 형의 실체를 구성하는 집합(set)의 원소(element)가 자료 객체(data object)이고, 이에 대하여 주어지는 명칭이 변수(variable)이다.

예를 들어, 자료 객체를 D라고 정의할 때, 정수형의 자료 객체는

D={0, ±1, ±2,······}

이고, 길이가 30자 이내인 영문자 문자열(alphabetic character string)의 자료 객체는

D={'','A',········'Z','AA',········}

이다. 따라서 자료 객체 D는 종류에 따라 유한할 수도 있고, 무한할 수도 있는데, 만일 D가 너무 방대하면 이들 원소를 컴퓨터 내부에 표현하기 위한 특별한 방법이 강구되어야 한다.

1.2 자료 구조의 개념

1.2.1 자료 구조

자료 구조(data structure)란 자료 객체의 집합 및 이들 사이의 관계를 기술하는 것을 의미한다. 따라서 자료 객체의 원소에 적용될 연산(operation)들을 밝히고, 그 연산이 어떻게 수행되는가를 나타내어 줌으로써 그 자료 구조가 정의된다.

예를 들어, 정수(integer)라는 자료 객체에 적용될 연산은

- +, −, *, / 등의 사칙 연산
- 나머지(mod), 올림(ceil), 내림(floor)
- 〉(greater than), =(equal to), 〈(less than) 등의 관계 연산
- not, and, or 등의 논리 연산

등이 있음을 밝히고, 아울러 이들 연산이 실제 어떻게 이루어지는가를 기술하는 것이다.

1.2.2 자료 구조의 표현

자료 구조를 표현하는 표기법은 여러 가지가 있을 수 있는데, 추상적 자료 형(abstract data type)으로 표현하면 다음과 같다.

표현하고자 하는 자료 구조의 정의 영역(domain)의 집합을 D, 지정된 정의 구역을 $d \in D$, 함수(function) 집합을 F, 공리(axiom) 집합을 A라고 할 때, 이들 세 원소를 사용하여

$$d = (D, F, A)$$

라고 표현한다.

여기에서 함수 집합 F는 자료구조 d에 적용되는 연산의 종류를 정의하며, 공리 집합 A는 연산의 의미를 설명한다.

자료 구조를 추상적 자료 형으로 나타내는 방법을 사용하기 때문에 수행 방법은 기술할 필요가 없고, 단지 수행하는 기능만을 나타내므로, 실제로 구현(implementation)할 때에 이것을 세밀화 시켜 구체적으로 표현한다.

예를 들어, 0과 자연수에 대한 자료 구조의 표현을 살펴보자.

자료 구조를 구성하는 자료 객체 {0, 1, 2, · · · }의 집합인 자연수의 이름을 natno라 하고, 이 자료 구조에 적용할 연산으로서 0(zero)의 생성, 0인가의 여부 검사, 특정 자연수의 후속 객체의 생성, 덧셈 연산, 두 자연수의 동등 검사 등으로 할 때, 다음과 같은 표현 방법으로 정의할 수

있다.

(1) 함수 집합 F의 정의

- ZERO( ) → natno /0의 생성/
- ISZERO(natno) → boolean /0의 여부 검사/
- SUCC(natno) → natno /후속 자연수의 생성 /
- ADD(natno, natno) → natno /두 자연수의 가산/
- EQ(natno, natno) → boolean /두 자연수의 동등 검사/

여기에서 ZERO, ISZERO, SUCC, ADD, EQ 등은 함수명이고, 괄호 내에 기술한 것은 함수에 입력되는 인수(argument)이며, 화살표의 오른쪽에 기술한 것은 출력되는 연산 결과이다.

(2) 공리 집합 A의 정의

여기에서는 함수 F에서 정의한 연산들의 의미를 기술하는데, 자연수 natno에 속하는 자료 객체 x, y에 대하여 다음과 같이 정의될 수 있다

- ISZERO(ZERO) ::=true
- ISZERO(SUCC(x)) ::=false
- ADD(ZERO, y) ::=y
- ADD(SUCC(x), y) ::=SUCC(ADD(x, y))
- EQ(x, ZERO) ::=**if** ISZERO(x) **then** true **else** false
- EQ(ZERO, SUCC(y)) ::=false
- EQ(SUCC(x), SUCC(y)) ::= EQ(x, y)

1.3 자료 구조의 영역

1.3.1 자료 구조론

자료 구조론은 자료 처리 시스템에서 취급하는 자료 객체들을 어떻게 기억 공간 내에 표현할 것이며, 또 그 저장 방법과 자료 상호간의 관계를 파악하고, 이들에 대하여 수행할 수 있는 연산과 관련된 알고리즘(algorithm)을 연구하는 학문이다.

전산학을 자료에 관한 연구, 또는 알고리즘에 관한 연구 등으로 정의할 수 있음도 바로, 자료 구조와 알고리즘이 전산학의 핵심 내용을 구성하고 있음에 바탕을 두고 있기 때문에 컴퓨터 과학을 연구하는 사람에게 있어서 자료 구조론은 가장 중요한 분야이다.

자료 구조론에서 다루는 영역은 크게 이론(theory) 분야와 실제(practice) 분야로 분류할 수 있는데, 이 두 분야에 포함되는 구체적인 내용과 상호 관련 관계를 나타내면 〈그림 1.1〉과 같다.

1.3.2 자료 구조의 형태

자료 구조를 형태상으로 구분하면 크게 선형 구조, 비선형 구조, 파일 구조로 나눌 수 있다.

① 선형 구조(linear structure, sequential structure) : 자료 상호간에 1 : 1의 관계를 가진 것으로서 선후 관계가 명확하여 선형으로 그 구성이 형성되는 구조인데, 이들 관계의 표현과 저장 방법에 따라 연접 리스트, 연결 리스트, 스택, 큐 등으로 세분된다.

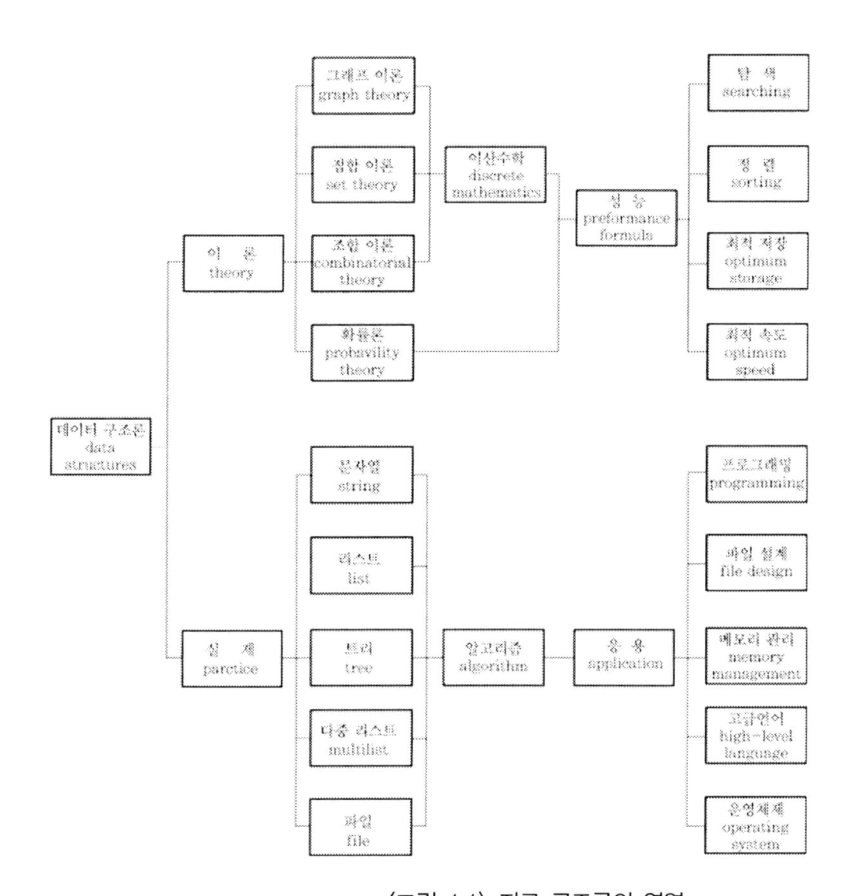

〈그림 1.1〉 자료 구조론의 영역

② 비선형 구조(non-linear structure) : 자료 상호간에 1:n 또는 n:m의 관계를 가진 것으로 계층적인 관계를 가진 트리나 망 형태를 가진 그래프가 여기에 속한다.

⑦ 파일 구조(file structure) : 레코드의 집합체로 이루어지는 특수한 형태의 자료 구조로서, 대량의 자료들을 기억 매체에 저장하기 위하여 여러 가지 파일 편성 방법을 적용하여 표현한다.

이들 자료 구조의 형태상의 분류를 나타내면 〈그림 1.2〉와 같다.

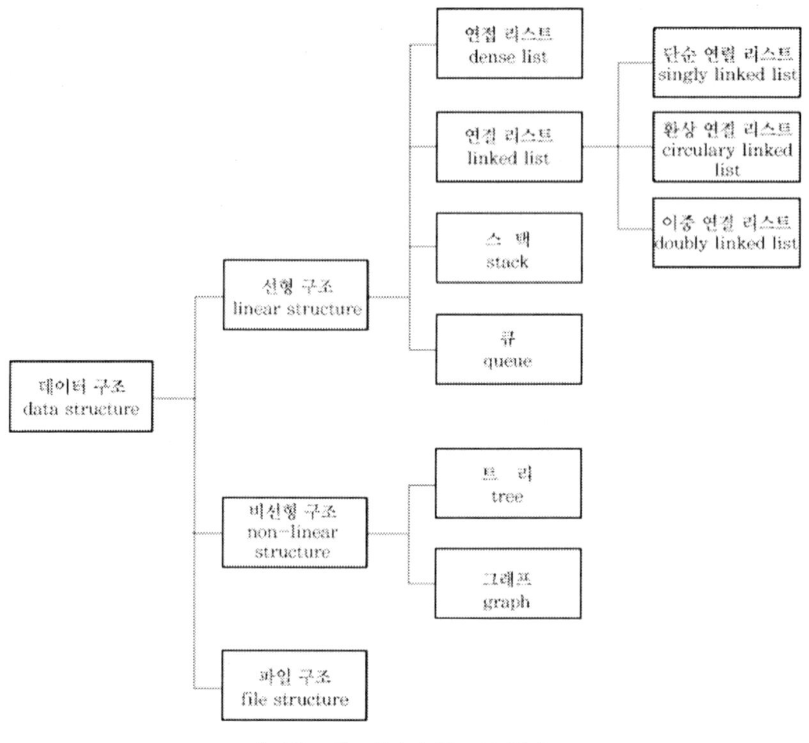

〈그림 1.2〉 데이터 구조의 형태

(1) 연접 리스트(dense list)

연접 리스트는 논리적인 자료의 순서와 물리적인 기억 매체에 저장되는 순서가 〈그림 1.3〉과 같이 동일한 형태의 리스트로서, 순서 리스트(ordered list)를 배열(array)로 표현하는데 적합한 자료 구조이다.

A	B	C	D	E	F	G
X(1)	X(2)	X(3)	X(4)	X(5)	X(6)	X(7)

〈그림 1.3〉 연접 리스트

(2) 연결 리스트(linked list)

연결 리스트는 논리적인 자료의 순서와 그 자료가 저장된 순서가 달라서 〈그림 1.4〉와 같이 어떤 자료의 후속 자료가 저장된 위치를 가리키는 포인터(pointer)를 두어, 선후 관계를 유지할 수 있게 구성한 자료 구조이다.

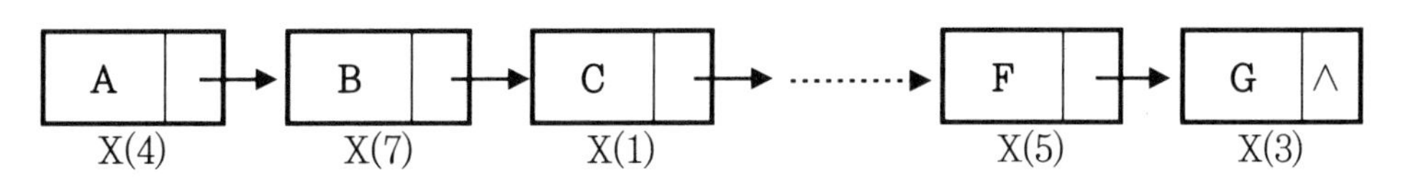

〈그림 1.4〉 연결 리스트

연결 리스트에는 포인터를 어떻게 설계하느냐에 따라 〈그림 1.4〉와 같이 한쪽 방향으로만 연결된 단순 연결 리스트(singly linked list), 마지막 자료가 다시 처음 자료를 가리키도록 구성한 환상 연결 리스트(circulary linked list), 전후의 자료를 모두 가리키도록 2개의 포인터를 가지도록 구성한 이중 연결 리스트(doubly linked list) 등이 있다.

(3) 스택(stack)

스택은 삽입(insertion)과 삭제(deletion)가 한쪽 끝에서만 행해지는 선형 리스트로서, 〈그림 1.5〉와 같이 top 쪽에서만 삽입과 삭제가 행해지는 제한적 자료 구조(restricted data structure)이다.

〈그림 1.5〉 스택

(4) 큐(queue)

큐는 모든 삽입이 뒤(rear)라고 부르는 한쪽 끝에서 행해지고, 삭제는 앞(front)이라 부르는 반대쪽 끝에서만 행해지는 선형 리스트로 〈그림 1.6〉과 같은 형태의 제한적 자료 구조이다.

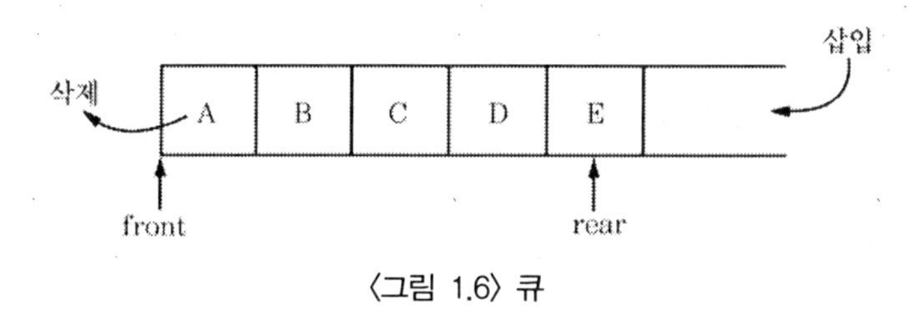

〈그림 1.6〉 큐

(5) 트리(tree)

트리는 어떤 특정의 자료에 종속된 하위의 자료들이 존재하고, 그들 각각의 자료는 다시 종속된 하위의 자료들이 있는 계층적 구조를 가진 자료 구조로서, 〈그림 1.7〉과 같이 1:n의 관계를 형성한다.

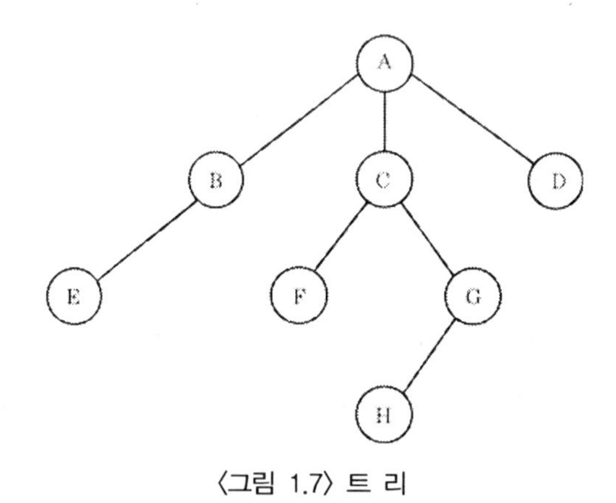

〈그림 1.7〉 트 리

(6) 그래프(graph)

그래프는 도로망이나 통신망과 같이 자료 상호간에 n:m의 관계를 가지고 〈그림 1.8〉과 같이 다양한 형태로 구성된 자료 구조이다.

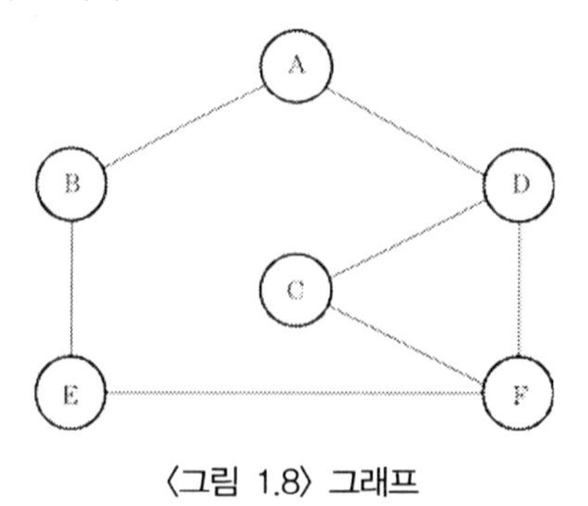

〈그림 1.8〉 그래프

1.3.3 자료 구조의 선택

자료 구조와 알고리즘은 밀접한 관계를 가지고 있으므로 어떤 자료 구조를 선택하느냐에 따라 처리 능률에 큰 영향을 미친다.

따라서 문제의 해결을 위하여 처리 대상이 되는 자료의 표현 및 저장 방법을 결정하는 자료 구조의 선택은 다음과 같은 기준이 고려되어야 한다.

- 자료의 양
- 자료의 활용 빈도
- 자료의 갱신 정도
- 자료 처리를 위하여 사용 가능한 기억 용량
- 자료 처리 시간의 제한
- 자료 처리를 위한 프로그래밍의 용이성

이상과 같은 기준은 문제의 성격에 따라 각기 다른 비중이 주어져 자료 구조를 확정하게 되고, 선택된 자료 구조상에서 가장 적합한 알고리즘 기법을 적용하게 된다.

Exercise

1. 다음 용어를 예를 들어 설명하여라.

(1) 자료(data)

(2) 정보(information)

(3) 자료 객체(data object)

(4) 자료 구조(data structure)

2. 자료 구조를 표현할 때, 일반적으로 추상적 자료 형(abstract data type)을 사용하는데, 자연수에 대한 자료 구조를 이 방법에 의하여 기술하여라.

3. 자료 구조론에서 다루는 영역을 크게 이론 분야와 실제 분야로 나누어, 이에 포함되는 영역을 들어 보아라.

4. 자료 구조를 형태상으로 분류하고, 이들에 대하여 간단히 설명하여라.

5. 자료 구조의 선택에 있어서 고려하여야 할 사항을 열거하여라.

6. 다음과 같은 자료들을 표현하는 데 적합한 자료 구조를 들고, 그 이유를 기술하여라.

(1) 도서관의 카드 목록

(2) 고용인의 이름, 주소, 전화 번호

(3) 학생들의 성적표

(4) Pascal 언어의 예약어(reserved word) 테이블

(5) 외환 시세

7. 자료를 다루는 데 있어 "자주 발생(often)", "가끔 발생(occasionally)", "드물게 발생(rarely)", "한번 발생(once)", "발생하지 않음(never)"으로 분류할 때, 다음 각각의 자료에 대한 연산들을 갱신(update), 정렬(sorting), 탐색(searching), 운행(traverse) 등의 빈도를 나타내어라.

(1) 전화번호부

(2) 1960년도의 학적부

(3) 자료 구조 과목을 수강하는 학생들

(4) 책의 이름

(5) 교수의 이력서

8. 전산학을 자료에 관하여 연구하는 학문이라고 정의한다면 구체적으로 어떤 영역에 대하여 다루게 될 것인지를 기술하여라.

9. 다음과 같은 자료 구조를 사용하여 표현하는 것을 적당한 예를 들어라.

(1) 배열(array)

(2) 연결 리스트(linked list)

(3) 그래프(graph)

(4) 트리 (tree)

(5) 파일 (file)

10. 다음은 어떤 자료 구조에 대한 것인지를 답하여라.

(1) 다음 자료를 가리키는 포인터를 갖고 있다.

(2) 자료 상호간에 계층적인 관계를 갖고 있다.

(3) 나중에 입력된 자료가 먼저 삭제될 수 있도록 되어 있다.

(4) 자료 상호간에 $n:m$의 관계가 있어서 통신망이나 도로망의 표현에 적합하다.

(5) 은행이나 우체국 등의 서비스에서 흔히 볼 수 있는 형태로, 먼저 도착한 사람이 먼저 서비스를 받을 수 있는 상황의 표현에 적합한 자료 구조이다.

Chapter

02 알고리즘과 프로그램

2.1 알고리즘

2.1.1 알고리즘의 개념

컴퓨터는 문제 해결을 위하여 사용되는 도구이고, 이 도구를 유용하게 활용하여 입력되는 자료를 이용 가능한 새로운 형태로 변환하는 일이 자료 처리이다.

따라서 자료를 하나의 형태에서 다른 형태로 바꾸는 자료 변환(data transformation)이 능률적으로 이루어지기 위해서는 자료의 구조, 자료의 변환 과정, 그리고 자료의 변환을 보다 효과적으로 실행하기 위한 기술 등이 따라야 한다.

자료의 변환 과정에서는 수학적이나 통계적인 연산, 즉 평균을 계산하거나 시간당 임금율과 작업 시간수를 가지고 임금을 계산하는 연산들이 포함될 수 있다. 또, 워드 프로세서(word processor)를 이용한 문서 편집이나 문서 조작(text manipulation), 그리고 방대한 자료로부터 특정의 정보를 발췌해 내는 정보 검색(information retrieval) 등도 포함된다.

이러한 자료 변환을 위해서 적용되는 잘 정의된 방법(well-defined method)이 알고리즘(algorithm)인데, 알고리즘은 결국 주어진 문제 해결을 위하여 실행되는 명령어들의 유한 집합이라고 정의할 수 있다.

알고리즘이 명령어의 유한 집합이기는 하지만 모든 알고리즘은 다음의 조건을 만족하여야 한다.

① 자료의 변환 대상이 되는 입력이 있어야 한다. 그러나 경우에 따라서는 자료가 외부에서 투입되지 않고 내부에서 생성될 수도 있다.

② 자료의 변환 과정을 거쳐 적어도 하나 이상의 결과가 출력되어야 한다.

③ 알고리즘을 구성하는 각 명령어들은 그 의미가 명백하고 모호하지 않아야 한다.

④ 알고리즘의 명령대로 순차적인 실행을 하면 언젠가는 반드시 실행이 종료되어야 한다.

⑤ 원칙적으로 모든 명령들은 오류가 없이 실행 가능하여야 한다.

이상과 같이 알고리즘은 입력(input), 출력(output), 명확성(definiteness), 유한성(finiteness), 효과성(effectiveness)이 만족되어야 하는데, 프로그램은 유한성이 만족되지 않아도 된다는 측면에서 알고리즘과 프로그램이 구별된다.

알고리즘의 표현 방법은 여러 가지가 있을 수 있는데, 명확성의 유지를 위해서는 자연어로 기술하는 것보다는 순서도나 기타 잘 정의된 표현 도구를 이용하는 것이 바람직하다.

2.1.2 알고리즘과 전산학

컴퓨터가 자료 변환이라는 목적을 위하여 사용되는 수단이라면 이 목적을 달성하기 위한 실질적인 수단은 알고리즘이다. 따라서 컴퓨터에 관한 학문을 한다는 것은 알고리즘에 관련된 연구를 하는 학문이라고 할 만큼 알고리즘의 중요성이 강조된다.

이러한 측면에서 전산학은 다음과 같은 네 가지의 서로 다른 영역에 관한 연구를 포함하고 있다.

① 알고리즘을 실행하는 기계인 컴퓨터 시스템의 기계 구성과 조직 형태를 여러 가지 측면에서 연구한다.

② 알고리즘을 기술하기 위한 각종 언어에 대하여, 그 언어의 설계와 번역에 관련된 구문(syntax)과 의미(semantics) 및 번역 방법에 대하여 연구한다.

③ 계산 장치에 의하여 특정 작업의 실행 여부 또는 어떤 기능의 수행을 위한 알고리즘에 필요한 명령어의 최소한의 개수, 그리고 이들에 관련된 여러 가지 특성을 연구하기 위하여 추상적 컴퓨터 모델을 개발하기 위한 알고리즘의 기초에 대하여 연구한다.

④ 알고리즘이 수행될 때, 그 동작 형태나 필요로 하는 연산 시간과 기억 용량 및 최악의 경우와 평균적인 수행 시간이나 실행 빈도와 같은 문제 등을 다루는 알고리즘의 분석에 대하여 연구한다.

이와 같이 전산학을 알고리즘에 관한 연구라고 정의할 만큼 그 비중이 크고, 알고리즘의 적용 대상이 자료라는 시각에서 볼 때, 알고리즘과 자료 구조 사이에는 밀접한 관계가 유지되기 때문에 자료 구조론에서 알고리즘과 관련하여 연구하게 되는 것이다.

2.2 프로그램

2.2.1 프로그램 작성 절차

많은 프로그래머들이 제시된 문제를 보고 바로 프로그램을 작성하는 경향이 있는데, 프로그램을 작성하기 전에 문제 해결의 모든 과정을 체계적으로 순서화하고, 모든 해법에 대한 충분한 검토가 이루어진 후에 프로그램을 작성하는 것이 바람직하다. 또한 각각의 명령들은 논리적인 그룹으로 구성되는 블록(block)들의 계층으로 알고리즘을 구성하는 하향식 설계(top-down design)를 권장하고 있다.

지난 수년간 좋은 프로그램을 설계하기 위한 많은 설계 원칙(design principle)들이 제안되었는데, 이러한 설계의 주요 과정들은 다음과 같이 생각할 수 있다.

① 요구 사항(requirement)의 정의
② 설계(design)
③ 평가(evaluation)
④ 상세화 및 코딩(refinement and coding)
⑤ 검증(verification)
⑥ 문서화(documentation)

제 1단계에서는 프로그램이 가져야 할 기능과 성능을 명확히 하고, 이를 위하여 입력될 자료와 생성할 출력 결과를 이해하여 정확히 기술한다.

제 2단계인 설계 단계에서는 주어진 요구 사항에 따라 문제 해결을 위한 자료 구조와 알고리즘을 설계한다. 즉 취급되는 자료 객체에 대하여 적합한 자료 구조를 설계하고, 이에 대하여 수행될 수 있는 기본적인 연산을 정의하며, 원하는 정보를 얻기 위한 능률적인 처리 절차와 방법에 따른 알고리즘을 작성한다. 알고리즘의 표현은 처리 순서를 나타내는 데 적당한 방법을 이용한다.

제 3단계의 평가 과정에서는 대안이 되는 알고리즘과 비교하고, 이미 설계된 알고리즘에 대하여 평가 분석을 한다. 만약 두 가지의 알고리즘의 효율성을 평가하기 어렵다면 하나를 먼저 동작시켜 본 후에 다른 하나를 동작시킨다.

제 4단계에서는 설계와 분석 과정을 거친 자료를 바탕으로 처리 절차를 직접 코딩할 수 있기까지 상세화시키고, 구현에 적합한 프로그래밍 언어를 선정하여 코딩한다. 일반적으로 프로그래밍 언어를 먼저 선정하여, 그 프로그래밍 언어로 코딩하기 용이하게 상세화시키는 것이 효과적이다.

제 5 단계의 검증 과정에서 수행하는 일은 프로그램의 증명(proving), 검사(testing), 오류 수정(debugging)등 세 가지 작업이다. 프로그램의 증명은 프로그램을 수행시키기 전에 그 프로그램의 정확성 여부를 입증하는 과정으로서 그 프로그램이 요구 사항을 모두 만족하는가를 확인하는 것이다. 프로그램의 검사는 프로그램에 수행시킬 테스트 데이터를 만들어 프로그램이 정상적으로 해를 산출하는가의 여부를 확인하는 일이다. 프로그램이 정확하게 해를 산출하지 못하면 잘못된 위치를 찾고 그 오류를 바로잡을 수 있는 오류 수정 방법이 필요하다.

프로그램의 검증 과정이 끝나고 프로그램 작성이 완료되면 프로그램 코드와 함께 문서화가 이루어져야 한다. 실제에 있어서는 문서화 작업이 프로그램 작성 종료 후에 독립적으로 이루어지기 보다는 작성 과정에서 행해지므로 이 단계에서는 프로그램의 유지 보수의 효율성을 증대시키기 위하여 체계적인 정리를 하는 과정으로 이해하는 것이 좋다.

2.2.2 프로그램의 작성 요령

프로그램 작성에 있어서 고려할 사항은 생산성과 프로그램 실행의 능률성이다. 프로그램 작성에서 분명한 기준은 없지만 일반적으로 고려되어야 할 원칙을 들면 다음과 같다.

① 프로그램을 하향식 방법(top-down method)으로 설계한다. 프로그램에 의하여 실행될 주요 작업들을 조사한 뒤, 이를 여러 단계로 상세화한다. 이 과정에서 입력, 출력 그리고 연산을 포함시키고, 연산 과정에서는 프로그램의 실행 내용을 기능별로 단계화시킨다.

② 작은 단위의 논리적 모듈(module)을 설계한다. 전문가들은 보통 프로그램 단위의 이해를 돕기 위하여 원시 코드가 한 페이지를 넘지 않기를 제안하고 있다. 원칙적으로 하나의 모듈은 독립된 하나의 기능만을 수행하도록 만드는 것이 좋은 프로그래밍 방법이다.

③ 가능하면 부 프로그램(subprogram)을 사용하여 설계한다. 모듈을 정확히 정의한 후, 이것을 독립된 프로시저(procedure)나 함수(function)로 정의하는 것이 좋다. 이 방법은 호출 프로그램을 단순화하고 읽기 쉽게 하며, 더욱이 코딩과 프로그램의 검증이 간단해지고 전체적인 프로그램의 효율성이 증대된다.

④ 순차(sequencing), 분기(branching), 반복(repeating) 등 세 가지 표준 논리 제어 구조(control structure)를 사용하여 설계한다. 즉 명령어의 순차적인 실행을 위해 가능한 한 명령어들을 실행 순서에 따라 나열하고, 분기와 반복을 위하여 if, do-while, repeat-until 그리고 CASE 문 등을 사용한다.

⑤ GOTO문의 사용을 가급적 피한다. GOTO문은 그 자체가 나쁜 것은 아니지만 이의 지나친 사용은 프로그램의 논리를 복잡하게 만들고 이해하기 어렵게 만든다. 앞에서 나열한 세 가지 제어 구조는 GOTO문을 사용하지 않고 프로그래밍을 할 수 있는 수단을 제공하기 때문에 가

능한 한 제어 구조에 제시된 명령문을 사용한다.

⑥ 기억하기 용이한 연상 이름(mnemonic-name)을 사용한다. C언어와 같은 프로그래밍 언어는 프로그램, 프로시저, 함수 및 변수의 이름을 정의함에 있어서 많은 신축성을 허용한다. 이름을 정의할 때 본래의 의미가 유지되도록 명명하는 일은 프로그램을 이해하고 읽기 쉽게 하는 데 큰 도움을 준다.

⑦ 프로그램의 문서화에 철저를 기한다. 문서화(documentation)는 프로그램 내의 주석(comment)과 다른 사람에게 프로그램 내용의 설명을 위한 여러 가지 문서를 포함한다. 문서화에는 사용자 문서화와 프로그래머 문서화 그리고 시스템 문서화가 있다. 문서화는 정확, 완벽, 명확 그리고 의미가 있어야 한다.

2.2.3 순환 기법

읽기 쉽고 정확성을 위해 더욱 쉬운 프로그램 구조화가 요구되는 데, 이를 위한 설계 원칙 중의 하나가 모듈화이고, 각 모듈들은 상호 호출에 의하여 전체 시스템으로서의 기능을 발휘한다.

프로그램의 호출에 있어서는 일반적으로 호출 프로그램(calling program)이 다른 피호출 프로그램(called program)을 호출하면 제어가 호출 프로그램에서 피호출 프로그램으로 옮겨져 실행을 완료하고 다시 복귀한다. 그러나 경우에 따라서는 호출 프로그램 내에서 자기 자신의 프로그램을 직접 호출하거나 또는 피호출 프로그램이 호출 프로그램을 호출하는 경우도 있다.

이와 같이 자기 자신을 호출하도록 구성하는 것을 순환(recursion)이라고 하는데, 여기에는 어떤 특정의 프로그램 내에서 직접 자기 자신의 프로그램을 호출하는 직접 순환(direct recursion)과 피호출 프로그램 내에서 호출 프로그램을 호출하는 간접 순환(indirect recursion)이 있다.

순환 기법을 사용하여 작성된 프로그램이 반드시 더 이해하기 쉬운 것은 아니지만 문제에 따라 이 기법을 사용하는 것이 프로그램을 단순화하고 이해하기 용이한 경우가 많다. 순환 프로그램의 작성은 다음과 같은 세 단계를 거친다

① 문제에서 순환 관계를 찾는다.

② 순환 관계를 이용하여 알고리즘을 구성한다.

③ 알고리즘을 Pascal이나 C언어 등으로 기술한다.

한 가지 예로 계승(factorial)의 값을 구하는 문제를 순환 프로그램으로 작성하여 보자.

n계승은 1부터 n까지의 모든 정수의 곱으로 정의되어 있다. 따라서 5의 계승(5!)은 5*4*3*2*1=120과 같다 계승의 순환 함수는 다음과 같이 정의되는데, 0!은 1로 정의된다.

$$n! = \begin{cases} 1 & , \text{ if } n = 0 \\ n*(n-1)! & , \text{ if } n > 0 \end{cases}$$

위의 순환 관계를 반복적으로 나타내면

```
fact= 1;
for (i=2; i<=n; i++)
    fact=fact*i;
```

가 된다.

위의 프로그램을 순환적인 정의를 사용하여 표현하면 다음과 같다

【알고리즘 2.1】 계승 프로그램

```
int FACT(int n)
   /* 함수 FACT는 n!을 계산한다 */
{
    if (n <= 1) return 1;
    retun (n * FACT(n-1));
}
```

함수 FACT에서

5!을 계산하는 과정은 다음과 같다.

호출 1 2 3 4 5

5!=5*4!=5*4*3!=5*4*3*2!=5*4*3*2*1!(1!=1)

복귀 9 8 7 6

이 경우에는 반복법이 순환 기법보다 더 간단하고 직접적이다. 그러나 우리가 뒤에 다룰 트리나 그래프 등의 문제들은 순환적 방법에 의하여 더 쉽게 해결되는 것들이 많다.

이제 피보나치(Fibonacci) 수열의 문제를 생각해 보자.

피보나치 수열은 다음과 같이 정의된 수열이다.

0, 1, 1, 2, 3, 5, 8, 13, 21, 34····

수열을 구성하고 있는 특정의 요소는 그 값의 앞에 위치한 2개의 값의 합으로 되어 있다. 따라서 이 수열은 다음의 순환 관계로 정의된다.

$$\mathrm{Fibo}(n) = \begin{cases} n, & \mathrm{if}\, n = 0 \text{ or } 1 \\ \mathrm{Fibo}(n-1) + \mathrm{Fibo}(n-2), & \mathrm{if}\, n \geq 2 \end{cases}$$

Fibo(6)을 계산하기 위하여 순환 기법을 사용하면 다음과 같다.

Fibo(6) = Fibo(5)+Fibo(4)

= Fibo(5)+Fibo(3)+Fibo(2)
= Fibo(5)+Fibo(3)+Fibo(1)+Fibo(0)
= Fibo(5)+Fibo(3)+1+0
= Fibo(5)+Fibo(2)+Fibo(1) +1
= Fibo(5)+Fibo(1)+Fibo(0)+1+1
= Fibo(4)+Fibo(3)+3
= Fibo(4)+Fibo(2)+Fibo(1)+3
= Fibo(4)+Fibo(1)+Fibo(0)+1+3
= Fibo(3)+Fibo(2)+5
= Fibo(3)+Fibo(1)+Fibo(0)+5
= Fibo(2)+Fibo(1)+6
= Fibo(1)+Fibo(0)+7
= 8

앞의 과정을 바탕으로 피보나치 수를 구하기 위하여 순환적 정의를 사용한 프로그램은 다음과 같다.

【알고리즘 2.2】 피보나치 수의 계산 프로그램

```
 int FIBO(int n)
/* 함수 FIBO는 n번째 Fibonacci 수를 계산한다. */
{
    if (n <= 1) return n;
    return (FIBO(n-1) + FIBO(n-2));
}
```

2.3 프로그램의 분석

2.3.1 프로그램의 평가 기준

우수한 품질의 소프트웨어를 개발하는 것이 궁극적인 목표라고 볼 때, 그 우수성을 평가한다는 것은 매우 어려우나 일반적으로 적용되는 프로그램의 평가 기준은 다음과 같다.

① 원하는 것을 올바르게 수행하는가?

② 원래의 명세에 따라 정확히 동작하는가?

③ 사용법과 작동법에 대한 설명서가 있는가?

④ 논리적 단위 기능을 수행하도록 부 프로그램들로 구성되어 있는가?

⑤ 프로그램을 해독하기 쉬운가?

프로그램의 성능을 평가하는 또 다른 기준을 생각할 수 있는데, 여기에는 프로그램의 연산 시간과 그 프로그램의 수행에 필요한 기억 장치의 용량이다.

기억 장치의 용량을 계산하는 일은 비교적 용이하지만 프로그램의 수행 시간을 계산하는 일은 매우 어렵다. 왜냐하면 프로그램의 수행 시간은 프로그램 내의 각각의 명령문을 수행하는데 소요된 시간을 측정하여 그 총합을 구해야 하는데, 어떤 명령문이 수행되는 정확한 시간을 측정하기 위해서는 다음과 같은 구체적인 정보가 필요하기 때문이다.

① 실행에 사용되는 기계

② 그 기계의 명령어의 집합

③ 각 기계 명령어의 수행 시간

④ 그 기계의 컴파일러의 번역 시간

따라서 어떤 프로그램의 평가는 실제적으로 계수적인 정확한 판정을 내릴 수 없으므로, 보통은 다음에서 다루는 명령문의 수행 빈도수를 계산하여 프로그램의 소요 시간을 측정하는 방법을 사용한다.

2.3.2 분석 기법

자료의 양이 적은 문제에 대한 프로그램의 작성에서는 프로그램의 효율성이 별 의미를 갖지 않으나 처리할 자료가 방대하고, 그 자료 구조가 복잡하면 실행 시간과 사용 공간의 절약은 프로그램의 효율성에 막대한 영향을 미치게 된다.

효율적인 프로그램을 작성하기 위하여 적절한 알고리즘의 선택과 비효율성을 피하기 위한 주의 깊은 프로그래밍이 요구되는데, 프로그램의 효율성을 측정하기 위하여 수학적 개념을 도입 한다.

프로그램을 작성한 후에 주어진 자료를 처리하는 데 필요한 시간의 크기와 소요 기억 용량은 프로그램 측정에 있어 두개의 중요한 요인이 된다.

주어진 알고리즘에 대하여 자료의 크기를 증가시킬 때 생기는 연산 시간과 관계가 되는 사항은 자료의 크기, 필요한 연산과 사용하는 컴퓨터 및 프로시저의 구성이다. 그러나 앞에서 이미 설명한 바와 같이 알고리즘의 실행 시간을 정확하게 분석하는 것은 사실상 불가능에 가까우므로, 정확한 실행 시간 보다는 필요로 하는 시간의 크기를 측정하는 방법을 적용한다.

필요로 하는 시간의 크기를 측정하는 방법을 이해하기 위하여 간단한 예를 들어 보자.

어떤 프로그램에

$a=a+1$

이라는 명령문이 포함되어 있다고 가정하면, 전체 시간은 이 하나의 명령문을 실행하는 데 걸리는 시간에다 이 명령문의 실행 횟수를 곱하여 구해진다. 이 때 명령문의 실행 횟수가 수행 빈도수(frequency count)인데, 알고리즘의 분석에서는 시간의 크기를 측정하는 값이다.

빈도수의 계산 방법을 이해하기 위하여 다음과 같은 세 가지의 프로그램을 살펴보자.

```
-
-
a++;
-
```
(1)

```
for(j=1; j<=n; j++)
    a++;
```
(2)

```
for(j=1; j<=n; j++)
    for(k=1; k<=n; k++)
        a++;
```
(3)

프로그램 (1)에서 명령문 a++의 빈도수는 1이고, 프로그램 (2)에서는 a++이 n번 수행되며, 프로그램 (3)에서는 $n>0$라고 가정 할 때 n^2번 수행 될 것이다. 여기에서 n이 10번이라면 빈도수는 각각 1, 10(n), 100(n^2)으로 되는 것과 같은 증대 급수(order of magnitude)를 표현한다.

입력의 크기가 n인 프로그램의 수행 시간을 보통 $T(n)$으로 표현하는데, 예를 들면 어떤 프로그램의 수행 시간은 $T(n)=Cn^2$을 가질 수 있다. 여기에서 C는 상수이다.

알고리즘의 수행 시간을 정의하는 경우 다음과 같은 수학적 표현을 사용한다.

두 함수 $T(n)$과 $f(n)$이 있을 때, $n \geq n_0$을 만족하는 모든 n에 대하여

$$|T(n)| \leq C\,|f(n)|$$

인 양의 상수 C와 n_0가 존재하면

$$T(n)=O(f(n))$$

이라고 정의한다. 이것을 보통 "big oh" 표시법이라 한다.

$O(1)$은 연산 시간이 상수임을 의미하고, $O(n)$은 선형, $O(n^2)$은 평방형, $O(n^3)$은 입방형, $O(2^n)$은 지수형임을 의미한다. 어떤 알고리즘의 연산 시간이 $O(\log_2 n)$이면 n이 클 때 $O(n)$보다 빠르고, $O(n \log_2 n)$은 $O(n^2)$보다 빠르다. 자주 사용되는 연산 시간의 순위인 $O(1)$, $O(\log_2 n)$, $O(n)$, $O(n \log_2 n)$, $O(n^2)$, $O(n^3)$, $O(2^n)$, $O(n^n)$을 도표로 나타내면 〈그림 2.1〉과 같다.

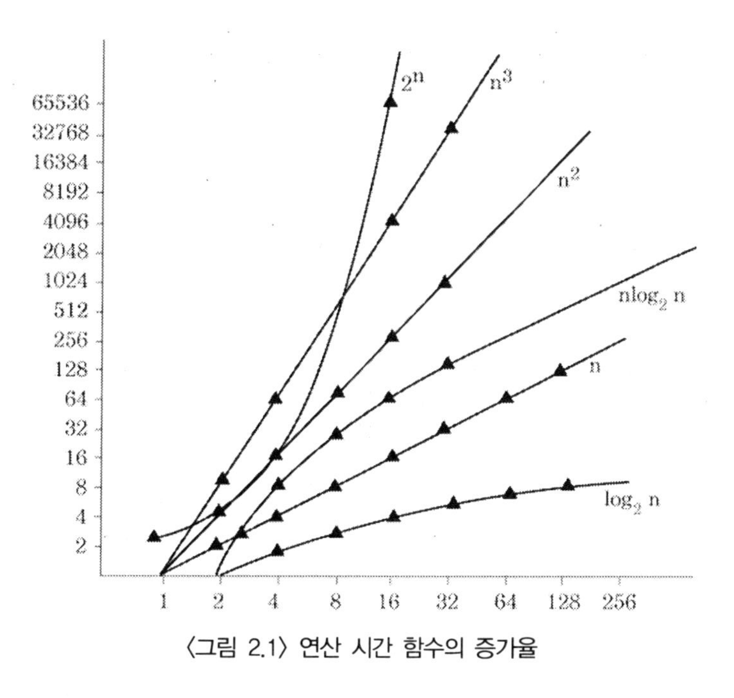

〈그림 2.1〉 연산 시간 함수의 증가율

〈그림 2.1〉에서 주의할 것은 눈금들이 로그 함수를 사용하여 표시되어 있다 수행 시간이 지수 함수에 비례하는 알고리즘은 작은 크기의 입력 데이터일 경우에는 시간이 적게 걸리지만, 입력의 크기가 커지면 엄청난 시간을 요하게 된다.

〈표 2.1〉은 n의 값이 변할 때의 각 함수의 실행 속도를 보여 주고 있다.

〈표 2.1〉 실행에 소요되는 시간

$\log_2 n$	n	$n \log_2 n$	n^2	n^3	2^n
0	1	0	1	1	2
1	2	2	4	8	4
2	4	8	16	64	16
3	8	24	64	512	256
4	16	64	256	4096	65536
5	32	160	1024	32768	2,147,483,648

알고리즘 수행 시간의 하한을 나타내는 방법을 알아보자. 만일 양의 상수 C와 n_0가 존재하여 $n > n_0$인 모든 n에 대해서 $|T(n)| > C|f(n)|$이 성립하면 $T(n)=\Omega(f(n))$이라 나타낸다. 또한 양의 상수 C_1, C_2, n_0가 존재하여 모든 $n > n_0$에 대해서

$$C_1|f(n)| \le T(n) \le C_2|f(n)|$$

이 성립 하면

$$T(n)=O(f(n))$$

이라 한다.

프로그램의 수행 시간을 분석하기 위하여 n개의 요소가 기억된 배열 A의 값을 오름차순으로 정렬하는 프로그램을 살펴보자.

【알고리즘 2.3】 교환 정렬 프로그램

```
void EXCHANGE(int A[], int n)
/* 배열 A[]을 교환을 사용하여 오름차순으로 정렬한다. */
{
        int i, j, t;
(1)     for (i=0; i<n; i++)
(2)         for (j=0; j<n-i-1; j++)
(3)             if (A[j] > A[j+1]) {
(4)                 t = A[j];
(5)                 A[j] = A[j+1];
(6)                 A[j+1] = t;
                }
    }
```

[알고리즘 2.3]의 프로그램에서 정렬하게 되는 원소의 수 n은 입력의 크기이다. 치환문 (4), (5), (6)은 각기 루프 내에서 한번씩 수행된다. for문 (1)은 n번 실행이 되므로 $O(n)$의 시간이 소요된다. for문 (2)는

$$\sum_{i=0}^{n-1}(n-i-1) = n(n-1) - \sum_{i=0}^{n-1} i$$

$$= n(n-1) - \frac{(n-1)n}{2}$$

$$= \frac{n^2}{2} - \frac{n}{2}$$

으로 계산된다. 따라서 [알고리즘 2.3]과 같은 프로그램은 데이터의 개수의 제곱에 비례하는 수행 속도, 즉 $O(n^2)$을 갖는다.

전체 프로그램의 수행 시간을 결정하기 위한 매개 변수는 자료의 크기 n이다. 전체의 수행 시간을 구하기 위하여 다음과 같은 방법을 적용한다.

① 각 치환문, 입력, 그리고 출력문의 수행 시간은 $O(1)$으로 고려할 수 있다.
② 치환문의 순서열의 수행 시간은 덧셈 법칙에 의하여 결정된다.
③ if문의 수행 시간은 조건적으로 시행되는 치환문의 값에다 조건을 검토하는 시간을 더한다.
④ 루프를 실행하는 시간은 루프를 통한 모든 경우에 대하여 루프 내의 블록을 실행하는 시간과 종료를 조사하는 시간을 합하여 구한다.

Exercise

1. 알고리즘과 자료 구조와의 관계를 설명하여라.

2. 알고리즘이란 무엇이며, 프로그램과의 차이점은 무엇인지 설명하여라.

3. 전산학을 알고리즘에 관련된 연구를 하는 학문이라고 정의한다면 구체적으로 어떤 영역에 관하여 연구한다고 볼 것인지를 기술하여라.

4. 다음의 각 오류를 구문적(syntactic), 의미적(semantic), 논리적(logic) 오류로 분류하여라. (단, 하나 이상의 범주에도 속할 수 있다)

(1) 양수가 나와야 하는데 음수가 출력되는 경우

(2) 조건부 명령어 if문의 기술에 있어서 else 앞에 semicolon이 나타난 경우

(3) 아래의 일련의 명령문을 수행할 경우

```
i= 1;
sum=0;
n= 1;
while (n<10)
{
    sum=sum+n;
    n=n+i;
}
```

(4) C 프로그램이 오류가 없이 끝났는데 출력이 나오지 않는 경우

5. 순환 기법을 사용하여 프로그램을 작성하는 것에 적합한 문제의 예를 들어 그 함수를 기술하여라.

6. 『for(i=1 ; i<=n; i++)』 라는 loop의 실행 횟수는 $\sum_{i=1}^{n} n(n+1)/2$ 이다. 이를 수학적 귀납법을 이용하여 증명하여라.

7. $\sum_{1 \leq i \leq n} i^2$ 가 O(n³)임을 증명하라.

8. 다음 각 작업에 걸리는 시간을 "big-oh"로 나타내어라.

(1) n개의 숫자를 더하는 연산

(2) 12개의 시험 성적을 읽는 연산

(3) n개의 노드를 갖는 리스트 내에 값 32가 들어 있는지를 결정하는 연산

(4) A[10, 10] 행렬의 모든 원소를 0으로 하는 연산

(5) n개의 실수에서 최대값과 최소값을 구하는 연산

(6) 길이 m과 n인 두 리스트의 모든 원소들을 합하는 연산

9. Ackermann 함수 A(m, n)은 다음과 같이 정의된다.

$$A(m,n) = \begin{cases} n+1 & ,\text{if } m=0 \\ A(m-1,1) & ,\text{if } n=0 \\ A(m-1, A(m,n-1)) & \end{cases}$$

그 밖의 경우

(1) 위의 함수를 계산하는 순환 프로그램을 작성하여라.

(2) A(5, 2)의 값은 얼마인가?

10. 프로그램의 실행 시간을 정확하게 계산하는 일은 사용 기종에 따라 여러 가지 변수가 작용하기 때문에 매우 어려우므로 일반적으로 자료의 크기 n을 이용하여 계산하는데, 프로그램이 주어졌을 때 전체 수행 시간을 구하는 방법을 설명하여라.

11. 다음의 다항식을 계산하는 알고리즘을 다음과 같이 작성할 때 아래의 문제에 답하여라.

$$P(x)=a_nx^n+a_{n-1}x^{n-1}+\ldots a_1x+a_0$$

```
P=a0
xpower=1
for(i=1; i<=n; i++)
{
    xpower=xpower*x
    p=p+ai*xpower
}
```

(1) 위의 알고리즘을 사용할 때 곱셈의 수와 덧셈의 수를 구하여라.

(2) 위의 알고리즘의 곱셈의 수를 줄이는 알고리즘을 구하고 구한 알고리즘에서의 곱셈의 수를 구하여라.(Horner's rule)

12. 집합 S가 n개의 원소로 구성되어 있다고 하면 S의 powerset은 S의 모든 가능한 모든 부분집합의 집합이 된다. 예를 들어, S=(*a*, *b*, *c*)이면 S의 powerest (S)은 (S)={( ), (*a*),(*b*), (*c*), (*a*, *b*), (*a*, *c*), (*b*, *c*), (*a*, *b*, *c*)}이 된다. S의 powerset을 구하는 순환 프로그램을 작성하여라.

13. 이항계수 $\binom{n}{m}$을 구하는 순환 프로그램을 작성하고 이 알고리즘의 수행에 필요한 시간과 공간을 구하여라. 단, $\binom{n}{0}=\binom{n}{n}=1$ 임을 이용하여라.

14. 다음 프로그램을 실행할 때 각 문장에 걸리는 실행 회수와 전체 프로그램에 걸리는 실행 시간을 "big-oh"로 나타내어라.

```
(1) for(i=1; i<=n; i++)
(2)     for(j=1; j<=i; j++)
(3)         for(k=1; k<=j; k++)
(4)             x=x+y;
```

15. 주어진 양수에 n에 대하여 n을 모든 약수들의 합으로 나타낼 수 있는 지를 결정하는 프로그램을 작성하여라.

예 : 6=1+2+3   8≠1+2+4

PART 2

선형 자료 구조

선형 자료 구조는 자료 상호간에 1:1의 관계가 존재하는 것으로서 선후 관계가 명확하여 선형으로 그 구성이 형성되는 자료 구조이다.
이 파트에서는 대표적인 선형 자료 구조인 연접 리스트, 큐, 스택, 연결 리스트의 표현 방법과 연산 및 그 응용에 대하여 다룬다.

Chapter

03 배열과 집합

3.1 순서 리스트

3.1.1 순서 리스트의 개념

순서 리스트(ordered list)는 널리 사용되는 자료 구조 중의 하나로서 자료 객체(data object)가 일정한 논리적 순서에 따라 차례대로 나열된 집합인 선형 리스트(linear list)이다.

순서 리스트의 예를 들면 다음과 같은 것들이 있다.

- 성적 평점 : (A^+, A^0 , B^+, B^0, C^+, C^0, D^+, D^0, F)
- 제 6공화국 : (1988, 1989, 1990, 1991, 1992)
- 학제 : (유치원, 초등학교, 중학교, 고등학교, 대학교, 대학원)
- 요일 : (일요일, 월요일, 화요일, 수요일, 목요일, 금요일, 토요일)

순서 리스트는 위의 예에서 보는 바와 같이 리스트를 구성하고 있는 각 요소들이 선후 관계가 존재하고, 어떤 일정한 기준에 의하여 논리적으로 순서화되어 있다.

순서 리스트의 추상적 표현은 공백(empty)이거나, 또는

$$(a_1, a_2, \ldots, a_n)$$

으로 표기할 수 있는데, a_i는 어떤 집합에 속한 요소(atom 또는 element)이다.

3.1.2 순서 리스트의 연산과 표현

순서 리스트에 대하여 행할 수 있는 연산은 여러 가지가 있을 수 있는데, 몇 가지 예를 들면 다음과 같다.

① 리스트의 길이 구하기

② 리스트를 오른쪽에서 왼쪽으로, 또는 그 반대로 읽기

③ 리스트 내의 i번째 요소를 검색(retrieval)하기 ($1 \le i \le n$)

④ 리스트의 i번째 위치에 새로운 값을 저장(store)하기($1 \le i \le n$)

⑤ 리스트의 i번째 위치에 새로운 요소를 삽입(insert)하기

⑥ 리스트 내의 i번째 위치의 요소를 삭제(delete)하기

위의 연산 중 ⑤의 삽입의 경우에는 i, i+1, ········, n의 위치에 있는 요소들은 i+1, i+2, ········, n+1의 위치로 이동이 되고, ⑥의 삭제의 경우에는 i+1, i+2,········, n의 위치에 있는 요소들이 i, i+1, ········, n-1의 위치로 이동된다.

순서 리스트를 추상적 자료 형으로 표현하기 위해 위에서 예를 든 연산들을 함수 집합으로 나타내면 다음과 같다.

- CRLIST() → list (공백 리스트의 생산)
- LEN(list) → integer (리스트의 길이 생산)
- RET(list, i) → atom (i번째 요소의 검색)
- STO(list, i, atom) → list (i번째 atom 저장)
- INS(list, i, atom) → list (i번째 atom 삽입)
- DEL(list, I) → ist (i번째 요소의 삭제)

위에서 정의된 함수의 의미를 이해하기 위하여 다음과 같은 공리들을 기술할 수 있는데, 여기에서 L은 list이고, i, j는 인덱스이며, a, b는 요소(atom)로 정의한다.

- LEN(CRLIST) ::=0;
- LEN(STO(L, i, a)) ::=1+LEN(L)
- RET(CRLIST, j) ::=error
- RET(STO(L, i, a), j) ::=if i=j then a else RET(L,j)
- INS(CRLIST, j, b) ::=STO(CRLIST, j,b)
- INS(STO(L, i, a), j, b) ::=if i≥j then STO(INS(L, j, b), i+1, a)
  else STO(INS(L, j, b), i, a)

- DEL(CRLIST, j) ::=CRLIST
- DEL(STO(L, i, a), j) ::=if i=j then DEL(INS(L, j, a), i)
  else STO(DEL(L, j), i, a)

순서 리스트의 가장 일반적인 표현 방법은 배열에 의한 것인데, 배열 색인(array index) i와 리스트의 요소 a_i를 관련지어 순차적 사상(sequential mapping)을 시킨다.

순서 리스트는 리스트 내에 있는 특정 요소의 값을 일정한 시간에 검색(retrieval)하거나 수정(modify)할 수 있다는 장점은 있으나, 삽입과 삭제시 많은 요소의 이동($\frac{n+1}{2}$ 및 $\frac{n-1}{2}$ 회)이 따르는 단점이 있다.

3.2 집 합

3.2.1 집합의 개념

집합 이론은 수학에서 뿐만 아니라 컴퓨터 응용에서도 기본이 된다. 수학적으로 집합(set)은 관련된 자료 객체들의 모임이다. 집합을 구성하는 각 원소들은 일반적으로 공통된 특성을 갖고, n개의 요소를 가진 집합은 2^n개의 부분 집합(subset)을 갖는다.

예를 들어 집합 {A, B, C}가 있을 때 이의 부분 집합은 다음 예와 같이 8가지가 존재한다.

[예] 집합 {A, B, C}의 부분 집합들

$\varnothing$	$\{A, B\}$
$\{A\}$	$\{A, C\}$
$\{B\}$	$\{B, C\}$
$\{C\}$	$\{A, B, C\}$

집합에 대한 기본 연산으로는 합집합, 교집합, 대칭 차집합, 차집합, 전집합, 보집합 등이 있다. 합집합 $A \cup B$는 2개의 집합 A, B에 대하여 양쪽 집합에 모두 포함되어 있거나 또는 어느 한쪽에 속하는 모든 원소들로 구성되고, 교집합 $A \cap B$는 양쪽 집합에 공통적으로 속하는 원소들만으로 구성된다. 대칭 차집합(symmetric difference) $A \triangle B$는 두 집합 중의 어느 한쪽에 포함되어 있지만 양쪽에는 포함되지 않는 원소들로 구성되고, 차집합 $A-B$는 첫번째 집합에는 속하지만 두번째 집

합에는 속하지 않는 원소들만으로 구성된다. 그리고 전집합(universal set)은 주어진 집합 및 그의 보집합에 속하는 모든 원소들로 구성되며, A의 보집합(complement) $\overline{A}$는 A에 속하지 않는 전집합의 원소들로 구성된다.

전집합이 1부터 10까지의 정수인 {1, 2, ········, 10}과 두 집합 A={1, 2, 3}, B={2, 3, 4, 5, 7}을 예로 들어 위에서 설명한 여러 가지 집합의 개념을 이해하기 위하여 <그림 3. 1>과 같은 벤다이어그램(Venn diagram)을 나타낸다.

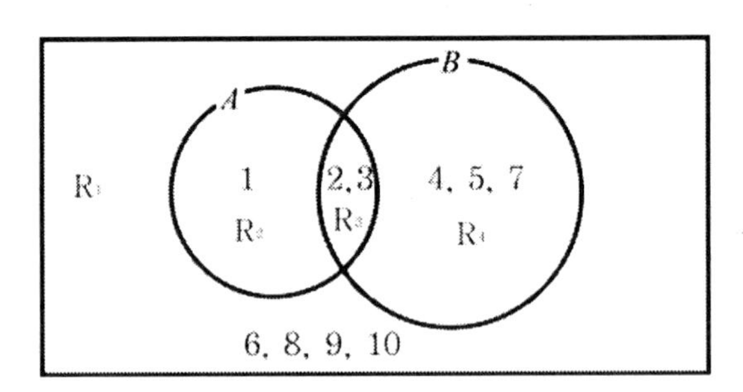

〈그림 3.1〉 집합 A, B의 벤 다이어그램

<그림 3. 1>의 벤 다이어그램에 의하여 각 영역(region)과 이들의 조합을 집합의 연산으로 나타내고, 각 영역 내에 속하는 원소들을 표로 작성한 것이 <표 3.1>이다.

〈표 3.1〉 벤 다이어그램의 이해

영 역(region)	내 용(contents)	집합 연산(set operation)
none	none	Φ
R_1	6, 8, 9, 10	$\overline{A \cup B}$
R_2	1	$A - B$
R_3	2, 3	$A \cap B$
R_4	4, 5, 7	$B - A$
R_2, R_3, R_4	1, 2, 3, 4, 5, 7	$A \cup B$
R_2, R_4	1, 4, 5, 7	$A \triangle B$
R_1, R_2, R_3, R_4	1, 2, 3, 4, 5, 6, 7, 8, 9, 10	전집합

집합을 추상 자료 형으로 나타내기 위하여 집합에 대한 몇 가지 연산을 정의하면 다음과 같다.

① **NEWSET**(name) : 공집합(∅)의 생성

② **ADD**(element, name, added) : 원소를 포함한 새로운 집합의 출력, 원소가 더해지든지 또는 더하고자 하는 원소가 이미 집합에 있으면 added는 '거짓'을 출력

③ **DELETE**(element, name, deleted) : 집합에서 지정하는 원소를 제거, 제거되었으면 deleted는 '참'이 되고, 아니면 '거짓'이 됨.

④ **EMPTY**(name) : 주어진 집합의 공집합 여부 검사, 공집합이면 '참', 아니면 '거짓' 을 출력

⑤ **ISELEMENT**(element, name) : 지정하는 원소가 주어진 집합에 존재하는가의 여부 검사

3.2.2 집합의 연산

수학적으로 집합은 순서가 없고 중복(duplicate)을 갖지 않는 원소들의 모임이기 때문에 $\{a, b\}$, $\{b, a\}$, $\{a, b, a\}$는 같은 집합을 나타내므로 집합의 표현에서는 이런 조건을 반영하여야 한다.

집합의 각 원소를 독립적으로 나열하려면 중복된 원소가 없음을 확인하기 위하여 집합의 원소 갯수 만큼의 공간이 필요하다. 또한 집합의 원소들이 임의의 순서로 나열된다면 엄청난 계산을 필요로 한다. 예를 들어 10개의 원소를 가진 집합이 있다면 이는 10! (3,000,000 이상)개의 각기 다른 순서의 집합으로 표현될 수 있다. 따라서 집합의 정의에서는 불필요하지만 운영상의 효율성 때문에 집합의 원소들을 일정한 순서로 나열되도록 유지하는 것이 필요하다.

집합의 연산을 위하여 전집합의 원소들을 나열하고, 이에 의하여 원하는 집합의 각 원소들이 어떤 집합에 속하는지의 여부를 별도로 나타내는 것은 메모리의 효율성을 떨어뜨린다. 그러나 전집합의 크기가 작을 경우, 이 방법은 효과적이므로 일반적으로 운영상의 효율성을 고려하여 집합의 원소들을 이런 방법으로 순서화한다.

집합을 표현하는데 자주 쓰이는 다른 하나의 방법으로 비트 맵(bit map)이라는 것이 있다.

이 방법은 전집합의 원소들이 순서화되어 있다고 가정하고, 각각의 원소에 대하여 1개의 비트를 할당한 후, 어떤 집합을 나타낼 때 그 집합에 속하는 원소의 비트는 1, 속하지 않는 원소의 비트는 0으로 놓는 방법이다.

예를 들어 전집합이

{A, B, C, D, ……, X, Y, Z}

라는 26자의 영문자로 되어 있다면, 집합 A={B, C, F, H, K}는

0 1 1 0 0 1 0 1 0 0 1 0 0 0 0 0 0 0 0 0 0 0 0 0 0 0

으로 나타낸다. 즉 집합 A의 원소 B, C, F, H, K에 대응하는 비트는 1, 그 이외의 비트는 0으로 나타낸다.

집합을 이런 방법으로 나타내면 집합에 속한 원소들의 논리 연산을 병렬로 처리할 수 있다는 장

점이 있다. 또 집합 B={A, C, E, G, I, K, M}을 역시 비트맵으로 나타내면

1 0 1 0 1 0 1 0 1 0 1 0 1 0 0 0 0 0 0 0 0 0 0 0 0 0

이 된다.

이렇게 집합 A와 B를 표현하면 A와 B의 교집합 $A \cap B$는 두 비트 맵의 논리 연산을 통하여 간단히 구할 수 있다. 즉 각 비트로 각기 다른 원소를 나타내고 있으므로 다음과 같이 A와 B가 모두 1인 비트만 1로 나타내면 되므로

A : 0 1 1 0 0 1 0 1 0 0 1 0 0 0 0 0 0 0 0 0 0 0 0 0 0 0
B : 1 0 1 0 1 0 1 0 1 0 1 0 1 0 0 0 0 0 0 0 0 0 0 0 0 0
$A \cap B$: 0 0 1 0 0 0 0 0 0 0 1 0 0 0 0 0 0 0 0 0 0 0 0 0 0 0

와 같은 연산 결과가 얻어진다. 즉 A∩B={C, K}가 된다.

이와 같은 표현법을 사용할 때 필요한 26비트는 4바이트(byte)에 수용할 수 있으므로 컴퓨터의 논리 연산이 바이트 단위로 정의된 경우, 두 집합의 교집합은 4번의 논리 연산으로 그 결과를 얻을 수 있다.

3.3 배 열

3.3.1 1차원 배열

흔히 배열이라고 하면 연속된 기억장소의 위치를 나타내는 집합이라 생각하기 쉬우나, 실제에 있어 배열은 색인(index)과 값(value)의 쌍의 집합을 의미한다. 즉, 정의된 각 색인에 대하여 그 색인에 관련된 값이 존재하는 것을 의미한다.

배열에 대하여 행해지는 연산은 지정하는 색인에 대응하는 위치의 값을 찾는 검색(retrieve)과 지정하는 색인에 대응하는 위치에 특정한 값을 저장(store)하는 두 가지 연산이 있다.

대부분의 프로그래밍 언어에서는 배열을 선언할 수 있는 수단을 제공하고 있는데 C의 선언문

```
int A[10];
```

은 〈그림 3. 2〉와 같이 하나의 기억 장소가 하나의 자료를 포함할 수 있는 10개의 연속적인 기억 장소를 정의한다.

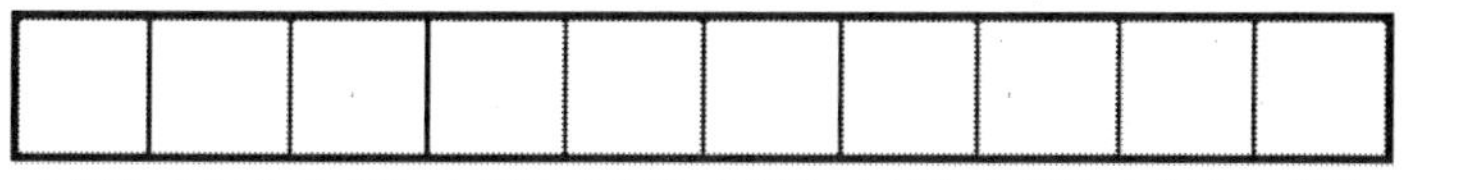

〈그림 3.2〉 1차원 배열 A

<그림 3.2>와 같은 한쪽 방향으로만 기억 장소가 연속되는 배열을 1차원 배열이라고 하는데, 1차원 배열은 1개의 색인을 사용하여 a[i]로 참조된다.

여기에서 A를 배열명(array name)이라 하고, 배열을 구성하고 있는 각각의 요소 A[i]를 배열의 요소(array element)라고 하며, 특정의 요소를 가리키는 색인 i를 첨자(subscript)라 한다.

또 배열의 첫번째 기억 장소 A[0]를 배열의 시작 번지(base address)라 하고, 이것을 base(a)로 나타낸다.

이 배열의 선언문에서 배열의 색인의 범위중 가장 작은 값을 하한(lower bound)라 하고 가장 큰 값을 상한(upper bound)이라고 정의하는데 C언어에서 하한은 항상 0에서 시작되므로 하한은 0이 된다. Pascal 언어의 하한은 0이나 양의 정수 또는 음의 정수가 될 수 있다.

배열의 연산인 검색과 저장을 수행하기 위해서는 특정 요소의 번지를 계산하여 접근(access)하여야 하는데, 배열의 각 요소의 크기를 element_size라 한다면 a[i]의 위치는

loc(a[i])=base(a)+ i*element_size

로 계산한다.

3.3.2 2차원 배열

배열을 구성하는 배열 요소 자체가 배열일 경우가 있다. 예를 들어,

```
type matrix=array[1··3] of array[1··5] of integer ;
```

라고 정의되어 있다면 이것은 matrix라는 배열이 3개의 요소를 가지고 있고, 각각의 요소는 다시 5개의 요소를 갖는 배열이 정의된 셈이다. 이런 배열의 선언을 간단하게

```
int matrix[3][5];
```

로 정의할 수 있는데, 이것을 그림으로 나타내면 〈그림 3. 3〉과 같이 행(row)과 열(column)로 표현되는 2차원 배열이 된다.

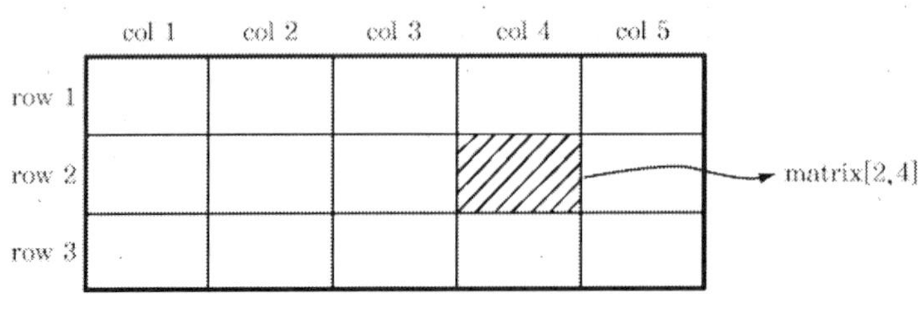

〈그림 3.3〉 2차원 배열 matrix의 구성

2차원 배열의 특정 요소는 2개의 색인, 즉 행과 열을 지정하여 접근할 수 있다. 따라서 <그림 3. 3>의 빗금 친 요소는 matrix[1][3]로 참조할 수 있다.

2차원 배열은 행렬이나 기타 다양한 문제의 프로그래밍에 매우 유용한 자료 구조이므로 지도나 게임 보드와 같은 2차원 구조를 가진 자료 객체를 표현하기에 매우 적합하다.

예를 들어, 30개의 학과에 각각 40명씩의 학생에 관한 자료가 있다고 할 때에

```
datatype grade[30][40];
```

으로 2차원 배열을 선언하여, grade[i][j]에 i번째 학과의 j번째 학생에 관한 자료를 표현할 수 있다.

메모리 상에 2차원 배열을 나타내는 방법에는 행 우선 순서(row-major order)와 열 우선 순서(column-major order)가 있는데, COBOL은 행 우선 순서이고, FORTRAN은 열 우선 순서로 정의되어 있다.

행 우선 순서의 표현 방법에서는 배열의 첫번째 행이 메모리의 첫번째 집단에 놓여지고, 두번째 행이 그 다음에 순차적으로 놓여지므로 2차원 배열 A[-3‥3, 2‥5]의 각 요소는 <그림 3. 4>와 같은 순서로 나열된다.

<그림 3.4>에서 보는 바와 같이 2차원 배열을 메모리에 표현할 때, 머리 부분에 배열의 하한(lower bound)과 상한(upper bound)을 나타내는 header 부분을 저장한다.

이제 2차원 배열이 행 우선 순서로 저장되었을 때, 특정 요소의 위치를 계산하는 방법을 살펴보자.

예를 들어, 2차원 배열 A가

var A : array[1‥u_1, 1‥u_2] of datatype ;

으로 선언되었다 하고, u1, u2는 행과 열의 상한을 나타내며, base(A)는 A[3, 4]의 번지이고, 각 배열 요소의 크기를 elementsize로 가정했을 때, 특정의 요소 A[i, j]의 번지는

$$LOC(A[i, j]) = base(A) + ((i-1)u_2 + (j-1)) * elementsize$$

로 구할 수 있다.

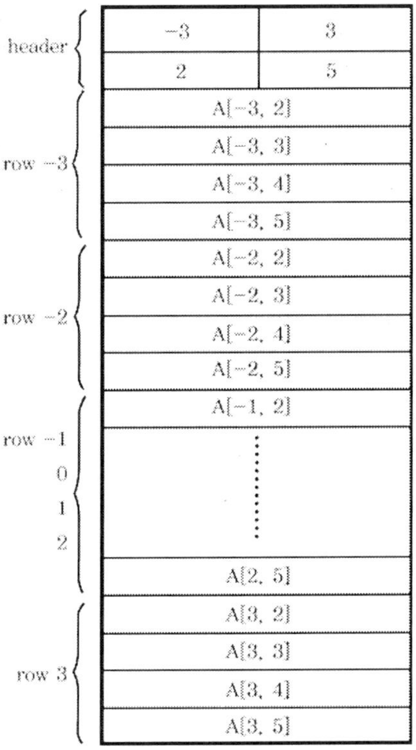

header	−3	3
	2	5
row −3	A[−3, 2]	
	A[−3, 3]	
	A[−3, 4]	
	A[−3, 5]	
row −2	A[−2, 2]	
	A[−2, 3]	
	A[−2, 4]	
	A[−2, 5]	
row −1	A[−1, 2]	
0	⋮	
1		
2	A[2, 5]	
row 3	A[3, 2]	
	A[3, 3]	
	A[3, 4]	
	A[3, 5]	

〈그림 3.4〉 2차원 배열의 행 우선 순서

배열 A에서 u1, u2 각각 4와 5인 $A[1..4,\ 1..5]$라 하고, A[1, 1]의 번지가 48번지이며, 각 요소의 크기가 4바이트라면 위의 공식에 의하여 A[3, 4]의 번지는

loc(A[3, 4])=48+((3-1)5+(4-1))*4
=48+13*4
=100

가 된다.

배열 A의 논리적인 구조와 순차적 표현은 <그림 3.5>와 같다.

	col 1	col 2	col 3		col u_2
row 1	×	×	×	⋯⋯⋯	×
row 2	×	×	×	⋯⋯⋯	×
row 3	×	×	×	⋯⋯⋯	×
row 4	×	×	×	⋯⋯⋯	×
	⋮	⋮	⋮	⋯⋯⋯	⋮
row u_1	×	×	×		×

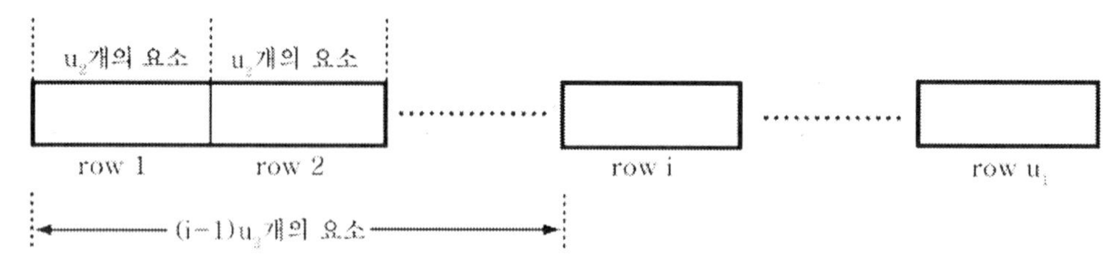

〈그림 3.5〉 2차원 배열 $A[1\cdot\cdot u_1,\ 1\cdot\cdot u_2]$의 표현

열 우선 순위로 2차원 배열 A가

var A : array[$l_1\cdot\cdot u_1$, $l_2\cdot\cdot u_2$] of integer ;

와 같이 선어되었을 때, 임의의 요소 A[i, j]의 번지를 계산한다고 하자. 요소 A[i, j]는 i번째 행에 있으므로 i번째 행의 첫 번째 열의 요소에 대한 번지를 구하여 $(j-l_2)$*elementsize를 더하면 A[i, j]의 번지가 된다. 한 행의 요소의 개수는 (u_2-l_2+1)개이고, i번째 행까지 도달하기 위해서는 $i-l_1$개의 행을 통과해야 하기 때문에

$$loc(A[i, j])=base(A)+((j-l_1)*(u_2-l_2+1)+(i-l_2))*elementsize$$

로 계산된다.

예를 들어, 배열 A가 <그림 3.4>와 같이 A[-3··3, 2··5]로 선언되었을 때, A[0,4]의 번지를 계산하여 보자.

여기에서 $l_1=-3$, $u_1=3$, $l_2=2$, $u_2=5$이고, base(A)는 24번지이며, 1개 요소의 크기가 2바이트라면 A[0,4]의 번지는

$$\begin{aligned} loc([0,4]) &= 24+((0-(-3))*(5-2+1)+(4-2))*2 \\ &= 24+14*2 \\ &= 52 \end{aligned}$$

가 된다.

열 우선 순위로 2차원 배열 A가

var A : array [l_1··u_1, l_2··u_2] of integer ;

로 정의된다면, 배열 요소 A[i, j]는

$$loc(A[i, j])=base(A)+((j-l_2)*(u_1-l_1+1)+(i-l_1))*elementsize$$

의 공식에 의하여 계산하면 된다.

3.3.3 다차원 배열

대부분의 프로그래밍 언어에서는 3차원 이상의 다차원 배열을 정의하여 사용할 수 있다.

Pascal 언어에서 3차원 배열 A는

var A : array [3··5, 1··5, 0··4] of integer ;

로 정의할 수 있는데, 이것은

var A : array [3··5] of array [1··5] of array [0··4] of integer ;

와 같은 형태의 배열로서 이것은 〈그림 3.6〉과 같다.

3차원 배열은 3개의 색인, 즉 3개의 첨자를 사용하여 A[*i*][*j*][*k*] 혹은 A[*i* , *j*, *k*]와 같이 나타내는데, 여기에서 *i*는 면(plane)이고, *j*는 행, *k*는 열을 가리킨다.

3차원 배열이 행 우선 순위로 메모리에 저장된다면 특정 요소 A[*i*, *j*, *k*]의 번지는

$$loc(A[i , j, k])=base(A)+((i-l_1)*(u_2-l_2+1)*(u_3-l_3+1)$$
$$+(j-l_2)*(u_3-l_3+1)+(k-l_3))*elementsize$$

로 계산된다.

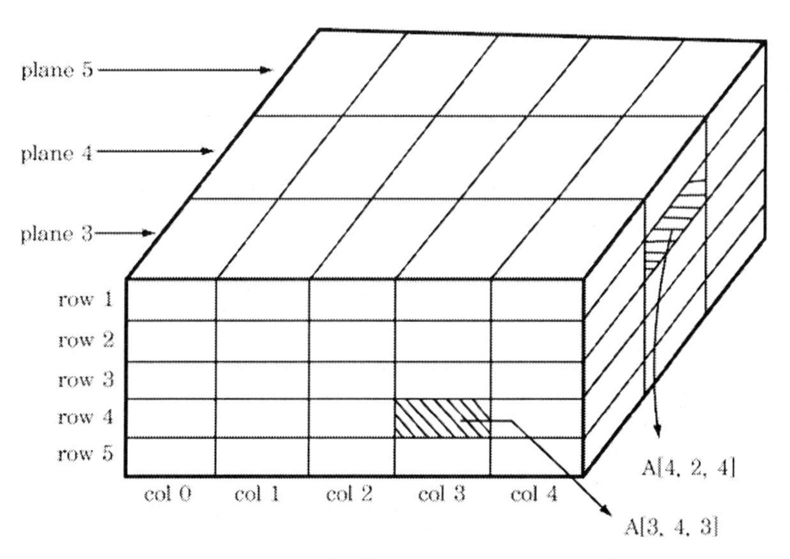

〈그림 3.6〉 3차원 배열 A [3··5, 1··5, 0··4]

따라서 <그림 3.6>과 같은 배열에서 base(A)인 A[3, 1, 0]의 번지가 100이고, 각 요소의 길이가 4라면 A[4, 3, 2]의 번지는

loc(A[4, 3, 2])=100+((4-3)*(5-1+1)*(4-0+1)+(3-1)*(4-0+1)+(2-0))*4

=100+(25+10+2)*4

=248

이 된다.

<그림 3.6>의 3차원 배열이 행 우선 순서로 저장된다면 순차적 표현은 <그림 3.7>과 같다.

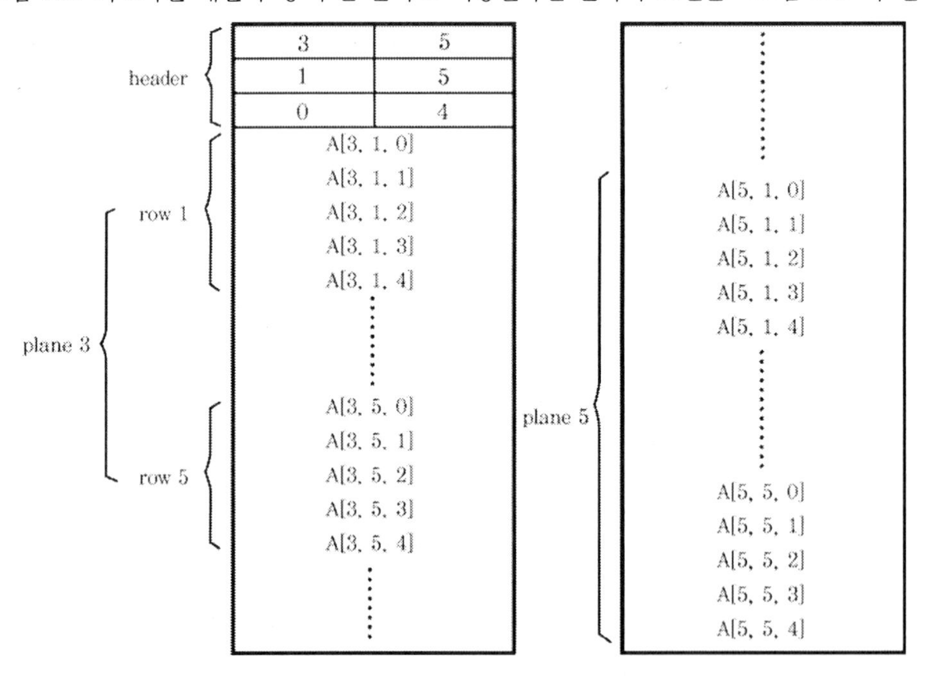

〈그림 3.7〉 배열 A[3··5, 1··5, 0··4]의 순차적 표현

이제 n차원 배열의 번지를 계산하는 방법을 알아보자. n차원 배열 A가

var A : array[$l_1 \cdot\cdot u_1$, $l_2 \cdot\cdot u_2$,······, $l_n \cdot\cdot u_n$] of datatype ;

으로 정의되고, 행 우선 순위로 저장된다고 가정하자.

수식을 간단히 하기 위하여 1과 n사이의 모든 i에 대하여 $u_i - l_i + 1$을 r_i로 정의하면 A(i_1, l_2,······, l_n)의 번지는

$$base(A)+((i_1-l_1)*r_2*r_3*\cdots\cdots*r_n)*elementsize$$

가 되고, A(i1, i2, i3, ······, ln)의 번지는

$$base(A)+((i_1-l_1)*r_2*\cdots\cdots*r_n+(i_2-l_2)*r_3*\cdots\cdots r_n))*elementsize$$

가 된다. 이런 방법으로 A[i1, i2,……, in]의 번지의 계산은

$$\begin{aligned} loc(A[i_1,\ i_2,\cdots\cdots,\ i_n]) = base(A)+[&(i_1-l_1)*r_2*\cdots\cdots*r_n \\ &+(i_2-l_2)*r_3*\cdots\cdots*r_n \\ &\vdots \\ &+(i_{n-1}-l_{n-1})*r_n \\ &+(i_n-l_n)]*elementsize \end{aligned}$$

로 계산할 수 있다.

이 수식을 일반화하면

$$loc(A[i_1,\ i2,\ \cdots\cdots,\ i_n]) = base(A) + \sum_{j=1}^{n}(i_j-l_j)a_j$$

$$\text{with } a_j = \prod_{k=j+1}^{n} u_k (1 \le j < n)$$

$$a_n = 1$$

이 된다.

3.4 행 렬

3.4.1 행렬의 종류

일반적으로 행렬(matrix)은 m개의 행(row)과 n개의 열(column)로 구성되며, 행렬 요소의 갯수는 $m \times n$개이고 m by n이라고 읽는다.

행렬은 그 형태나 특성에 따라 여러 가지로 구분할 수 있다.

① **정방 행렬**(square matrix) : 행의 수 m과 열의 수 n이 같은 행렬이다.

② **희소 행렬**(sparse matrix) . 행렬의 대부분의 요소의 값이 0으로 구성된 행렬로서, 희소행렬의 내부 표현은 기억 장소의 절약을 위하여 0이 아닌 요소(non-zero element)들만을 테이블로 표현한다.

다음은 정방 행렬과 희소 행렬의 예이다.

[예] • 4×4의 정방 행렬

	col 1	col 2	col 3	col 4
row 1	−27	3	4	3.4
row 2	6	82	0.3	36
row 3	109	−64	−4	27
row 4	12	8	9	−3

• 희소 행렬

	col 1	col 2	col 3	col 4	col 5
row 1	15	0	0	0	4
row 2	0	11	0	0	0
row 3	0	0	0	−6	0
row 4	0	0	28	0	0

③ **삼각 행렬**(triangular matrix) : 정방 행렬의 대각선 위나 또는 아래의 모든 요소들이 0인 행렬로서, 다음 예와 같이 대각선 하위의 요소들이 0이 아닌 하위 삼각 행렬(lower triangular matrix)과 대각선 상위의 요소들이 0이 아닌 상위 삼각 행렬(upper triangular matrix)이 있다.

[예] • 하위 삼각 행렬 • 상위 삼각 행렬

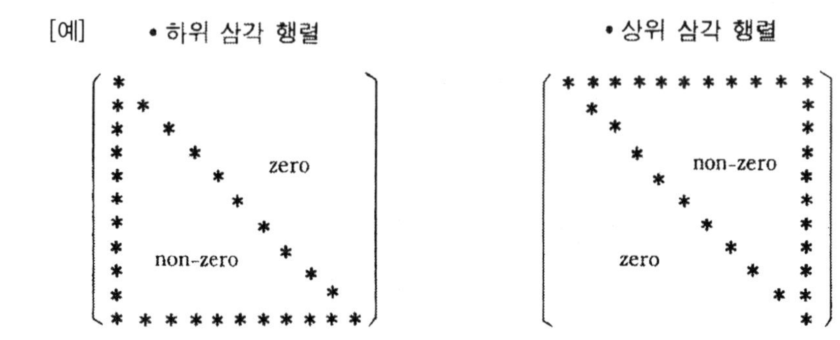

n개의 행을 가진 하위 삼각 행렬 A에서 i행의 0이 아닌 원소는 최대로 i개이다. 따라서 0이 아닌 원소의 총 개수는

$$\sum_{i=1}^{n} i = n(n+1)/2$$

이므로 배열 a[n(n+1)/2−1]에 하위 삼각 행렬을 기억시킬 수 있다.

④ **3원 대각 행렬**(tridiagonal matrix) : 다음 예와 같이 정방 행렬에서 주 대각선과 그 주 대각선 바로 위와 아래의 대각선 요소가 0이 아닌 행렬이다.

[예] 3원 대각 행렬

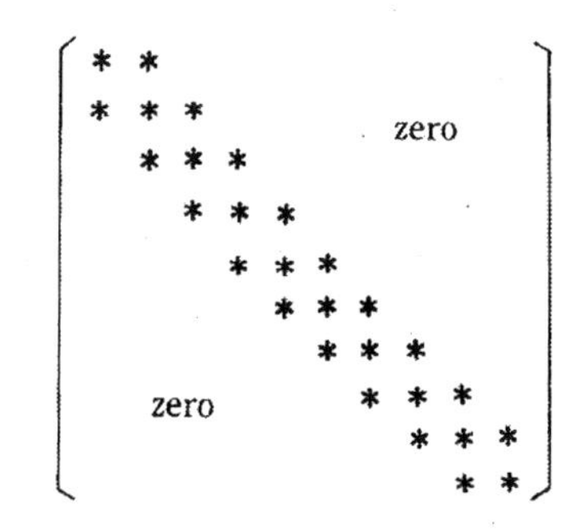

⑤ **전치 행렬**(transpose matrix) : 한 행렬의 행과 열을 서로 교환하여 구성되는 행렬로서, 다음 예와 같다.

[예] **행렬 (a)에 대한 전치 행렬(b)**

$$\begin{bmatrix} 8 & 4 & 2 & 3 \\ 11 & 0 & 8 & 7 \\ 4 & 1 & 13 & 1 \\ 15 & 9 & 0 & 9 \end{bmatrix} \qquad \begin{bmatrix} 8 & 11 & 4 & 15 \\ 4 & 0 & 1 & 9 \\ 2 & 8 & 13 & 0 \\ 3 & 7 & 1 & 9 \end{bmatrix}$$

(a) (b)

3.4.2 희소 행렬과 전치 행렬

(1) 희소 행렬의 표현

행렬은 일반적으로 2차원 배열 a[*m*][*n*]에 저장하는 것이 자연스럽다. 그러면 a[i][j]로 어떤 원소든지 쉽게 표현할 수 있으며, 또 이 원소를 쉽게 찾을 수도 있다.

그래서 [예 1]과 같은 희소 행렬의 경우에 2차원 배열로 표현하면 6×6=36개의 기억 장소가 필요한데, 이 중 8개의 요소만 0이 아니고 대부분이 0이므로 기억 장소의 절약을 위하여 이것을 [예 2]와 같이 3원소로 0이 아닌 요소만을 표현하는 방법을 사용하는 것이 좋다.

[예 1] 희소 행렬의 예

	col 1	col 2	col 3	col 4	col 5	col 6
row 1	7	0	0	11	0	−7
row 2	0	5	1	0	0	0
row 3	0	0	0	−3	0	0
row 4	0	0	0	0	0	0
row 5	45	0	0	0	0	0
row 6	0	0	14	0	0	0

[예 2] 3원소로 표현한 희소 행렬

	1	2	3
A[0]	6	6	8
A[1]	1	1	7
A[2]	1	4	11
A[3]	1	6	−7
A[4]	2	2	5
A[5]	2	3	1
A[6]	3	4	−3
A[7]	5	1	45
A[8]	6	3	14

[예 2]는 행렬의 각 요소를 행과 열의 위치 i, j로 표시할 수 있다는 사실에 입각하여

$(i,\ j,\ \text{value})$

와 같이 3원소로서 0이 아닌 원소들을 리스트로 나타낸 것이다. 따라서 행번호 i가 증가하는 순서로 저장하며 행이 같으면 열 j가 증가하는 순서로 저장한다.

이와 같은 표현법을 사용하면 희소 행렬은 2차원 배열 $a[0\cdot\cdot t,\ 1\cdot\cdot 3]$에 저장할 수 있는데, 여기에서 t는 0이 아닌 요소의 갯수가 되며, 배열 a의 0번째 행에는 희소 행렬의 행의 수, 열의 수, 0이 아닌 요소의 수를 각각 a[0, 1], a[0, 2], a[0, 3]에 기억시키게 된다. 따라서 [예 2]에서는 6×6의 행렬이고, 0이 아닌 요소의 수는 8임을 알 수 있다.

(2) 전치 행렬을 구하는 연산

전치 행렬(transpose matrix)을 구하는 것은 모든 요소의 위치 $[i,\ j]$를 $[j,\ i]$로 옮기는 것, 즉 행렬의 행과 열을 바꾸는 연산이다 이 때, 대각선 상에 있는 요소들은 $i=j$이므로 변하지 않는다. 따라서 앞의 [예 2]와 같이 표현된 행렬의 전치 행렬은 다음과 같다.

[예 3] 3원소로 표현한 희소 행렬의 전치 행렬

	1	2	3
B[0]	6	6	8
B[1]	1	1	7
B[2]	1	5	45
B[3]	2	2	5
B[4]	3	2	1
B[5]	3	6	14
B[6]	4	1	11
B[7]	4	3	−3
B[8]	6	1	−7

전치 행렬을 구하기 위한 알고리즘을 생각해 보자.

간단한 방법으로 각 행 i에 대하여 원소(i, j, value)를 취하고 전치 행렬의 (j, i, vale)에 저장하면 되는데, 이 방법은 a의 원소(j, i, value)가 그 원소 앞에 위치한 모든 원소가 처리될 때까지 b의 어디에 위치할지 모른다는 문제가 제기된다.

앞의 [예 2] 3원소로 표현된 희소 행렬에서

(1, 1, 7) → (1, 1, 7)

(1, 4, 11) → (4, 1, 11)

(1, 6,−7) → (6, 1, −7)

이 되는데, 만약 이런 항들을 순차적으로 저장한다면 새로운 3원소 (i, j, value)가 들어올 때 마다 해당 순서의 위치에 삽입하기 위하여 여러 개의 원소를 이동시켜야 한다.

이러한 자료의 이동은 처음부터 원하는 순으로 원소를 찾아서 전치시키면 피할 수 있으므로 j열에 있는 모든 원소에 대해 원소 (i, j, value)를 위치(j, i, value)에 저장하면 된다.

이 방법은 1열에 있는 모든 원소를 찾아서 1행부터 차례로 저장하고, 그 다음 2열에 있는 모든 원소를 찾아서 그 다음 행에 차례로 저장하는 것이다. 행은 원래 순서대로 있기 때문에 원소를 찾을 때 올바른 열의 순서대로 되게 한다.

희소 행렬의 class와 행렬 a에 대한 전치 행렬을 구하는 알고리즘을 기술하면 다음과 같다.

【알고리즘 3.1】 전치 행렬 연산

```
#define MAX_TERMS 100
typedef struct {
        int col;
        int row;
        int value;
        } term;
term A[MAX_TERMS];

void TRANSPOSE(term A[], term B[])
/* 행렬 B는 행렬 A의 전치 행렬을 나타낸다. */
{
  int t i, j, q;
  t = A[0].value;                /* t는 원소의 개수를 나타낸다. */
  B[0].row = A[0].col;           /* b의 행은 a의 열을 나타낸다. */
  B[0].col = A[0].row;           /* b의 열을 a의 행을 나타낸다. */
  B[0].value = t
  if (t > 0) {
      q = 1;
      for (i=0; i<A[0].col; i++)
           for (j=1; j<=t; j++)
                if (A[j].col == i)  {
                    B[q].row = A[j].col;
                    B[q].col = A[j].row;
                    B[q].value = A[j].value;
                    q++;
                    }
           }
      }
```

이 알고리즘은 외부 for 루프가 n번 수행되고 내부 for 루프가 t번 수행되므로 총 수행 시간은 $O(nt)$가 된다.

행렬을 일반적인 2차원 배열로 표현했을 경우 $O(nm)$ 시간에 $m \times n$ 행렬의 전치 행렬을

```
for (j=1; j <= n; j++)
   for (i=1; i <= n; i++)
      B[j][i] = A[i][j];
```

로 구할 수 있다. 만일 t가 n·m일 경우에는 $O(n^2m)$의 시간이 걸리므로, 이 경우에는 O(nm)보다 더 비효율적이다.

전치 행렬을 *O(n+t)*시간 안에 구할 수 있는 알고리즘을 만들 수 있는데, 이는 먼저 행렬 a의 각 행의 원소들의 개수를 결정함으로써 진행된다. 즉 b의 각 열의 원소들의 개수가 구해지고, 이 정보로부터 행렬 b의 0에서 시작점을 쉽게 구할 수 있다. 그리고 *a*의 원소들을 하나씩 *b*의 올바른 위치로 옮길 수 있다. 다음은 이 방법에 의하여 전치 행렬을 구하는 알고리즘이다.

【알고리즘 3.2】 신속한 전치 행렬 계산

```
#define MAX_COL 100
void FASTTRANSPOSE(term [] A, term [] B)
/* A의 전치행렬 B를 O(n+t) 시간에 구한다 */
{
  int s[MAX_COL], t[MAX_COL];
  int i, j, n, terms;
  n = A[0].col;  terms = A[0].value;
  B[0].row = n;  B[0].col = A[0].row;  B[0].value = terms;
  if (terms > 0) {
  /* s[i]에 B의 행 i에 있는 항의 개수를 저장한다. */
      for (i=0; i<n; i++)
           s[i] = 0;
      for (i=1; i<=terms; i++)
           s[A[i].col]++;
      t[1] = 1;
      /* t[i]는 B의 I번째 열의 시작 위치를 나타낸다. */
     for (i=1; i<n; i++)
          t[i] = t[i-1] + s[i-1];
     for (i=1; i<=terms; i++)  {
          j = t[A[i].col]++;
          B[j].row = A[i].col;  A[j].col = A[i].row;
          B[j].value = A[i].value;
          }
```

```
        }
    }
```

앞의 [예 2]의 3원소로 표현한 희소 행렬과 같은 행렬에 대하여 FASTTRANSPOSE 알고리즘을 적용하여 실행하면 s와 t의 값은 다음과 같이 된다.

	[1]	[2]	[3]	[4]	[5]	[6]
s=	2	1	2	2	0	1
t=	1	3	4	6	8	8

여기에서 $s[i]$의 값은 b의 i번째 row에 해당하는 항목의 수이고 $t[i]$의 값은 b의 i번째 row의 시작 위치이다.

Exercise

1. 순서 리스트(linear list)의 예를 들고, 이에 적용할 수 있는 연산의 종류를 열거하여라.

2. 주어진 정수 1부터 15까지의 전집합과 A={2, 4, 6, 8, 10}, B={1, 3, 5, 7}, C={3, 6, 7, 14}에 대하여 다음을 구하여라.
   (1) $A \cup B$ (2) $A \cap B$
   (3) $(A \cup B) \cap C$ (4) $A \triangle C$
   (5) $B-C$ (6) $C-B$
   (7) $(A \cup B)-C$ (8) $(A \cap B) \cup C$
   (9) $\overline{A}$ (10) $\overline{(A-C)} \cup A \cap B$ (11) $B \cap \overline{C}$

3. 임의의 두 집합 A와 B에 대한 합집합을 교집합과 보집합으로 나타내어라. 또한 교집합은 합집합과 보집합으로 나타내어라.

4. A=(a1, a2, …, an), B=(b1, b2, …, bn)을 순서 리스트라 하고 ai=bi(1≤i<j)이고 ai<bi이거나 $a_i=b_i(1 \le i \le n)$이면서 $n<m$일 때 $A<B$가 된다. $A<B$, $A=B$, $A>B$에 따라서 -1,0,+1을 복귀하는 프로그램을 작성하여라.

5. a(0··n), b(−1··n, 1··m), c(−n··0, 2)의 배열에 얼마나 많은 값들을 저장할 수 있는지를 구하여라.

6. 숫자들의 배열 a[1··n]에서 중앙값(median)을 구하는 C프로그램을 작성하여라.

7. 하위 삼각 행렬(lower triangular matrix) a[1··n, 1··n]에서 a[i, j]는 i<j일 때 0으로 정의 된다. 이러한 행렬에 속하는 0이 아닌 요소의 개수는 얼마인가? 또 이러한 행렬을 순차적으로 저장하는 방법을 보이고 $i \ge j$일 때 a[i, j]의 위치를 구하는 알고리즘을 작성하여라. 같은 방법으로 상위 삼각 행렬(upper triangular matrix)을 정의하고 앞의 과정을 반복하여라.

8. 집합 {차영진, 민현경, 김학사}의 8개의 부분 집합들을 구하고, 이들을 구하는 C 프로그램을 작성하여라.

9. 신속한 전치 행렬을 구하는 알고리즘의 연산 시간과 소요되는 기억 공간을 계산하여라.

10. atom의 수가 n인 순서 리스트에서 삽입과 제거에 필요한 atom의 이동 횟수는 얼마인지 계산하여라.

11. 복소수 행렬(complex-valued matrix) A는 두 실수 행렬 C, D의 쌍의 행렬(pair of matrices) (C, D)로 나타낸다고 하자. 2개의 복소수 행렬 (C, D)와 (E, F)의 곱을 계산하는 프로그램을 작성하여라. 곱은 $(C, D)*(E, F)=(C+D_i)*(E+F_i)=(CE-DF)+(CF+DE)_i$로 나타낸다. 또 행렬의 크기를 n×n이라 할 때 필요한 덧셈과 곱셈의 수를 구하여라.

12. 배열 a가 열 우선 순서로 저장되어 있고, 기준 번지(base address)가 48번지이며, 각 요소의 길이가 4 바이트일 때, 지정하는 요소의 번지를 계산하여라.
   (1) 배열 a[1··30]에서 a[13]의 번지
   (2) 배열 a[-5··14]에서 a[0]의 번지
   (3) 배열 a[2, 3]에서 a[1, 2]의 번지
   (4) 배열 a[-2··3, 0··6]에서 a[1, 5]의 번지
   (5) 배열 a[4, 5, 6]에서 a[2, 3, 4]의 번지
   (6) 배열 a[-1··3, 4··7, 0··5]에서 a[1, 3, 4]의 번지

13. 배열 b가 행 우선 순서로 저장되어 있을 때, 기준 번지가 a이고, 각 요소의 길이가 c일 경우, 지정하는 요소의 번지를 계산식으로 표현하여라.
   (1) 배열 $b[n]$일 때 $b[i]$의 번지
   (2) 배열 $b[m \cdot\cdot n]$일 때 $b[i]$의 번지
   (3) 배열 $b[m, n]$일 때 $b[i, j]$의 번지
   (4) 배열 $b[m_1 \cdot\cdot m_2, n_1, n_2]$일 때 $b[i, j]$의 번지
   (5) 배열 $b[l, m, n]$일 때 $b[i, j, k]$의 번지
   (6) 배열 $b[l_1 \cdot\cdot u_1, l_2 \cdot\cdot u_2, l_3 \cdot\cdot u_3]$일 때 $b[i, j, k]$의 번지

14. 다음과 같이 정의된 배열의 요소는 모두 몇 개인지 계산하여 보아라.
   (1) k [-3··.5, 4··6]
   (2) k [0··6, 7··8, -5··-4]
   (3) $k\ [l, m, n]$
   (4) $k\ [l_1 \cdot\cdot u_1, l_2 \cdot\cdot u_2]$
   (5) $k\ [l_1 \cdot\cdot u_1, l_2 \cdot\cdot u_2, l_3 \cdot\cdot u_3]$

15. 희소 행렬(sparse matrix)을 2차원 배열로 표현하는 경우의 장단점을 설명하고, 소요 공간을 줄이기 위한 효율적인 표현 방법을 들어라.

Chapter

04 큐

4.1 큐의 개념과 조작

4.1.1 큐의 개념

큐(queue)는 뒤(rear)라고 부르는 한쪽 끝에서 추가가 이루어지고 앞(front)이라고 부르는 반대쪽에서 삭제가 이루어지는 제한적인 특수 형태의 자료 구조이다.

예를 들어 A, B, C, D, E, F, G가 순차적으로 입력된 상태를 나타내면 〈그림 4.1〉과 같다.

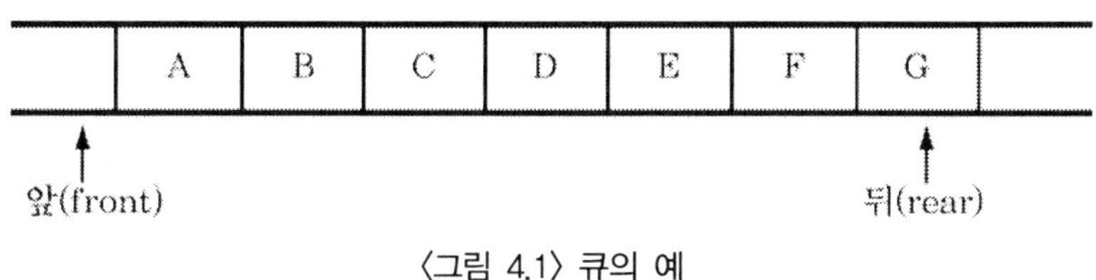

〈그림 4.1〉 큐의 예

〈그림 4.1〉에서 보는 바와 같이 최종적으로 입력된 G가 저장된 요소의 뒤가 되고, 최초로 입력된 A의 왼쪽 요소를 가리키는 포인터가 앞이 된다. 따라서 이 상태에서 새로운 입력이 발생하면 뒤의 값을 1 증가시킨 위치에 입력하고, 삭제가 발생하면 앞의 값을 1 증가시킨 위치의 요소를 삭제한다.

큐는 고정적이 아니라 항상 그 상태가 변하는 동적 자료의 모임이다. 큐에서는 먼저 입력된 요소가 먼저 삭제되도록 운영되기 때문에 선입 선출 리스트(FIFO list : first in first out list)라고 부른다.

큐는 우리 일상생활에서 흔히 접하는 상황이 많다 예를 들면 은행이나 우체국 등에서 서비스를 받을 때, 먼저 도착한 손님이 먼저 서비스를 받고, 나중에 도착한 손님은 기다리는 손님들의 뒤에 서서 대기한다. 따라서 큐처럼 앞의 사람이 대기하고 있는 열에서 먼저 제거되고, 새로운 손님은 뒤에 입력된다. 또 컴퓨터 시스템에서 일괄 처리 작업을 행하는 경우 작업의 스케줄링 시에 그 실행 순서는 먼저 입력된 작업부터 순차적으로 실행되어 작업 큐에서 제거되며 새로 입력되는 작업은 작업 큐의 뒤에 추가된다.

예를 들어 작업 J_1, J_2, J_3가 차례로 작업 큐에 입력되고, 작업 J_1의 실행이 완료된 후, 다시 작업 J_4가 입력되며, 다시 작업 J_2가 실행이 완료된다면 큐의 상태는 〈그림 4.2〉와 같이 된다.

							front	rear
큐의 초기 상태							0	0
작업J_1 의 입력	J_1						0	1
작업J_2 의 입력	J_1	J_2					0	2
작업J_3 의 입력	J_1	J_2	J_3				0	3
작업J_1 의 출력		J_2	J_3				1	3
작업J_4 의 입력		J_2	J_3	J_4			1	4
작업J_2 의 출력			J_3	J_4			2	4

〈그림 4.2〉 작업 큐의 상태 변화

4.1.2 큐의 조작

큐에 대하여 적용되는 연산은 다음과 같이 5가지로 정의할 수 있다.

① CREATE*Q*() : 하나의 공백 큐를 생성한다.

② *EMPTYQ*(q) : 큐 q가 공백이면 true, 그렇지 않으면 false라는 논리값을 돌려준다.

③ ADDQ(*i*, *q*) : 큐 q의 뒤(rear)에 새로운 요소 *i*를 추가한다.

④ DELETEQ(q) : 큐 q의 앞(front) 요소를 제거한다.

⑤ FRONTQ(*q*) : 큐 *q*의 앞 요소를 복사한다.

이상과 같은 연산을 바탕으로 큐를 추상적 자료 형으로 표현하기 위한 함수 집합을 정의 하면 다음과 같다.

- CREATEQ( ) → queue
- EMPTYQ(queue) → boolean
- ADDQ(item, queue) → queue
- DELETEQ(queue) → queue
- FRONTQ(queue) → item

여기에서 함수 ADDQ는 뒤의 값을 증가시켜 새로운 item을 입력한 후의 queue를 출력으로 제공하고, DELETEQ는 앞의 값을 1 증가시킨 위치의 요소를 제거한 후의 queue를 돌려준다. 그러나 FRONTQ는 앞(front)의 값을 1 증가시킨 위치의 item을 돌려주지만 실제 앞의 값은 변하지 않는다.

큐에 대한 연산의 의미를 나타내는 공리 집합을 몇 가지 정의하면 다음과 같다.

- EMPTYQ(CREATEQ) ::=true
- EMPTYQ(ADD(*i*, *q*)) ::=false
- DELETEQ(CREATEQ) ::=error
- DELETEQ(ADDQ(i, *q*)) ::=

  if EMPTYQ(*q*) **then** CREATEQ

  else ADDQ(*i*, DELETEQ(*q*))
- FRONTQ(CREATEQ) ::=error
- FRONTQ(ADDQ(i, *q*)) ::=

  if EMPTYQ(*q*) **then** *i*

  else FRONTQ(*q*)

큐의 연산에 대한 예로서 큐의 초기 상태가 〈그림 4.1〉과 같을 때, 다음과 같은 연산을 차례로 실행하면 큐의 상태는 〈그림 4.3〉과 같이 변화된다.

① ADDQ(H, queue) ② DELETEQ(queue) ③ DELETEQ(queue)
④ DELETEQ(queue) ⑤ ADDQ(I, queue) ⑥ FRONTQ(queue)
⑦ DELETEQ(queue)

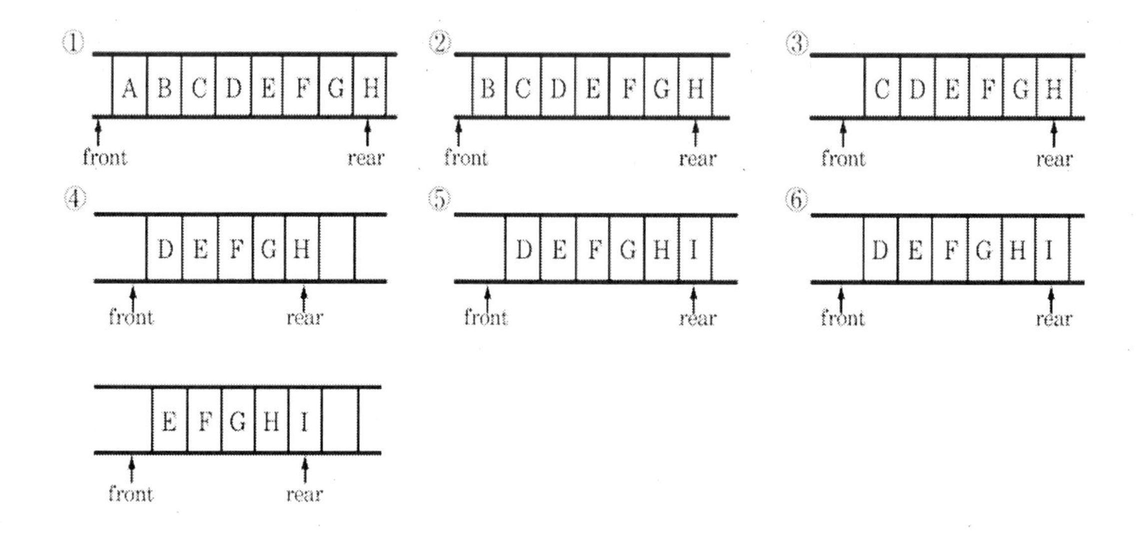

〈그림 4.3〉 큐의 상태 변화

4.2 큐의 알고리즘

4.2.1 큐의 생성

큐는 유한한 1차원 배열로 표현할 수 있는데, 이 때 1차원 배열 $q[n]$ 외에도 2개의 변수 front와 rear가 필요하다.

큐를 1차원 배열로 정의하면 다음 알고리즘과 같은데, 일반적으로 front는 큐의 맨 앞의 요소보다 1이 작은 위치를 가리키고, rear는 맨 뒤쪽의 요소를 가리키므로 공백 큐의 생성에서 초기 조건은 front=rear=−1이 된다.

【알고리즘 4.1】 큐의 생성

```
#define MAX_QUEUE_SIZE 100
typedef struct {
        int key;
        /* other fields */
        } element;
element queue[MAX_QUEUE_SIZE];
int rear = -1;
int front = -1;
```

4.2.2 큐의 공백 검사와 복사

큐가 공백일 경우에는 front와 rear의 값이 동일한 경우이므로 이것을 조건으로 하는 if 문에 의하여 공백 검사를 할 수 있는데, 다음과 같은 함수로 정의할 수 있다.

【알고리즘 4.2】 큐의 공백 검사

```
typedef enum {false, true} Boolean;
Boolean EMPTYQ(int front, int rear)
{
   if (front == rear)
       return true;
   else
       return false;
}
```

큐의 맨 앞에 위치한 요소를 복사하는 작업은 [알고리즘 4.3]과 같은 함수로서 실행할 수 있는데, 실제로 front가 가리키는 것은 하나 작은 위치를 가리키므로 [front+1]의 위치에 있는 값을 복사한다.

만일 공백 큐라면 오류가 되므로 먼저 공백 큐의 여부를 검사한 후 복사하는데, 이 함수는 큐의 제거와는 달리 front의 값은 변하지 않는다.

【알고리즘 4.3】 큐의 복사

```
int FRONTQ(int front)
{
  if EMPTYQ(front, rear)  error();
  else  return  queue[front+1];
}
```

4.2.3 큐의 추가와 삭제

큐는 FIFO 리스트이므로 추가는 rear 쪽에서 행해지고, 삭제는 front쪽에서 이루어진다. rear는 마지막으로 추가된 요소를 가리키므로 새로운 값을 추가하고자 할 때에는 rear를 1을 증가시킨 후에 실행하고, 삭제할 때에는 front가 제거될 요소의 1이 작은 위치를 가리키고 있으므로 front에 1을 증가시킨 후에 제거한다.

추가할 때 rear=n−1이면 큐는 full의 상태가 되고, 삭제할 때에 front=rear이면 공백 큐이므로 해당 메시지를 출력한다.

큐의 추가와 삭제 함수를 보이면 다음과 같다.

【알고리즘 4.4】 큐의 추가

```
void ADDQ(int rear, element x)
/* 큐에 새로운 항목 X를 추가한다. */
{
  if (rear == MAX_QUEUE_SIZE-1)
      queue_full();
  else
      queue[++rear] = x;
}
```

【알고리즘 4.5】 큐의 삭제

```
element DELETEQ(int front, int rear)
/* 큐의 앞에서 한 원소를 삭제한다. */
{
  if (front == rear)
      return queue_empty();
  return queue[++front];
}
```

큐에 추가하는 함수에서 rear=n−1일 때, 반드시 큐가 full인 상태가 아님에 유의하여야 한다. 왜냐하면 front와 rear는 삭제와 추가가 행해질 때마다 증가되므로 rear=n−1일지라도 front=−1이 아닌 한 queuefull이 아니다. 이는 q[0]~q[front]의 영역은 공백이기 때문이다.

따라서 이런 경우에는

q[0]	←	q[front+1]
q[1]	←	q[front+2]
q[2]	←	q[front+3]
	⋮	
q[n−front−2]	←	q[rear]

로 이동시켜 q[rear+1]~q[n−1]을 공백화시킨 후, 새로운 요소를 추가하여야 한다. 따라서 선형 큐의 운영을 이와 같은 방법으로 할 때에는 최악의 경우 추가가 행해질 때마다 전체 내용을 왼쪽으로 이동시키는 작업이 따르므로 상당한 처리 시간을 필요로 하여 비능률적이다.

4.3 환상 큐

4.3.1 환상 큐의 표현

선형 큐에 새로운 항목을 추가할 때 rear=n−1이라고 해서 반드시 큐에 n개의 항목이 들어있는 것이 아니므로 큐의 앞에 공간이 있을 때 q[front+1]~q[n−1]의 내용을 왼쪽으로 이동시키는 데 따르는 노력을 제거하기 위하여 고안된 것이 환상 큐(circular queue)이다.

환상 큐는 1차원 배열 q[n]을 원형으로 간주하여 표현하는 것인데 큐의 연산을 편리하게 할 수 있도록 보통 배열을 〈그림 4.4〉와 같이 q[n]으로 선언한다. 이런 방법으로 큐를 표현하면 $q[n-1]$의 다음 요소는 q[0]이 된다.

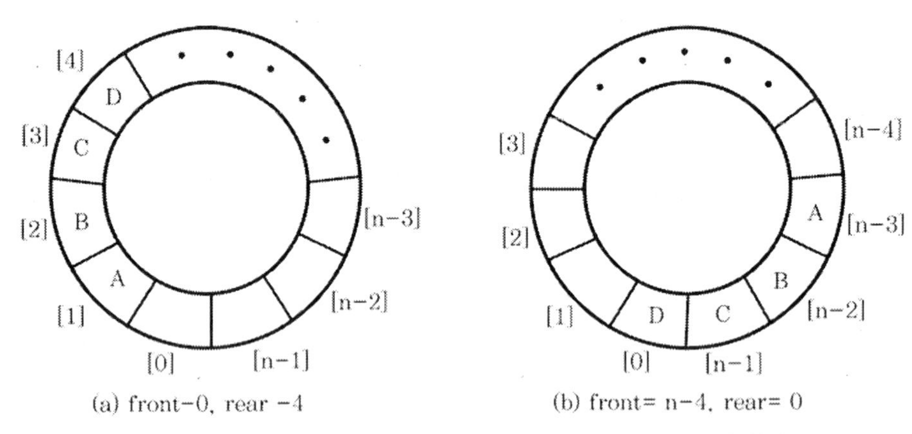

(a) front=0, rear =4　　(b) front= n-4, rear= 0

〈그림 4.4〉 4개의 항목 A, B, C, D를 가진 환상 큐의 두 가지 형태

〈그림 4.4〉와 같은 환상 큐에서는 front와 rear가 항상 시계 방향으로 증가하게 되고, 초기 상태는 front=rear=0으로 설정하며, front==rear일 때 큐는 공백이 된다.

4.3.2 환상 큐 알고리즘

큐를 원형으로 표현하여 환상 큐를 만들면 큐에 대한 추가와 삭제 함수가 약간 바뀌게 된다.

새로운 요소의 추가 시에 rear=n−1이면 rear포인터를 다음 요소인 0으로 하여야 하고, 그렇지 않을 때에는 rear+1로 하여야 하기 때문에

```
if(rear==n-1) rear=0;
        else rear++;
```

로 처리해야 한다는 문제가 발생한다.

이 문제는 나머지를 계산하는 모듈로(modulo) 연산자를 사용하여

```
rear=rear++%n
```

으로 단순화시킬 수 있다. 마찬가지로 삭제 시에도 front를 시계 방향으로 한 자리씩 이동시켜야 하므로

```
front= front++%n
```

으로 실행시킬 수 있다.

환상 큐의 추가와 삭제 함수를 나타내면 다음과 같다.

【알고리즘 4.6】 환상 큐의 추가

```
void ADDQ(int rear, element x)
/* 큐에 새로운 항목 x를 추가한다. */
{
  if (front == rear)
      return queue_empty();
  rear = (rear + 1) % MAX_QUEUE_SIZE;
  queue[rear] = x;
}
```

【알고리즘 4.7】 환상 큐의 삭제

```
element DELETEQ(int front, int rear)
{
  if (front == rear)
        return  queue_empty();
  front = (front + 1) % MAX_QUEUE_SIZE;
  return  queue[front];
}
```

환상 큐의 추가와 삭제 함수에서 특기할 만한 것은 full과 empty를 검사하기 위한 조건이 같다는 사실이다. 그러나 ADDQ의 경우 front=near일 때 큐의 맨 앞의 요소는 *q*[front]가 아니고 시계 방향으로 한 자리 앞쪽에 있기 때문에 큐는 실제로 공백 상태이다. 이 때 여기에 하나의 요소를 추가하면 front=rear가 되므로 full과 empty 상태의 구별이 되지 않는다.

이런 문제를 해결하기 위해서 두 가지 상태의 구별을 위한 별도의 변수 flag를 두어 관리할 수 있는데, 이 방법은 번거로우므로 보통 n개의 요소로 구성된 환상 큐에서 $n-1$개의 요소만을 사용하는 방법을 채택한다. 이는 기억 장소 하나를 잃기는 하지만 함수의 속도를 증가시키는 결과를 얻는다.

4.4 데 크

4.4.1 데크의 개념

데크(deque)는 double ended queue의 약자로, 양쪽 끝에서 추가와 삭제가 가능한 선형 리스트로서 LIFIFO(last in first in first out) 리스트라고도 부른다.

〈그림 4.5〉와 같이 양쪽 끝에 각기 1개씩의 포인터를 두고, 어느 쪽에서라도 추가와 삭제를 할 수 있다.

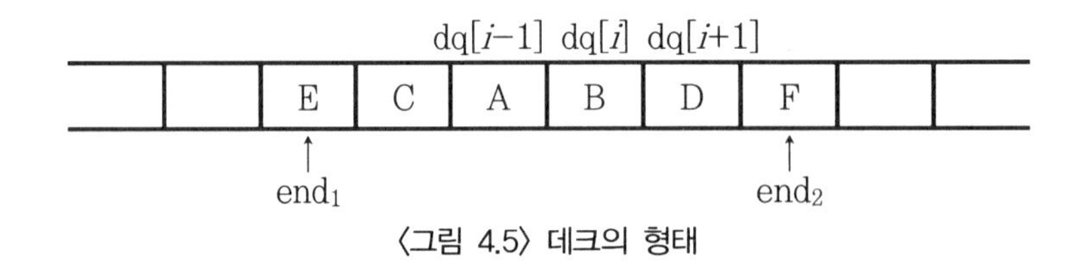

〈그림 4.5〉 데크의 형태

〈그림 4.5〉에서 왼쪽 끝에 새로운 요소를 추가할 때에는 $dq[end_1-1]$에 추가하고, 삭제할 때에는 $dq[end_1]$의 요소를 삭제한다. 마찬가지로 오른쪽 끝에 추가하고자 할 때에는 $dq[end_2+1]$의 위치에 새로운 요소를 추가하고, 삭제하고자 할 때에는 $dq[end_2]$의 요소를 삭제한 후 end_2의 포인터를 1 감소시킨다.

4.4.2 데크의 종류

데크가 원칙적으로 양쪽 끝에 각기 포인터를 두어 입출력이 되지만 입출력에 제한을 두어 운영하는 경우가 있는데, 데크에 어떤 제한을 가하느냐에 따라 두 가지 종류가 있다.

하나는 입력이 한쪽 끝에서만 행해지도록 하는 입력 제한 데크(input restricted deque)이고, 다른 하나는 출력이 한쪽 끝에서만 행해지도록 하는 출력 제한 데크(output restricted deque)이다. 입력 제한 데크를 스크롤(scroll)이라고도 하고, 출력 제한 데크를 셀프(shelf)라고도 한다.

Exercise

1. n개의 요소를 가진 1차원 배열 $q[n]$을 큐로 이용한다고 하자. 앞(front)을 F, 뒤(rear)를 R라 할 때 큐에 있는 원소의 개수를 n, F, R을 이용하여 계산하는 식을 나타내어라.

2. 큐가 1차원 배열로 정의되어 있을 때 삭제와 추가를 수행하는 데 걸리는 시간을 "big-oh"로 나타내어라.

3. 4개의 저장 공간을 갖는 큐가 있을 때 다음과 같은 순서로 추가와 삭제가 행해진다면 언제 오버플로우가 발생하는가?

   A 입력 → B 입력 → A 삭제 → C 입력 → B 삭제 → D 입력 → E 입력

4. 길이가 n인 큐에서, 앞과 뒤의 포인터를 각각 F, R라 할 때 오버플로우가 일어나는 경우를 나타내어라. 또 언더플로우는 언제 일어나는가?

5. 환상 큐(circular queue)는 $q[n]$을 원형으로 간주하여 표현한 것이다. 이것은 선형 큐에 비하여 어떤 장점이 있는가?

6. 환상 큐 $q[n]$에서 i번째의 원소를 삭제하는 함수를 작성하여라.

7. 배열 $q[101]$은 큐를 나타내고 $q[0]$은 앞(front), $q[1]$은 뒤(rear) 그리고 $q[2]$에서 $q[101]$은 큐의 속한 값들을 나타낸다고 하자. 이 큐를 초기화(empty queue)하고 값을 삭제하는 함수를 작성하여라.

8. 큐를 사용하여 피보나치(Fibonacci)수를 효과적으로 나타낼 수 있다. 초기의 값이 큐의 $f(0)$와 $f(1)$에 저장되어 있다고 할 때 $f(i)$를 구하는 프로그램을 작성하여라.

9. 데크(deque)의 종류를 들고 그 성격을 기술하여라.

10. 1차원 배열을 이용하여 데크를 나타내고, 양쪽 끝에서 추가와 삭제를 하는 함수를 작성하여라.

11. m 개의 큐를 배열 A(1‥n)에 순차적으로 대응시키는 자료 형태를 구하여라. 또 A에 있는 각 큐를 원형 큐로 나타내어라. 이 큐들에 대하여 추가, 삭제, Queue-Full의 함수를 작성하여라. (단, $n > m$ 이다.)

12. 큐의 각 요소가 틀린 개수의 정수(integer)들로 구성되어 있을 때 이 큐를 C로 나타내어라.

13. n개의 저장 공간을 갖는 선형 큐에서 $R=n$ 일 경우라 하더라도 $F=0$ 이 아니면 새로운 자료가 입력되어도 오버플로우로 처리하지 않는다. 이 때 어떤 처리를 하여야 하는지를 설명하여라.

14. 환상 큐의 크기가 n 일 때 삽입과 삭제를 위하여 R과 F를 계산하는 방법을 설명하여라.

15. 선형 큐 대신에 환상 큐를 사용하는 주목적을 설명하여라.

Chapter

05 스 택

5.1 스택의 개념과 조작

5.1.1 스택의 개념

스택은 일종의 순서 리스트로서, 리스트를 구성하는 각각의 원소에 대한 조작에 일정한 제한을 가한 특수한 자료 객체이다.

순서 리스트

$$A = (a_1, a_2, \dots, a_n), n \geqq 0$$

있을 때, 톱(top)이라 불리는 한쪽 끝에서만 모든 삽입(insertion)과 삭제(deletion)가 행해지는 자료 구조가 스택이다. 위의 리스트 A에서 a_i는 요소(atom 또는 element)이고, n=0일 때는 공백 리스트(null list 또는 empty list)이다.

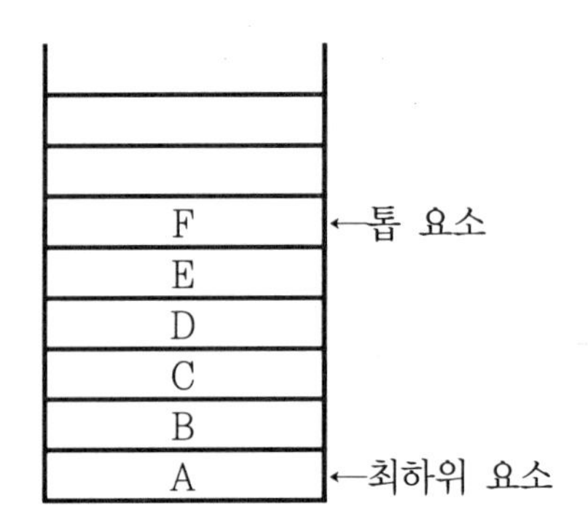

〈그림 5.1〉 스택의 구조

하나의 스택 $S=(a_1,a_2,\cdots,a_n)$이 있을 때, a_1을 최하위 요소(bottommost element)라 하고 a_i를 $a_{i-1}(1<i\le n)$의 톱 요소(top element)라고 한다. 〈그림 5.1〉과 같은 스택이 있을 때, 스택에 입력된 순서는 A, B, C, D, E, F로 이루어진 것인데, 여기에서 F가 톱 요소이며, A가 최하위 요소이다.

스택은 고정적이 아니라 항상 변하는 동적인 자료 객체의 모임인데, 이는 마치 선반 위에 놓여 있는 접시 더미에 접시를 하나씩 올려놓거나 또는 하나씩 내려놓는 일의 형태와 같이 동작된다. 이와 같이 스택의 조작은 항상 최종적으로 입력된 마지막 요소가 먼저 제거되므로 스택을 후입 선출 리스트(LIFO list : last in first out list)라고 부른다.

스택은 흔히 컴퓨터 프로그래밍에서 함수의 호출과 복귀를 위한 번지의 관리에서 사용되는데 〈그림 5.2〉와 같이 어떤 프로그램이 4개의 함수로 만들어졌다고 하자.

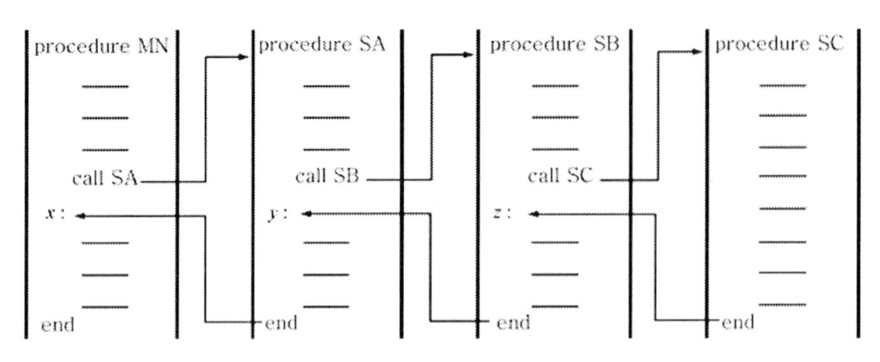

〈그림 5.2〉 프로시저의 호출과 복귀

함수 MN의 실행 중 call SA를 만나면 복귀 번지 x를 스택에 입력하고 제어를 함수 SA로 옮긴다. 함수 SA의 실행 중 call SB를 만나면 다시 복귀 번지 y를 스택에 입력하고 제어를 함수 SB로 옮기며, SB의 실행 중 call SC를 만났을 때 복귀 번지 z를 스택에 입력한다. 제어가 함수 SC로 옮겨져 실행을 완료하고 end 문을 만나면 스택의 톱 요소인 z를 제거한 후 함수 SB의 실행을 계속한다. SB의 실행을 끝내고 end 문을 만나면 스택에서 y를 제거하고 SA로 제어가 옮겨져 y부터 실행을 계속한다. 이 때 SA의 end 문을 만나면 스택에서 x를 제거하고, 제어는 MN으로 옮겨져 함수 MN의 실행을 계속한다. 함수 MN의 실행을 완료하고 복귀할 번지가 w라 가정할 때 〈그림 5.2〉에 따른 복귀 번지를 관리하는 스택의 변화를 나타내면 〈그림 5.3〉과 같다.

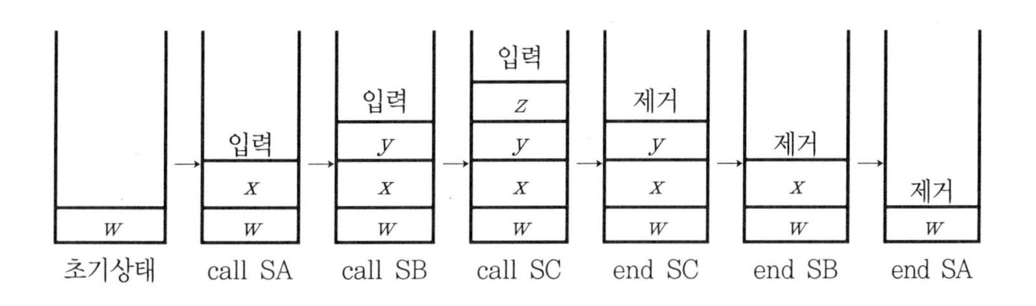

〈그림 5.3〉 스택에 의한 복귀 번지의 관리

5.1.2 스택의 조작

스택을 추상적 자료 형으로 표현하기 위하여 함수 집합 F와 공리 집합 A를 나타내 보자. 우선 함수 집합 A를 정의하기 위하여 스택 stk에 관련된 조작(operation)은 다음과 같다.

① CREATE() : 새로운 스택 stk를 생성하고, 초기 스택의 특성인 공백 스택(empty stack)을 돌려준다.

② EMPTY(stk) : 스택 stk가 공백인가의 여부를 검사하여 참 또는 거짓의 논리값(boolean value)을 출력한다.

③ PUSH(*i*, *stk*) : 스택 stk의 톱에 요소 *i*를 입력한다.

④ POP(*stk*) : 스택 *stk*의 톱 요소를 제거한 후에 새로운 스택을 되돌려 준다.

⑤ COPY(*stk*) : 스택 *stk*의 톱 요소를 복사하여 출력한다.

위와 같은 조작에 따른 함수 집합 F는 다음과 같이 정의할 수 있다.

- CREATE( ) → stk
- EMPTY(stk) → boolean
- PUSH(i, *stk*) → *stk*
- POP(*stk*) → stk

- COPY(*stk*) → item

stk가 스택이고, i가 item이라 할 때, 공리 집합 A를 열거하면 다음과 같다.

- EMPTY(CREATE) ::= true
- EMPTY(PUSH(i, stk)) ::= false
- POP(CREATE) ::= error
- POP(PUSH(i, stk)) ::= stk
- COPY(CREATE) ::= error
- COPY(PUSH(i, stk)) ::= i

스택의 조작에 대한 예로 〈그림 5.1〉에 다음 연산을 실행하면 〈그림 5.4〉와 같이 스택의 상태 변화가 이루어진다.

① PUSH(G, stk)　　② POP(stk)　　③ POP(stk)
① PUSH(H, stk)　　⑤ PUSH(I, stk)　　⑥ POP(stk)
⑦ POP(stk)

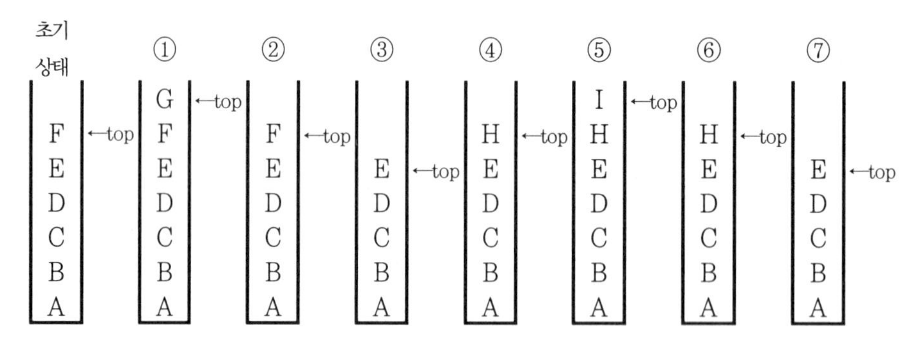

〈그림 5.4〉 스택의 상태 변화

5.2 스택의 알고리즘

5.2.1 스택의 생성

스택을 생성하는 가장 단순한 방법은 1차원 배열을 사용하는 것이다. 예를 들어 최대 *n*개의 요소를 사용할 수 있는 하나의 스택 stack을 1차원 배열로 생성하고자 한다면 다음과 같은 함수로 정의할 수 있다.

【알고리즘 5.1】 공백 스택의 생성

```
#define MAX_STACK_SIZE 100
typedef struct {
        int key;
        /* other fields */
        } element;
element stack[MAX_STACK_SIZE];
int top = -1;
```

위의 예의 스택에서 MAX_STACK_SIZE는 stack에서 허용되는 요소의 최대수가 되고, 첫번째 요소는 stack[0]에 저장되며, 두번째 요소는 stack[1]에 저장된다. 그리고 *i*번째 요소는 stack[*i*−1]에 저장된다. 또 변수 top은 스택 stack의 최상위 요소를 가리키게 된다.

5.2.2 스택의 공백 검사와 복사

스택의 공백 여부를 검사하는 함수는 [알고리즘 5.2]와 같고, 스택의 복사는 [알고리즘 5.3]과 같은 함수로 표현된다.

【알고리즘 5.2】 스택의 공백 검사

```
Boolean EMPTY(int top)
{
  if (top < 0)
      return true;
  return false;
}
```

[알고리즘 5.2]에서 top이 0 보다 작으면 스택 stack가 공백이므로 true를 돌려주고, 그렇지 않으면 공백이 아니므로 false 값을 돌려준다.

【알고리즘 5.3】 스택의 복사

```
element COPY(int top)
{
  if (top < 0)
      return stack_empty();
  return stack[top];
}
```

스택의 복사는 항상 최상위 요소를 복사하는 것이므로 top<0 일 때에는 공백 스택이라서 오류가 되고, top<0가 아닐 때에는 스택의 stack의 톱 요소를 복사한다. 이 때 top의 값은 변하지 않음에 유의하여야 한다.

5.2.3 스택의 추가

스택에 새로운 요소를 추가하고자 할 때에는 항상 톱 쪽에서 행함으로써 현재의 톱 값을 1 증가시킨 후 톱이 가리키는 곳에 추가시킨다. 이 때, 이미 스택이 꽉 차 있으면, 즉 top= n−1일 경우에는 문제가 발생한다. 이런 경우에는 스택의 크기를 증가시킨 후 프로그램을 다시 실행 시켜야 한다.

스택에 새로운 요소를 추가시키는 함수는 다음과 같다.

【알고리즘 5.4】 스택의 추가

```
void PUSH(int top, element item)
{
  if (top == MAX_STACK_SIZE) {
      stack_full();
  }
  stack[++top] = item;
}
```

5.2.4 스택의 삭제

스택에서 하나의 요소를 삭제하고자 할 때에는 톱이 가리키고 있는 요소를 제거하여야 한다. 만일 top=-1일 때에는 현재 스택은 공백 상태이므로 스택이 'empty' 상태임을 나타내고, 그렇지 않을 경우에는 톱 요소를 삭제한 후 톱의 값을 1 감소시킨다.

스택에서 요소를 삭제하는 함수는 다음과 같다.

【알고리즘 5.5】 스택의 삭제

```
element POP(int top)
{
  if (top == -1)
        return stack_empty();
  return stack[top--];
}
```

공백 스택의 검사는 (top== -1) 대신에 'EMPTY(top)'로 기술하여도 된다. 삭제되는 요소의 값을 복귀하고 top 값을 감소시킨다.

5.3 수식의 표현과 계산

5.3.1 수식의 구성과 연산 순서

수식은 피연산자(operand), 연산자(operator) 그리고 연산의 우선순위를 결정하는 구분자(delimiter)로 구성된다.

예를 들어, 산술식

EX=W*X↑3-Y/Z+W*8

이 있을 때 W, X, Y, Z, 3, 8 등은 피연산자이고, *, ↑, -, /, +는 연산자이며, 괄호가 구분자이다.

대부분의 프로그래밍 언어에는 여러 가지 종류의 기본적인 연산자들이 정의되어 있는데, 산술연산자(arithmetic operator)는 +, -, *, /, ↑를 비롯하여 unary+, unary-, mod, ceil, floor가 있고, 관계 연산자(relational operator)로는 <, =, >, !=, >=, <= 등이 있으며, 논리 연산자

(logical operator)인 not, and, or 등도 있다.

이들 연산자의 우선순위는 프로그래밍 언어에서 정의되어 있는데 C언어에서 정의된 우선순위는 〈표 5.1〉과 같다. 단, 연산자 ↑은 오른쪽에서 왼쪽으로 계산하는 연산을 설명하기 위하여 첨가하였다.

〈표 5.1〉 C에서 정의된 연산자의 우선순위

연 산 자	우선순위
↑. unary+, unary−, !	4
*, /, %, &&	3
+, _, | |	2
〈, 〈=, ==, !=, 〉, 〉=	1

수식의 의미를 이해하는 데 있어서는 먼저 연산이 수행되는 순서가 결정되어야 하는데, 〈표 5.1〉에서와 같이 우선순위가 정의된 경우에는 우선순위가 높은 것부터 순차적으로 연산되고, 우선순위가 같은 경우에는 왼쪽에서 오른쪽으로 연산이 진행된다. 다만 ↑의 경우는 오른쪽에서 왼쪽으로 연산이 진행되므로 A↑B↑C는 (A↑(B↑C))로 해석하여 연산된다.

예를 들어 앞에 제시한 수식에서 피연산자 W, X, Y, Z가 각각 6, 3, 12, 4이면 연산 결과는

EX = 6*(3↑3)−(12/4)+(6*8)

= (6*27)−3+48

= 162−3+48 = 207

이 된다.

물론 정의된 연산 순서를 변경하고자 할 때에는 괄호를 사용하여 그 우선순위를 표시하면 된다.

앞의 수식의 연산 순서에 따라 괄호를 사용하여 표현하면

EX =(((W*(X↑3))−(Y/Z))+(W*8))

로 된다.

5.3.2 수식의 표현법과 계산

스택을 이용하여 수식을 계산하는 과정은 컴파일러나 어셈블러에서 자주 나타나는데, 이것은 여러 가지 종류의 스택을 응용하는 방법을 잘 보여 주는 좋은 예이다.

스택을 이용하여 수식을 계산하는 방법을 이해하기 위하여 간단한 수식을 가지고 그 표현 방법과 계산에 대하여 생각해 보자.

두 변수 A, B에 대한 합을 구하는 C언어의 수식은

C=A+B

로 나타낸다. 여기에서 연산자 +를 피연산자 A와 B 사이에 기술하여 그 합을 A+B로 표현하고 있는데, 이런 표현 방법을 중위 표기법(infix notation)이라고 한다. 일상생활이나 고급 프로그래밍 언어에서는 대부분 이런 중위 표기법을 사용하고 있으나, 수식의 표현법에는 연산자를 피연산자의 앞에 기술하는 전위 표기법(prefix notation)과 연산자를 피연산자의 뒤에 기술하는 후위 표기법(postfix notation)이 있다.

예를 들어 중위 표기법으로 표현된 수식 C=A+B를 전위 표기법으로 나타내면

C=+AB

가 되고, 후위 표기법으로 나타내면

C=AB+

가 된다.

전위 표기법과 후위 표기법에 의하여 기술한 수식은 좀 어색해 보이지만 스택을 이용하여 수식의 값을 계산하는 컴퓨터의 입장에서는 보다 간단히 계산할 수 있다는 장점이 있다.

좀 더 복잡한 수식을 생각해 보자. 중위 표기법으로 써진 수식 A+B*C를 계산할 때에는 덧셈과 곱셈 중에 어느 것을 먼저 실행하여야 할 것인지를 결정하여야 한다. 괄호가 없을 경우, 연산자의 우선순위에 따라 곱셈을 먼저 실행하여야 하므로 A+B*C는

A+(B*C)

로 괄호를 사용하여 연산 순서를 나타낼 수 있다.

〈표 5.1〉에서 우선순위에 따라 수식 A+B*C를 후위 표기법에 의해 단계별로 나타내면

① A+B*C 중위 표기법　　② A+(B*C) 곱셈을 강조

③ A+(BC*) 곱셈을 변환　　④ A(BC*)+ 덧셈을 변환

⑤ ABC*+ 후위 표기법

이 된다.

중위 표기법에 의한 수식이 전위 표기법과 후위 표기법에 의하여 변환된 예를 몇 개 더 들면 〈표 5.2〉와 같다.

〈표 5.2〉 표기법상의 상호 관계

중위 표기법	전위 표기법	후위표기법
A+B−C	−+ABC	AB+C−
(A+B)*(C−D)	*+AB−CD	AB+CD−*
A↑B*C−D+E/F/(G+H)	+−*↑ABCD//EF+GH	AB↑C*D−EF/GH+/+

수식이 후위 표기법으로 변환되면 수식은 괄호를 가지지 않게 되고, 연산의 순서는 표현된 연산자의 순서를 따르게 된다. 따라서 후위 표기법으로 표현된 수식을 연산함에 있어서는 연산자를 만날 때마다 그 앞의 2개의 피연산자를 대상으로 연산하여 그 결과를 임시로 정의된 피연산자에 저장하면서 연산이 진행된다.

예를 들어 앞에서 보였던 수식

EX=W*X↑3−Y/Z+W*8

을 예로, 우선 후위 표기법인

EX=WX3↑*YZ/−W8*+

로 변환한 후 임시 피연산자 T_i, $i \geq 1$에 저장한다면 〈표 5.3〉과 같은 과정을 거쳐 연산이 이루어진다.

〈표 5.3〉 후위 표기 수식의 연산 과정

연산(operation)	후위 표기(postfix)
	WX3↑*YZ/−W8*+
① T_1=X↑3	WT_1*YZ/−W8*+
② T_2=W*T_1	T_2YZ/−W8*+
③ T_3=Y/Z	T_2T_3−W8*+
④ T_4=T_2−T_3	T_4W8*+
⑤ T_5=W*8	T_4T_5+
⑥ T_6=T_4+T_5	T_6→EX

〈표 5.3〉에서 보인 연산 과정에 따라 후위 표기법으로 나타낸 수식을 연산하는 함수를 생각해 보자.

컴파일러에 의하여 중위 표기법으로 입력된 수식이 후위 표기법으로 변환되면 스택을 이용하여 [알고리즘 5.6]과 같은 함수에 의하여 용이하게 계산할 수 있다.

즉 후위 표기법으로 표현된 수식에서 피연산자 또는 연산자를 1개씩 읽어서, 읽은 토큰(token)이 피연산자이면 스택에 입력하고, 연산자이면 스택에서 2개의 피연산자를 꺼내어 연산한 후 그 결과를 다시 스택에 입력하는 일을 반복하여 스택에 최종 결과만 남게 되었을 때 실행을 종료한다.

【알고리즘 5.6】 후위 표기법 수식으로 변환 및 계산

```
#include <stdlib>
typedef enum {lparen, rparen, plus, minus, times, divide,
  mod, eos, operand} precedence;
int EVAL(void)
/* 후위 표기식으로 표현된 수식을 계산한다. 단, 수식의 끝은 '#'으로
나타내고 피연산자는 한 문자로 되어 있다고 가정한다. */
{
  precedence token;
  char symbol;
  int n;
  int op1, op2, top=-1;
  token = get_token(&symbol, &n);
  while (token != '#') {
        if (token == operand)
            PUSH(top, atoi(&symbol));
        else  {
            /* 두 개의 피연산자를 제거하여 연산을 행한 후 스택에 넣는다. */
        op2 = POP(top);
        op1 = POP(top);
        switch (token)  {
           case plus:  PUSH(top, op1+op2);
                             break;
           case minus:  PUSH(top, op1-op2);
                        break;
           case times:  PUSH(top, op1*op2);
                         break;
           case divide:  PUSH(top, op1/op2);
                          break;
           case mod:  PUSH(top, op1%op2);
        }
```

```
            }
            token = get_token(&symbol, &n);
    }
    return POP(top);
}
```

후위 표기법으로 된 수식 24↑5*382/+-#를 위의 함수에 의하여 계산하는 과정은 〈표 5.4〉와 같다.

〈표 5.4〉 스택을 이용한 수식 계산 과정

x	op1	op2	value	stk
2				2
4				2 4
↑	2	4	16	16
5				16 5
*	16	5	80	80
3				80 3
8				80 3 8
2				80 3 8 2
/	8	2	4	80 3 4
+	4	3	7	80 7
−	80	7	73	73
#				return 73

〈표 5.4〉에서와 같이 입력된 symbol *x*가 피연산자이면 스택에 입력하고, 연산자이면 스택에 있는 2개의 피연산자를 꺼내어 입력된 연산자에 의해 계산해서 그 결과를 스택에 다시 입력하는 작업을 반복한다. 입력된 x가 "#"일 때에는 실행을 중지하고, 이 때 스택에 남아 있는 값이 최종 연산 결과이므로 이 값을 되돌려 준다.

5.3.3 수식의 변환

수식을 후위 표기법에 의하여 표현하면 괄호의 사용이 불필요하고, 또 연산자의 우선순위를 고려할 필요가 없기 때문에 연산 알고리즘이 단순해진다는 장점이 있으므로 대부분의 컴파일러는 입력된 중위 표기식을 후위 표기식으로 변환하도록 설계되어 있다.

그러면 중위 표기법으로 된 수식을 후위 표기법의 수식으로 변환하는 알고리즘을 생각해 보기로 한다.

우선 간단한 중위 표기법의 수식 A+B*C를 후위 표기법의 수식 ABC*+로 변환하는 방법을 스택을 이용하여 알아본다.

입력된 수식에서 하나하나의 토큰을 입력하여 그것이 피연산자이면 출력하고, 연산자이면 스택에 있는 연산자와 비교하여 출력 여부를 결정한다. 이 때, 입력된 연산자의 우선순위가 스택에 있는 연산자의 우선순위보다 작거나 같으면 스택의 연산자를 출력하고, 그렇지 않으면 입력된 연산자는 스택에 추가한다. 입력된 수식의 모든 토큰을 읽어 처리한 후에 스택의 값들을 차례로 제거하여 출력하면 후위 표기법의 수식을 얻게 된다.

이런 방법을 적용하면 입력된 수식 A+B*C에서 먼저 A를 읽어 출력하고, +를 읽어 스택에 넣으며, 다음 B를 읽어 출력하고, *를 읽는다. 이 때 스택의 연산자보다 읽은 연산자의 우선순위가 높으므로 *를 스택에 넣는다. 다시 C를 읽어 출력하고 나면 더 읽을 토큰이 없으므로 스택에서 *와 +를 차례로 꺼내어 출력하면 ABC*+를 얻게 된다.

〈표 5.5〉 스택을 이용한 수식의 변환 과정

읽은 토큰	스 택	출 력
none	empty	none
A	empty	A
+	+	A
B	+	AB
*	+*	AB
C	+*	ABC
	+	ABC*
	empty	ABC*+

【알고리즘 5.7】 후위 표기법의 수식으로의 변환

```
void POSTFIX(void)
/* 중위 표기시식으로 되어 있는 수식을 후위표기식으로 바꾼다 */
{
 Precedence token;
 char symbol;
 int n = 0, top = 0;
 stack[0] = '#';
 token = get_token(&symbol, &n);
 while (token != '#') {
 /* #는 수식의 끝을 나타낸다. */
         if (token == operand)  printf("%c", symbol);
         else if (token == rparen) {
             while (stack[top] != lparen)
                     print_token(POP(top));
             POP(top);
         }
         else {
             while (PRCD(stack[top], token))
```

```
                    print_token(POP(top));
                PUSH(top, token);
            }
            token = get_token(&symbol, &n);
    }
    while ((token=POP(top)) != '#')
        print_token(token);
}
```

[알고리즘 5.7]의 함수를 사용하여 중위 표기법의 수식

A*B↑D+E/(F+A*D)+C

를 후위 표기법의 수식으로 변환하는 과정을 나타내면 〈표 5.6〉과 같다.

〈표 5.6〉의 변환 과정에서 우괄호가 입력되었을 때는 스택에 있는 연산자들을 좌괄호를 만날 때까지 차례로 출력함에 유의하여야 한다. 이 함수의 수행 시간은 중위 표기법의 수식을 한번만 읽으므로 $O(n)$의 시간이 소요된다.

참고로 중위 표기식을 후위 표기식으로 변환하는 또 다른 방법을 소개하고자 한다. 이 방법은 먼저 수식을 완전히 괄호를 사용하여 표시한 후, 모든 연산자를 그와 대응하는 괄호의 맨 오른쪽에 위치하도록 옮기고, 괄호를 벗겨 없애는 과정으로 변환하는 것이다.

예를 들어, 중위 표기식

A*B↑C+D/E−F*G

가 있을 때, 우선 괄호를 사용하여 표시하면

(((A*(B↑C))+(D/E))−(F*G))

와 같은 형태가 된다. 이 수식에서 연산자를 대응하는 괄호의 맨 오른쪽으로 옮긴 후 괄호를 제거하면

(((A * (B ↑ C)) + (D / E)) − (F * G))

ABC↑*DE/+FG*−

와 같은 후위 표기법의 수식이 얻어진다.

〈표 5.6〉 수식의 변환 과정

nextsymbol	opstk	post
	empty	none
A		A
*	*	A
B	*	AB
↑	* ↑	AB
D	* ↑	ABD
+	*	ABD ↑
	+	ABD ↑ *
E	+	ABD ↑ *E
/	+/	ABD ↑ *E
(	+/(	ABD ↑ *E
F	+/(	ABD ↑ *EF
+	+/(+	ABD ↑ *EF
A	+/(+	ABD ↑ *EFA
*	+/(+*	ABD ↑ *EFA
D	+/(+*	ABD ↑ *EFAD
)	+/(+	ABD ↑ *EFAD*
	+/	ABD ↑ *EFAD*+
+	+	ABD ↑ *EFAD*+/
	+	ABD ↑ *EFAD*+/+
C	+	ABD ↑ *EFAD*+/+C
#		ABD ↑ *EFAD*+/+C+

5.4 다중 스택

5.4.1 다중 스택의 운영

이제까지 1개의 스택을 1차원 배열로 표현하는 단일 스택에 대하여 살펴보았는데, 만일 여러 개의 스택을 필요로 할 경우에는 어떻게 해야 할 것인지에 대하여 알아보고자 한다.

하나의 1차원 배열 $s[m]$을 이용하여 2개의 스택만을 표현하고자 한다면 $s[0]$을 제 1스택의 최하위 요소로 하여 $s[m]$쪽으로 톱을 증가시켜 나아가고, $s[m]$을 제 2스택의 최하위 요소로 정하여 $s[0]$쪽으로 톱을 증가시켜 나아가면 간단히 해결된다. 그러므로 이 경우에는 배열 s를 2개의 스택이 전체 공간을 효율적으로 활용할 수 있게 된다.

그러나 둘 이상의 n개의 스택을 배열 $s[m]$에 표현하고자 할 때에는 처음에 각각의 스택이 필요로 하는 크기만큼씩 분할하여 사용한다. 그러나 각 스택이 필요로 하는 크기에 대한 정보가 없을 때에는 편의상 n개의 스택이 같은 크기가 되도록 $s[m]$을 균등하게 분할한다.

$s[m]$을 n개의 스택으로 균등 분할하면 각 스택 i에 대하여 $b[i]$는 그 스택의 최하위 요소보다 하나 작은 위치를 나타낸다.

또 각 스택의 $t[i](1 \leq i \leq n)$는 스택 i의 최상위 요소를 나타내도록 하면 i번째 스택이 공백일 때 경계 조건 $b[i]=t[i]$를 사용한다.

i번째 스택이 $i+1$ 번째 스택의 왼쪽 위치에 있다고 가정하면 i번째 스택의 $b[i]$와 $t[i]$는 다음과 같은 초기값을 갖는다.

$$b[i] = t[i] = \lfloor m/n \rfloor, \ 1 \leq i \leq n$$

따라서 스택의 운영 과정에서 스택 i는 $b[i]+1$의 요소부터 $b[i+1]$번째 요소까지를 사용하게 된다.

이제까지 설명한 방법으로 다중 스택을 운영할 때, i번째 스택에 추가하거나 삭제하는 함수를 나타내면 다음 알고리즘과 같다. 여기에서는 알고리즘을 단순화시키기 위하여 $b[n+1]=m-1$으로 정의한다.

【알고리즘 5.8】 i번째 스택의 추가

```
void PUSH(int i, element item)
/* i번째 스택에 item을 추가한다. */
{
    if (top[i] == b[i+1])
        stack_full(i);
    else
        s[++top[i]] = item;
}
```

【알고리즘 5.9】 i번째 스택의 삭제

```
element pop(int i)
/* i번째 스택에서 한 원소를 삭제한다. */
{
    if (top[i] == b[i])
        return  stack_empty(i);
    return s[top[i]--];
}
```

5.4.2 스택의 크기 조정

동일한 크기의 다중 스택을 운영함에 있어서 어떤 스택의 상태가 더 이상의 공간이 없어 stack-full 상태가 되었다고 하더라도 대개의 경우 $s[m]$ 전체가 공간이 없는 상태라고 할 수 없다. 즉 i번째 스택이 full인 경우 1번 스택부터 $i-1$번째 스택 사이와 $i+1$번째 스택에서부터 n번째 스택에는 공간이 있을 수 있으므로 이것을 확인하여 i번째 스택에 빈 공간을 제공해 줄 수 있도록 스택의 조정 작업을 해야 한다.

예를 들어 $s[m]$으로 n개의 스택을 운영하는 경우의 초기 상태가 〈그림 5.5〉와 같고, 스택의 운영 과정에서 추가와 삭제가 계속적으로 행하여진 어느 시점의 상태가 〈그림 5.6〉과 같다고 하자.

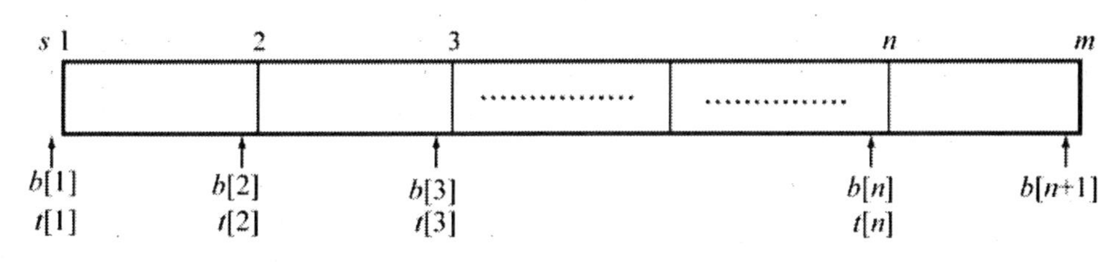

〈그림 5.5〉 s[m]을 n개의 스택으로 분할했을 때의 초기 상태

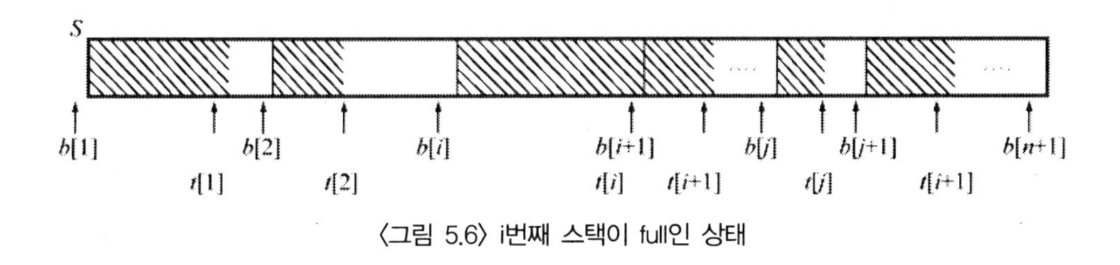

〈그림 5.6〉 i번째 스택이 full인 상태

〈그림 5.6〉에서 보는 바와 같이 i번째 스택에는 빈 공간이 없으나 s내의 다른 스택에는 아직 공간이 있는 상태이다. 이 상태에서 i번째 스택에 PUSH 함수를 실행하면 stackfull이 되므로, 이 때 다음과 같은 과정을 통하여 i번째 스택에 빈 공간을 제공해 준다.

① 스택 j와 $j+1$사이에 있는 최소의 j스택을 찾는다. 여기에서 j는 $i \langle j \leqq n$의 조건 내에 있으며, j번째 스택에 공간이 있다는 것은 $t[j] \langle b[j+1]$의 조건을 만족하는 경우이다. 만약 조건에 맞는 스택 j가 존재하면 스택 $i+1$, $i+2 \cdots \cdot j$를 오른쪽으로 한 자리씩 옮겨서 스택 i와 스택 $i+1$ 사이에 공간을 만든다.

② 스택 i의 오른쪽에 ①의 조건을 만족하는 스택이 없으면 이번에는 스택 i의 왼쪽을 조사한다. 이 때는 j가 $1 \leqq j \langle i$인 스택 j와 스택 $j+1$ 사이에 빈공간이 있는 최대 j를 찾는다. 이런 j스택은 $t[j] \langle b[j+1]$ 조건을 만족한다. 이와 같은 j가 존재하면 스택 $j+1$, $j+2, \cdots \cdot$, i 스택을 왼쪽으로 옮겨서 스택 i와 $i+1$ 사이에 빈 공간을 만든다.

③ 위의 두 가지 경우 중 어느 하나도 만족하는 j가 없으면 s의 m개 공간은 모두 사용되고 있는 경우이므로 빈 공간은 없다.

실제로 하나의 1차원 배열상에서 여러 개의 다중 스택을 운영하는 일은 스택의 조정에 많은 시간이 소요되므로 일반적으로 뒤에서 학습하게 될 연결 스택을 사용한다.

Exercise

1. 함수 push, pop, top, empty등을 이용하여 다음의 연산들을 수행하는 절차를 기술하여라.

(1) 스택의 top에 있는 2개의 요소를 제거하고 변수 *i*에 스택의 count에서 두 번째에 있는 값을 넣어라.

(2) 변수 *i*에 스택의 count에서 두 번째에 있는 요소의 값을 넣고 스택은 변형시키지 않는다.

(3) 주어진 정수 *n*에 대하여, 스택의 top에서 *n*번째에 있는 요소의 값을 *i*에 넣고 스택은 변형시키지 않는다.

2. 다음 수식을 후위 표기법(postfix notation)에 의한 수식으로 나타내어라.

(1) A↑B↑C

(2) (A+B)*D+E/(F+A*D)+C

(3) A↑(−B)−C*(C*D)

3. 후위 표기식을 계산하는 함수를 이용하여 다음의 수식을 계산하여라. (단 A=1, B=2, C=3으로 가정한다.)

(1) AB+C−BA+C↑− (↑는 지수)

(2) ABC+*CBA−+*

4. 후위 표기식 AB2↑*CD/+E8*−의 계산을 스택을 이용하여 실행할 때 스택의 상태를 순차적으로 나타내어라.

5. 중위 표기식 X−Y*Z를 스택을 이용하여 후위 표기식으로 변환할 때 그 과정을 표로 나타내어라.

6. 스택을 이용하여 5개의 자료 A, B, C, D, E의 순열 중 하나인 C, D, B, E, A를 얻고자 한다면, 어떤 순서로 입력과 제거가 이루어져야 하는지를 나타내어라.

7. 중위 표기식을 후위 표기식으로 변환하기 위하여 스택을 이용할 때에는 각종 연산자와 괄호에 대하여 스택 안의 우선순위와 입력으로서의 우선순위를 결정하여야 한다. 이들의 우선순위를 나타내어라.

Chapter

06 연결 리스트

6.1 단순 연결 리스트

6.1.1 연결 리스트의 개요

앞에서 배운 순서 리스트의 배열을 이용한 순차적 저장 방식의 가장 큰 문제점은 초기에 배열의 크기를 설정하기 때문에 그 일부분만 사용하거나 또는 오버플로우(overflow)가 발생한다는 점이다. 뿐만 아니라 배열의 자료를 순차적으로 탐색하는 데는 효과적이지만 새로운 요소를 삽입하거나 또는 삭제하는 작업 시에는 자료의 이동을 수반한다는 어려움이 따른다.

이러한 문제점을 해결하기 위하여 제안된 자료 구조 중의 하나가 연결 리스트(linked list)이다. 연결 리스트는 리스트에 삽입과 삭제가 용이하게 수행될 수 있도록 하기 위하여 〈그림 6.1〉과 같이 하나의 노드(node)를 자료 필드(data field)와 링크 필드(link field)로 나누어, 링크 필드에 다음 노드를 가리키는 포인터(pointer)를 기억시켜, 이것을 통해 모든 노드들을 연결한 자료 구조이다. 여기서 노드는 하나의 레코드나 요소를 의미한다.

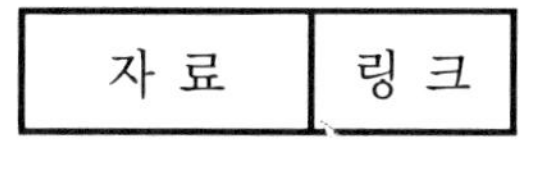

〈그림 6.1〉 노드의 구조

연결 리스트는 링크 필드만큼 기억 영역이 더 필요하지만, 새로운 요소의 삽입이나 삭제시 순서 리스트처럼 자료의 이동을 필요로 하지 않고 포인터만 변경시키면 되고, 또 연속된 기억 공간을 필요로 하지도 않는다는 장점이 있다.

여러 가지 과일(fruit)들로 구성된 리스트를 생각해 보자. 리스트 과일(딸기, 배, 복숭아, 사과, 수박, 앵두, 포도)이 있을 때, 이들은 〈그림 6.2〉와 같이 순차적인 기억 공간에 순서대로 연속된 위치에 놓이지 않고, 무작위(random)로 기억되어 있는데, 리스트의 요소들은 따로 포인터를 이용하여 나타낸다.

주소	자료	포인터	
100			
101	사 과	107	
102			
103			
104	포 도	null	←tail
105			
106	복숭아	101	
107	수 박	113	
108	배	106	
109			
110			
head→111	딸 기	108	
112			
113	앵 두	104	

〈그림 6.2〉 연결 리스트의 표현 1

리스트의 처음 요소를 가리키는 것을 헤드라 하면, 이 리스트는 딸기로부터 시작되므로 헤드는 딸기의 번지 111을 가리키고, 둘째번 요소인 배는 딸기의 포인터 값인 108에서 찾을 수 있다. 이렇게 어떤 요소의 다음 요소를 그 요소의 포인터에 의하여 모든 요소들의 논리적인 순서에 따라 차례로 찾을 수 있다. 리스트의 마지막 요소의 포인터 값은 더 이상의 요소가 없다는 것을 나타내기 위하여 null로 한다.

연결 리스트는 이해를 돕기 위하여 보통 포인터의 값을 표시하는 대신에 화살표를 사용하여 나타내는데, 〈그림 6.2〉를 화살표를 사용하여 나타내면 〈그림 6.3〉과 같다.

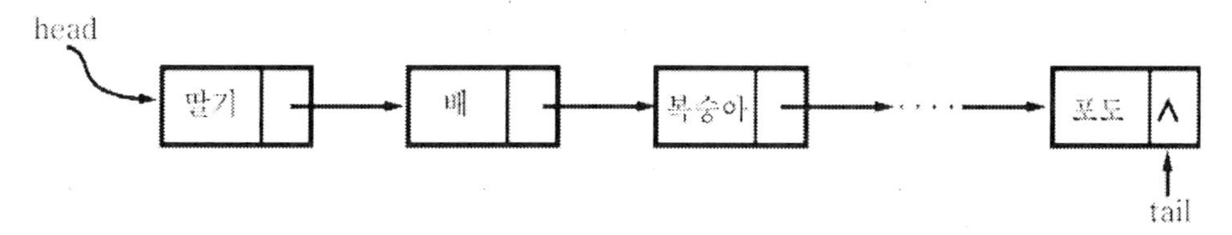

〈그림 6.3〉 연결 리스트의 표현 2

연결 리스트에는 〈그림 6.3〉과 같이 다음 요소를 가리키는 포인터만 설정하여 표현하는 단순 연결 리스트(singly linked list 또는 chain)가 있고, 그 밖에 환상 연결 리스트(circularly linked list 또는 ring) 및 이중 연결 리스트(doubly linked list) 등이 있다.

6.1.2 단순 연결 리스트의 조작

연결 리스트의 개념과 연산을 추상화 자료 형(abstract data type)으로 나타낼 수 있다. 연결 리스트에 대한 연산은 새로운 리스트의 생성, 주어진 요소의 탐색, 새로운 노드의 추가와 삭제 및 리스트의 길이를 구하는 등 다양한 것들이 있다.

연결 리스트에서 헤드(head)는 첫번째 노드를 가리키고, *p*는 리스트의 특정 노드를 가리키며, value는 자료의 값이라고 가정하여 함수들을 다음과 같이 정의해 본다.

① NEWLIST()→head : 실제 노드가 없는 공백 리스트(empty list)인 연결 리스트 head를 생성한다.

② SEARCH(head, value)→address : head가 가리키는 연결 리스트에서 value를 가진 노드의 번지를 반환한다.

③ BUILDFRONT(head)→head : 연결 리스트의 앞에 새로운 노드를 삽입한다.

④ BUILDBACK(head)→head : 연결 리스트의 끝에 새로운 노드를 첨가한다.

⑤ INSERTBEFORE(head, *p*, value)→head : 새로운 공간을 확보하여 value를 넣고, *p*앞에 새 노드를 삽입한다.

⑥ INSERTAFTER(head, *p*, value)→head : 새로운 공간을 확보하여 value를 넣고, *p*뒤에 새 노드를 삽입한다.

⑦ DELETEAT(head, *p*)→head : head가 가리키는 연결 리스트에서 *p*가 가리키는 노드를 삭제한다.

⑧ DELETEFOLLOW(head, *p*)→head : 연결 리스트 head에서 *p*의 다음에 있는 노드를 삭제한다.

⑨ GETNODE(*x*)→*x* : 새로운 기억 공간 *x*를 얻는다.

⑩ DISPOSE(p)→x : p가 가리키는 노드의 기억 공간을 반환한다.
⑪ FREE(head)→head : head가 가리키는 연결 리스트의 모든 노드를 반환한다.
⑫ SIZE(head)→integer : head가 가리키는 연결 리스트의 길이, 즉 노드의 갯수를 계산한다.

연결 리스트를 사용할 때에는 두 가지 단점이 있다. 하나는 탐색할 때 포인터를 확인하여 그 번지를 따라가야 하므로 $O(n)$의 시간이 걸리므로 배열이 $O(\log_2 n)$이 걸리는 것과 비교하여 비효율적이라는 점이고, 다른 하나는 번지지정을 위한 포인터 때문에 부차적인 공간을 필요로 한다는 점이다.

6.1.3 노드의 정의

연결 리스트의 개념은 간단하지만 실제 프로그램을 작성할 때에는 포인터의 정의에 유의하여야 한다. FORTRAN과 같은 언어에서는 포인터에 대한 개념을 가진 구조를 제공하지 않으므로 링크 필드를 위한 배열을 사용하여 모조 연결 리스트를 만들어야 한다. 그러나 Pascal이나 C언어에서는 포인터 개념을 제공하기 때문에 연결 리스트를 정의하여 사용하기 편리하다. Java 언어에서는 포인터 개념을 사용하지 않으므로 next를 다음 노드를 가리키도록 하여 포인터처럼 사용할 수 있다.

【알고리즘 6.1】 과일의 자료 구조 정의

```
#define MAX_SIZE 10
typedef struct node {
        char data[MAX_SIZE];
        struct node *link;
    } link_ptr;

link_ptr *grocery;
```

grocery에 의해 지정된 다음과 같은 필드들, 즉 grocery, grocery->data, grocery->link 등을 〈그림 6.4〉로 나타낸다.

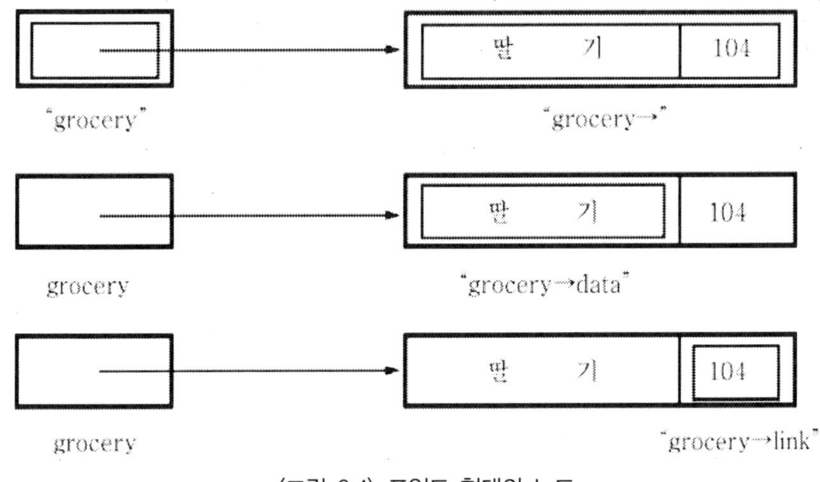

〈그림 6.4〉 포인트 형태의 노드

〈그림 6.4〉에서 grocery와 grocery->link는 포인터들이고, grocery->data는 자료 필드이며, grocery는 전체 구조체를 가리킨다.

6.1.4 노드의 삽입과 삭제

연결 리스트는 삽입과 삭제가 빈번하게 이루어지는 경우에 능률적인 동적 자료 구조로서, 크기가 불변하는 배열과는 대조적인 성격을 갖는다. 노드의 삽입과 삭제는 연결 리스트에서 관계되는 노드의 포인터 값을 변화시킴으로써 간단히 이루어진다. 그러나 연결 리스트의 탐색은 포인터를 따라 선형적으로 해야 하기 때문에 많은 시간이 걸린다.

〈그림 6.3〉과 같은 연결 리스트의 사과와 수박 사이에 살구를 삽입하는 과정을 생각해 보자. 살구를 삽입하기 위해서는 다음과 같은 절차를 수행한다.

① 현재 사용하고 있지 않은 노드를 하나 찾는다.

② 이 노드의 자료 필드에 살구를 넣는다.

③ 이 노드의 포인터 필드가 수박을 가리키게 한다.

④ 사과 노드의 포인터 필드가 새로운 노드인 살구를 가리키게 한다.

이 과정을 그림으로 표시하면 〈그림 6.5〉와 같다.

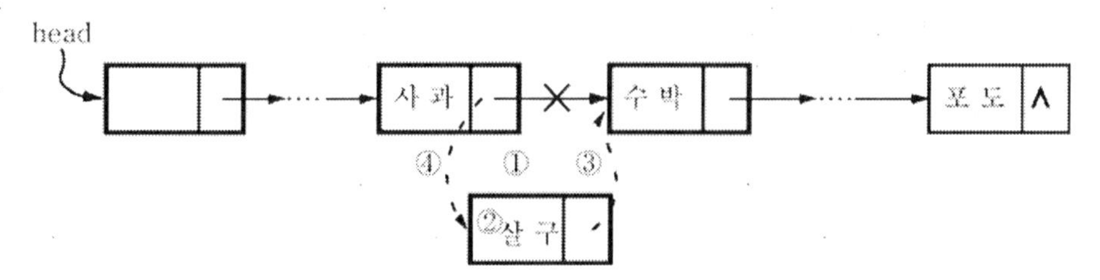

〈그림 6.5〉 연결 리스트에 새로운 노드 삽입

삽입 과정을 〈그림 6.2〉를 이용하여 설명하면 다음과 같다.

① 현재 사용하고 있지 않은 기억 장소 중 100번지를 얻는다.

② 100번지의 자료 필드에 살구를 넣는다.

③ 100번지의 포인터 필드에 101번지의 포인터 필드의 값 107을 넣는다.

④ 101번지의 포인터 필드에는 100번지를 넣는다.

이 과정을 거친 후의 상태는 〈그림 6.6〉과 같다.

〈그림 6.5〉와 〈그림 6.6〉에서와 같이 새로운 노드를 삽입하여도 어떤 노드의 이동도 발생하지 않고 포인터의 변경만이 있을 뿐이다.

이번에는 과일 리스트에서 복숭아를 삭제하는 과정을 살펴보자. 복숭아를 삭제하기 위해서는 먼저 복숭아를 가리키고 있는 노드, 즉 배를 찾아 그 노드의 포인터 필드에 복숭아 노드의 포인터 필드의 값을 넣어 주면 된다. 이렇게 되면 배는 바로 복숭아 다음의 노드인 사과를 가리키게 됨으로써 복숭아 노드가 연결 리스트에서 삭제되는 결과를 가져온다.

주소	자료	포인터	
① → 100	살 구	③ 107	
101	사 과	④ 100	
102			
103			
104	포 도	null	←tail
105			
106	복숭아	101	
107	수 박	113	
108	배	106	
109			
110			
head→111	딸 기	108	
112			
113	앵 두	104	

〈그림 6.6〉 배열에 살구를 삽입

삭제 과정을 나타내면 〈그림 6.7〉과 같다.

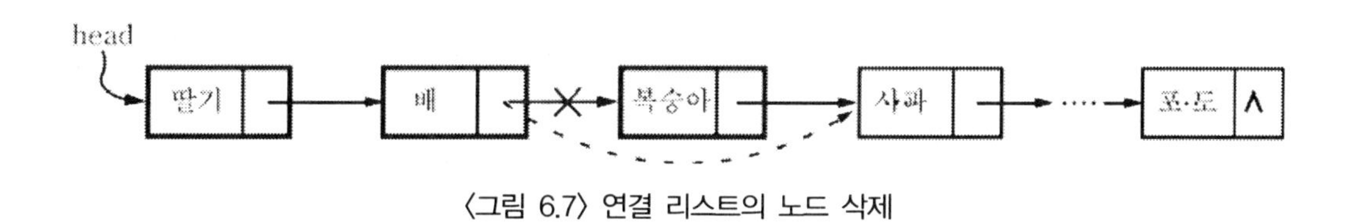

〈그림 6.7〉 연결 리스트의 노드 삭제

〈그림 6.7〉에서 복숭아의 포인터 필드가 사과를 가리키고 있지만 연결 리스트 상에서 복숭아 노드가 단절된 상태이므로 리스트를 구성하는 노드로서의 역할을 못한다.

6.1.5 노드의 생성과 제거

앞에서 연결 리스트에 새로운 노드를 삽입하거나 기존의 노드를 삭제하는 방법을 살펴보았는데, 여기에서 고려하여야 할 사항은 삽입시에 새로운 노드를 생성하는 문제와 제거된 노드를 반환하는 문제이다.

새로운 노드의 생성은 함수 malloc를 사용하는 것으로 한다. 노드의 정의에서처럼 x, y, z가 fruitpointer형이라면

```
(datatype *) malloc(sizeof (x));
```

```
(datatype *) malloc(sizeof (y));
(datatype *) malloc(sizeof (z));
```

등과 같이 정의한다. 그리고 x->, y->, z-> 이라고 표현하면 이들은 새로 생성된 노드 x, y, z를 나타낸다.

사용 중인 노드의 삭제는 free라는 함수에 의하여 제거되는데

```
free(x);
free(y);
free(z);
```

라고 정의하면 노드 x, y, z는 일단 연결 리스트에서 없어진다.

6.1.6 여러 가지 알고리즘

연결 리스트의 노드가 [알고리즘 6.1]과 같이 정의된 것으로 가정하여 각종 연산에 관련된 알고리즘을 살펴보기로 한다.

(1) 연결 리스트의 앞에 추가

만일 입력 자료의 순서가 (앵두, 수박, 사과)이고, 새로 생성한 노드의 기억 공간의 번지가 각각 (48, 24, 56) 번지라면 다음의 알고리즘에 의해서 〈그림 6.8〉과 같은 과정으로 연결 리스트가 만들어진다.

【알고리즘 6.2】 연결 리스트의 앞에 추가

```
#include <alloc.h>
#include <stdio.h>
#include <string.h>
void BUILDFRONT(link_ptr *grocery)
/* 자료를 읽어 연결리스트의 앞에 추가한다. */
{
  link_ptr *temp;
  char x[MAX_SIZE];
  grocery = (link_ptr *)malloc(sizeof(struct node));
  grocery->link = NULL;
```

```
    gets(x);
    strcpy(grocery->data, x);
    while (x[0] != '₩0') {    /*₩0는 파일의 끝을 나타낸다.*/
            temp = (link_ptr *)malloc(sizeof(struct node));
            gets(x);
            strcpy(temp->data, x);
            temp->link = grocery;
    }
}
```

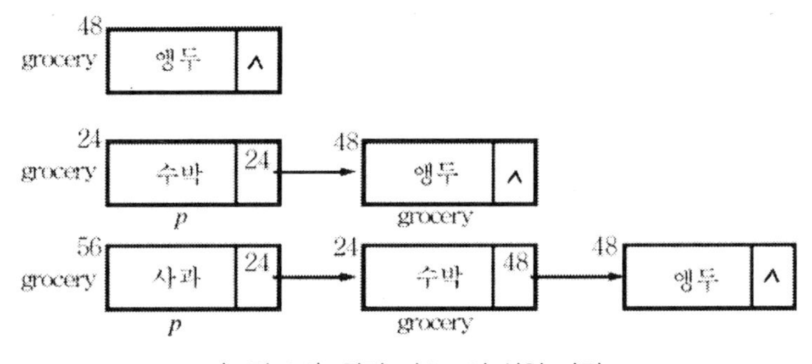

〈그림 6.8〉 연결 리스트의 삽입 과정

(2) 연결 리스트의 뒤에 추가

연결 리스트의 뒤에 새로운 노드를 추가하는 함수는 다음과 같다.

【알고리즘 6.3】 연결 리스트의 뒤에 추가

```
#include <alloc.h>
#include <stdio.h>
#include <string.h>
void BULIDBACK(link_ptr *grocery)
/* 자료를 읽어 연결리스트의 뒤에 추가한다. */
{
  link_ptr *tail, *temp;
  char x[MAX_SIZE];
```

```
    grocery = (link_ptr *)malloc(sizeof(struct node));
    gets(x);
    strcpy(grocery->data, x);
    tail = grocery;
    while (x[0] != '₩0')  {
            temp = (link_ptr *)malloc(sizeof(struct node));
            tail->link = temp;
            gets(x);
            strcpy(temp->data, x);
            tail = temp;
    }
    tail->link = NULL;
}
```

(3) 연결 리스트의 삽입

연결 리스트의 포인터가 grocery이고, 이 리스트에 새로운 노드 *x*를 *p*노드 다음에 삽입하는 알고리즘은 다음과 같다. 단 *x*노드의 자료 필드에는 "살구"를 넣는 것으로 한다.

【알고리즘 6.4】 연결 리스트의 삽입

```
#include <alloc.h>
#include <string.h>
void INSERTAFTER(link_ptr *grocery, link_ptr *p)
{
  link_ptr *temp;
  temp = (link_ptr *)malloc(sizeof(struct node));
  strcpy(temp->data, "살구");
  if (grocery == NULL) {
     grocery = temp;
     temp->link = NULL;
     }
  else {
```

```
        temp->link = p->link;
        p->link = temp;
        }
    }
```

위의 함수에서 grocery가 NULL이라면 공백 리스트이고, 실행 후에는 *x*노드 1개만 존재하므로 grocery는 *x*를 가리키며, *x*노드의 포인터는 NULL이 된다. 만일 *p*노드가 존재하면 *x*노드의 포인터는 *p*노드 포인터의 값이 기억되고, *p*노드 포인터는 *x*를 가리키게 된다.

(4) 연결 리스트의 탐색

연결 리스트 grocery를 탐색하여 특정 자료가 기억된 노드의 위치를 찾는 함수는 다음과 같다. 연결 리스트의 탐색은 첫번째 노드부터 포인터를 따라 순차적으로 모든 노드를 운행(traverse)하는 것이다.

【알고리즘 6.5】 연결 리스트의 탐색

```
#include <string.h>
void SEARCH(link_ptr *grocery, char *value, link_ptr *p)
/* p를 연결리스트의 헤드를 가리키게 하고 grocery에 있는 노드들을 차례로
방문하여 value를 갖는 노드의 번지를 반환한다. */
{
  p = grocery;
  while (strcmp(p->name, value))
        p = p->link;
}
```

위의 함수에서 while 루프를 벗어났을 때 의 *p*가 가리키는 노드가 value를 가진 노드이다.

(5) 연결 리스트의 삭제

연결 리스트 grocery에서 *p*노드의 다음 노드를 삭제하는 함수는 다음과 같다.

【알고리즘 6.6】 연결 리스트의 삭제

```
#include <alloc.h>
void DELETEFOLLOW(link_ptr *grocery, link_ptr *p)
/* 주소 p 다음에 있는 노드를 연결리스트에서 삭제한다. */
{
  link_ptr *temp;
  temp = p->link;
  p->link = temp->link;
  free(temp);
}
```

위의 함수는 p 노드의 다음 노드인 q를 삭제하여 반환하는데, 이 때 p 노드의 포인터 값은 p 노드의 다음 노드를 가리켜야 하므로 p->link=p->link->link로 처리한다. 이것 대신에 p->link=q->link로 기술하여도 결과는 같다.

(6) 연결 리스트의 역순화

하나의 연결 리스트가 오름차순으로 만들어졌다고 할 때, 이것을 내림차순의 연결 리스트로 재구성하고자 한다면 이 리스트를 역순화하면 된다. 즉 체인의 순서를 바꾸는 연산이 되는데, 이것은 포인터 3개를 적절히 이용하면 다음과 같은 함수로써 해결할 수 있다.

【알고리즘 6.7】 연결 리스트의 역순화

```
void INVERT(link_ptr *grocery)
/* 연결리스트 grocery의 노드들의 순서를 역순으로 만든다. */
{
  link_ptr *p, *q, *r;
  p = grocery;
  q = NULL;              /* q는 p를 뒤 따르게 한다. */
  while (p != NULL)  {
        r = q; q = p;    /* r은 q를 뒤 따르게 한다. */
        p = p->link;     /* p는 다음 노드로 간다. */
        q->link = r;     /* q를 전의 노드를 가리키게 한다. */
```

```
        }
        grocery = q;
    }
```

앞의 함수를 수행하면 연결 리스트 grocery의 첫번째 노드가 tail이 되어 포인터의 값이 NULL이 되고, grocery는 tail이었던 노드를 가리키게 된다. 이것을 그림으로 나타내면 〈그림6. 9〉와 같다.

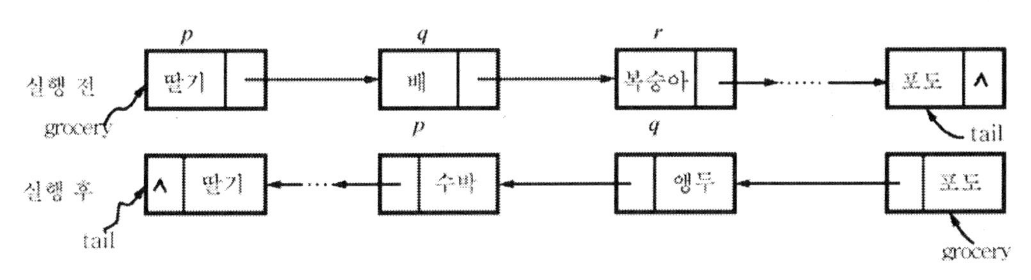

〈그림 6.9〉 연결 리스트의 역순화 형태

(7) 연결 리스트의 접합

2개의 연결 리스트의 접합(concatenate)은 하나의 연결 리스트의 tail이 다른 또 하나의 연결 리스트의 head를 가리키게 만들어 1개의 연결 리스트로 만드는 연산이다. 2개의 연결 리스트 grocery와 vegetable을 접합하는 함수는 다음과 같다.

【알고리즘 6.8】 체인의 접합

```
void CONCAT(link_ptr *grocery, link_ptr *vegetable, link_ptr *x)
{
    link_ptr *temp;
    if (grocery == NULL)
        x = vegetable;
    else {
        x = grocery;
        if (vegetable != NULL) {
            temp = x;
```

```
                while (temp->link != NULL)  temp = temp->link;
                temp->link = vegetable;
            }
        }
    }
```

만일 $grocery = (a_1, a_2, \ldots, a_n)$이고, $vegitable = (b_1, b_2, \ldots, b_m)$이면 $x = (a_1, a_2, \ldots, a_n, b_1, \ldots, b_m)$이 만들어진다.

(8) 연결 리스트의 반환

연결 리스트를 더 이상 유지할 필요가 없을 때에는 이것을 구성하고 있는 모든 노드를 반환하게 되는데, 이를 위한 함수는 다음과 같다.

【알고리즘 6.9】 체인의 반환

```
void FREE(link_ptr *grocery)
/* 연결리스트 grocery에 있는 모든 노드들의 장소를 반환한다. */
{
  link_ptr *temp;
  temp = grocery;
  while (grocery != NULL)  {
          grocery = grocery->link;
          free(temp);
          temp = grocery;
  }
}
```

6.2 환상 연결 리스트

6.2.1 환상 연결 리스트의 개요

연결 리스트의 마지막 노드의 포인터가 null인 리스트를 단순 연결 리스트 또는 체인이라고 하는 데 대하여, 리스트의 마지막 노드가 첫 노드를 가리키도록 〈그림 6.10〉과 같이 구성한 리스트를 환상 연결 리스트(circularly linked list) 또는 링(ring)이라고 한다.

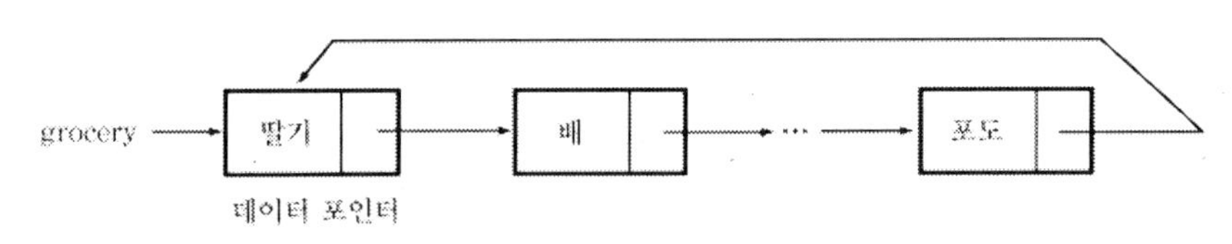

〈그림 6.10〉 환상 연결 리스트

환상 연결 리스트를 구성하면 리스트를 제거하는 경우에 노드의 수에 관계없이 일정한 시간이 걸리고, 어느 한 노드로부터 다른 노드로의 접근이 용이하다. 그러나 리스트의 한 노드를 찾을 때, 루핑(looping)의 가능성이 있으므로 헤드 노드(head node)의 설정이 필요하다.

6.2.2 환상 연결 리스트의 조작

환상 연결 리스트의 중간에 새로운 노드를 삽입하거나 특정의 노드를 삭제하는 문제는 단순 연결 리스트의 경우와 다를 바가 없다. 그러나 앞 또는 뒤에 새로운 노드를 삽입하거나 삭제 하고자 할 때에는 특별한 조치가 필요하다.

(1) 환상 연결 리스트의 삽입

〈그림 6.11〉과 같은 환상 연결 리스트의 앞에 새로운 노드를 삽입하는 문제를 생각해 보자.

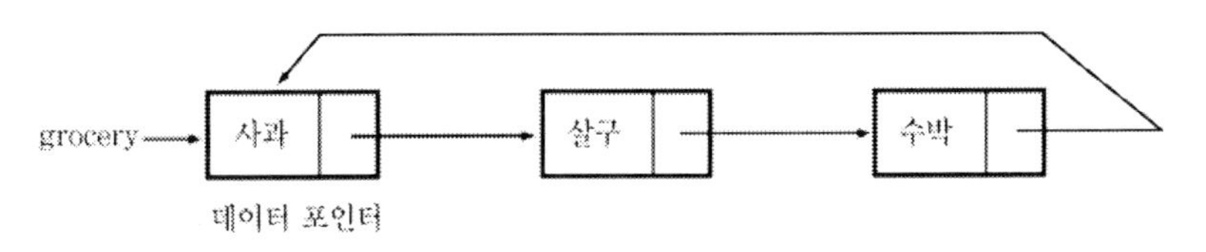

〈그림 6.11〉 환상 연결 리스트

리스트 grocery의 앞에 복숭아를 삽입하고자 한다면 수박의 포인터가 새로 삽입되는 복숭아를 가리키도록 하여야 하므로 마지막 노드인 수박이 찾아질 때까지 grocery의 모든 노드들을 차례로 검색하지 않으면 안 된다. 따라서 환상 연결 리스트의 이름 grocery가 첫번째 노드보다는 〈그림 6.12〉처럼 마지막 노드를 가리키도록 하면 편리할 것이다.

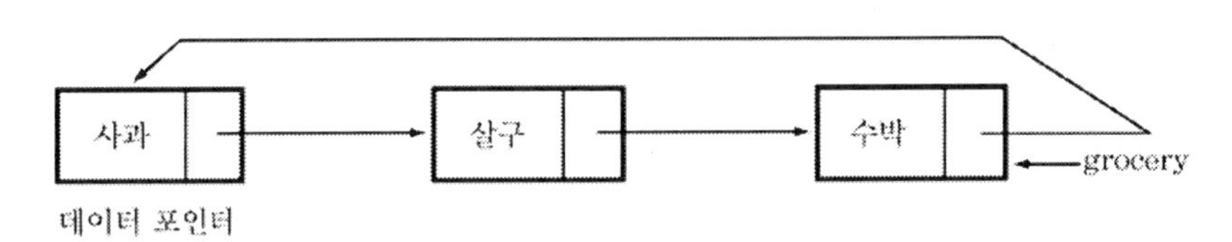

〈그림 6.12〉 환상 연결 리스트의 삽입

이렇게 하면 새로운 노드 복숭아를 앞에 삽입하고자 할 때, 삽입되는 복숭아의 포인터 필드에는 grocery가 가리키는 노드의 포인터 값을 넣어 사과를 가리키게 하고, grocery가 가리키는 노드인 수박의 포인터는 새 노드 복숭아를 가리키게 하면 삽입 절차가 끝난다.

이런 방법으로 환상 연결 리스트 앞에 새로운 노드를 삽입하는 함수는 다음과 같다.

【알고리즘 6.10】 환상 연결 리스트의 앞에 삽입

```
void INSERTFRONT(link_ptr *grocery, link_ptr *x)
/* 환상 연결리스트의 마지막 노드를 가리키는 grocery 앞에 노드 x를
   삽입한다. */
{
  if (grocery == NULL)
  {
     grocery = x;
     x->link = x;
  }
  else
  {
     x->link = grocery->link;
     grocery->link = x;
  }
}
```

만일 grocery의 뒤에 x를 삽입하고자 한다면 [알고리즘 6. 10]의 함수에서 else절에 grocery=x 라는 문장을 추가시키기만 하면 된다.

(2) 환상 연결 리스트의 삭제

환상 연결 리스트의 앞에 있는 노드를 삭제하고자 할 때에는 grocery가 가리키는 노드를 삭제하는 것이므로 grocery->link->link의 값을 grocery->link로 하기만 하면 되는데, 이것의 함수는 다음과 같다.

【알고리즘 6.11】 환상 연결 리스트의 앞 노드 삭제

```
void DELETEFRONT(link_ptr *grocery)
/* 환상 연결리스트를 가리키는 포인터 grocery의 앞의 노드를 삭제한다. */
{
  link_ptr *temp;
  if (grocery != NULL)  {
     temp = grocery->link;
     grocery->link = temp->link;
     free(temp);
  }
}
```

(3) 환상 연결 리스트의 길이 계산

환상 연결 리스트에 포함된 노드의 개수를 세는 길이 계산은 다음과 같은 함수에 의하여 할 수 있다.

【알고리즘 6.12】 환상 연결 리스트의 길이 계산

```
int SIZE(link_ptr *grocery)
{
  link_ptr *temp;
  int length =0;
  if (grocery != NULL)  {
     temp = grocery;
```

```
        do {
            length++;
            temp = temp->link;
        } while(temp != grocery);
    }
    return(length);
}
```

6.2.3 기억 장소 관리

연결 리스트의 사용 중에 어떤 노드가 삭제되면 그 노드의 기억 공간을 free에 의해 반환하고, 새로운 노드를 삽입할 때에는 malloc으로서 새로운 기억 공간을 생성하는데, 이렇게 free와 malloc를 사용하게 되면 효율이 매우 낮아진다.
이런 문제를 해결하기 위한 하나의 방법으로 일단 삭제된 노드들을 시스템에 반환하지 않고, 이들을 별도의 환상 연결 리스트로 관리한다. 따라서 일단 어떤 노드가 삭제될 때에는 여기에 첨가하고, 새로운 노드를 필요로 할 때에는 여기에서 제공한다. 단 이 리스트가 공백일 때에만 malloc으로서 생성하는 것이다.

사용 중이 아닌 노드들을 관리하는 가용 영역 리스트(available space list)를 av라고 하면 초기에는 av=NULL이며, 다음의 함수에 의하여 새로운 노드를 얻거나 또는 반환한다.

【알고리즘 6.13】 노드의 제공

```
#include <alloc.h>
void GETNODE(link_ptr *x)
/* 사용 가능한 노드를 리스트의 앞에서부터 찾아 제공한다. */
{
  if (av == NULL)
      x = (link_ptr *)malloc(sizeof(link_ptr));
  else
      x = av; av = av->link;
}
```

【알고리즘 6.14】 노드의 반환

```
void RETURN(link_ptr *x)
/* 노드 x를 리스트 av에 반환하고 앞 부분에 첨가한다. */
{
  x->link =av;
  av = x;
}
```

만일 가용 영역 리스트를 환상 연결 리스트로 관리한다면 [알고리즘 6.14]의 함수를 약간 변형시키면 된다. 사용하고 있던 하나의 환상 연결 리스트를 제거하여 av 리스트에 반환하고자 한다면 리스트의 노드 수에 관계없이 다음과 같은 함수로써 수행할 수 있다.

【알고리즘 6.15】 환상 연결 리스트의 제거

```
void CERASE(link_ptr *grocery)
/* 환상 연결리스트 grocery를 제거하여 av에 반환한다. */
{
  link_ptr *temp;
  if (grocery != NULL)  {
     temp = grocery->link;
     grocery->link = av;
     av = temp;
     grocery = NULL;
  }
}
```

이 함수에 의하여 수행되는 과정을 나타내면 〈그림 6.13〉과 같으며, 점선은 환상 연결 리스트의 제거에서 일어나는 변화를 나타낸 것이다.

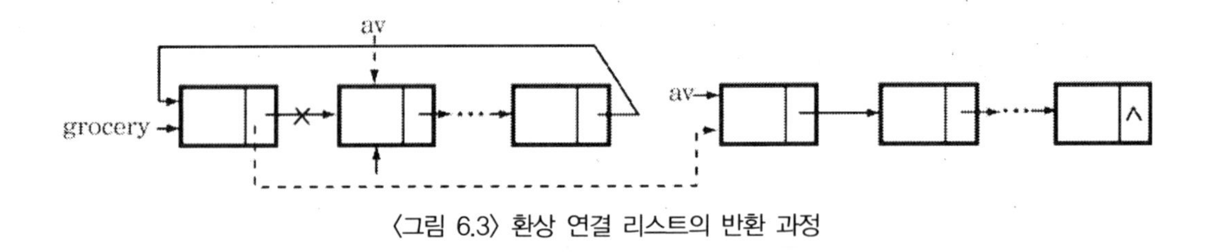

〈그림 6.3〉 환상 연결 리스트의 반환 과정

6.3 이중 연결 리스트

6.3.1 이중 연결 리스트의 개요

리스트를 구성하고 있는 노드들을 연결하기 위하여 하나의 포인터를 갖는 경우를 앞에서 살펴보았다.

그러나 각 노드는 하나의 포인터뿐만 아니라 여러 개의 포인터 필드를 가질 수 있는데, 그 대표적인 리스트가 〈그림 6.14〉와 같이 2개의 포인터 필드를 가진 이중 연결 리스트(doubly linked list)이다.

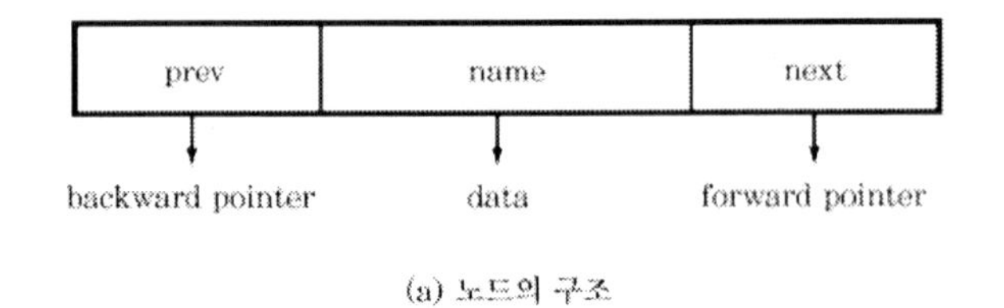

(a) 노드의 구조

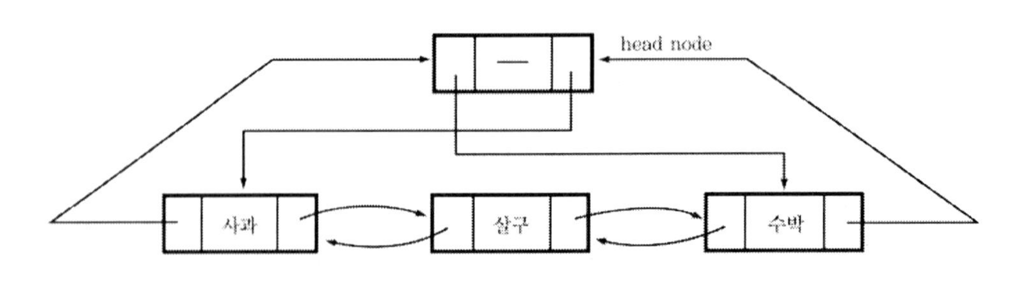

(b) 이중 연결 리스트의 구조

〈그림 6.14〉 이중 연결 리스트의 형태

이중 연결 리스트는 〈그림 6.14〉에서 보는 바와 같이 후속 노드를 가리키는 후위 포인터(forward pointer)와 선행 노드를 가리키는 전위 포인터(backward pointer)를 가지고 있기 때문에 양쪽 방향으로의 운행(traverse)이 가능하다.

단순 연결 리스트는 어떤 특정의 노드 p의 후속 노드를 찾는 데에는 어려움이 없으나 그 선행 노드를 찾기 위해서는 리스트의 처음부터 찾아야 하는 불편이 있다. 그러나 이중 연결 리스트는 현재의 노드에서 양쪽 방향으로 검색이 가능하여 운행상의 어려움이 없다. 〈그림 6.14〉의 (b)에서 보면 3개의 노드 이외에 헤드 노드를 가지고 있으므로, 공백 리스트라도 〈그림 6.15〉와 같이 실제로는 하나의 노드를 가지고 있기 때문에 알고리즘을 간단하게 해준다.

즉, p가 이중 연결 리스트의 어떤 노드를 가리킨다면

p = p->prev->next=p->next->prev

의 관계가 성립되므로 리스트에의 삽입과 삭제가 간단하고, 포인터가 파괴되었을 때 복구가 가능하다.

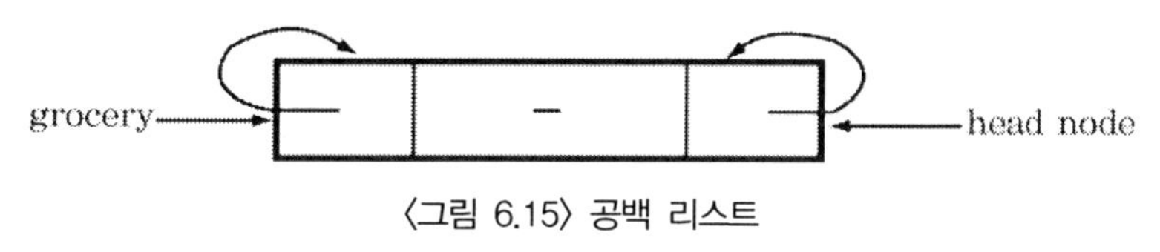

〈그림 6.15〉 공백 리스트

6.3.2 이중 연결 리스트의 조작

이중 연결 리스트에서의 삽입과 삭제 알고리즘을 기술하기 위하여 먼저 노드의 형태를 다음과 같이 정의한다.

```
typedef struct node
{
        struct node *prev;
        char fruittype[10];
        struct node *next;
} fruitptr;
```

여기에서 next는 노드의 오른쪽 포인터, 즉 forward pointer이고, prev는 노드의 왼쪽 포인터, 즉 backward pointer이다.

(1) 이중 연결 리스트의 삽입

이중 연결 리스트 grocery의 *p*노드의 뒤에 새로운 노드를 삽입하는 함수는 다음과 같다.

【알고리즘 6.16】 이중 연결 리스트의 삽입

```
#include <alloc.h>
void INSERTAFTER(fruitptr *grocery, fruitptr *p, char *value)
/* value로 주어지는 과일 이름을 노드 p 다음에 삽입한다. */
{
  fruitptr *temp;
  temp = (fruitptr *)malloc(sizeof(fruitptr));
  strcpy(temp->data, value);
  temp->prev =p;
  temp->next = p->next;
  p->next->prev = temp;
  p->next = temp;
}
```

앞의 함수에 의한 삽입 방법은 〈그림 6.16〉과 같으며, 그림에서 부여한 번호는 함수 insertAfter에 의하여 실행되는 순서를 나타낸 것이다.

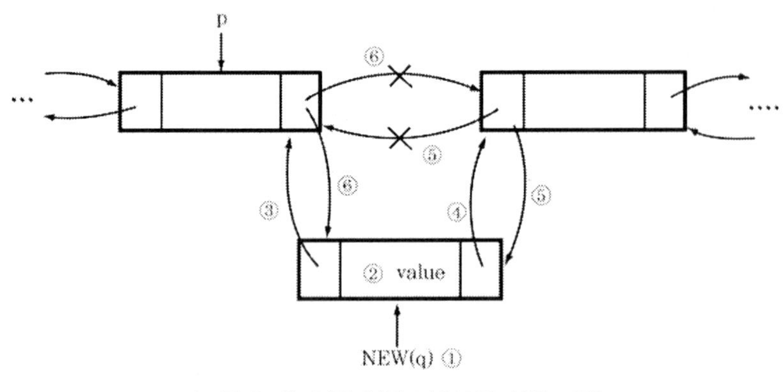

〈그림 6.16〉 이중 연결 리스트의 삽입 과정

(2) 이중 연결 리스트의 삭제

이중 연결 리스트 grocery에서 *p*노드를 삭제하는 함수는 다음과 같다.

【알고리즘 6.17】 이중 연결 리스트의 삭제

```
#include <alloc.h>
void DELETEFOLLOW(fruitptr *grocery, fruitptr *p)
/* 연결리스트 grocery에서 노드 p를 삭제한다. */
{
  if (p->next == grocery)
      empty_list();
  else {
      p->next->prev = p->prev;
      p->prev->next = p->next;
      free(p);
      }
}
```

메소드 deleteFollow에 의하여 삭제가 행해지는 과정을 나타내면 〈그림 6.17〉과 같다.

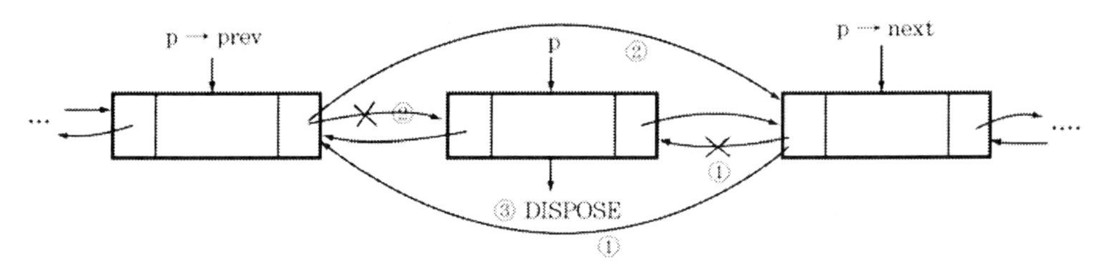

〈그림 6.17〉 이중 연결 리스트의 삭제 과정

연결 리스트의 연산에 따른 수행 시간을 생각해 보자. 리스트를 초기화하는 함수는 리스트의 크기에 관계없이 수행시간은 $O(1)$이 걸리고, 삽입과 삭제에 있어서는 리스트의 크기에 관계없이 수행시간은 $O(1)$이 소요된다. 그러므로 배열에서 $O(n)$의 시간이 걸리는 것과 비교하면 훨씬 능률이 좋다. 그러나 정렬된 리스트에서 검색 시간은 $O(n)$이 걸리기 때문에 배열에 비하여 효율이 떨어진다.

6.4 연결 스택과 연결 큐

6.4.1 연결 스택과 연결 큐의 개요

스택과 큐를 배열을 이용하여 표현하는 방법은 하나의 스택과 큐를 운영하는 경우에는 효과적이지만 여러 개의 스택과 큐를 운영할 때에는 비효율적이므로 〈그림 6.18〉과 같은 형태의 연결 리스트로 표현하여 운영하는 것이 좋다.

〈그림 6.18〉의 (a)는 top에서 추가와 삭제가 행해지고, (b)는 rear에서 추가되고 front에서 삭제된다.

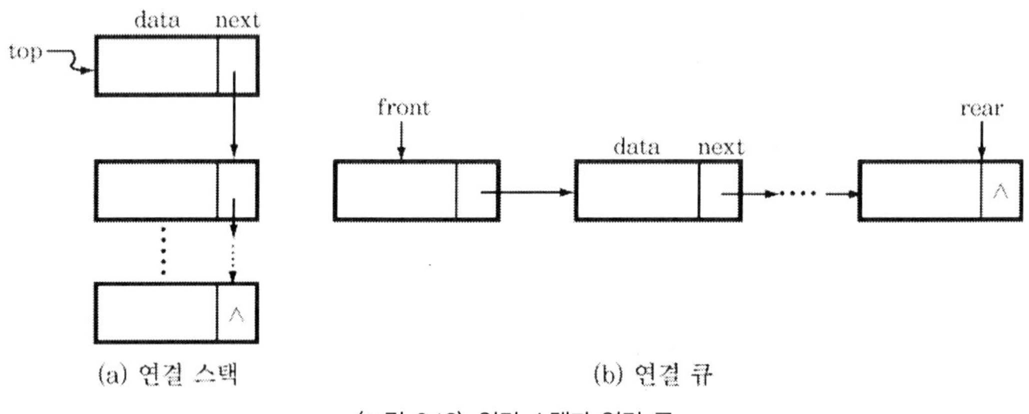

〈그림 6.18〉 연결 스택과 연결 큐

연결 스택에 새로운 노드를 추가하는 것은 연결 리스트 top의 앞에 새로운 노드를 삽입하는 것으로 생각하면 되고, 삭제는 연결 리스트의 맨 앞의 노드를 삭제하는 것으로 생각하면 된다.

또 연결 큐에 새로운 노드를 삽입하는 것은 연결 리스트의 rear에 새로운 노드를 추가하는 것과 같고, 연결 큐에서 삭제하는 것은 연결 리스트의 맨 앞의 노드를 삭제하는 것과 같다.

이제 여러 개의 스택과 큐를 사용하는 경우를 생각해 보자.

*n*개의 스택과 *m*개의 큐를 사용하기 위하여 먼저 다음과 같이 노드를 정의한다.

```
typedef struct node
{
    char data[10];
    struct node *link;
} nodeptr;
```

또 top, front, rear 등에 대하여 다음과 같이 정의한다.

top[i]=i번째 스택의 top노드, $1 \le i \le n$

front[i]=i번째 큐의 front노드, $1 \le i \le m$

rear[i]=i번째 큐의 rear노드, $1 \le i \le m$

그리고 top과 front의 초기 조건은

top(i)=NULL $1 \le i \le n$

front(i)=NULL $1 \le i \le m$

이고, 경계 조건은 다음과 같다.

top[i]=NULL i번째 스택이 empty

front[i]=NULL i번째 큐가 empty

6.4.2 연결 스택의 조작

연결 스택에 새로운 노드를 추가하는 함수는 다음과 같다.

【알고리즘 6.18】 연결 스택의 추가

```
#include <alloc.h>
#include <string.h>
void ADDSTACK(int i, char *x)
/* i번째 스택의 top에 x를 추가한다. */
{
  nodeptr *temp;
  temp = (nodeptr *)malloc(sizeof(nodeptr));
  strcpy(temp->data, x);
  temp->link = top[i];
  top[i] = temp;
}
```

함수 ADDSTACK을 수행하면 추가된 x가 top이 된다.

연결 스택에서 하나의 노드를 삭제하는 함수는 다음과 같다. 이 때 top 노드가 삭제되며, top이 가리키고 있던 노드가 새로운 top이 된다.

【알고리즘 6.19】 연결 스택의 삭제

```
#include <alloc.h>
#include <string.h>
void DELETESTACK(int i, char *x)
/* i번째 스택의 top에서 노드를 삭제한다. */
{
  nodeptr *temp;
  if (top[i] == NULL)
     empty_stack();
  else {
     temp = top[i];
     strcpy(x, temp->data);
     top[i] = temp->next;
     free(temp);
  }
}
```

여기에서 삭제된 노드의 자료 필드의 값은 x에 복사된다.

6.4.3 연결 큐의 조작

연결 큐에 새로운 노드를 추가하고 삭제하는 함수는 다음과 같다.

【알고리즘 6.20】 연결 큐의 삽입

```
#include <alloc.h>
#include <string.h>

void ADDQUEUE(int i, char *x)
/* i번째 큐의 rear에 x를 첨가한다. */
{
  nodeptr *temp;
```

```
    temp = (nodeptr *)malloc(sizeof(nodeptr));
    strcpy(temp->data, x);
    temp->link = NULL;
    if (front[i] == NULL)
        front[i] = temp;
    else
        rear[i]->link = temp;
    rear[i] = temp;
}
```

【알고리즘 6.21】 연결 큐의 삭제

```
#include <alloc.h>
#include <string.h>
void DELETEQUEUE(int i, char *x)
/* i번째 큐의 front에서 노드를 삭제하여 x를 넣는다. */
{
   nodepter *temp;
   if (front[i] == NULL)
        empty_queue();
   else {
        temp = front[i];
        front[i] = temp->link;
        strcpy(x, temp->data);
        free(temp);
   }
}
```

6.5 일반화 리스트

6.5.1 일반화 리스트의 개요

선형 리스트(linear list) A를 $A=(a_1,a_2,\dots,a_n)$으로 나타냈을 때, 이 리스트의 구성 요소는 원자(atom)에 국한되므로 $1 \le i < n$인 i에 대하여 a_i는 a_{i+1}보다 먼저 나온다. 그런데 여기에서 a_i가 원자일 수도 있으나 그 자체가 또 하나의 리스트일 경우도 생각할 수 있다. 이와 같이 리스트의 원소가 원자 또는 리스트로 구성된 것을 일반화 리스트(generalized list)라고 한다.

즉 일반화 리스트 A는 원자 또는 리스트 원소들의 유한 순차 $a_1,\cdots,\ a_n(n \ge 0)$이다. 원소 a_i $(1 \le i \le n)$가 리스트일 때 이를 A의 서브리스트(sublist)라고 한다.

$A=(a_1,a_2,\dots,a_n)$과 같이 표현했을 때, A는 리스트의 이름을 나타내고, n은 리스트의 길이이다. 보통 리스트의 이름은 대문자로 표기하고, 원소는 소문자로 표기한다. $n \ge 1$인 경우에 a_1을 A의 헤드(head)라 하고, $(a_2,\dots,a_n)$을 A의 테일(tail)이라고 한다.

일반화 리스트의 예를 들면 다음과 같다.

① D=( ) : 널(null) 또는 공백 리스트로서 길이는 0이다.

② A=(a, (b, c)) : 길이가 2인 리스트로서 첫 번째 원소는 원자 a이고, 두 번째 원소는 선형 리스트 (b, c)이다.

③ B=(A, A, ( )) : 처음 2개의 원소는 리스트 A이고, 세번째 원소는 공백 리스트로서 길이 3인 리스트이다.

④ C=(a, C) : 길이가 2인 순환 리스트로서, 이것은 실제로 C=(a, (a, (a⋯)와 같은 무한리스트이다.

위의 예에서 리스트 A의 헤드와 테일은 다음과 같다.

head(A)='a'

tail(A)=(b, c)

또 tail(A)에서 (b, c)는 헤드이고, 테일은 공백 리스트이다.

리스트 B의 경우는

head(B)=A

tail(B)=(A, ( ))

이고, 또

head(tail(B))=A

tail(tail(B))=(( ))

로서 모두 리스트이다.

일반화 리스트를 표현할 때에는 〈그림 6.19〉와 같은 구조로 나타낼 수 있는데 tag필드에는 data/dlink의 값이 원소일 때에는 false로 나타내고, data/dlink가 다른 리스트를 가리키는 포인터(pointer)일 때에는 true로 나타낸다.

tag=true/false	data/dlink	link

〈그림 6.19〉 일반화 리스트의 노드 구조

앞에서 예로 든 ①~④의 리스트를 〈그림 6.19〉와 같은 노드 구조를 사용하여 표현하면 〈그림 6.20〉과 같으며, tag 필드의 f는 값이 거짓임을 표시하고, t는 값이 참임을 표시한다.

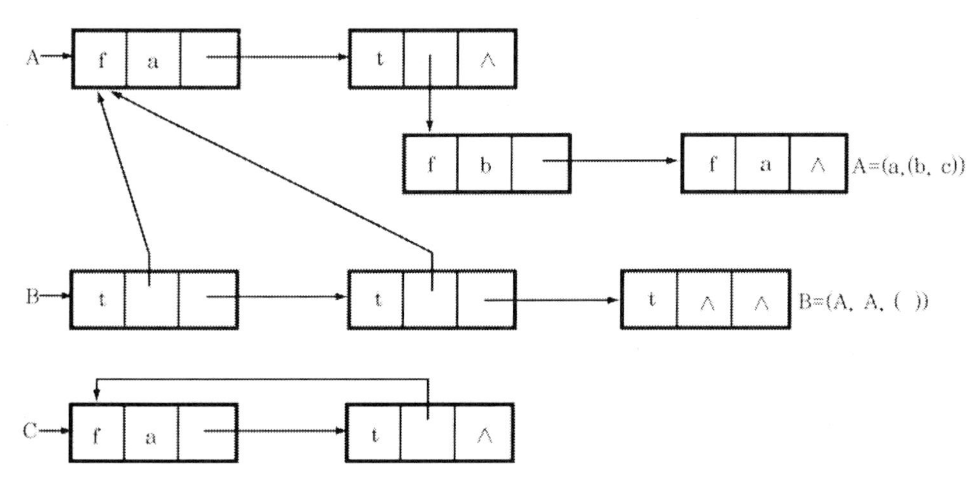

〈그림 6.20〉 일반화 리스트의 표현

6.5.2 일반화 리스트의 응용

일반화 리스트는 다중 변수 다항식

$$p(x,\ y,\ z)=x^{10}y^{3}z^{2}+2x^{8}y^{3}z^{2}+3x^{8}y^{2}z^{2}+x^{4}y^{4}z+6x^{3}y^{4}z+2yz$$

를 나타내는 데 유용하게 사용할 수 있다.

여기에서 계수(coefficient), x지수, y지수, z지수를 나타내는 4개의 필드를 갖는 노드를 사용하면 각 항마다 변수의 수가 달라 각 노드가 갖는 필드의 수가 일정하지 않아서 불편하다.

따라서 $p(x,\ y,\ z)$를

$$((x^{10}-2x^8)y^3+3x^8y^2)z^2+((x^4+6x^3)y^4+2y)z$$

와 같은 일정한 크기를 갖는 일반화 리스트 구조로 나타내면 편리하다.

어떠한 다항식이라도 위의 경우처럼 첫번째 주요 변수 z를 분리해 내고, 다음으로 두번째 주요 변수 y를 분리해 내는 방법으로 나열될 수 있다.

위에서 예를 든 다항식 $p(x, y, z)$를 살펴보면 변수 z에 대하여 2개의 항으로 구성된 Cz^2+Dz로 볼 수 있다. 여기에서 C와 D는 변수 x와 y를 포함한 다항식이다. 다시 다항식 $C(x, y)$는 변수 y에 대하여 구성된 Ey^3+Fy^2로 볼 수 있는데, 여기에서 계수 E와 F도 역시 다항식이다.

이런 방법을 계속 적용해 나가면 모든 다항식은 계수와 지수의 쌍으로 된 변수로 구성할 수 있으므로 다항식 내에 있는 변수의 수에 관계없이 다음과 같은 노드 형을 사용하여 다항식을 표현할 수 있다.

```
enum triple {variable, ptr, co};
typedef struct {
        triple x;                        /* tag field */
        int expo;                        /* exponent */
        strict polynode *link;           /* next term */
        union {
            char var;                    /* variable */
            struct polynode *dlink;      /* downlink */
            int co;                      /* coefficient */
        } tri;
    } polynode;
```

위와 같은 노드 형을 사용하여 다항식 $p(x, y, z)$를 리스트로 표현하면 〈그림 6.21〉과 같다. 여기에서 리스트를 단순화시키기 위하여 tri 필드는 생략하였다.

위의 프로그램은 union 구조의 형태를 이용하여 구조체를 정의하는 것을 보인 것이다. 프로그램의 실행시 x의 값을 지정함으로써 변수, 포인터, 그리고 계수 형태로 union부분의 값을 지정할 수 있다. 자세한 과정은 프로그램 숙제로 남겨 놓는다.

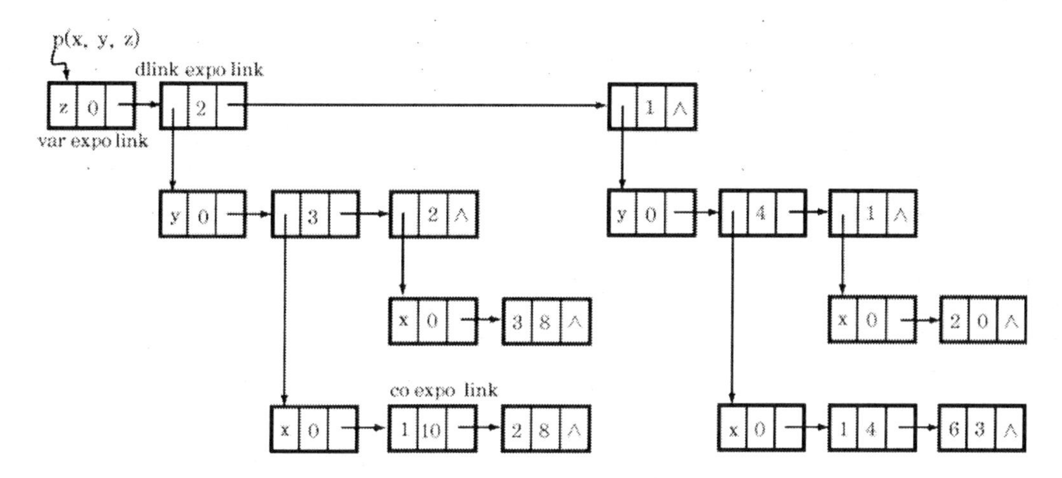

〈그림 6.21〉 3개의 필드로 구성된 노드를 사용한 p(x, y, z)의 표현

tri 필드를 생략하지 않고 $p=3x^2y$를 리스트로 표현하면 〈그림 6.22〉와 같다.

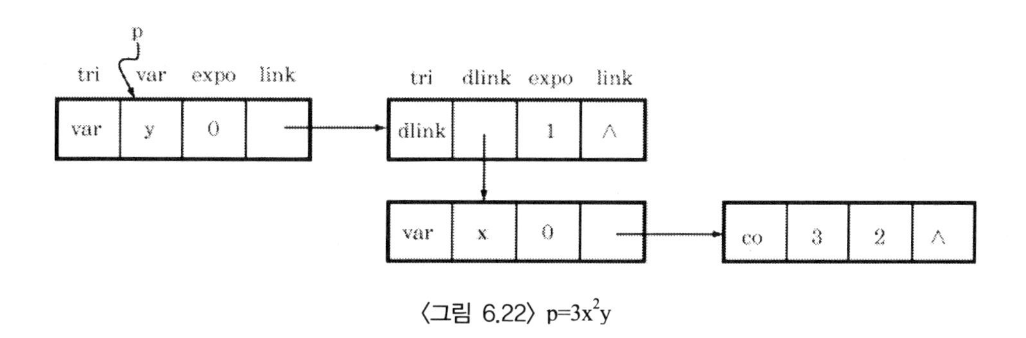

〈그림 6.22〉 $p=3x^2y$

6.6 스트링

6.6.1 스트링의 연산

스트링(string)은 프로그래밍 언어에서의 문자 집합(character set)으로 이해할 수 있다. 예를 들면,

'SEOUL KOREA'

는 길이가 11인 스트링이다.

2개의 문자 스트링

S='$x_1 \cdots x_m$'

T='$y_1 \cdots y_n$'

이 있을 때, x_i, y_i는 각각 스트링 S와 T를 구성하는 문자들이고, m과 n은 그 길이로서 0과 같거나 크다. 특히 길이가 0인 스트링을 공백 스트링(empty string) 또는 널 스트링(null string)이라고 한다.

스트링에 대하여 적용되는 연산으로서는 다음과 같은 것들이 있다.

① NULL( ) → string : 공백 스트링을 생성한다.

② ISNULL(string) → boolean : 주어진 스트링이 공백 스트링이면 true를, 아니면 false를 반환한다.

③ INS(string, char) → string : 주어진 스트링의 끝에 두번째 인수로 제공된 문자를 삽입한다.

④ LENG(string) → integer : 주어진 스트링의 길이를 계산한다.

⑤ CONCAT(string, string) → string : 첫번째 인수로 주어진 스트링의 끝에 두번째 인수로 주어진 스트링을 연결한다.

⑥ SUBSTR(string, integer, integer) → string : 주어진 스트링에서 두번째 인수로 주어진 위치의 문자부터 세번째 인수로 주어진 길이만큼의 서브 스트링을 반환한다.

⑦ IDX(string, string) → integer : 첫번째 인수로 주어진 스트링 내에 두번째 인수로 주어진 스트링이 어느 위치에 있는지를 결정한다.

이상과 같은 연산을 이용하면 스트링에 대하여 가능한 모든 처리를 수행 할 수 있고, 또 이들 연산에 대하여 함수 집합과 공리 집합을 정의함으로써 추상화 자료 형으로 자료 구조를 표현할 수 있다.

6.6.2 스트링의 표현

스트링을 표현하는 방법에는 순차적 표현(sequential representation), 고정 크기 노드를 갖는 연결 리스트 표현(linked list representation with fixed size node) 및 가변 크기 노드를 갖는 연결 리스트 표현(linked list representation with variable size node) 등 세 가지가 있다.

어떤 표현 방법을 적용하느냐에 따라 소요 기억 용량이나 연산 속도에 차이가 있으므로 주어진 환경이나 응용 영역에 따라 적절한 표현 방법을 선택하여야 한다.

(1) 순차적 표현

이 표현법은 스트링을 구성하는 문자들을 차례대로 배열의 연속된 위치에 저장하는 방법이다.

예를 들어, 문자 배열 c[m]에 스트링 S= '$x_1, \cdots, x_n$'을 이 방법으로 표현한다면 〈그림 6.23〉과 같으며, S는 스트링의 첫번째 문자를 가리키는 포인터이다.

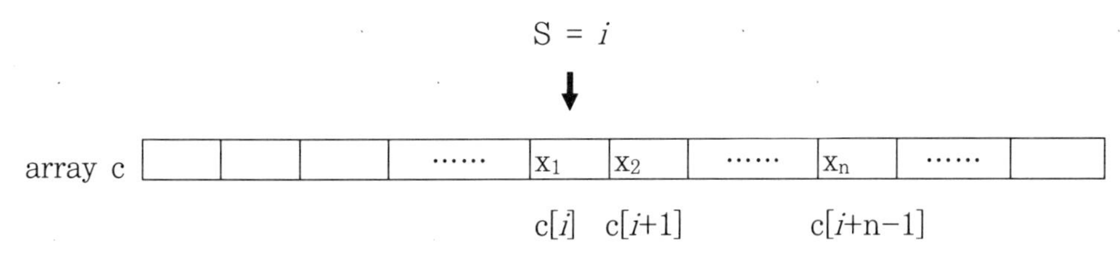

〈그림 6.23〉 스트링 S의 순차적 표현

(2) 고정 크기 노드를 갖는 연결 리스트 표현

이 표현법은 하나의 노드가 자료 필드와 링크 필드로 구성된 연결 리스트로서 각 노드의 크기를 같게 만든다.

예를 들어 각 노드의 자료 필드에 4개의 문자를 저장할 수 있는 크기로 정한다면

'THE LINKED LIST REPRESENTATION'

은 〈그림 6.24〉와 같은 연결 리스트로 표현할 수 있다.

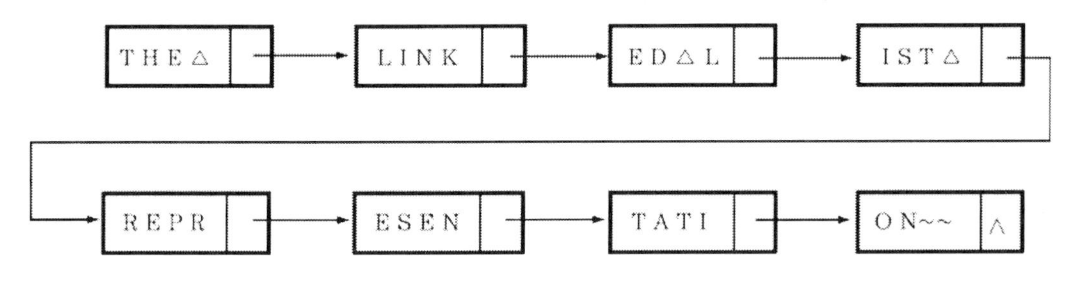

〈그림 6.24〉 고정 크기 노드를 갖는 연결 리스트 표현

〈그림 6.24〉에서 △는 공백(blank) 문자이고, ~는 사용되지 않는 기억 영역을 나타낸다.

노드 구조의 설계에 있어서 링크 필드의 크기는 리스트의 크기에 따라 정할 수 있다. 만일 링크 필드의 크기를 12비트로 한다면 번지의 범위는 $0 \sim 2^{12}-1$이 된다. 한편 자료 필드의 크기는 임의로 정할 수 있는데, 그 크기가 너무 작으면 하나의 노드에 대한 문자 정보 저장률이 낮아져서 결과적으로 기억 장소의 낭비를 초래하게 된다.

(3) 가변 크기 노드를 갖는 연결 리스트 표현

이 표현법은 각 노드의 자료 필드에 저장할 수 있는 문자의 수를 각각 다르게 설계하는

표현법으로서, 하나의 노드에 1개의 단어를 저장하도록 하는 방법을 생각할 수 있다.

스트링의 표현에 있어서 어떤 표현법을 사용하느냐 하는 것은 취급하고자 하는 스트링의 특성이나 또는 스트링에 적용하고자 하는 연산의 종류에 따라 결정된다.

6.7 연결 리스트의 응용

6.7.1 항공 예약 시스템의 개요

연결 리스트를 이용하여 항공 예약 시스템을 위한 프로그램을 작성하여 보자. 입력 자료로서는 비행 제어 자료와 탑승자 예약을 포함하는 고객의 요청 자료로 한다. 비행 제어 자료는 하루에 출발 또는 도착하는 비행 횟수와 비행기 번호, 그리고 비행기의 좌석수, 출발지 및 도착지 등으로 〈표 6.1〉과 같이 구성된다.

〈표 6.1〉 비행 제어 자료

비행 회수 → 4			
비행기 번호	좌 석 수	출 발 지	도 착 지
K101	130	서 울	부 산
K102	150	서 울	제 주
K103	100	서 울	광 주
K104	200	서 울	부 산

또 고객 요청 자료는 〈표 6.2〉와 같이 요청의 종류, 탑승자의 이름 및 비행기 번호로 구성된다.

〈표 6.2〉 고객 요청 자료

종 류	이 름	비행기 번호
취 소	구 형 서	K101
질 의	이 상 희	–
예 약	황 명 구	K101
예 약	김 학 수	K103

서비스 요청의 종류는 예약(reservation), 취소(cancellation), 질의(inquiry) 등 세 가지로 하는데, 예약과 취소의 요청은 비행기의 번호와 탑승자 이름을 자료로 제공하여 실행하고, 질의는 탑승자 이름만으로 실행한다.

프로그램의 설계를 위하여 문제를 좀 더 구체적으로 살펴보면 예약의 경우, 좌석이 있을 경우에는 탑승자 리스트에 넣고, 좌석이 없을 경우에는 일단 대기자 리스트에 넣었다가 탑승자 리스트에 있는 고객 중 취소가 있으면 탑승자 리스트에 올라갈 수 있다. 취소가 발생하면 대기자 리스트에 있는 사람 중 제일 앞에 있는 사람을 탑승자 리스트에 넣고, 만일 취소한 고객이 대기자 리스트에 있으면 그 리스트에서 삭제하기만 한다. 질의에 대해서는 탑승자 리스트와 대기자 리스트에 있는 모든 고객이 그 대상이 된다.

프로그램 작성을 위하여 필요한 자료 구조로서는 각 비행기에 대한 탑승자 명단과 대기자 명단을 관리하기 위한 2개의 리스트가 필요하다. 탑승자 명단을 위한 리스트는 일정한 순서가 없어도 되므로 예약과 취소에 대하여 리스트의 어디에 삽입하거나 삭제하여도 관계가 없으나, 대기자 리스트는 리스트의 앞쪽에서부터 제거하여 탑승자 리스트에 추가하여야 하므로 큐(queue)가 되어야 한다.

또한 각 비행기에 대한 비행 제어 자료인 총 좌석수와 현재 탑승자 리스트의 수를 기록 관리하여야 한다. 관련되는 자료 구조는 다음과 같이 정의한다.

【알고리즘 6.22】 자료 구조의 정의

```
#define numflight 200 /* 가능한 한 최대 비행 항로를 200이라 한다. */
typedef struct node { /* 탑승자 리스트를 나타낸다. */
        char name[20];
        struct node *next;
        } nodeptr;
typedef struct queue { /* 대기자 리스트를 나타낸다. */
        nodeptr *front;
        char name[20];
        nodeptr *rear;
        } q_ptr;
typedef struct flighttype {
        char fltno[4];      /* 비행기 번호 */
        int cpcty;          /* 비행기의 좌석수 */
        int count;          /* 비행기의 탑승하고 있는 탑승객의 수 */
```

```
        nodeptr *flthd;  /* 탑승자 리스트의 첫 번째 노드 */
        nodeptr *waitlist;/* 대기자 리스트 포인터
        } Flight;
Flight flight[numflight];
```

6.7.2 프로그램의 작성

프로그램을 작성하기 전에 리스트를 조작하기 위하여 필요한 과정을 생각해 보자. 먼저 배열 flight로 탑승 비행기의 번호를 나타내기 위하여 색인(index)을 사용한다. 탑승 비행기 번호는 비행 번호를 매개 변수(parameter)로 받아들여 탑승을 나타내는 배열의 색인을 복귀한다. 큐에 원소를 첨가하는 함수와 삭제하는 함수도 필요하다.

탑승자 리스트의 구조를 생각해 보면, 삭제는 리스트의 양쪽에서 이루어질 수 있기 때문에 다른 연산들이 용이하게 행해질 수 있는 구조를 선택하여야 한다. 삭제 이외의 연산은 탑승자 리스트에서 어떤 이름의 검색과 삽입을 생각할 수 있다.

승객 이름을 순차적으로 배열하면 탐색 시간을 단축할 수 있으나, 순차적 리스트를 유지하려면 삽입의 효율성은 떨어진다.

모든 삽입은 리스트의 헤드(head)에서 이루어지도록 한다. 함수 search(listhead, name, pred, found)에서 listhead는 리스트의 헤드를 나타내고, name은 승객의 이름, 그리고 pred는 name을 하나 앞서는 노드의 주소를 가리킨다. 승객의 이름이 리스트에 존재하지 않으면 found는 거짓(false)이 된다. dummy header를 각 탑승자 리스트의 앞에 설정하여 삭제할 승객의 이름이 리스트의 맨 앞에 나오는 경우의 문제점을 해결한다.

비슷한 방법으로 대기자 리스트의 앞에 dummy node를 두어, 대기자 리스트에 있는 첫번 째 승객을 삭제하는 데 사용할 수 있다. 또 이중 연결 리스트(doubly linked list)를 사용하면 pred를 찾지 않아도 된다. 비행기 예약 시스템의 주 프로그램은 다음과 같다.

【알고리즘 6.23】 예약 시스템의 주 프로그램

```
#include <alloc.h>
#include <string.h>

#define ESC 27              /* 더 이상 질의가 없음을 나타낸다. */
```

```
#define numflight 20

char command;          /* command는 질의 형태를 나타낸다. */
struct flighttype *t;
void AIRLINE(void)
{
int i;
nodeptr *p, *pred;

t = flight;
for (i=0; i<numflight; ++i, t++) {
     scanf("%4s %d", t->fltno, &t->seat);
     t->count =0;
     pred = (nodeptr *)malloc(sizeof(nodeptr));
     /* 리스트의 헤드에 Dummy node를 넣는다. */
     t->front = pred;
     pred->next = NULL;
     p = (nodeptr *)malloc(sizeof(nodeptr));
     /* 큐의 front에 Dummy node를 넣는다. */
    t->front = p;
    t->rear = p;
    p->next = NULL;
}
while (command != ESC) {
    scanf("%c", &command);
    switch (command) {
         case 'I': inquire();
                   break;
         case 'R': reserve();
                   break;
         case 'C': cancel();
                   break;
         default : command_error();
```

```
        }
    }
}
```

예약을 취소하는 함수는 다음과 같으며, 이 함수에서는 단순 리스트에 있는 함수를 사용하였다.

【알고리즘 6.24】 예약의 취소

```
void CANCEL(void)
/* 비행기 예약의 모든 변수를 global 변수를 사용한다. */
{
char name[15], flt[5];
gets(name);              /* 승객 이름을 입력한다. */
scanf("%s",flt);         /* 탑승 비행기 번호를 입력한다. */
if (find(flt)) {
    if (search(name, pred)) {
        DELETEAFTER(pred, name);
        if (!empty()) {
            Remove();
            INSERTAFTER();
        }
        else
            t->count -= 1;
    }
 else if (SEARCH(t->front, name))
     DELETEAFTER(pred, name);
}
}
```

질의(INQUIRE)와 예약(RESERVE) 함수도 비슷한 방법으로 작성할 수 있다. 또 프로그램 작성에 있어서 이중 연결 리스트를 사용하여 작성하는 경우도 생각할 수 있다.

6.8 집합 알고리즘

집합의 연산은 연결 리스트로 쉽게 나타낼 수 있으므로 집합의 생성, 새로운 원소의 추가, 삭제 및 기타 관련된 연산이 어떻게 수행되는지를 함수로 나타내보자.

집합의 생성(creation)은 다음의 type 문장에 의해 정의된다. 초기에 생성되는 집합은 어떤 원소도 포함하지 않는 공집합이다. 집합의 각 원소는

```
typedef struct Each {
        int data;                /* 집합의 각 원소는 정수로 구성 되어 있다. */
        struct Each *link;       /* 각 원소는 다른 원소에 연결 되어 있다. */
} each;
```

로 정의한다.

집합은

```
typedef struct Set {
        int size;           /* size는 집합에 있는 원소의 개수를 나타낸다. */
        each *element;      /* 집합의 첫 원소를 가리킨다.                  */
} set;
```

와 같이 정의한다.

【알고리즘 6.25】 집합의 생성

```
void NEWSET(set *setname)
{
    setname = (set *)malloc(sizeof set);
    setname -> size =0;
    setname -> element =NULL;
}
```

【알고리즘 6.26】 집합의 원소를 추가

```
void ADDELEMENT(int setelement, set *setname)
/* 집합의 원소들은 오름차순으로 구성 되어 있다 */
```

```
{
   each *point, *temp;
   switch (setname -> size) {
   /* 새로운 자료가 집합에 이미 속해 있으면 복귀하고 아니면 추가한다. */
    case 1 : if (setelement == setname -> element -> data) return;
              temp = (each *)malloc(sizeoof(each));
              temp -> data = setelement;
              if (setelement > setname->element->data) {
                 temp -> link = NULL;
                 setname->element->link = temp;
              }
              else {
                 temp -> link = setname -> element;
                 setname->element = setname->element->link;
             }
             break;
    case 0 : temp = (each *)malloc(sizeof(each));
             temp->data = setelement;
             temp->link = NULL;
             setname->element = temp;
             setname->size++;
             break;
    default : point = setname -> element;
              while (point->link) {
                     if (setelement == point->data) return;
                     if (setelement < point->link->data) break;
                     else point->link;
              }
                     temp = (each *)malloc(sizeof(each));
                     temp->data = setelement;
                     temp->link = setname->element->link;
```

```
                    setname->element->link = temp;
                    setname->size++;
        }
    }
```

집합에 속한 원소를 삭제와 공집합 여부의 검사 및 특정 원소의 존재 여부를 검사하는 알고리즘은 다음과 같다.

【알고리즘 6.27】 집합에서의 삭제

```
int DELETEFROM(int setelement, set *setname)
{
   switch (setname->size) {
      case 0 : return 0;
      default : if (setelement == setname->element->data) {
                    setname->element = setname->element->link;
                    free(setname->element);
                    setname->size--;
                    return 1;
                }
                while (setelement->element->link) {
                     if (setelement == setname->element->link0>data) {
                         sentname->element->link;
                         setname->element->link->link;
                         free(setname->element->link);
                         setname->size--;
                     }
                     setname->element = setname->element->link;
                }
               return 0;
    }
}
```

Exercise

1. 연결 리스트(linked list)가 연접 리스트(dense list)에 비하여 어떤 장단점이 있는지 설명하여라.

2. 연결 리스트의 노드 구조를 표시하고, C언어로 정의하여라.

3. 연결 리스트에 새로운 노드를 삽입하거나 또는 삭제하는 과정을 그림과 함께 설명하여라.

4. 2개의 연결 리스트를 합하여 하나의 연결 리스트를 만드는 함수를 작성하여라. (단 첫 번째 연결 리스트의 마지막 노드가 두 번째 연결 리스트의 헤드를 가리키게 한다.)

5. 연결 리스트의 연결 방향을 반대로 하는 함수를 작성하여라.

6. 연결 리스트를 2개로 나누는 함수를 작성하여라. (단 p는 연결 리스트의 헤드를 가리키고, q는 나누어지는 노드의 헤드 위치를 나타낸다.)

7. 연결 리스트에서 p에 있는 노드와 p->next에 있는 노드를 교환하는 함수를 작성하여라.

8. 다항식을 다음과 같이 연결 리스트를 사용하여 나타내었다.

$x^6 - 3x^2 + 42$: [1 | 6 |] → [−3 | 2 |] → [42 | 0 | ∧]

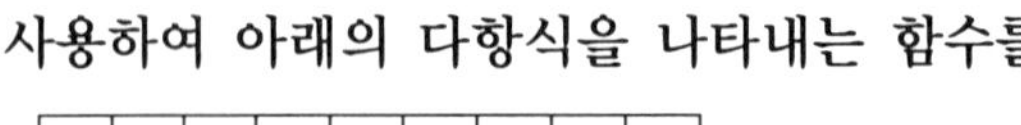

데이터 : 1, 6
−3, 2
42, 0

위와 같은 입력 자료를 사용하여 아래의 다항식을 나타내는 함수를 작성하여라.

	6				2			
x		−	3	X		+	4	2

9. 문제 8의 프로그램으로 나타낸 두 다항식의 합을 구하는 함수를 작성하여라.

10. 2개의 연결 리스트 (x_1, x_2, …, x_n)과 (y_1, y_2, …, y_n)을 병합(merge)하여 하나의 연결 리스트 (x_1, y_1, x_2, y_2, …, x_n, y_n)을 만드는 함수를 작성하여라.

11. 동적 기억 장소의 할당을 위해 모든 블록의 크기를 2의 제곱이 되도록 하는 방법이 있다. 버디(buddy) 시스템은 크기가 n인 블록을 요구할 때 $2^{\lceil \log n \rceil}$ 크기의 블록을 할당하는 방법이다.

    따라서 사용할 수 있는 모든 블록은 2의 제곱이 된다. 총 기억 장치가 0에서 2^n-1 번지 까지 2^n인 경우 사용할 수 있는 블록의 크기는 $2k$, $0 \le k \le n$이 되고, 크기가 같은 사용할 수 있는 블록은 연결 리스트로 나타낸다. 각 연결 리스트는 AVAIL(i), $0 \le i \le n$을 헤드로 하는 이중 연결 환상 리스트이고, 각 사용할 수 있는 블록은 다음과 같은 형태를 갖는다.

previous	tag	kval	next

자유 노드

tag = 0

kval = (2^k 노드의 크기가 되는 k)

사용할 수 있는 공간 리스트를 모두 초기화하는 함수를 작성하여라.(단, 처음에는 메모리 전체를 사용하는 크기 2^n의 블록만 존재한다.)

12. 문제 11의 구조를 갖는다고 가정하고, 크기 n 의 메모리 요구를 처리하는 함수를 작성하여라. 요구하는 메모리의 크기가 n이면 K=[$\log^n$]인 2^k크기의 블록을 할당해야 한다. 따라서 $k \le i \le n$이고 AVAIL(i)가 공백이 아닌 가장 작은 i에 대하여 연결 리스트 중의 한 블록을 삭제하여 p를 그 블록의 시작 주소로 하면 된다. $i \rangle k$이면 블록이 요청한 메모리의 크기보다 크므로 p와 $p+2^{i-1}$에서 시작하는 2개의 블록으로 나누어 $p+2^{i-1}$에서 시작하는 블록은 사용 k 연결 리스트에 첨가해야 한다. 이번에 $i-1 \rangle k$ 이면 메모리의 크기가 요청한 크기가 될 때까지 같은 방법으로 메모리를 나누어 가야 한다. 이런 방법으로 p에서 시작하는 $2k$ 크기의 블록이 할당된다. 할당되어 사용하는 블록은 다음과 같은 형태를 갖는다.

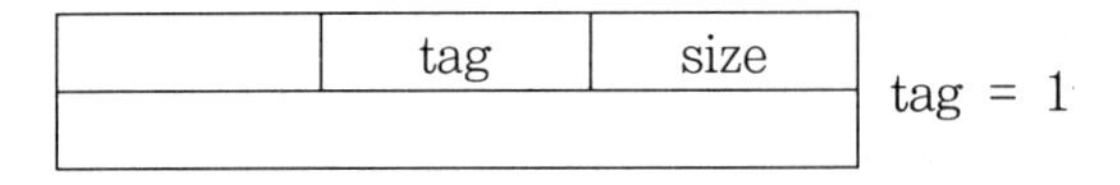

사용중인 블록

이와 같은 방법으로 크기 n의 메모리 요구를 처리하는 프로그램을 작성하여라.

13. 환상 연결 리스트를 대상으로 문제 4~7까지를 해결해 보아라.

14. 이중 연결 리스트의 필요성을 설명하고, 노드 구조를 나타내어라.

15. 이중 연결 리스트의 첫 번째 노드와 마지막 노드의 포인터에 적당한 값을 부여하면 환상 연결 리스트를 만들 수 있다. 환상 연결 리스트를 사용할 때 여러 가지 연산들의 장단점을 열거하여라.

16. p를 환상 연결 리스트를 가리키는 포인터라 하자. 이 리스트를 큐로 사용하는 방법으로 나타내어라. 또한 리스트에 값을 추가하는 알고리즘과 삭제하는 알고리즘을 작성하여라.

17. 연결 리스트를 사용하여 다중 스택을 운영하고 있다. i번째 스택의 top 노드를 삭제하는 함수를 작성하여라.

18. 일반화 리스트를 표현하기 위한 노드 구조를 나타내고, A=(a, (b, c))를 그림으로 표시하여라.

19. 스트링(string)을 표현하기 위한 여러 가지 자료 구조를 열거하고, 그 장단점을 비교하여라.

20. 스트링을 가변 크기의 노드를 갖는 연결 리스트로 표현하고자 한다. 1개의 단어를 1개의 노드에 저장할 경우 다른 표현법과의 장단점을 비교하여라.

PART 3

비선형 자료 구조

비선형 자료 구조는 자료 상호간에 다양한 관계가 존재하는 것으로서 계층적 구조를 형성하거나 또는 망 형태를 가진다. 이 파트에서는 비선형 자료 구조에 속하는 트리와 그래프에 대한 표현 방법과 이들을 다루는 여러 가지 알고리즘 및 응용에 대하여 다룬다.

Chapter

07 트 리

7.1 트리의 개요

7.1.1 트리의 기본 개념

트리(tree)의 개념은 그래프(graph) 이론에서 시작되었다. 그래프 이론에서는 여러 가지로 트리를 정의하고, 이들이 서로 동일함을 보일 수 있는데, 우선 이 장에서는 트리의 정의와 종류, 표현 방법 및 운행, 그리고 트리의 응용에 대하여 살펴보기로 한다.

트리는 직관적으로 자료 사이의 관계를 계층적으로 나타내는 비선형 자료 구조(non-linear data structure)이다. 이와 같은 자료 구조는 인간의 혈통표나 회사 및 기관의 조직표 등 우리의 주변에서 흔히 볼 수 있다.

트리에서 자료 하나하나는 노드(node)로 정의되고, 이들 노드들은 가지(branch)에 의하여 계층적 관계로 연결되어 있어, 종적 또는 횡적 관계를 유지한다. 기본적으로 트리의 노드들은 계층적으로 가지에 의해 연결되어 경로(path)를 형성하는데, 그래프와는 달리 어떠한 경우에도 사이클(cycle)을 형성하지 않는다.

트리를 이해하기 위하여 순환적(recursive)으로 트리를 정의해 보자. 순환적으로 정의한다는 것은 트리를 서브트리(subtree)로 정의하는 것을 의미하는데, 이런 정의는 두 가지 장점이 있다.

첫째로, 종속 트리를 조사하여 그 자료 구조가 트리인지를 결정하는 알고리즘을 용이하게 만들 수 있는데, 이것은 트리가 최종적으로 하나의 원소를 갖는 구조가 되기 때문에 가능하다.

둘째로, 순환적 정의는 트리를 여러 개의 작은 트리로 나누어 이들을 같은 방법으로 순환적으로 정의하는 것이 가능하기 때문이다.

이제 트리를 집합을 이용하여 순환적으로 정의해 보자.

R을 하나의 노드를 포함하는 집합이라고 가정하고, T를

$$T=\{R,\ T_1,\ T_2,\ \cdots,\ T_n\}$$

인 집합이라고 하자.

하나 이상의 노드로 구성된 유한한 원소를 가진 집합 T는 다음의 조건을 만족시킬 때 트리이다.

① 루트(root)라 불리는 특별히 지정된 1개의 노드가 있다. (n=0일 때 하나의 노드를 가진 트리이다.)

② 루트 노드를 제외한 나머지 노드들은 서로 분리(disjoint)된 n개의 부분집합 T_1, T_2, …, T_n으로 나누어지며, 이들 또한 트리이다. (n>0 이고, T_1, T_2, …, T_n은 공집합이 아닌 분리된 트리들이다.)

위의 정의에서 R을 트리의 루트라 하고, T_1, T_2, …, T_n은 T의 서브트리라 한다. T의 노드는 R이든지 아니면 다른 서브트리의 루트이다.

7.1.2 트리의 기본 용어

트리에 사용되는 용어들을 〈그림 7.1〉을 예로 들어 알아본다.

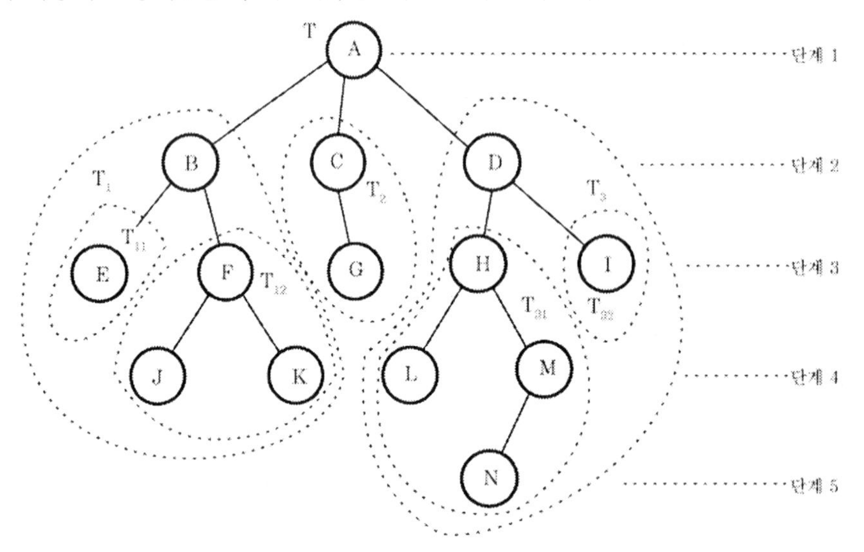

〈그림 7.1〉 트리의 예

① 노드(node) : 트리의 한 요소로서, 정보 항목(information item)과 다른 항목으로 뻗어나간 가지(branch)를 포함하는데, 다른 자료 구조에서 레코드(record), 원소(atom) 등과 대응되는 요소이다. 〈그림 7.1〉에서 원으로 표시된 A, B, C, …, L, M, N 등이 노드이다.

② 루트 노드(root node) : A와 같이 트리의 제일 상위의 계층에 위치하는 노드를 말한다.

③ 서브트리(subtree) : 트리에서 루트 노드를 제거했을 때 생기는 T_1, T_2, T_3와 같은 종속 트리를 말한다. 서브트리 T_1에서 다시 B를 제거하면 T_{11}, T_{12}라는 2개의 서브트리가 생긴다.

④ 차수(degree) : 어떤 특정 노드의 서브트리의 수, 또는 그 노드의 가지(branch)의 수이다. 노드 A의 차수는 3이고, B의 차수는 2이며, J의 차수는 0이다. 어떤 트리의 차수는 트리를 구성하고 있는 노드 중 차수가 가장 큰 것을 기준으로 말한다. 따라서 〈그림 7.1〉의 트리의 차수는 3이다.

⑤ 단노드(leaf 또는 terminal node) : 차수가 0인 노드로서 서브트리를 갖지 않는다. E, J, K, G, L, N, I 등은 모두 단노드들이다.

⑥ 간노드(nonterminal node) : 차수가 0이 아닌 노드, 즉 서브트리를 갖는 노드로서 B, C, D, F, H, M 등이 간노드들이다.

⑦ 자노드(child 또는 son node) : 특정 노드의 서브트리의 루트 노드들로서 A의 자노드는 B, C, D이고, B의 자노드는 E, F이다.

⑧ 부노드(parent 또는 father node) : 특정 노드가 연결된 상위의 노드로서 B, C, D의 부노드는 A이고, L, M의 부노드는 H이다.

⑨ 제노드(sibling 또는 brother node) : 같은 부모를 갖는 자노드들을 말하는 것으로 B, C, D는 제노드의 관계에 있다

⑩ 조상(ancestor) : 루트 노드로부터 특정 노드에 이르기까지의 경로(path) 상에 존재하는 노드들은 경로의 최하위에 위치한 특정 노드의 조상이다. 따라서 J의 조상은 A, B, F이고, H의 조상은 A, D이다.

⑪ 자손(descendent) : 특정 노드의 하위에 있는 모든 노드들이 그의 자손이 된다. 따라서 루트 노드를 제외한 모든 노드들은 루트 노드의 자손이며, B 노드의 자손은 E, F, J, K이다. 자노드, 부노드, 조상, 자손들의 관계를 정리해 보면, n〉0이고, 각 서브트리 T_i가 루트 R_i,를 가질 때 R_i는 R의 자식(children)이 되고, R는 R_i의 부모(parent)가 된다. 트리에 있는 두 노드 A와 M에 대하여 i=1, 2, …, k일 때, A=N_1, …, N_k=M인 고리(chain)가 있고, N_i가 N_{i+1}의 부모라 할 때 A는 M의 조상이고, M은 A의 자손이며 동일한 부모를 갖는 둘 이상의 노드들을 서로 형제(sibling)들이라고 한다.

⑫ 레벨(level) : 루트 노드를 레벨 1로 하고, 레벨 l의 자노드를 레벨 l+1로 정의하는 단계 번호를 말한다. C는 레벨 2에 있고, M은 레벨 4에 있다.

⑬ 높이(height) 및 깊이(depth) : 트리의 특정 노드의 최대 레벨을 의미한다. 〈그림 7.1〉의 트리의 높이, 깊이, 최대 레벨은 모두 5이다.

⑭ 숲(forest) : 분리된 n개의 트리의 집합이다. 어떤 트리에서 루트 노드를 제거하면 숲이 된다.

7.1.3 트리의 외부적 표현

트리의 외부적 표현 방법으로 가장 대표적인 것은 〈그림 7.2〉와 같이 루트 노드를 최상위에 위치시키고 하위 계층일수록 레벨에 따라 아래쪽으로 위치시켜, 노드 사이의 계층 관계를 가지로서 나타내는 것인데, 그밖에 〈그림 7.3〉과 같이 여러 가지 방법으로 나타낼 수 있다.

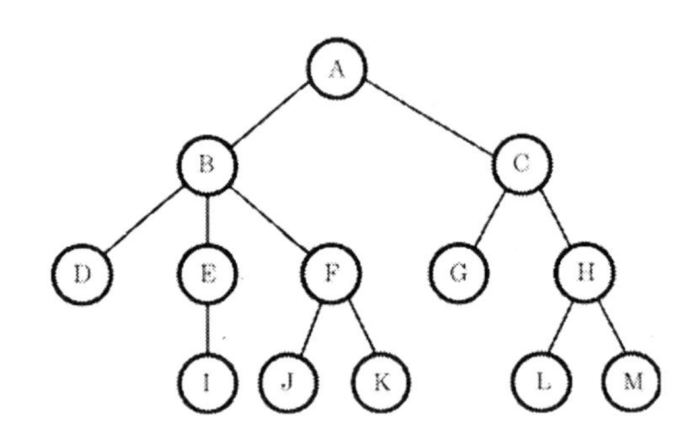

〈그림 7.2〉 트리의 외부적 표현

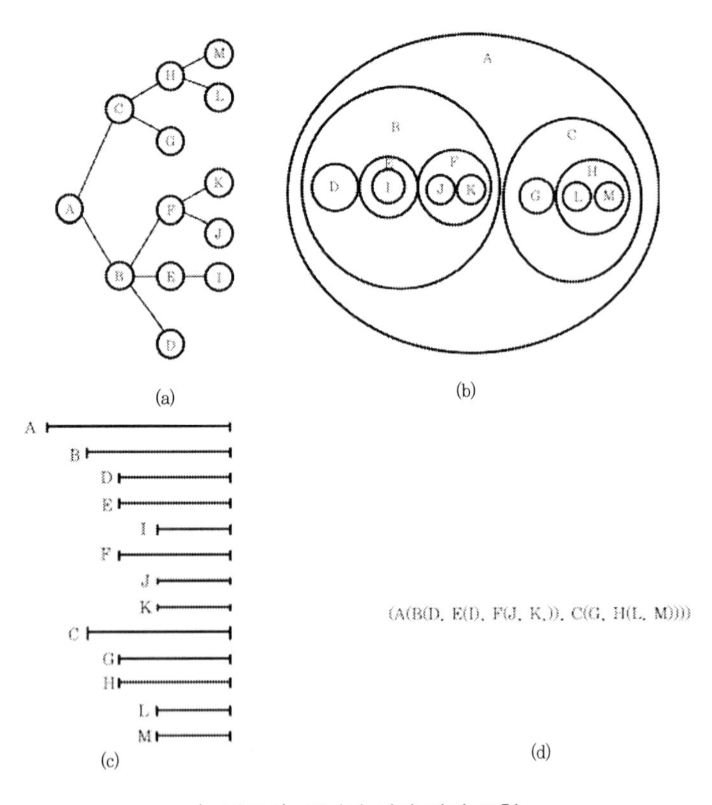

〈그림 7.3〉 트리의 여러 가지 표현

7.1.4 트리의 종류

트리는 그 형태나 또는 트리가 갖는 특성에 따라서 순서 트리(ordered tree), 오리엔티드 트리(oriented tree), 닮은 트리 , 이진 트리(binary tree), 사향 트리(skewed tree) 등으로 나눌 수 있다.

순서 트리는 트리를 구성하고 있는 각 노드의 위치상의 의미가 중요한 트리이고, 오리엔티드 트리는 계층상의 의미는 있으나 제노드(brother node)들의 순서는 중요하지 않은 트리로서, 〈그림 7.4〉의 (a)와 (b)는 순서 트리로 생각할 때는 전혀 다른 트리로 해석되고, 오리엔티드 트리로 본다면 같은 트리이다.

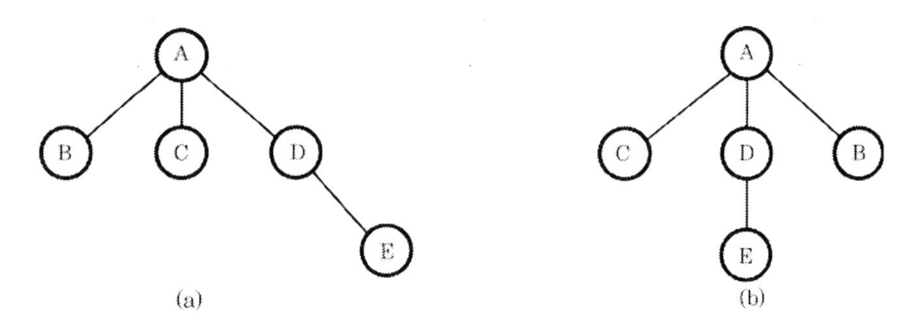

〈그림 7.4〉 트리의 예

닮은 트리란 트리의 구조는 동일하나 각 노드의 내용이 다른 트리로서 〈그림 7.5〉의 (a)와 (b)는 닮은 트리이다.

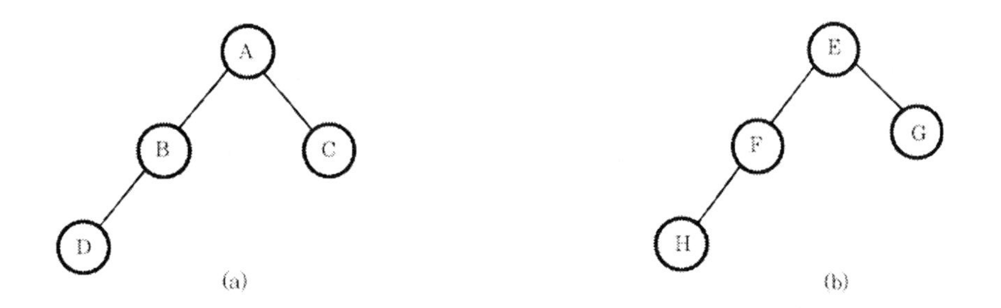

〈그림 7.5〉 닮은 트리

이진 트리는 각 노드의 차수(degree)가 2 이하인 트리, 즉 공집합이거나 또는 루트와 왼쪽 또는 오른쪽 서브트리라 불리는 2개의 분리된 이진 트리로 구성된 노드의 유한 집합이다. 이진 트리에는 정이진 트리(full binary tree)와 전이진 트리(complete binary tree)가 있는데, 다음 절에서 좀 더 자세하게 설명하기로 한다.

〈그림 7.6〉은 모두 이진 트리이다.

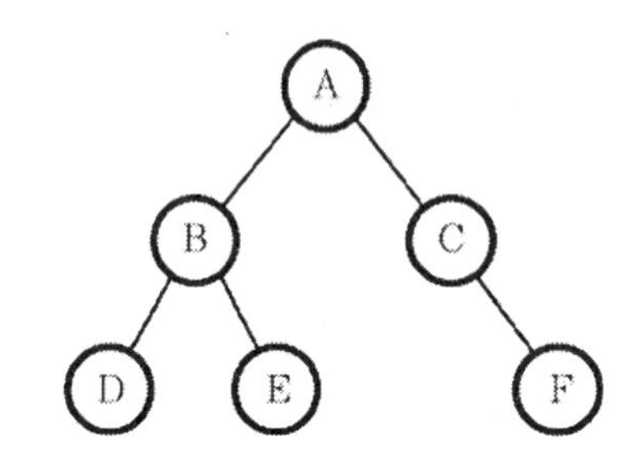

(a) 공 트리 (b) 루트만 있는 트리 (c) 서브트리가 있는 이진 트리

〈그림 7.6〉 여러 가지 이진 트리

사향 트리란 한쪽 방향으로만 서브트리가 존재하는 이진 트리로서 〈그림 7.7〉과 같이 왼쪽 사향 트리와 오른쪽 사향 트리가 있다.

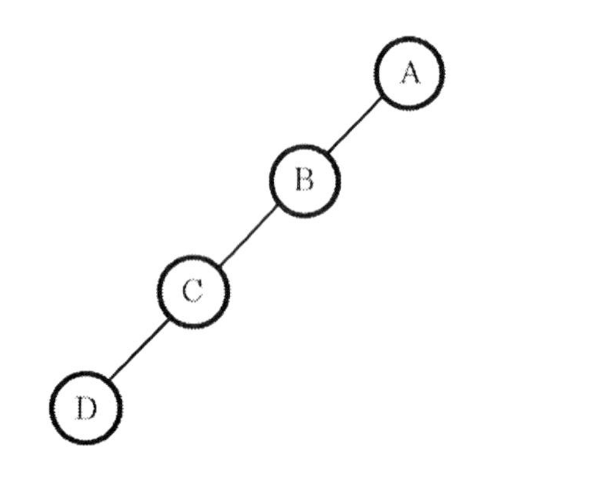

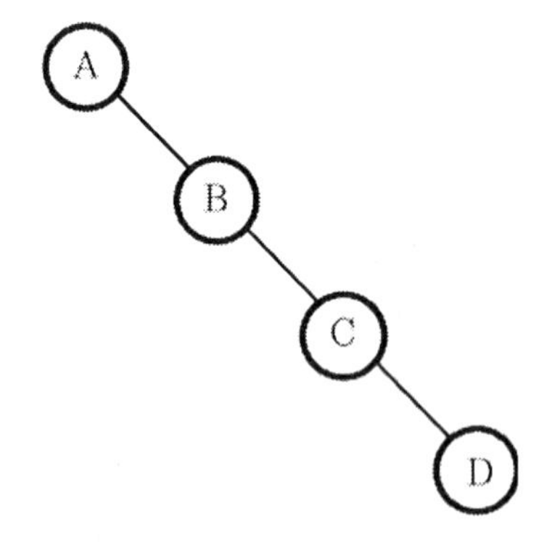

(a) 왼쪽 사향 트리 (b) 오른쪽 사향 트리

〈그림 7.7〉 사향 이진 트리

7.2 이진 트리

7.2.1 이진 트리의 개요

이진 트리(binary tree)는 트리 중에서 여러 가지 응용 분야에 가장 널리 사용되는 트리이다. 이진 트리의 특성은 노드가 많아야 2개의 자노드를 갖는 트리, 즉 어떤 노드도 2보다 큰 차수를 가질 수 없는 트리이다. 이진 트리에서는 일반 트리와는 달리 서브트리들이 왼쪽 서브트리(left subtree)와 오른쪽 서브트리(right subtree)로 구별된다.

이진 트리는 〈그림 7.8〉의 (a)와 같이 각 노드의 차수가 0이거나 아니면 2인 엄밀한 이진 트리와 (b)처럼 각 노드의 차수가 0, 1 또는 2인 크누스(Knuth) 이진 트리로 구별하기도 한다.

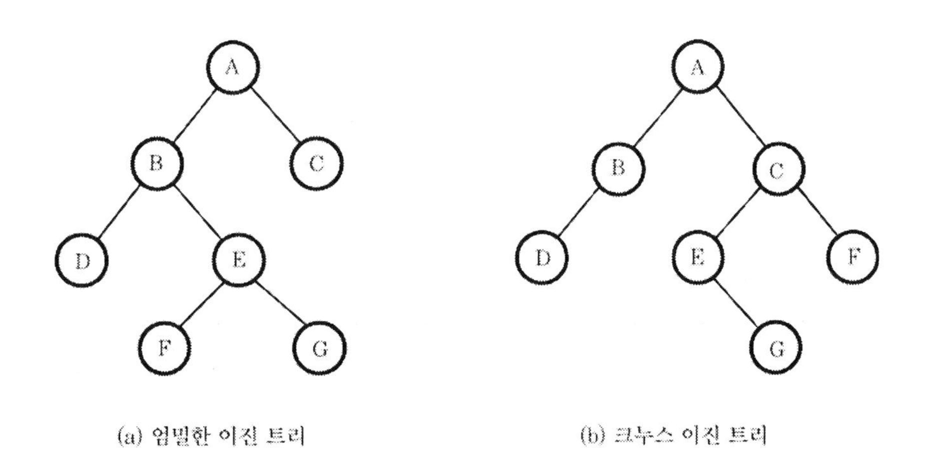

(a) 엄밀한 이진 트리　　　　(b) 크누스 이진 트리

〈그림 7.8〉 이진 트리의 두 가지 형태

또 〈그림 7.9〉와 같이 깊이(depth)가 k인 트리의 k번째 레벨의 노드의 수가 2^{k-1}개이고, 전체 노드의 개수가 $n=2^k-1$개인 정이진 트리(full binary tree)가 있고, 〈그림 7.10〉과 같이 깊이가 k이고, 전체 노드의 개수가 n일 때, 1부터 n까지의 노드들이 위에서 아래로, 왼쪽에서 오른쪽으로 순차적인 대응이 되는 트리로서 노드의 개수가 $n= 2^{k-1}-1<n<2^k-1$ 개인 전이진 트리(complete binary tree)가 있다. (깊이가 k인 이진 트리의 노드의 최대 개수는 2^k-1개이다.)

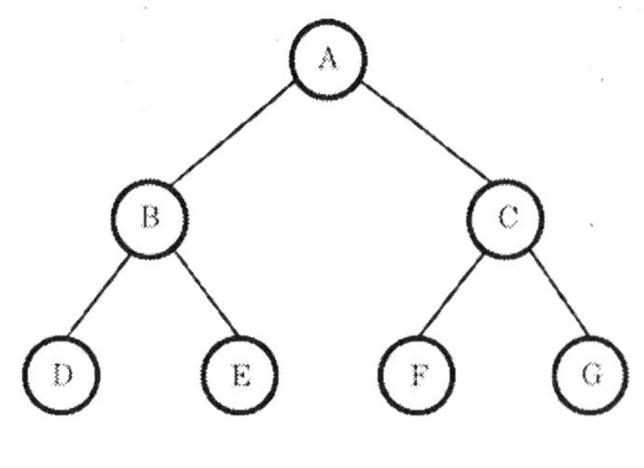

〈그림 7.9〉 정이진 트리

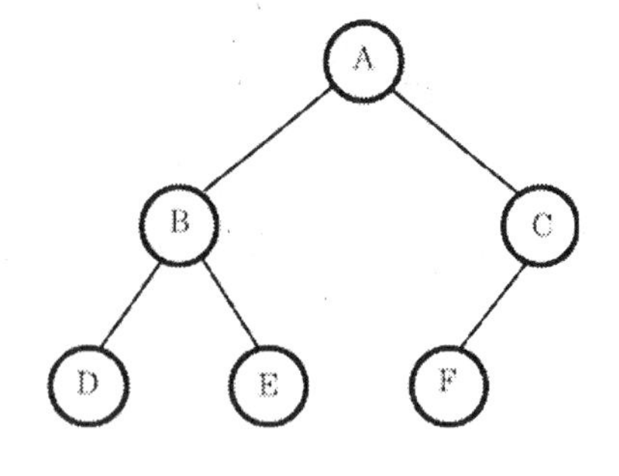

〈그림 7.10〉 전이진 트리

이제까지 살펴본 특성에 의하여 이진 트리를 정의하면 다음과 같다.

[**정의**] 이진 트리는 공집합이거나 1개의 루트와 왼쪽 서브트리 및 오른쪽 서브트리라고 하는 2개의 분리된 이진 트리로 구성된 노드의 유한 집합이다.

이진 트리의 자료 구조를 정의하기 위하여 ADT를 통해 가능한 함수들을 정의하면 다음과 같다.

① CREATE() → bintree : 이진 트리를 생성한다.

② ISEMPTY(bintree) → boolean : bintree가 공집합이면 'true', 아니면 'false'를 복귀한다.

③ DATA(node, bintree) → item : bintree의 지정하는 노드에 저장된 값을 복귀한다.

④ LCHILD(node, bintree) → bintree : bintree의 지정된 노드의 왼쪽 자노드를 복귀한다.

⑤ RCHILD(node, bintree) → bintree : bintree의 지정된 노드의 오른쪽 자노드를 복귀한다.

⑥ PARENT(node, bintree) → bintree : bintree의 지정된 노드의 부노드를 복귀한다.

⑦ INTREE(data, bintree) → boolean : bintree에 data가 있으면 'true', 없으면 'false'를 복귀한다.

⑧ LOCATION(data, bintree) → integer : bintree 내에 data가 있는 위치를 복귀한다.

⑨ MAKEBT(bintree, data, bintree) → bintree : 주어진 data를 bintree에 삽입하여 새로운 bintree를 만든다.

이진 트리와 보통 트리의 차이점은, 첫째로 보통 트리는 공백 트리가 없지만 이진 트리는 공백 트리가 있다는 점이고, 둘째로는 보통 트리는 자노드의 위치가 특별한 의미가 없지만 이진 트리는 왼쪽 자노드와 오른쪽 자노드가 분명히 구별된다. 따라서 〈그림 7.11〉의 (a)와 (b)는 서로 다른 이진 트리이다.

〈그림 7.11〉 서로 다른 이진 트리

7.2.2 이진 트리와 관련된 정리

이진 트리의 특성을 이해하기 위하여 이진 트리와 관련된 다음의 정리를 살펴본다.

[**정리** 1] 이진 트리의 레벨 i에 있는 노드의 최대 개수는 2^{i-1}개이다. ($i \geq 1$)

[**정리** 2] 깊이가 k인 이진 트리에 있는 노드의 전체 개수는 최대 2^k-1개이다. ($k \geq 1$)

위의 정리들은 수학적 귀납법(induction)을 사용하여 쉽게 증명할 수 있다.

정리 1을 증명하여 보자.

〈증명〉

기 초 : i=1일 때, 레벨 1은 루트를 가리키므로 노드의 최대 개수는 1이다. 이것은 $2^{i-1}= 2^{1-1}=$ 1이므로 참(true)이다.

가 정 : i가 j일 때, 레벨 j에 있는 노드의 최대 개수는 2^{j-1}라고 가정하자.

귀 납 : 이진 트리의 노드는 많아야 2개의 자식을 가지므로 레벨 j+1에 있는 노드의 최대 개수는 레벨 j에 있는 노드의 최대 개수의 2배가 된다. 따라서 i가 j+1일 때 노드의 최대 개수는 $2*2^{j-1}=2^j$가 된다. 그러므로 모든 j에 대하여 레벨 i에 있는 노드의 최대 개수는 2^{i-1}이 된다.

정리 2도 같은 방법으로 증명할 수 있으므로 깊이가 k인 이진 트리가 가질 수 있는 노드의 최대 개수는

$$\sum_{i=1}^{k} (\text{레벨 } i\text{의 최대 노드 수}) = \sum_{i=1}^{k} 2^{i-1} = 2^k-1$$

이다.

[**정리** 3] 모든 공집합이 아닌 이진 트리 T에 대하여, n_0는 단노드의 수, n_2는 차수가 2인 노드의 수라고 하면 $n_0=n_2+1$이다.

〈증명〉 : n_1을 차수가 1인 노드의 수, n을 총 노드의 수라고 하면, T에 있는 모든 노드는 차수 2를 넘지 않으므로

$$n=n_0+n_1+n_2 \qquad \text{(식1)}$$

이 된다. 이진 트리의 가지(branch) 수는 루트를 제외한 모든 노드가 들어오는 가지를 1개씩 가지고 있으므로 전체 가지의 수를 B라고 할 때 n=B+1이다. 또 모든 가지들은 차수가 1 또는 2인 노드만 가지게 되므로 B=1*n_1+2*n_2라는 식도 성립한다. 그러므로

$$n=1+n_1+2n_2 \qquad \text{(식2)}$$

이라는 식도 성립한다. (식1)에서 (식2)를 뺀 후 정리하면

$$n_0=n_2+1$$

의 결과를 얻는다.

7.2.3 이진 트리의 표현

이진 트리의 표현법은 크게 1차원 배열로 표현하는 방법과 연결 리스트로 표현하는 방법으로 나눌 수 있다.

(1) 1차원 배열 표현

〈그림 7.12〉와 같은 이진 트리를 〈그림 7.13〉과 같이 1차원 배열로 표현할 수 있는데, 이 표현법은 i번째 노드를 배열의 i번째 요소에 저장하는 방법이다.

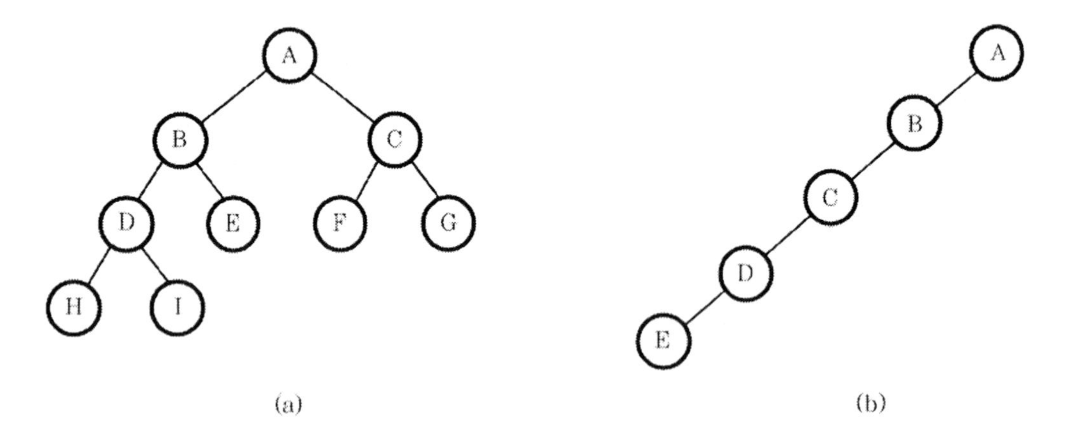

〈그림 7.12〉 이진 트리의 예

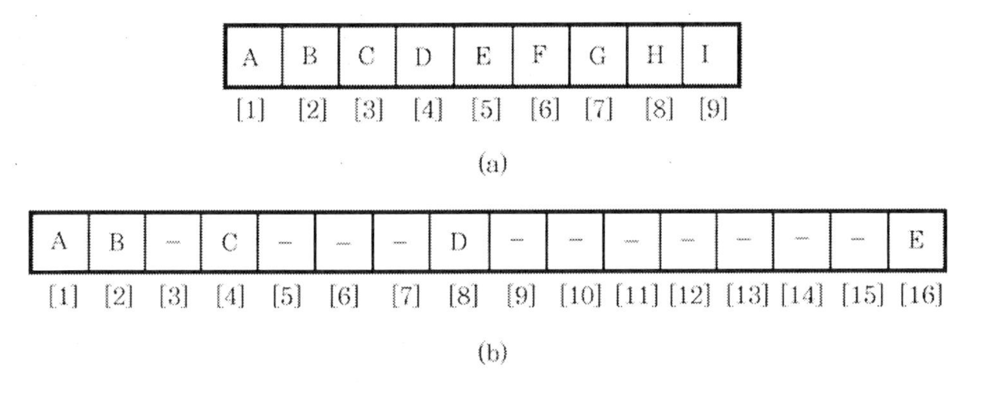

<그림 7.13> 그림 7.12의 1차원 배열 표현

이 표현법의 장점은 노드의 위치를 색인에 의하여 쉽게 접근할 수 있다는 점이지만, 단점으로는 <그림 7.13>의 (b)에서 보는 것처럼 최악의 경우 깊이 k인 사향 트리(skewed binary tree)에서 2^k-1개의 공간이 필요한데 실제로는 k개의 공간만 사용하므로 기억 장소의 낭비가 크다는 점이다.

1차원 배열 표현법은 정이진 트리나 전이진 트리의 표현에서는 기억 공간의 낭비가 없다. 그렇지만 이진 트리의 표현은 추가와 삭제의 편의를 위하여 보통 연결 리스트로 표현한다.

[**정리 4**] n개의 노드를 가진 전이진 트리, 즉 깊이가 $\lfloor \log_2 n \rfloor +1$인 트리가 1차원 배열에 저장된다면 각 노드 $i(1 \le i \le n)$에 대하여 다음과 같이 성립한다.

(i) parent[i]는 $i \ne 1$일 때 $\lfloor i/2 \rfloor$의 위치에 있게 된다. i=1일 때 i는 루트이므로 부모가 없다.

(ii) leftchild[i]는 $2i \le n$일 때, $2i$의 위치에 있게 된다. 만일 $2i > n$이면 i의 왼쪽 자노드는 없다.

(iii) rightchild[i]는 $2i+1 \le n$일 때, $2i+1$의 위치에 있게 된다. 만일 $2i+1 > n$이면 i의 오른쪽 자노드는 없다.

<증명> : 먼저 (ii)를 귀납법으로 증명하여 보자.

i=1일 때, 왼쪽 자노드는 분명히 2의 위치에 있다. 만일 $2 > n$이면 왼쪽 자노드는 있을 수 없다. 이제 $1 \le j \le i$인 모든 j에 대하여 leftchild[j]는 $2j$ 값을 가진다고 가정한다. 그러면 leftchild[j] 앞에 있는 두 노드는 $i-1$의 왼쪽 자노드와 오른쪽 자노드일 것이다. i의 왼쪽 자노드는 $2i$의 위치에 있다. 그러므로 $i+1$의 왼쪽 자노드는 $2i+2=2(i+1)$ 값을 가진다. 이 때, 물론 $2(i+1) > n$이면 $i+1$은 왼쪽 자노드가 없다.

(iii)은 (ii)의 직접적인 결과이고, 노드의 번호 할당 방법이 동일 레벨에서는 왼쪽에서 오른쪽으로 진행된다는 사실로부터 증명할 수 있으며, (i)은 (ii)와 (iii)으로부터 유도될 수 있다.

(2) 연결 리스트 표현

이진 트리를 연결 리스트로 표현하는 것은 노드의 구조를 〈그림 7.14〉와 같이 정의하여, 〈그림 7.15〉와 같이 나타내는 표현법이다.

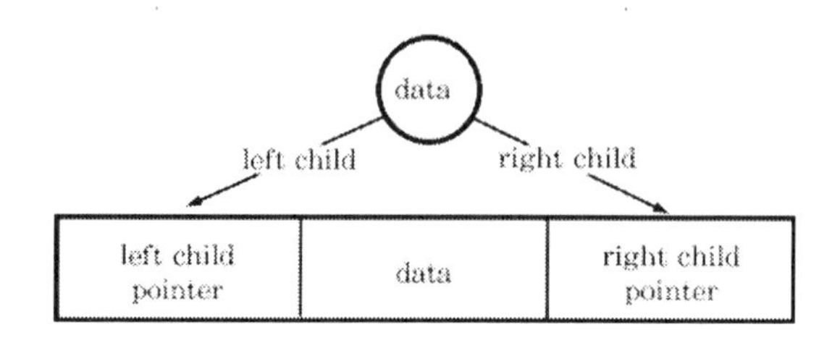

〈그림 7.14〉 노드의 구조

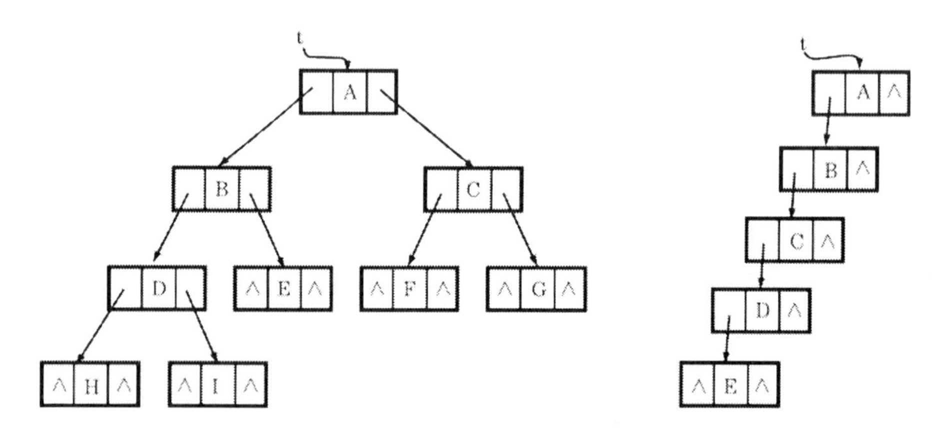

〈그림 7.15〉 그림 7.12의 연결 리스트 표현

〈그림 7.14〉와 같은 노드의 구조를 C로 정의하면 다음과 같다.

```
typedef struct NODE nodeptr;
typedef struct NODE {
        nodeptr *leftchild, *rightchild;
        char data;
        };
```

이진 트리를 연결 리스트로 표현하면 기억 장소를 절약할 수 있고, 노드의 삽입이나 삭제가 용이하다. 그러나 이진 트리가 아닌 일반 트리의 경우에는 각 노드의 차수만큼 가변적인 포인터 필드를 가져야 하기 때문에 접근상의 어려움이 따른다.

7.3 트리의 운행

7.3.1 일반 트리의 운행

트리의 운행(traversal)이란 트리의 각 노드를 중복되지 않게 한 번씩 방문(visit)하여 트리의 정보를 검색하는 것으로서 순방 또는 순회라고 한다.

트리의 운행 방법은 각 노드를 어떤 순서로 방문하느냐에 따라 레벨 오더(level order) 운행법, 전위(preorder) 운행법, 중위(inorder) 운행법, 후위(postorder) 운행법, 패밀리 오더(family order) 운행법 등이 있다.

〈그림 7.16〉의 트리를 예로 들어 각각의 운행 방법을 살펴보자.

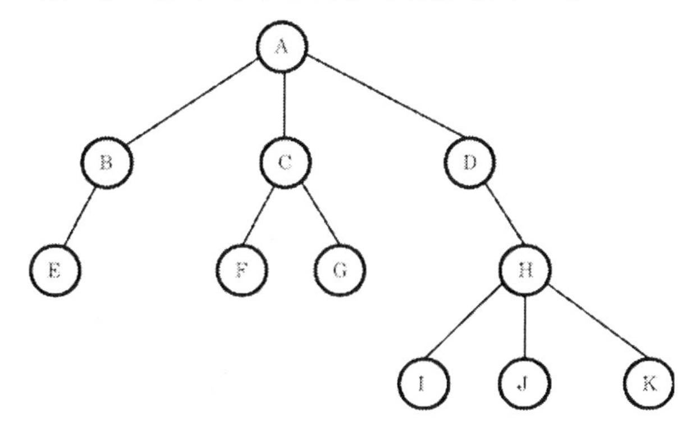

〈그림 7.16〉 트리의 예

레벨 오더 운행법은 같은 레벨에 있는 노드를 왼쪽에서 오른쪽 순으로 방문하는 방법으로서, 하향식은 루트 노드부터 시작하므로 [A, B, C, D, E, F, G, H, I, J, K]의 순서가 되고, 상향식은 최하위 레벨부터 시작하므로 [I, J, K, E, F, G, H, B, C, D, A]의 순서가 된다.

전위 운행법은 루트 노드를 먼저 방문하고, 그 서브트리에 대하여 순환적으로 왼쪽에서 오른쪽으로 방문하기를 되풀이하는 방법으로 방문되는 노드의 순서는 [A, B, E, C, F, G, D, H, I, J, K]가 된다.

중위 운행법은 이진 트리에서만 적용할 수 있는 방법이고, 후위 운행법은 왼쪽 서브트리를 먼저 방문하고, 그 다음에 오른쪽 서브트리를 방문한 후 루트 노드를 방문하는 방법으로서, 이에 의하면 [E, B, F, G, C, I, J, K, H, D, A]의 순서가 된다.

패밀리 오더 운행법은 먼저 루트 노드를 방문하고, 그 다음에 루트 노드의 자노드들을 방문한 후, 가장 늦게 방문한 자노드부터 패밀리 오더 운행을 순환적으로 적용하는 방법으로서, 이에 의하면 [A, B, C, D, H, I, J, K, F, G, E]의 순서가 된다. 이런 순서로 운행이 이루어지려면 스택을 이용하는 것이 좋다.

7.3.2 이진 트리의 운행

이진 트리의 운행을 통하여 트리에 있는 정보들의 선형 순서(linear order)를 생성하는 일은 컴퓨터의 응용에서 많이 이용되고 있으며, 이 선형 순서는 우리에게 익숙하고 사용하기 편리하다.

이질 트리를 운행함에 있어서 각 노드와 그의 서브트리를 같이 취급하는 것으로 하고, 운행 시에 왼쪽으로의 이동을 L, 오른쪽으로의 이동을 R, 자료의 출력을 D라는 기호를 사용하여 세 가지의 작업 순서를 나타낸다면 이진 트리의 운행법은

(LDR, LRD, DLR, DRL, RLD, RDL)

등 여섯 가지가 있을 수 있다. 이 때, 만약 오른쪽보다 왼쪽을 항상 먼저 운행한다는 제약 조건을 부여 한다면

(LDR, LRD, DLR)

등 세 가지의 운행법으로 제한된다.

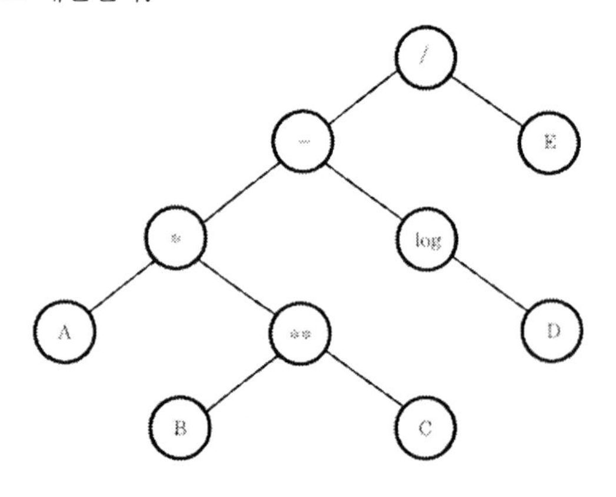

〈그림 7.17〉 산술식의 이진 트리 표현

여기서 LDR을 중위(inorder) 운행법, LRD를 후위(postorder) 운행법, DLR을 전위(preorder) 운행법이라고 한다. 이 세 가지 운행법은 수식의 세 가지 표현법과 대응되므로 수식의 트리 표현과 그 연산에 이용되기도 한다.

산술식 A*B**C-logD/E를 〈그림 7.17〉과 같은 이진 트리로 나타내었고, 이 트리를 대상으로 각각의 운행법을 살펴 보았다.

산술식을 이진 트리로 표현하면 피연산자는 모두 단노드(terminal node)가 되고, 연산자는 모두 간노드(nonterminal node)가 된다.

(1) 전위(preorder) 운행법

이 운행법은 먼저 자료(D)를 출력하고, 그 다음 왼쪽(L) 자식을 방문하며, 그 후 오른쪽(R) 자식을 방문하는 DLR방법으로서, 우선 루트 노드부터 시작하여 스택을 이용해서 반복적으로 순회할 수 있는데 알고리즘을 간단히 하기 위하여 순환적으로 표현하는 것이 좋다.

전위 운행을 위한 함수를 기술하면 다음 알고리즘과 같다.

【알고리즘 7.1】 전위 운행

```
void PREORDER(nodeptr *node)
{
    if (node) {
      printf("%d", node->data);
      PREORDER(node->leftchild);
      PREORDER(node->rightchild);
      }
}
```

함수 PREORDER에 의하여 〈그림 7.17〉의 트리를 운행할 때 출력되는 노드의 순서를 화살표로 나타내면 〈그림 7.18〉과 같고, 그 결과의 선형 순서는

/ − * A ** B C logD E

가 된다. 이것은 산술식의 전위 표기법(prefix notation)과 동일하다.

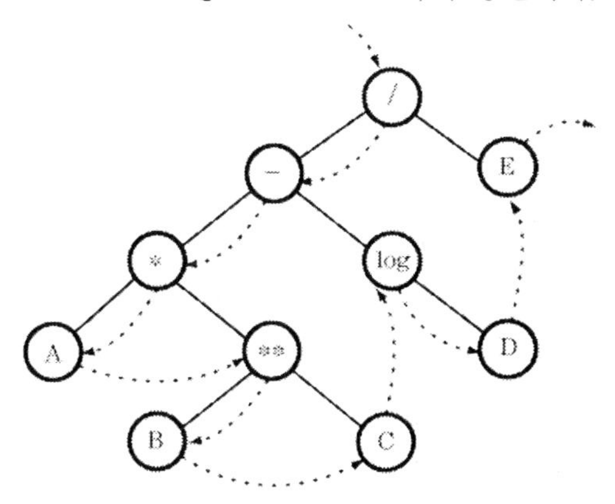

〈그림 7.18〉 전위 운행 순서

(2) 중위(inorder) 운행법

이 운행법은 먼저 왼쪽(L) 서브트리를 방문하고, 그 다음 자료(D)를 출력한 후, 다시 오른쪽(R) 서브트리를 방문하는 LDR 운행법으로서, 순환적 알고리즘으로 함수를 기술하면 다음과 같다.

【알고리즘 7.2】 중위 운행

```
void INORDER(nodeptr *node)
{
  if (node) {
    INORDER(node->leftchild);
    printf("%d", node->data);
    INORDER(node->rightchild);
    }
}
```

함수 INODER에 의하여 〈그림 7.17〉의 이진 트리를 운행할 때 출력되는 노드의 순서는 〈그림 7.19〉와 같다.

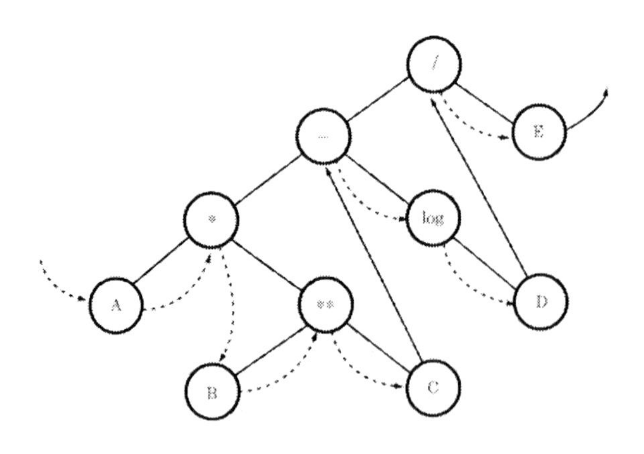

〈그림 7.19〉 중위 운행 순서

그 선형 순서는

A * B ** C - logD / E

가 되어 산술식의 중위 표기법(infix notation)과 동일하게 된다.

(3) 후위(postorder) 운행법

이 운행법은 먼저 왼쪽(L) 서브트리를 방문하고, 그 다음 오른쪽(R) 서브트리를 방문하며, 그 후 자료(D)를 출력하는 LRD 순회법으로서, 그 함수는 다음과 같다.

【알고리즘 7.3】 후위 운행

```
void POSTORDER(nodeptr *node)
{
  if (node) {
  POSTORDER(node->leftchild);
  POSTORDER(node->rightchild);
  printf("%d", node->data);
  }
}
```

함수 POSTORDER에 의하여 〈그림 7.17〉의 이진 트리를 운행할 때 출력되는 노드의 순서는 〈그림 7.20〉과 같다.

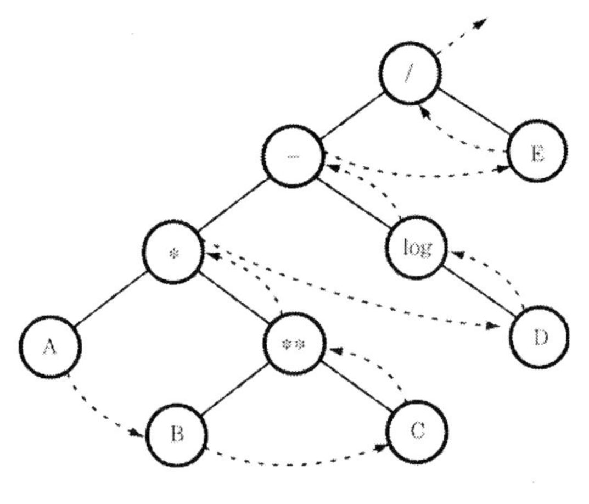

〈그림 7.20〉 후위 운행 순서

수식의 선형 순서는

A B C ** * D log − E /

와 같이 산술식의 후위 표기법(postfix notation)이 된다.

7.3.3 운행의 응용

이진 트리의 운행법을 이용하여 여러 가지 문제의 해결을 위한 알고리즘을 만들 수 있는데, 여기에서는 트리의 복사와 두 트리의 동등함을 판단하는 문제를 알아본다.

주어진 트리를 그대로 복사(copy)하는 일은 이진 트리의 후위 운행 알고리즘을 약간 수정하여 다음과 같은 함수를 기술할 수 있다.

【알고리즘 7.4】 트리의 복사

```
nodeptr *COPYTREE(nodeptr *bintree)
/* 이진 트리 bintree를 복사하여 함수명 COPYTREE로 복귀한다. */
{
  nodeptr *temptree;

  if (bintree) {
    temptree = (nodeptr *)malloc(sizeof(node));
    temptree->leftchild = COPYTREE(bintree->leftchild);
    temptree->rightchild = COPYTREE(bintree->rightchild);
    temptree->data = bintree->data;
    return temptree;
    }
  return NULL;
}
```

2개의 이진 트리가 동일하다는 것은 트리의 구조와 각 노드의 자료 필드의 값이 같음을 의미한다. 즉 트리를 운행하여 각 노드의 3개의 필드의 값을 비교하여 같으면 그 구조와 내용이 같은 것이다. 이를 위한 알고리즘은 어떤 운행법에 의해서도 용이하게 만들 수 있는데, 전위 운행법에 의하면 다음과 같다.

【알고리즘 7.5】 두 트리의 비교

```
int EQUAL(nodeptr *first, nodeptr *second)
/* 두 개의 이진 트리 first와 second를 비교하여 같은 지를 결정한다. */
{
  return ((!first && !second) || (first && second &&
            first->data == second->data) &&
            EQUAL(first->leftchild, second->leftchild) &&
            EQUAL(first->rightchild, second->rightchild));
}
```

7.3.4 이진 검색 트리

순서 없이 입력된 자료를 이진 트리로 구성한 후, 이 트리를 운행하여 정렬된 순서 리스트를 얻는 문제를 생각해 보자. 예를 들어 레코드의 키 값 K=(25, 18, 32, 20, 13, 42, 28, 19, 30)이 있다고 하자.

이것을 하나씩 입력하여 이진 트리를 구성함에 있어서, 첫번째 키를 루트 노드로 하고, 그 다음부터는 루트와 비교하여 작으면 왼쪽 서브트리로 가고, 크면 오른쪽 서브트리로 가며 이 과정을 트리의 끝에 도달할 때까지 계속한다. 끝에 오면 새로운 노드를 만들어 그 위치에서 트리에 연결한다. 이 과정을 순서대로 나타내면 〈그림 7.21〉과 같은 이진 트리가 만들어지는데, 이런 트리를 이진 검색 트리(binary search tree)라고 한다.

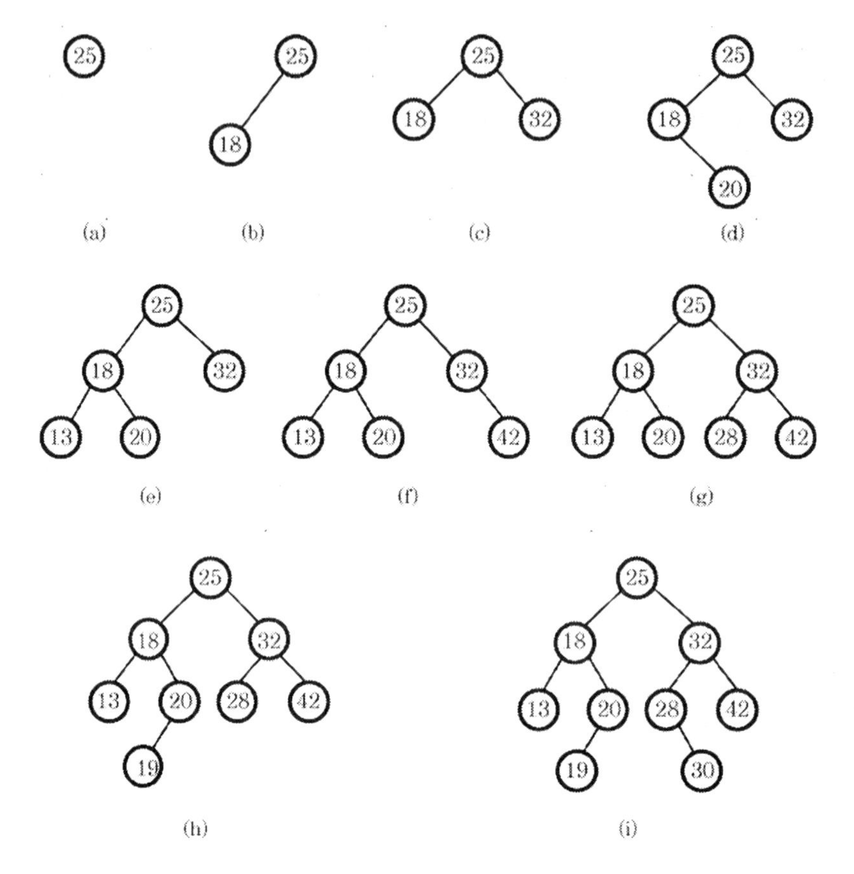

〈그림 7.21〉 이진 트리의 생성 과정

〈그림 7.21〉의 (i)를 중위 운행법에 의하여 운행하면

(13, 18, 19, 20, 25, 28, 30, 32, 42)

와 같은 정렬된 리스트를 얻을 수 있다.

7.3.5 이진 트리의 이질 성격

이진 트리의 노드들에 포함되어 있는 정보가 같은 형태가 아닐 수도 있다. 예를 들어, 피연산자가 숫자인 이진 수식(binary expression)을 이진 트리로 나타내면 단노드(leaf node)는 숫자이고 간노드는 연산자를 나타낸다.

〈그림 7.22〉는 이러한 이진 트리를 나타낸 것이다.

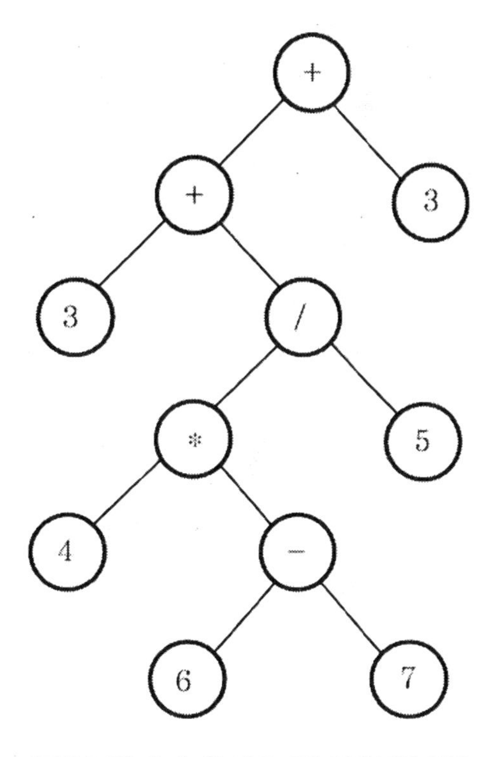

〈그림 7.22〉 3+4×(6−7)/5+3의 이진 트리 표현

이러한 트리를 C로 나타내려면 트리의 형태를

```
typedef struct node nodeptr;
typedef struct node {
        nodeptr *leftchild;
        char    operator;
        float   value;
        nodeptr *rightchild;
        };
```

으로 정의한다.

이러한 트리를 가리키는 포인터를 받아들여 수식을 계산해서 복귀하는 함수를 생각해 보자. 이 함수는 순환적으로 왼쪽과 오른쪽 서브트리의 값을 루트에 있는 연산자를 사용하여 계산한다. 〈그림 7.22〉와 같은 수식을 계산하는 알고리즘을 기술하면 다음과 같다.

【알고리즘 7.6】 이진 트리를 이용한 수식의 계산

```
void EVALTREE(nodeptr *tree)
{
  if (tree) {
    EVALTREE(tree->leftchild);
    EVALTREE(tree->rightchild);
    switch (tree->operator) {
      case '+':
        tree->value = tree->leftchild->value + tree->rightchild->value;
        break;
      case '-':
        tree->value = tree->leftchild->value - tree->rightchild->value;
        break;
      case '*':
        tree->value = tree->leftchild->value * tree->rightchild->value;
        break;
      case '/':
        tree->value = tree->leftchild->value / tree->rightchild->value;
      }
    }
}
```

이 알고리즘은 후위 운행법을 응용한 것이다.

7.4 스레디드 이진 트리

7.4.1 스레디드 이진 트리의 개요

이진 트리의 운행은 트리의 이용에 있어서 흔히 일어나는 연산인데, 운행을 보다 효과적으로 행하기 위하여 스레디드 이진 트리 (threaded binary tree)가 A. J. Perlis와 C. Thornton에 의해서 고안되었다.

이진 트리를 자세히 살펴보면 많은 널 링크(null link)가 있음을 볼 수 있다. 즉, n개의 노드로 구성된 이진 트리에서 전체의 링크 필드는 $2n$개이고, 이 중 $n+1$개가 널 링크이다. 이 널 링크의 활용 방안의 하나로 널 링크가 트리 내의 다른 노드를 가리키는 포인터로 하는 스레드(thread)로 〈그림 7.23〉과 같이 표현한 트리를 스레디드 이진 트리라고 한다.

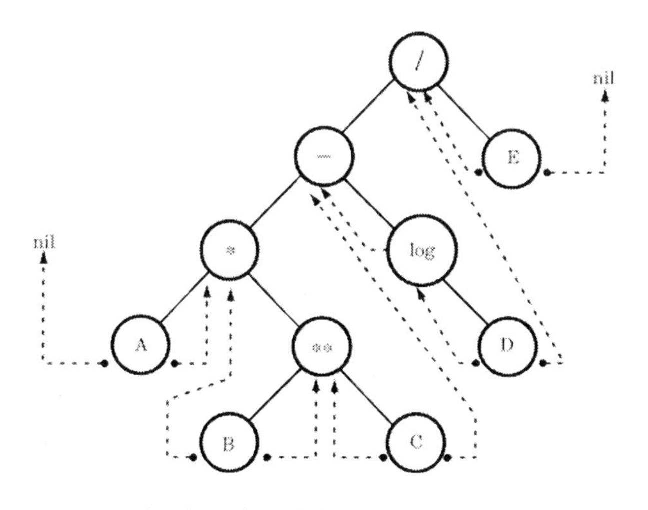

〈그림 7.23〉 스레디드 이진 트리의 예

스레디드 이진 트리에서 널 링크가 어떤 노드를 가리키도록 하느냐 하는 것은 트리의 운행법에 따르는데, 〈그림 7.23〉은 중위 운행법에 따라 만일 노드 p.leftchild가 널(null)이면 중위 운행시 바로 앞에 출력되는 노드를 가리키는 스레드 포인터로 하고, p.rightchild가 널(null)이면 p 뒤에 출력될 노드를 가리키도록 만든 것이다. 〈그림 7.23〉에서 점선으로 표시한 것이 스레드 포인터로서 왼쪽은 직전, 오른쪽은 직후의 방문 노드를 가리키고 있다.

그러므로 같은 이진 트리라고 하더라도 적용하는 운행법에 따라 각기 다른 스레디드 이진 트리가 만들어진다.

7.4.2 노드 구조와 리스트 표현

스레디드 이진 트리를 나타내기 위해서는 각 노드의 포인터 필드의 값이 정상적인 포인터인지, 아니면 스레드 포인터인지를 구별하는 수단이 필요하므로 노드 구조를 〈그림 7.24〉와 같이 정의한다.

```
typedef struct node nodeptr;
typedef struct node {
        int leftthreda;
        nodeptr *leftchild;
        char data;
        nodeptr *rightchild;
        int rightthread;
        };
```

leftthread	leftchild	data	rightchild	rightthread

〈그림 7.24〉 스레디드 이진 트리의 노드 구조

스레디드 이진 트리의 표현에 있어서 포인터가 정상적인 경우에는 논리(boolean) 변수에 스레드가 아님을 나타내도록 'false'를 넣고, 점선으로 표시된 스레드 포인터이면 'true'를 넣는다. 즉

leftthread — leftchild가 thread pointer이면 true
　　　　　 — leftchild가 normal pointer이면 false
rightthread — rightchild가 thread pointer이면 true
　　　　　 — rightchild가 normal pointer이면 false

로 지정한다.

스레디드 이진 트리를 연결 리스트로 표현하고자 할 때에는 〈그림 7.23〉의 노드 A와 E의 널(null) 포인터의 처리를 위하여 헤드 노드를 설정해서 〈그림 7.25〉처럼 표현한다.

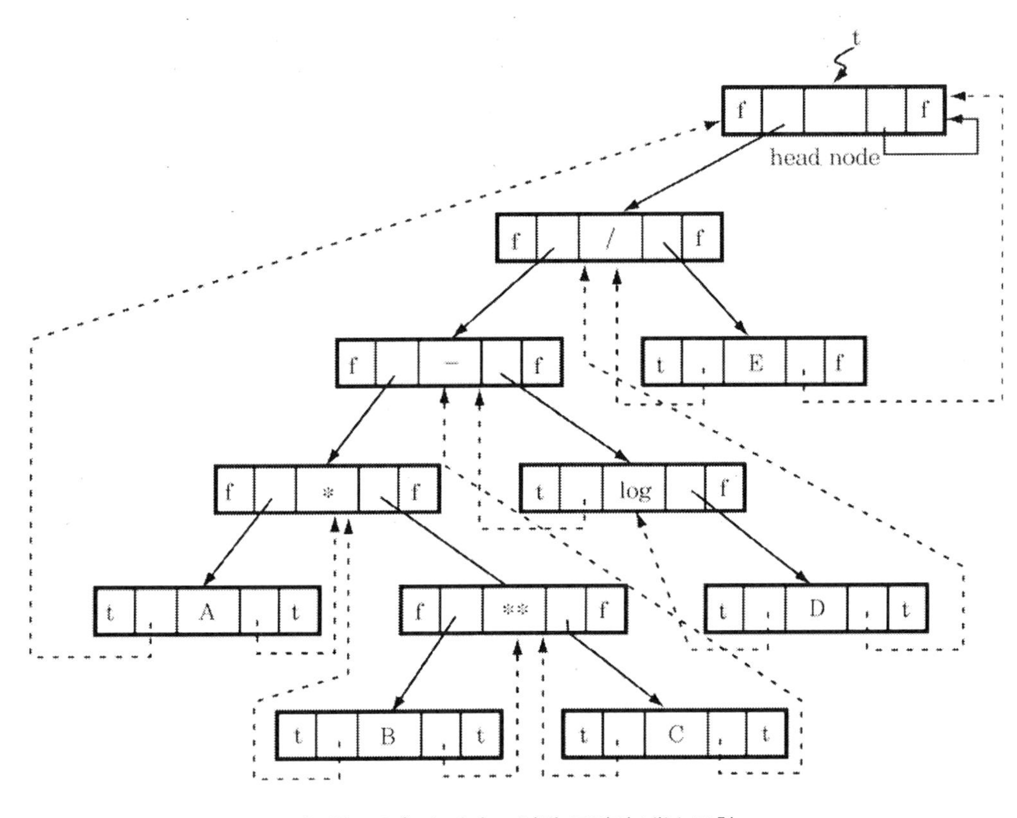

〈그림 7.25〉 스레디드 이진 트리의 내부 표현

7.4.3 스레디드 이진 트리의 운행

널 링크를 스레드로 대치하여 스레디드 이진 트리를 만들면 운행 알고리즘이 간단하게 된다. 중위 운행을 위한 스레디드 이진 트리가 만들어졌을 때, 어떤 노드 *p*의 후속 노드를 찾는 경우를 살펴보자.

만일 *p*.rightthread=true이면 *p*의 중위 후속자는 *p*.rightchild가 되고, *p*.rightchild가 false이면 *p*의 중위 후속자는 *p*의 rightchild로 부터 시작하여 노드가 leftthread=true에 도달할 때까지 leftchild 링크의 경로를 따라 찾으면 된다.

예를 들면, 〈그림 7.25〉에서 *p*가 "C"라면 노드 C의 rightthread가 true이므로 *p*의 중위 후속자는 *p*의 rightchild가 가리키는 "−"가 된다. 또, *p*가 "*"라면 노드 *p*의 rightchild가 false이므로 *p*의 rightchild인 "**"로부터 시작하여 그 leftchild의 링크를 따라 진행하여 leftthread가 true인 노드 "B"까지 따라가서 "B"가 "**"의 중위 후속자임을 확인한다.

중위 운행법에 따라 스레디드 이진 트리를 운행하여 노드의 선형 순서를 출력하는 작업은 루트 노드부터 시작하여 계속적으로 중위 후속자를 찾는 일을 반복하면 되므로 [알고리즘 7.7]과 같은 중위 후속자를 구하는 함수를 정의하고, 이 함수를 [알고리즘 7.8]과 같은 함수에서 반복적으로 호출함으로써 이루어진다.

【알고리즘 7.7】 스레디드 이진 트리의 중위 후속자 검색

```
nodeptr *INORDERSUCC(nodeptr *node)
/* 스레디스 이진 트리에서 노드의 후속자를 중위 순서에 의해 찾는다. */
{
  nodeptr *temp;

  temp = node->rightchild;
  if (!node->rightthread)
      while (!temp->leftthread)
            temp = temp->leftchild;
  return temp;
}
```

【알고리즘 7.8】 스레디드 이진 트리의 중위 운행

```
void INORDERTHREAD(nodeptr *tree)
/* 스레디드 이진 트리를 중위 순서에 의해 출력한다. */
{
  nodeptr *temp = tree;
  for (;;) {
     temp = INORDERSUCC(temp);
     if (temp == tree) break;
     printf("%c", temp->data);
     }
}
```

[알고리즘 7.8]에 의하면 어떤 노드의 중위 선행자에 관한 정보나 또는 스택을 사용하지 않고도 그 중위 후속자를 찾을 수 있다.

〈그림 7.25〉의 스레디드 이진 트리를 함수 중위 운행법에 의하여 운행하면

A * B ** C - log D / E

라는 선행 순서를 얻는다.

7.4.4 스레디드 이진 트리의 삽입과 삭제

노드 *p*를 스레디드 이진 트리 내의 특정의 노드 *x*의 오른쪽 자노드로 삽입하는 경우를 살펴보자. 만일 *x*의 오른쪽 자노드가 없다면 〈그림 7.26〉과 같이 *x*노드의 rightchild 값을 *p*의 rightchild로 넣고 *p*의 rightthread를 true로 하며, *p*의 leftchild는 *x*를 가리키게 하고 *p*의 leftthread는 true로 한다. 그리고 *x* 노드의 rightchild는 *p*가 되며, *x*->rightthread는 false로 하면 된다.

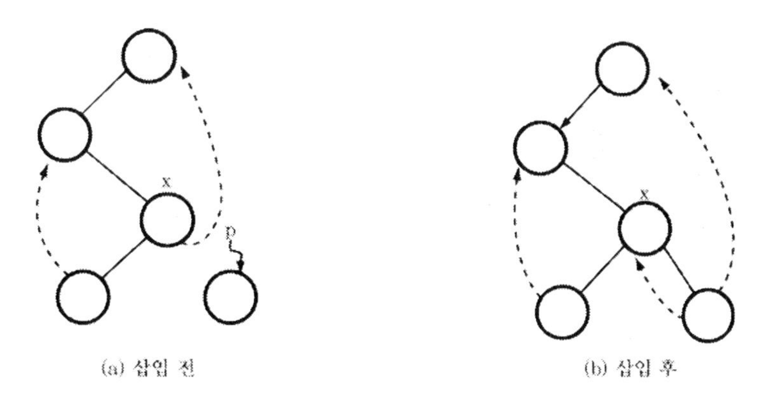

〈그림 7.26〉 x의 오른쪽 자노드가 없는 경우

한편 *x*의 오른쪽 자노드가 있는 경우에는 〈그림 7.27〉과 같이 *p*가 삽입된 후에는 *p*가 *x*의 오른쪽 자노드가 되므로 *p*는 leftthread=true인 어떤 노드의 중위 선행자가 된다. 따라서 그 노드의 leftchild는 *p*를 가리키게 하여야 한다. 즉 *x*의 rightchild는 *p*를 가리키게 하고, *p*의 leftchild는 *x*를 가리키게 하며, *p*의 rightchild는 이전 *x*의 rightchild를 가리키게 한다.

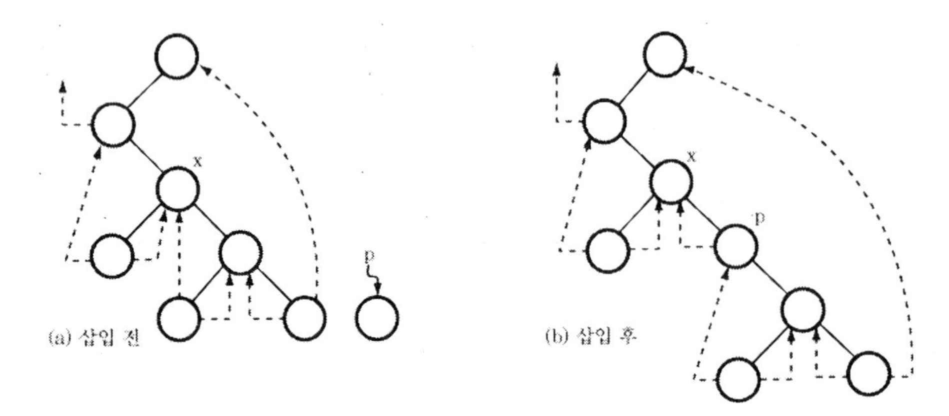

〈그림 7.27〉 x의 오른쪽 자노드가 있는 경우

스레디드 이진 트리의 특정 노드의 오른쪽에 삽입하는 함수를 위에서 설명한 방법에 근거하여 기술하면 다음과 같다.

【알고리즘 7.9】 x의 오른쪽에 삽입

```
void INSERTRIGHT(nodeptr *x, nodeptr *p)
{
  nodeptr *temp;
  p->rightchild = x->rightchild;
  p->rightthread = x->rightthread;
  p->leftchild = x;
  p->leftthread = TRUE;
  x->rightchild = p;
  x->rightthread = FALSE;
if (p->rightthread) {
  temp = INORDERSUCC(p);
  temp->leftchild = p;
  }
}
```

어떤 노드의 왼쪽에 삽입하거나 또는 삭제하는 알고리즘도 스레디드 이진 트리의 특성을 이용하여 작성할 수 있으나 생략하기로 한다.

7.5 일반 트리의 이진 트리화

7.5.1 이진 트리화의 필요성

트리의 노드 구조는 크게 자료 필드와 포인터 필드로 나눌 수 있는데, 포인터 필드의 수는 각 노드의 차수와 같다. 이 때 일반 트리를 표현함에 있어서 차수만큼의 포인터 필드를 두면 각 노드가 가변 크기가 되어 트리 연산을 위한 알고리즘이 복잡해진다.

한편 트리의 차수를 기준으로 모든 노드에 대하여 같은 개수의 포인터 필드를 두면 알고리즘은 간단하지만 사용되지 않는 포인터 필드가 사용되는 포인터 필드보다 더 많아지므로 기억 장소의 낭비를 초래한다.

예를 들어, n개의 노드로 구성된 트리의 차수가 k라고 한다면 고정 크기의 노드 구조를 가질 때에는 전체 포인터 필드의 개수는 $n*k$개가 되는데, 이 중 사용하지 않는 널 포인터는 $n(k-1)+1$개가 된다. 따라서 차수가 3인 3-ary 트리만 하더라도 전체 포인터 필드 중 약 2/3가 널이므로 비효율적이다.

그러므로 기억 장소의 효율성과 알고리즘의 단순성을 모두 유지하기 위하여 일반 트리를 이진 트리로 변환하는 것이 필요한데, 이진 트리로 변환하면 노드 구조를 고정 크기로 하여도 약 1/2만 널 포인터가 된다.

7.5.2 이진 트리로의 변환 방법

일반 트리를 이진 트리로 변환하기 위해서는 트리에서 '부모-자식'의 관계, '부모-왼쪽 자식'의 관계, '형제 노드의 횡적 관계'를 이용한다. 부모-자식의 관계는 수직으로 나타내고, 형제 관계는 수평으로 나타내는데, 부모-자식의 관계에서는 부노드의 자노드는 자식 중 맨 왼쪽의 자식을 택하도록 한다.

이런 원칙을 적용하면 어떤 노드의 가장 왼쪽 자노드를 그 노드의 왼쪽 자노드로 하고, 그 노드의 형제(sibling)는 오른쪽 자노드로 하는 것이다.

〈그림 7.28〉의 (a)를 예로 들면 루트 노드 R의 좌단 자노드(leftmost child) R_1이 R의 왼쪽 자노드가 되고, R_2는 R_1의 형제 노드이므로 오른쪽 자노드가 되며, R_3는 R_2의 형제이므로 R_2의 오른쪽 자노드가 된다. 같은 방법으로 R_1의 왼쪽 자노드는 R_{11}이 되고, R_{12}는 R_{11}의 오른쪽 자노드가 된다. 이와 같은 방법으로 〈그림 7.28〉의 (a)를 이진 트리로 변환한 것이 〈그림 7.29〉이다.

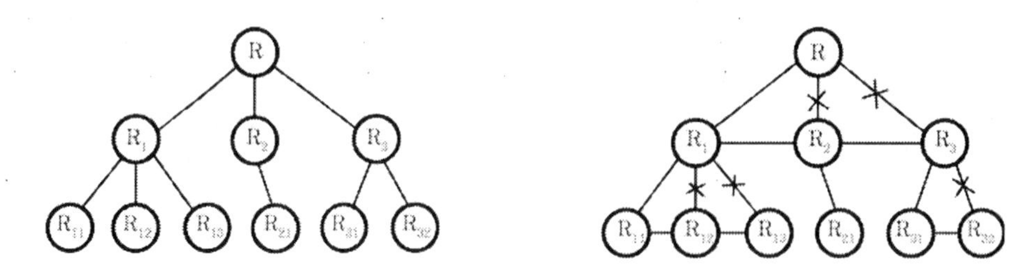

〈그림 7.28〉 이진 트리로의 변환 방법

〈그림 7.28〉의 (b)는 (a)의 트리를 형태 그대로 놓고, 이진 트리로 변환하기 위한 가시적인 방법을 나타낸 것으로 새로 연결되는 가지와 잘라 버리는 가지를 표시한 것이다. 일단 〈그림 7.28〉의 (b)처럼 되면 이것을 시계 방향으로 45° 회전시키면 〈그림 7.29〉와 같은 이진 트리가 된다.

반대로 이진 트리를 일반 트리로 재변환하려면 어떤 노드의 오른쪽 자노드는 그 노드의 형제로 하고, 왼쪽 자노드는 그 노드의 가장 왼쪽의 자노드로 해주면 된다.

일반 트리를 이진 트리로 변환하면 변환된 이진 트리의 루트 노드는 오른쪽 자노드를 가지지 않지만, 〈그림 7.30〉과 같은 숲(forest)을 이진 트리로 변환하면 〈그림 7.31〉과 같이 루트 노드가 오른쪽 자노드를 갖는 이진 트리가 된다.

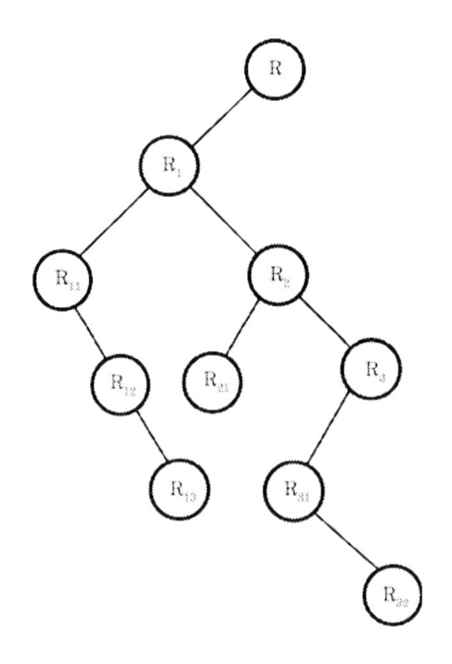

〈그림 7.29〉 변환된 이진 트리

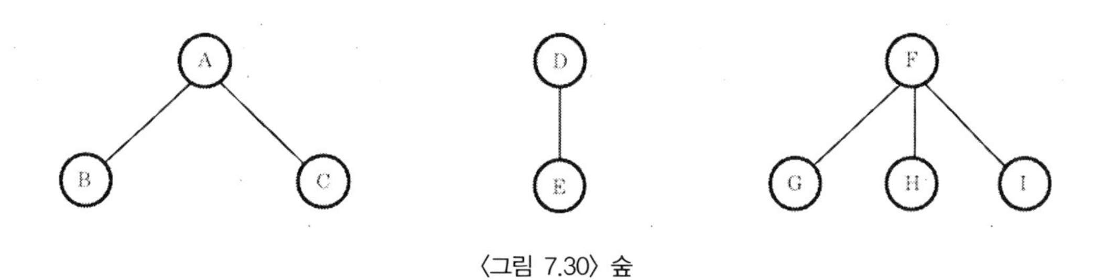

〈그림 7.30〉 숲

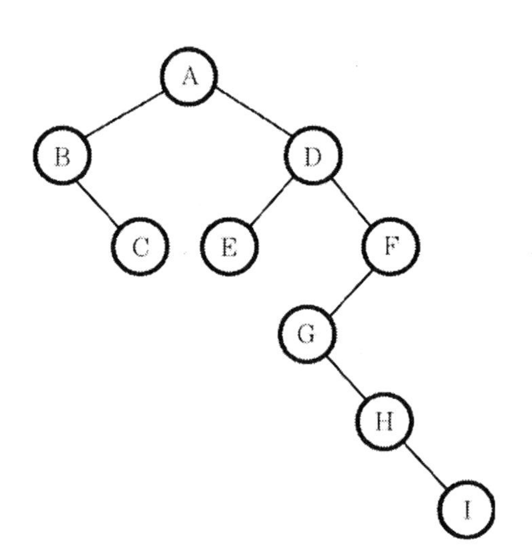

〈그림 7.31〉 변환된 이진 트리

숲을 이진 트리로 변환하는 방법을 다음과 같이 정의할 수 있다.

T_1, T_2, …, T_n의 트리로 된 숲이 있다면, 이 숲에 대응하는 이진 트리는 B(T_1, …, T_n)으로 표시되며,

① n=0이면 B는 공백 트리이고,

② B는 T_1,과 같은 루트를 가지며, 왼쪽 서브트리로 B(T_{11}, T_{12}, …, T_{1m})을 가진다. 단 T_{11}, T_{12}, …, T_{1m}은 T_1의 서브트리들이다. 그리고 오른쪽 서브트리는 B(T_2, …, T_n)이다.

7.6 트리의 응용

7.6.1 집합의 트리 표현

집합을 나타내는 데 어떻게 트리가 이용되는지에 대하여 살펴보자. 집합의 원소들이 1, 2, 3, …, n까지의 정수라고 가정하자. 이 정수들은 집합에 속하는 원소들의 색인(index)을 나타낼 수도 있다.

예를 들어, 1부터 12까지의 12개의 원소를 서로 소(disjoint)인 3개의 집합

S_1={1, 7, 8, 10, 12}

S_2={2, 5, 9, 11}

S_3={3, 4, 6}

으로 나누었다면 이들 집합에서의 연산들은 다음과 같은 것이 있다.

① UNION(i, j) : 서로 소인 집합 S_i와 S_j의 합집합을 구하는 것으로 합집합 $S_i \cup S_j = \{x \mid x \in S_i$ or $x \in S_j\}$가 된다. 따라서

$S_1 \cup S_2$={1, 2, 5, 7, 8, 9, 10, 11, 12}

가 된다.

② FIND(i) : 원소 i를 갖는 집합을 구한다. 따라서 6은 집합 S_3를, 9는 집합 S_2를 구하는 것이 된다.

집합 S_1, S_2, S_3은 〈그림 7.32〉와 같은 트리로 나타낼 수 있다.

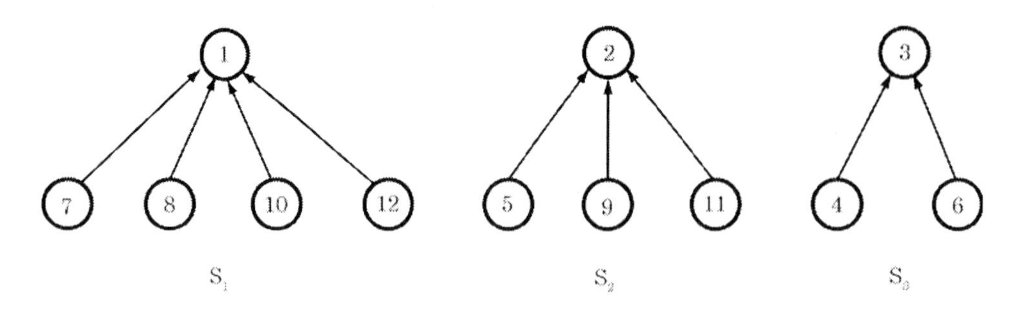

〈그림 7.32〉 집합의 트리 표현

〈그림 7.32〉에서 보듯이 노드들은 부모 노드에 화살표로 연결된다. 즉 루트 노드를 제외한 모든 노드들은 루트 노드에 연결된다. 이것을 이용하여 UNION과 FIND의 알고리즘을 쉽게 나타낼 수 있다.

S_1과 S_2의 합집합은 〈그림 7.33〉의 어느 하나로 나타낼 수 있다.

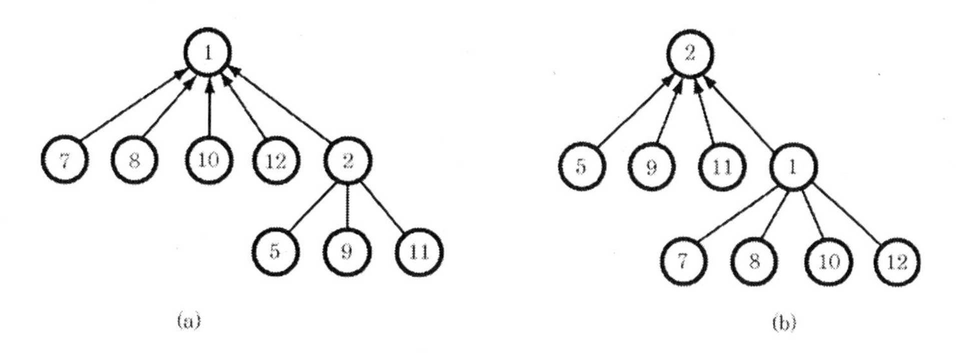

〈그림 7.33〉 $S_1 \cup S_2$의 표현

두 집합의 합집합을 구하려면 한 집합의 루트가 다른 집합의 루트를 가리키게 하면 된다.

FIND(i)의 연산은 원소 i를 포함하는 트리의 루트를 구하는 것이고, UNION(i, j)는 루트 i와 루트 j인 두 트리의 합집합을 구하는 함수로서 다음과 같이 나타낸다.

【알고리즘 7.10】 원소 i를 포함하는 집합

```
int FIND(int i);
/* 원소 i를 포함하는 집합의 루트를 복귀한다. */
{
  for (; parent[i] > 0; )
      i = parent[i];
  return i;
}
```

【알고리즘 7.11】 두 트리의 합집합

```
void UNION(int i, int j)
/* 루트 i와 j를 가진 서로소인 두 집합의 합집합을 구한다. */
{
  parent[i] = j;
}
```

FIND와 UNION의 알고리즘은 아주 쉽게 나타낼 수 있지만 실행 속도는 좋지 않다. 다음과 같은 일련의 UNION-FIND 연산을 생각하며 보자.

U(1, 2), FIND(1), U(2, 3), FIND(1), U(3, 4), FIND(1), ⋯, FIND(1), UNION(n−1, n)
위의 연산들을 실행하면 〈그림 7.34〉와 같은 변화된 트리(degenerate tree)를 얻는다.

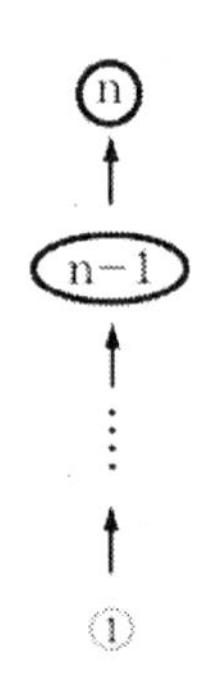

〈그림 7.34〉 변화된 트리

UNION을 만드는 데 걸리는 시간이 상수이기 때문에 n−1의 UNION을 수행하는 데 걸리는 시간은 $O(n)$이 된다. 그러나 각 FIND는 ①로부터 루트까지의 링크들을 조사하여야 하기 때문에 트리의 레벨 i에 있는 원소를 찾기 위한 과정은 $O(i)$가 된다. 따라서 n−2 FIND를 처리하기 위한 전체 시간은

$$O(\sum_{i=1}^{n-2} i) = O(n^2)$$

이 된다.

FIND를 처리하는 시간을 줄이기 위해서는 변화된 트리를 만들지 않아야 한다. 이것을 위해 UNION(i, j)를 만들 때 weighting rule을 적용한다. 트리 i의 노드 수가 트리 j의 노드 수보다 작을 때는, j를 i의 부모가 되게 하고, 반대의 경우에는 i를 j의 부모가 되게 한다.

〈그림 7.35〉는 weighting rule을 이용하여 트리를 만드는 과정을 나타낸 것이다.

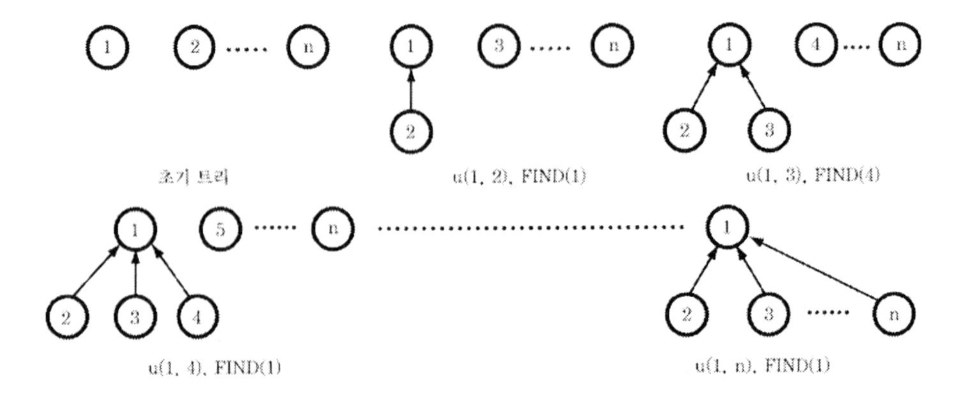

〈그림 7.35〉 weighting rule에 의하여 생성한 트리

n개의 FIND를 처리하는데 걸리는 시간은 임의의 노드의 최대 레벨이 2가 되기 때문에 $O(n)$의 시간이 걸린다. weighting rule을 사용하여 트리를 나타내려면 트리에 있는 노드 수를 알아야 한다. 이 과정을 쉽게 하기 위하여 모든 트리의 루트에 개수를 나타내는 count 필드를 갖는다. count 필드를 포인터와 구별하기 위하여 음수를 사용한 함수를 만들면 다음과 같다.

【알고리즘 7.12】 합집합

```
void UNION(int i, int j)
{
  int temp = parent[i] + parent[j];
  if (parent[i] > parent[j]) {
     parent[i] = j;
     parent[j] = temp;
     }
  else {
     parent[j] = i;
     parent[i] = temp;
     }
}
```

위와 같은 UNION을 실행하는 데 걸리는 시간은 약간 증가하지만 상수의 시간, 즉 $O(1)$이 걸린다. FIND를 실행하는 시간은 불변이다. FIND를 실행하는 데 걸리는 최대 시간은 $O(\log_2 n)$이 된다. 이것은 수학적 귀납법을 사용하여 쉽게 증명할 수 있다. 따라서, $n-1$개의 UNION과 m개의 FIND의 혼합된 연산을 처리하는 시간은 최악의 경우 $O(n+m \log n)$이 된다.

7.6.2 게임 트리

트리는 체스(chess)나 님(nim) 또는 틱택토우(tic-tac-toe) 등의 게임놀이 등에 이용될 수 있는데, 여기에서는 님(nim) 게임의 진행 및 상황을 어떻게 표현하여 게임 트리(game tree)를 운영하는지에 대하여 살펴보기로 한다.

님(nim) 게임은 두 명의 선수 A와 B에 의하여 이루어지는 놀이로서, 처음에 n개의 핀(pin)을 게임판에 놓고, A와 B가 번갈아 가면서 핀을 제거하게 되는데, 각 선수는 게임판 위에 놓인 핀의 수보다 더 많은 개수의 핀을 제거할 수는 없고, 마지막 핀을 제거하게 되는 선수가 패자가 되는 것이다.

어떤 시점에서 게임의 상태는 다음에 핀을 제거할 선수와 게임판 위의 상황에 의하여 결정된다. 그리고 게임의 최후 상황은 승리, 패배 또는 무승부를 나타내게 되는데, 이런 상황을 단말 상황(terminal configuration)이라 하고, 그 이외의 상황을 비단말 상황(non-terminal configuration)이라고 한다.

이 게임에서는 A가 마지막 핀을 제거할 순서이면 B가 승자가 되고 그 반대이면 A가 승자가 된다. 따라서 무승부는 있을 수 없는데, 게임판 위의 일련의 상황 C_1, C_2, …, C_m은 다음 조건을 만족할 때 허용된다.

① C_1은 게임이 시작될 때의 상황이다.

② C_i ($0 \langle i \langle m$)은 비단말 상황이다.

③ C_{i+1}은 C_i에 의하여 만들어지는 제거 상황으로서, i가 홀수이면 선수 A에 의하여 만들어지고, i가 짝수이면 선수 B에 의하여 만들어지는데, 이는 많은 제거가 유한하다는 것으로 가정한 것이다.

여기에서 m은 게임의 길이이고, C_m은 단말 상황이다.

예를 들어 n=6개의 핀으로서 시작되는 님(nim) 게임에서, 먼저 A가 제거하고, 그 다음 B가 제거하는 경우, 한 번에 제거할 수 있는 핀의 수를 1, 2 또는 3개 중의 어느 하나로 제한할 때 게임 트리로 나타내면 〈그림 7.36〉과 같다.

이 트리에서 각 노드는 게임판의 상황을 나타내고 C_1은 루트 노드로서 게임판의 초기 상황이다. 홀수 레벨에서 짝수 레벨로의 상황 변화는 선수 A가 핀을 제거함으로써 이루어지고, 반대로 짝수 레벨에서 홀수 레벨로의 상황 변화는 선수 B가 핀을 제거함으로써 이루어진다.

〈그림 7.36〉의 게임 트리에서 네모꼴 노드는 선수 A가 핀을 제거할 순서일 때 게임판의 상황이며, 원형 노드는 선수 B가 핀을 제거할 순서일 때의 게임판의 상황이다. 각 선수가 제거하는 핀의 수가 1, 2 또는 3 중의 어느 것을 택하느냐에 따라 각기 그 노드의 자노드 상황이 달라진다. 게임판의 단말 상황은 단노드로 표시되었는데, 이 노드에 기재된 선수가 승자임을 의미한다. 결국 선수 A는 단노드가 홀수 레벨에 위치할 때 승자가 되고, 선수 B는 단노드가 짝수 레벨에 위치할 때 승자가 된다.

게임 트리에서 각 노드의 차수는 그 노드에서 핀의 제거가 허용된 개수와 같으므로 이 트리에서는 차수가 3이 된다. 또한 트리의 깊이는 루트 노드에 놓인 핀의 수보다 1만큼 많게 되므로 7이 된다.

게임 트리는 특정의 선수가 승리하기 위하여 허용된 방향 중 어떤 방향을 선택하여야 할 것인가를 결정하는 데 유용한 것으로서, 간단한 트리인 경우에는 그 결정이 용이하지만 트리가 복잡해지면 각 게임판 위의 상황에 따른 평가 함수를 적용하여야 하는데, 이에 대하여는 설명을 생략한다.

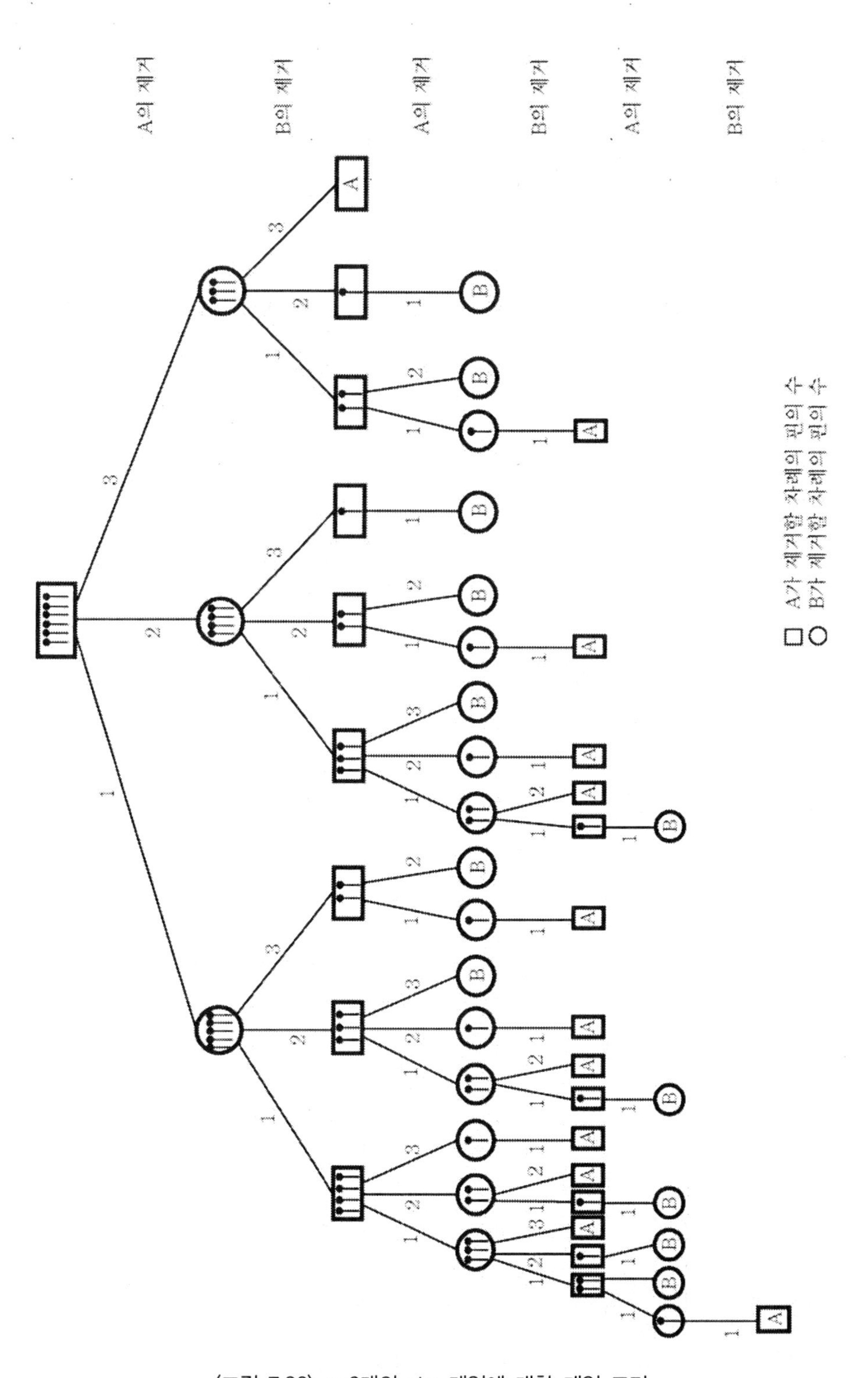

〈그림 7.36〉 n=6개의 nim 게임에 대한 게임 트리

7.5.3 결정 트리

여러 가지 상황에 대하여 어떤 의사 결정(decision making)을 하기 위하여 종종 트리를 이용하게 되는데, 이 때 적용되는 트리를 결정 트리(decision tree)라고 한다.

널리 알려진 것 중의 하나가 8개의 동전(eight coins) 문제를 결정 트리로 표현하는 것이다.

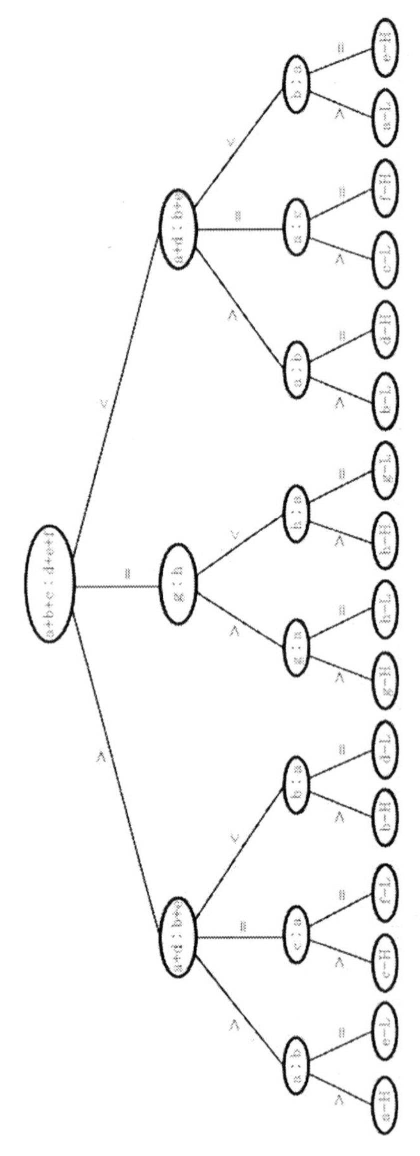

〈그림 7.37〉 8개의 동전 중 가짜를 찾기 위한 결정 트리

이것은 a, b, c, d, e, f, g, h 등 8개의 동전 중 1개의 가짜 동전이 있다고 할 때, 그 가짜 동전을 가려내는 문제로서, 그 가짜 동전은 진짜 동전에 비하여 무겁거나 또는 가벼운 것으로 가정하고, 천칭을 이용하는 것으로 한다. 그리고 가짜 동전에 대해서는 그것이 진짜 동전에 비하여 무거운지 아니면 가벼운지도 결정하여야 하는 것으로 한다.

a~h의 8개의 동전이 있으므로, 그 중 어느 하나가 가짜 동전이고, 또 그것은 무겁거나 가벼운 것일 수 있으므로 결정 트리의 해답이 되는 단노드는 16개가 된다.

편의상 진짜 동전보다 무거운 것은 H(high), 가벼운 것은 L(low)로 나타낸다면 〈그림 7.37〉과 같은 게임 트리가 만들어진다.

이 결정 트리는 천칭을 이용하기 때문에 저울로 측정한 결과는 어느 한쪽으로 기울거나 아니면 수평을 이루기 때문에 각 노드의 차수는 많아야 3이 되며, 트리의 깊이는 어떤 방법과 순서로 동전들을 저울 위에 올려놓느냐에 따라 달라진다. 따라서 가장 적은 횟수로 천칭을 이용하여 가짜를 식별하여야 하므로 트리의 깊이가 가장 작을 때 그 트리가 최적의 결정 트리가 되는 것이다

〈그림 7.37〉의 결정 트리는 세 번의 비교에 의하여 해답을 얻을 수 있도록 표현한 트리로서, 먼저 $a+b+c$와 $d+e+f$를 천칭에 올려놓는다. 만일 수평을 이루면 g, h 중 어느 하나가 가짜일 것이고, 그렇지 않다면 가짜는 a~f 중의 어느 하나일 것이다.

수평을 이룰 때 g와 h 중 어느 것이 가짜인가를 확인하기 위해서 우선 g와 h를 천칭 위에 올려놓고 측정한다. 이 때 둘 중에 어느 하나가 가짜일 것이므로 수평을 이룰 수는 없다. 만일 g가 더 무겁다면 이번에는 g와 a~f 중의 어느 하나와 비교하게 되는데 〈그림 7.37〉에서는 a와 비교하였다. 이 때 g가 더 무거우면 g는 진짜 동전보다 무거운 가짜이고, g와 a가 같으면 g가 진짜이므로 앞 단계에서 비교되었던 h가 진짜 동전보다 가벼운 가짜 동전이라는 해답을 얻게 된다.

만일 루트 노드에서 왼쪽이 더 무겁다면 g와 h는 진짜 동전이고, 가짜 동전은 a~f 중의 어느 하나가 된다. 따라서 다음 레벨에서는 $a+d$와 $b+e$를 천칭 위에 놓고 측정한다. 이 때 $a+d > b+e$이면 d와 b를 바꾸어 놓았음에도 불구하고 왼쪽으로 기울어졌으므로 다음 레벨에서 a와 b를 비교하여 a 또는 e가 가짜 동전임을 결정하고, $a+d=b+e$이면 c나 f중의 어느 하나가 가짜 동전일 것이므로 다음 레벨에서 c와 a를 비교하여 해답을 얻는다. 또 $a+d < b+e$라면 b나 d 중의 어느 하나가 가짜 동전일 것이므로 b와 a를 비교하여 b가 무거운 가짜인지, 아니면 d가 가벼운 가짜인지를 결정하게 된다.

어떤 주어진 상황을 결정 트리로 표현하는 것은 매우 유용하지만 그 해답을 얻기 위한 직접적인 알고리즘은 제공하지 않는다. 여기서 제시한 8개의 동전 문제에 대하여 결정 트리에 대응하는 알고리즘은 쉽게 기술할 수 있으므로 생략한다.

Exercise

1. 트리의 종류를 열거하고, 그 예를 그림으로 나타내어라.

2. 이진 트리의 레벨 i에 있는 노드의 개수가 최대 2^{i-1}개임을 증명하여라.

3. 공집합이 아닌 이진 트리 T에 대하여 n_0는 단노드의 수, n_2는 차수가 2인 노드의 수라고 하면 $n_0=n_2+1$임을 증명하여라.

4. 이진 트리에 있는 모든 노드의 개수를 구하는 함수를 작성하여라.

5. 다음 트리를 전위(preorder) 운행법, 중위(inorder) 운행법, 후위(postorder) 운행법에 의해 순회할 때, 노드가 방문되는 순서대로 나열하여라.

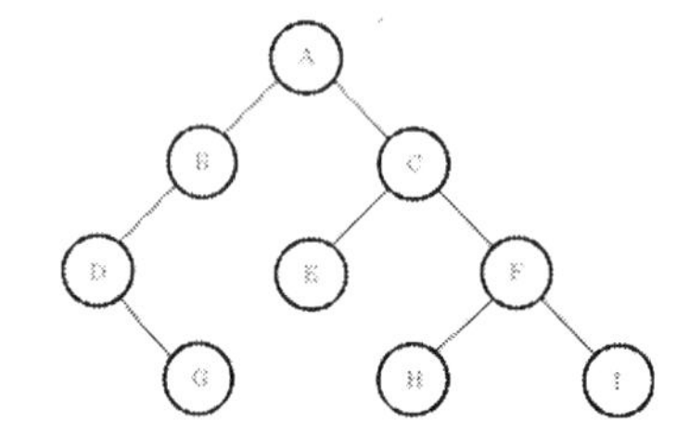

6. 다음의 트리를 이진 트리로 나타내어라.

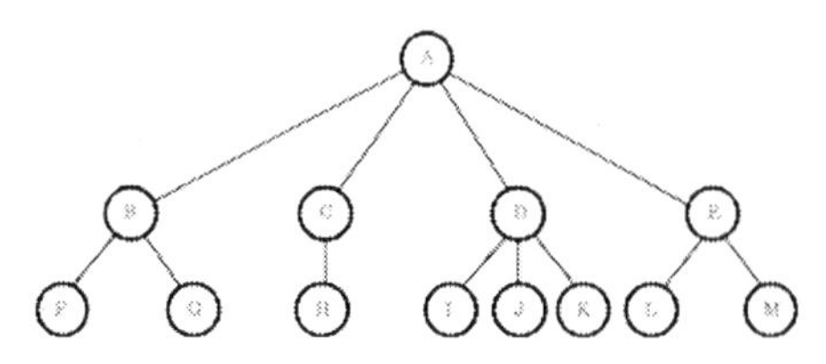

7. 이진 트리의 높이(height)를 구하는 함수를 C로 작성하여라.

8. 이진 트리의 단노드(terminal node)의 개수를 구하는 함수를 작성하여라.

9. 산술식 x^2y+logx/z를 이진 트리로 나타내고, 이 트리를 운행하는 세 가지 방법에 대한 함수를 기술하고 그 결과를 나타내어라.

10. 주어진 이진 트리를 스레디드 이진 트리(threaded binary tree)로 바꾸는 프로그램을 작성하고, 다음의 이진 트리를 스레디드 이진 트리로 변환하여라.

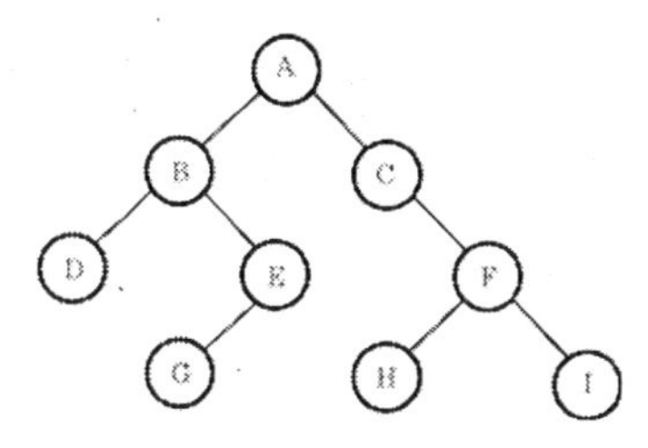

11. 레코드의 키 값 K=(35, 16, 42, 20, 13, 39, 24, 19, 27)이 있다. 이것을 하나씩 읽어서 이진 검색 트리를 구성하는 과정을 그림으로 나타내어라.

12. 스레디드 이진 트리의 출현 배경을 설명하고, 노드 구조를 나타내어라.

13. 이진 트리 T의 왼쪽 자식들과 오른쪽 자식들을 서로 바꾸는 함수 swaptree(T)를 작성하여라. 아래 그림은 이진 트리 T에 대한 swaptree(T)를 나타낸다.

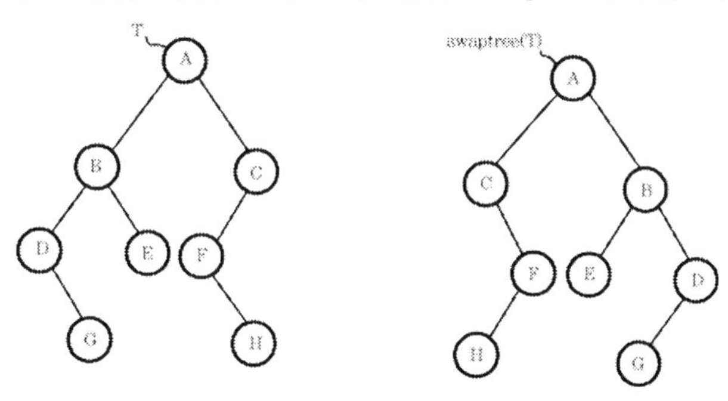

14. 이진 트리의 전위 운행법과 중위 운행법으로 이진 트리를 유일하게 결정함을 증명하여라. 또 전위 순서와 중위 순서가 있을 때 이진 트리를 만드는 함수를 작성하여라.

15. 이진 트리의 전위 순서와 후위 순서로 이진 트리를 결정하지 못하는 것을 증명하여라.

10. 4개의 노드를 가진 14개의 각기 다른 이진 트리를 만들어라.

11. 스레디드 이진 트리의 어떤 노드의 왼쪽에 노드를 삽입하는 함수를 작성하여라. 또한 어떤 노드의 왼쪽에 있는 노드를 삭제하는 함수를 작성하여라.

18. 중위 순서 스레디드 이진 트리를 전위 순서로 순회하는 프로그램을 작성하여라.

19. 스택에 의해 얻을 수 있는 상이한 1, 2, …, n의 순열의 개수는 n노드를 가진 상이한 이진 트리의 개수와 같음을 증명하여라.

20. 두 사람이 할 수 있는 게임을 예로 들어 승자와 패자를 가리는 게임 트리를 그려 보아라.

Chapter

08 그래프

8.1 그래프의 개요

8.1.1 그래프의 기본 개념

그래프(graph)는 전기 회로의 분실, 최단 경로의 검색, 위상 정렬, 화학 합성물의 식별, 통계 역학, 유전학, 인공 지능, 언어학, 사회 과학 및 오일러 행로 등 여러 분야에 광범위하게 이용되는 비선형 자료 구조(non-linear data structure)이다.

그래프를 최초로 사용한 사람은 1736년에 오일러(Euler)라고 알려져 있는데, 이 사람이 그래프를 이용하여 오일러 행로(Eulerian walk)를 정의하였다. 오일러 행로란 그래프의 어떤 정점(vertex)에서 출발하여 모든 간선(edge)을 단 한 번씩만 거친 후, 출발한 정점으로 되돌아오는 길을 말하는데, 〈그림 8.1〉의 (a)는 오일러 행로가 존재하지 않으나 (b)는 오일러 행로가 존재하는 그래프의 예이다.

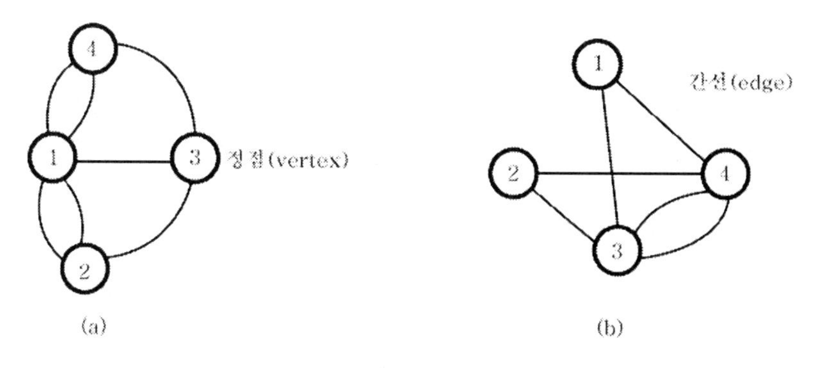

〈그림 8.1〉 그래프의 예

오일러 행로는 그래프의 각 정점의 차수(degree)가 짝수인 경우에만 존재한다는 사실을 오일러가 정의하였다.

그래프는 공집합이 아닌 정점(vertex) 또는 노드(node)의 집합 V와 두 정점들의 이진 관계(binary relation)인 간선(edge)들의 집합 E로 구성되는 특수한 자료 구조이다.

그래프 G의 정점들의 집합을 $V(G)$로, 간선들의 집합을 $E(G)$로 나타내면 임의의 그래프 G는

$$G=(V,\ E)$$

로 표현한다.

정점과 간선들에 의하여 나타내는 그래프의 예를 들면 〈그림 8.2〉와 같다.

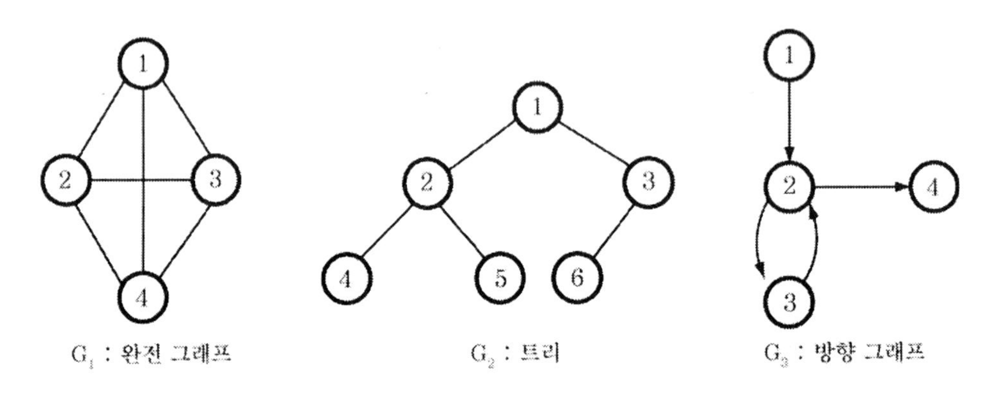

〈그림 8.2〉 그래프의 예

그래프 G_1, G_2, G_3의 정점의 집합 $V(G)$와 간선의 집합 $E(G)$는 다음과 같다.

$V(G_1)=\{1,\ 2,\ 3,\ 4\}$ $E(G_1)=\{(1,\ 2),\ (1,\ 3),\ (1,\ 4),\ (2,\ 3),\ (2,\ 4),\ (3,\ 4)\}$

$V(G_2)=\{1,\ 2,\ 3,\ 4,\ 5,\ 6\}$ $E(G_2)=\{(1,\ 2),\ (1,\ 3),\ (2,\ 4),\ (2,\ 5),\ (3,\ 6)\}$

$V(G_3)=\{1,\ 2,\ 3,\ 4\}$ $E(G_3)=\{\langle 1,\ 2\rangle,\ \langle 2,\ 3\rangle,\ \langle 3,\ 2\rangle,\ \langle 2,\ 4\rangle\}$

간선을 나타내는 정점의 쌍의 순서가 없으면 $(V_1,\ V_2)=(V_2,\ V_1)$이 되는데, 이런 그래프는 무방향 그래프(undirected graph)로서 〈그림 8.2〉의 G_1, G_2가 이에 속한다.

〈그림 8.2〉의 G_3와 같이 어느 한 정점에서 다른 정점으로 이어지는 간선이 화살표로 표시된 그래프를 방향 그래프(directed graph 또는 digraph)라고 하는데, 이 경우에는 간선 $\langle V_1,\ V_2\rangle$와 $\langle V_2,\ V_1\rangle$은 서로 다르다.

간선의 표현은 무방향 그래프에서는 ( )로 나타내고, 방향 그래프에서는 〈 〉로 나타내는 데, 방향 그래프의 간선 $\langle V_1,\ V_2\rangle$는 정점 V_1에서 V_2로 화살표가 되어 있음을 나타내고, 이 때 V_1을 간선의 꼬리(tail)라 하고, V_2를 간선의 머리(head)라고 한다.

8.1.2 그래프의 관련 용어

그래프에서 사용되는 용어로는 앞에서 설명한 무방향 그래프, 방향 그래프, 정점, 간선들 이외에 다음과 같은 것들이 있다.

① 완전 그래프(complete graph) : n개의 정점으로 구성된 무방향 그래프의 간선의 최대수는 $n(n-1)/2$인데, 이와 같이 전체 간선의 수가 $n(n-1)/2$개 존재하는 그래프를 완전 그래프라고 하며, 〈그림 8.2〉의 G_1이 완전 그래프의 예이다.
방향 그래프의 경우에는 두 정점 V_1과 V_2사이에 $\langle V_1, V_2 \rangle$, $\langle V_2, V_1 \rangle$이라는 2개의 간선이 존재할 수 있으므로 최대 간선의 수는 무방향 그래프의 두 배인 $n(n-1)$개가 된다.

② 다중 그래프(multigraph) : 원칙적으로 그래프는 동일한 간선의 중복이 허용하지 않으나 〈그림 8.3〉과 같이 이러한 제한이 없이 두 정점 사이에 2개 이상의 간선이 존재하는 그래프를 다중 그래프라고 한다.

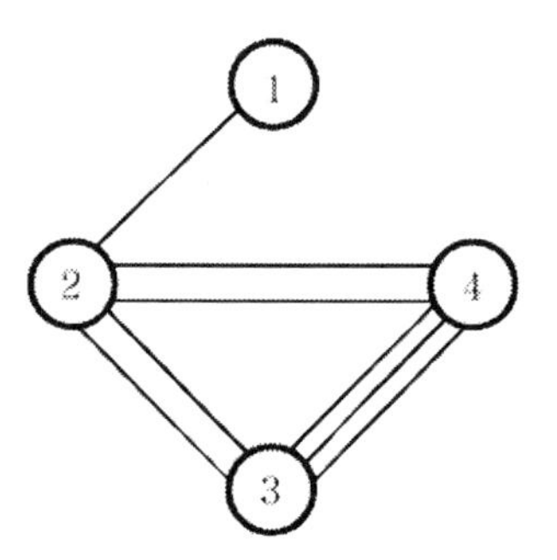

〈그림 8.3〉 다중 그래프

③ 서브그래프(subgraph) : 두 그래프 G와 G의 관계에 있어서 $V(G) \subseteq V(G)$이고, $E(G) \subseteq E(G)$ 일 때, G은 G의 서브그래프라고 한다. 어떤 그래프 G의 서브그래프 G은 여러 개가 존재하는데, 〈그림 8.2〉의 G_1에 대한 서브그래프의 몇 가지 예를 들면 〈그림 8.4〉와 같다.

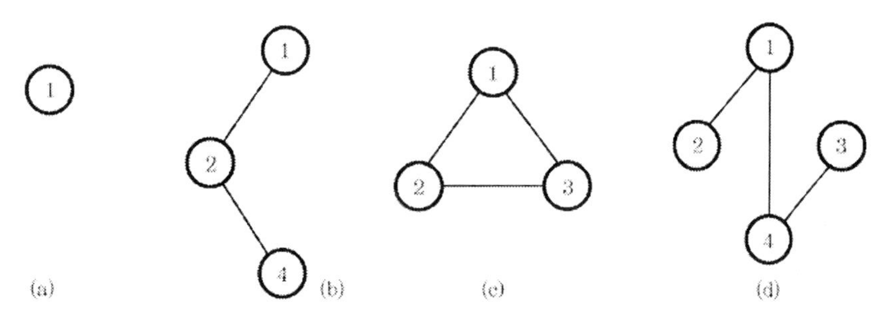

〈그림 8.4〉 G_1의 서브 그래프

④ 인접(adjacent)과 부속(incident) : $E(G)$에 속한 간선(V_1, V_2)가 있을 때, 정점 V_1과 V_2는 인접(adjacent)해 있다고 하고, 간선(V_1, V_2)는 정점 V_1과 V_2에 부속(incident)된다고 한다. 〈그림 8.2〉의 그래프 G_1에서 정점 1에 인접한 정점들은 2, 3, 4이고, 그래프 G_2에서 정점 3에 부속된 간선들은 (1, 3), (3, 6)이다.

만일 $\langle V_1, V_2\rangle$가 방향 간선이라면, 정점 V_1은 정점 V_2에 인접했다고 하며, V_2는 V_1으로부터 인접됐다고 한다. 또 간선 $\langle V_1, V_2\rangle$는 정점 V_1과 V_2에 부속되어 있다고 한다.

⑤ 경로(path)와 사이클(cycle) : 임의의 정점 V_j에서 다른 정점 V_i에 이르는 일련의 정점들을 경로라고 한다. 즉 $E(G)$에 (V_j, V_1), (V_1, V_2), …, (V_m, V_i)가 있을 때, 정점 V_j에서 V_i까지의 경로는 정점 V_j, V_1, V_2, …, V_m, V_i 등의 연속이다. 〈그림 8.2〉의 그래프 G_1에서의 한 경로 (1, 2), (2, 4), (4, 3)을 1, 2, 4, 3이란 경로로 표시한다. 경로 상에 포함된 간선의 수를 그 경로의 길이(lengh of path)라 하므로 경로 1, 2, 4, 3의 길이는 3이 된다.

또한, 한 경로 상에 포함된 정점들이 모두 다른 경로를 단순 경로(simple path)라 하는데, 이 때 처음과 끝의 정점은 같아도 관계가 없다. 특히, 처음과 끝의 정점이 같은 단순 경로를 사이클(cycle)이라고 한다. 〈그림 8.2〉의 G_1에서 경로 1, 2, 3, 1은 사이클이다.

방향 그래프의 경우에는 방향 경로, 방향 사이클이라는 용어를 사용한다.

⑥ 연결 그래프(connected graph)와 단절 그래프(disconnected graph) : 무방향 그래프 G에서 V_1으로부터 V_2에 이르는 경로가 있을 때, V_1과 V_2는 연결되었다고(connected) 하며, $V(G)$ 상의 임의의 모든 두 정점 V_i와 V_j사이에 경로가 존재하는 그래프를 연결 그래프라고 한다. 〈그림 8.2〉의 그래프 G_1과 G_2는 연결 그래프이고, 〈그림 8.5〉의 그래프 G_4는 연결되지 않은 단절 그래프이다.

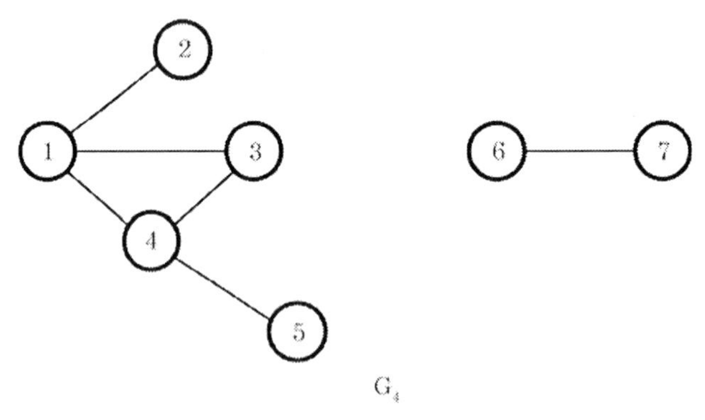

〈그림 8.5〉 2개의 연결 요소로 된 그래프

⑦ 연결 요소(connected component) : 〈그림 8.5〉의 그래프 G_4에서 보는 것처럼, 무방향 그래프에서 연결 요소란 최대 연결 서브그래프(maximal connected subgraph)를 말한다. 그래프 G_4는 2개의 연결 요소로 구성된 그래프이다.

⑧ 강력 연결 그래프(strongly connected graph) : 방향 그래프 G에서 $V(G)$에 속한 서로 다른 두 정점 V_i, V_j의 모든 쌍에 대하여 V_i에서 V_j로, 또한 V_j에서 V_i로 방향 경로가 존재하는 그래프를 강력 연결 그래프라고 한다. 〈그림 8.2〉의 G_3은 강력 연결 그래프가 아니다.

⑨ 차수(degree) : 한 정점에 부속된 간선의 수를 그 정점의 차수라고 한다. 〈그림 8.2〉의 그래프 G_1에서 정점 3의 차수는 3이고, G_2의 정점 1의 차수는 2이다.

방향 그래프에서는 어떤 정점 V가 머리(head)가 되는 간선들의 수를 진입 차수(indegree)라 하고, 그 정점이 꼬리(tail)가 되는 간선들의 수를 진출 차수(outdegree)라고 한다. 그래프 G_3에서 정점 2의 진입 차수와 진출 차수는 모두 2이고, 정점 1의 진입 차수는 0, 진출 차수는 1이다.

n개의 정점과 m개의 간선을 갖는 그래프 G에서 정점 i의 차수를 d_i,라고 하면

$$m=\left(\frac{1}{2}\right)\sum_{i=1}^{n} d_i$$

임을 알 수 있다.

8.2 그래프의 표현

그래프를 컴퓨터 내부에 표현하려면 정점의 집합과 간선의 집합, 그리고 이들 집합 사이의 관계를 나타내어야 한다.

그래프의 표현 방법은 크게 다음과 같이 세 가지로 나눌 수 있다.

- 인접 행렬(adjacency matrix) 표현법
- 인접 리스트(adjacency list) 표현법
- 인접 다중 리스트(adjacency multilist) 표현법

이 방법들 중에서 어떤 방법을 선택하느냐는 그 그래프를 이용하는 방법이나 응용에 따라 달라진다.

8.2.1 인접 행렬 표현법

$G(V, E)$를 n개의 정점으로 구성된 그래프라고 할 때, G의 인접 행렬은 $n \times n$의 2차원 배열로 나타낸다.

배열을 A라 할 때, 간선(V_i, V_j)가 $E(G)$에 속하면(방향 그래프에서는 〈V_i, V_j〉) $A[i][j]$=1 이 되고, 속하지 않으면 $A[i][j]$=0이 된다.

〈그림 8.2〉의 그래프 G_1과 G_3, 그리고 〈그림 8.5〉의 그래프 G_4를 인접 행렬로 나타내면 〈그림 8.6〉과 같다.

$$
\begin{array}{c|cccc}
 & 1 & 2 & 3 & 4 \\
\hline
1 & 0 & 1 & 1 & 1 \\
2 & 1 & 0 & 1 & 1 \\
3 & 1 & 1 & 0 & 1 \\
4 & 1 & 1 & 1 & 0
\end{array}
\qquad
\begin{array}{c|cccc}
 & 1 & 2 & 3 & 4 \\
\hline
1 & 0 & 1 & 0 & 0 \\
2 & 0 & 0 & 1 & 1 \\
3 & 0 & 1 & 0 & 0 \\
4 & 0 & 0 & 0 & 0
\end{array}
\qquad
\begin{array}{c|ccccccc}
 & 1 & 2 & 3 & 4 & 5 & 6 & 7 \\
\hline
1 & 0 & 1 & 1 & 1 & 0 & 0 & 0 \\
2 & 1 & 0 & 0 & 0 & 0 & 0 & 0 \\
3 & 1 & 0 & 0 & 1 & 0 & 0 & 0 \\
4 & 1 & 0 & 1 & 0 & 1 & 0 & 0 \\
5 & 0 & 0 & 0 & 1 & 0 & 0 & 0 \\
6 & 0 & 0 & 0 & 0 & 0 & 0 & 1 \\
7 & 0 & 0 & 0 & 0 & 0 & 1 & 0
\end{array}
$$

G_1 G_3 G_4

〈그림 8.6〉 G_1, G_3, G_4의 인접 행렬

인접 행렬을 사용하여 그래프를 표현할 때, 필요한 기억 공간은 n^2 비트이다. 무방향 그래프는 대칭 행렬이 되므로 행렬의 상위 삼각형만 사용하면 기억 공간을 약 절반으로 줄일 수 있다.

인접 행렬에서는 임의의 두 정점 i와 j가 연결되어 있는지를 쉽게 결정할 수 있으며, 어떤 정점 i의 차수는 그 행의 합인 $\sum_{j=1}^{n} A(i, j)$이다. 방향 그래프에서는 행의 합인 $\sum_{j=1}^{n} A(i, j)$는 진출 차수이고, 열의 합인 $\sum_{i=1}^{n} A(i, j)$는 진입 차수이다.

그래프에 있는 간선의 개수를 계산한다거나 또는 그래프가 연결되어 있는지를 알기 위하여 인접 행렬을 사용하면 행렬 내의 모든 항을 조사해야 하므로 수행 시간은 최악의 경우 $O(n^2)$이 된다.

그러나 대부분의 행렬의 항이 0일 때, 즉 그래프의 간선이 많지 않을 때, 최악의 수행 시간은 $O(n+e)$가 되게 할 수 있다. 여기서 e는 그래프에 속한 간선의 수이며 e는 n^2보다 아주 작다. 이러한 그래프는 간선을 연결 리스트로 표현하여 나타낼 수 있는데, 이것은 그래프를 표현하는 다른 방법 중의 하나이다.

8.2.2 인접 리스트 표현법

인접 행렬에서 각 행(row)을 연결 리스트로 나타내는 방법으로서 n개의 정점으로 구성된 그래프는 n개의 연결 리스트로 표현된다.

i번째 연결 리스트는 한 개의 헤드 노드와 정점 i에 인접되어 있는 정점 수만큼의 노드로 구성되는데, 각각의 노드는 두 개의 필드, 즉 정점의 색인 번호 필드와 다음 노드를 가리키는 포인터 필드를 갖는다.

앞에서 보인 그래프 G_1, G_3, 그리고 G_4에 대한 인접 리스트는 〈그림 8.7〉과 같다.

무방향 그래프를 인접 리스트로 표현하면, *n*개의 노드와 *e*개의 간선을 갖는 경우 *n*개의 헤드 노드와 2*e*개의 리스트 노드가 필요하므로 같은 노드가 전체 리스트에 이중으로 나타난다는 단점이 있다.

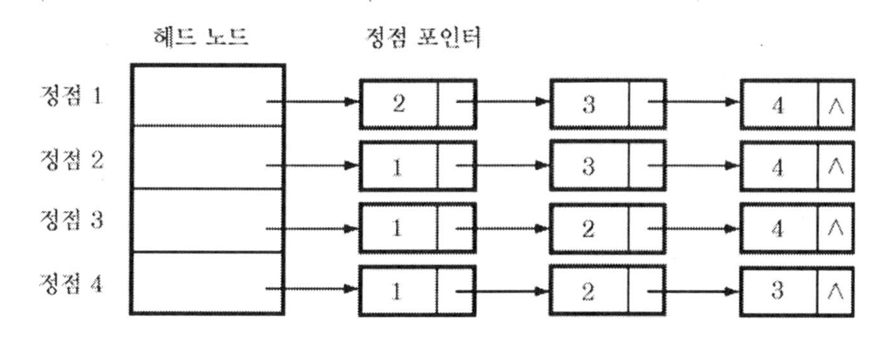

(a) G_1에 대한 인접 리스트

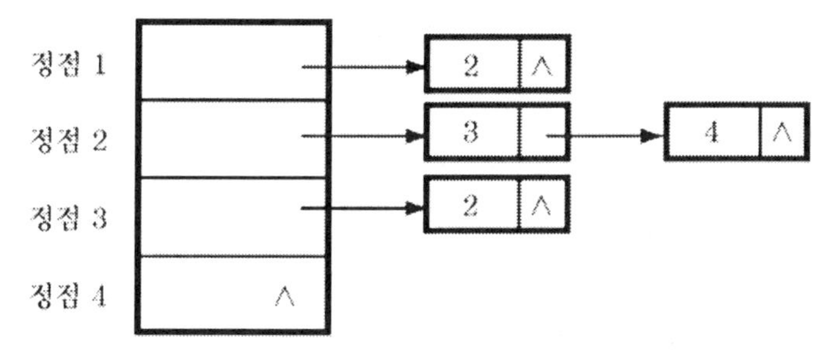

(b) G_3에 대한 인접 리스트

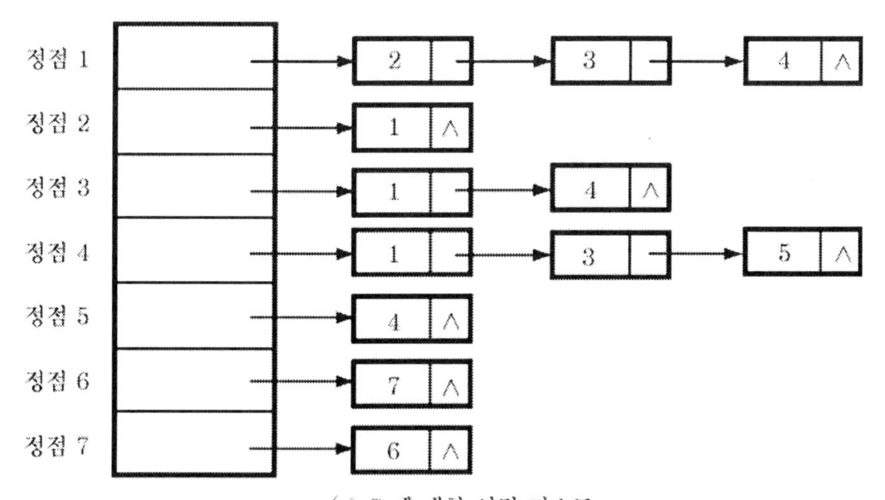

(c) G_4에 대한 인접 리스트

〈그림 8.7〉 인접 리스트에 의한 표현

〈그림 8.7〉의 (b)에서 보는 바와 같이 방향 그래프인 경우에는 인접 리스트의 노드 수는 바로 e개이다. 이 때, 어떤 정점의 진출 차수는 그 인접 리스트의 노드 수를 세어 보면 알 수 있지만 진입 차수를 알려면 복잡하다. 따라서 진입 차수를 쉽게 알 수 있도록 하기 위해서는 또 다른 리스트가 필요한데, 이 때 만들어지는 리스트가 역 인접 리스트(inverse adjacency list)이다.

역 인접 리스트도 각 정점에 대하여 하나의 리스트를 갖는데, 이 리스트에 연결되는 노드들은 그 정점에 진입되는 것들이다.

그래프 G_3에 대한 역 인접 리스트를 나타내면 〈그림 8.8〉과 같다.

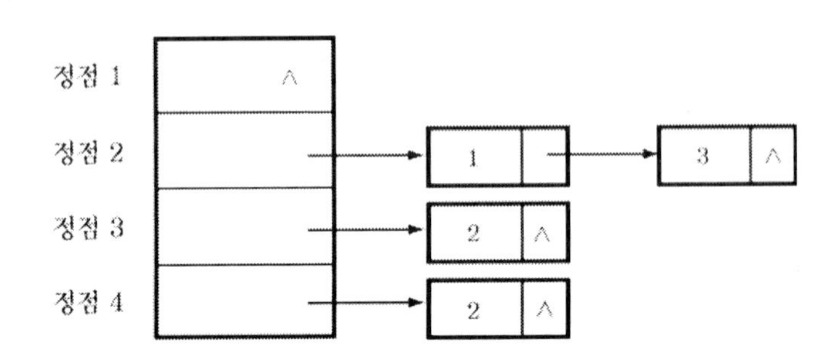

〈그림 8.8〉 G_3에 대한 역 인접 리스트

방향 그래프의 표현에 있어 인접 리스트와 역 인접 리스트를 하나의 인접 리스트로 나타내는 직교 리스트(orthogonal list) 표현법이 있는데, 설명은 생략한다.

8.2.3 인접 다중 리스트 표현법

무방향 그래프를 인접 리스트로 나타내면 앞에서 살펴본 바와 같이 동일한 노드가 2개의 리스트에 중복되어 표현된다. 즉 간선(V_i, V_j)가 있을 때, 하나는 리스트 i에 나타나며, 또 하나는 리스트 j에 나타난다.

이와 같은 비효율성을 제거하여 각 간선에 대해 오직 1개의 노드만을 설정하고, 이 노드들을 복수 개의 헤드 노드가 다중으로 지칭되도록 만든 리스트가 인접 다중 리스트이다.

인접 다중 리스트에서는 특정의 간선이 두 번째 조사될 때에는 이미 조사되었음을 표시하는 마크 비트 m을 두고, 〈그림 8.9〉와 같이 노드를 정의한다.

```
struct edge {
      boolean m;
      int vertex1;
      int vertex2;
      struct edge *path1;
      struct edge *path2;
};
 struct edge *headnode[n];
```

m	vertex 1	vertex 2	link 1	link 2

〈그림 8.9〉 다중 리스트의 노드 구조

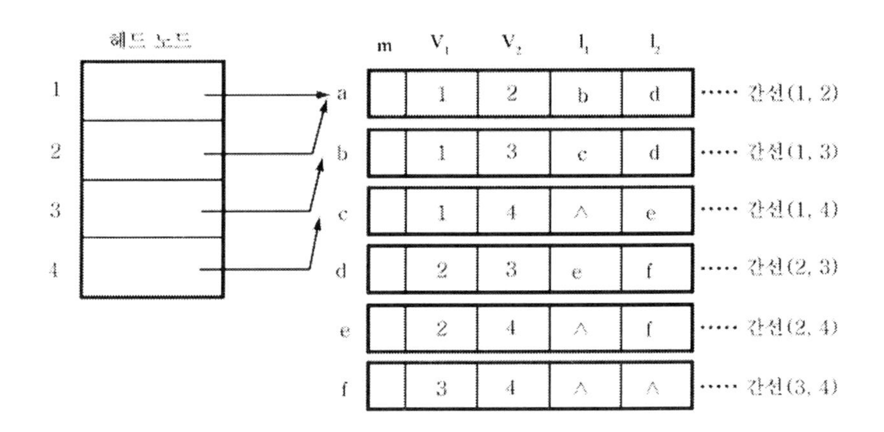

〈그림 8.10〉 G_1에 대한 인접 다중 리스트

〈그림 8.10〉의 인접 다중 리스트에 의하면 정점 1에 대한 리스트는 $a \to b \to c$가 되고, 정점 2에 대한 리스트는 $a \to d \to e$이다. 또 정점 3에 대한 리스트는 $b \to d \to f$이며, 정점 4에 대한 리스트는 $c \to e \to f$이다.

8.3 그래프의 운행

8.3.1 그래프 운행의 개요

그래프의 운행(traversal)이란 그래프의 어떤 정점에서 출발하여 모든 정점을 빠짐없이 한 번씩 방문하는 것을 의미한다. 즉 무방향 그래프 $G=(V, E)$와 $V(G)$에 속한 어떤 정점 V가 주어졌을 때, V로부터 도달할 수 있는 G의 모든 정점을 방문하는 일을 그래프의 운행 또는 검색(search)이라고 한다.

트리의 운행이 전위 운행법, 중위 운행법, 후위 운행법 등의 방법에 의하여 이루어지듯이 그래프의 운행도 각기 다른 운행법을 적용하여 운행이 이루어진다. 그래프의 운행법은 깊이 우선 검색(DFS : depth first search)과 너비 우선 검색(BFS : breadth first search) 등 두 가지 방법이 있다.

그래프의 검색을 위한 알고리즘은 그래프의 표현 방법에 따라 각기 다르며, 검색을 통하여 그래프의 연결 요소(connected component)를 구하거나 또는 신장 트리(spanning tree)를 구하는데 이용되기도 한다.

8.3.2 깊이 우선 검색(DFS)

깊이 우선 검색은 한 정점 V의 방문으로부터 시작한다. 다음 V에 인접하여 있는 정점 중에서 아직 방문하지 않은 정점 W를 선택하여 그 정점으로 다시 깊이 우선 검색을 한다. 이것을 되풀이 하여 만일 어떤 정점 U에서 그 정점에 인접한 모든 정점이 방문되었으면 그 이전에 최종적으로 방문되었던 정점으로 거슬러 올라가서 깊이 우선 검색을 시작한다. 이렇게 하여 방문한 어떤 정점

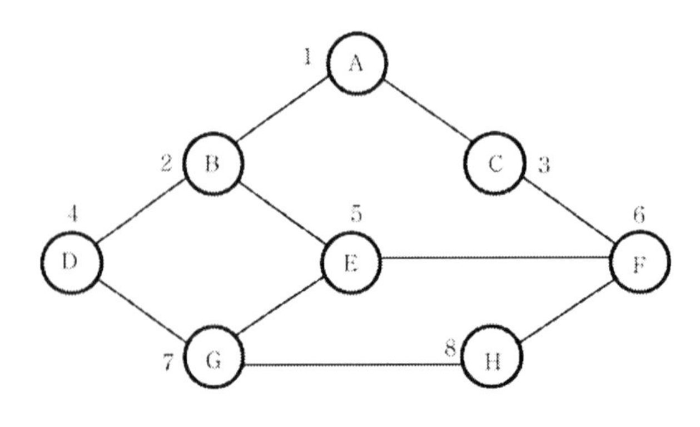

〈그림 8.11〉 그래프 G_5

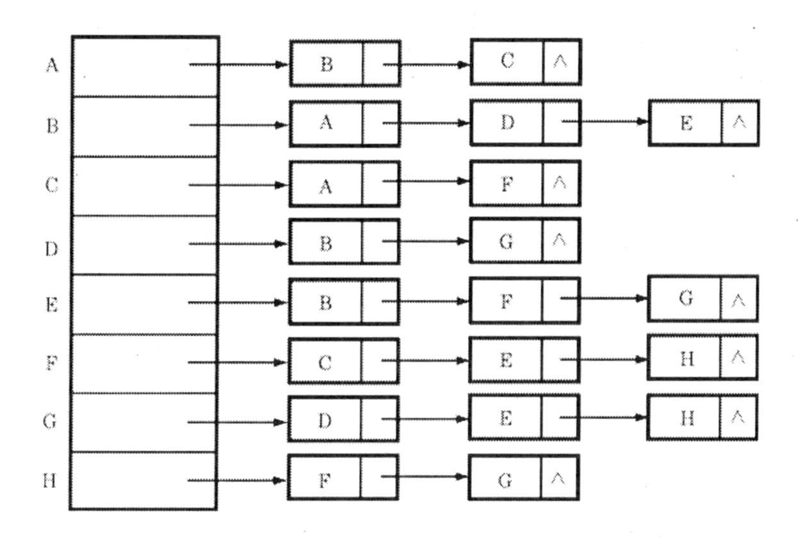

〈그림 8.12〉 G_5의 인접 리스트

으로부터도 방문되지 않은 정점이 없을 때에 검색은 끝난다.

〈그림 8.11〉과 같은 그래프가 있고, 이 그래프를 〈그림 8.12〉와 같은 인접 리스트로 표현했을 때 앞의 방법에 의하여 어떻게 검색이 되는지 살펴보자.

정점 A로부터 시작한다면 A를 방문하고, A에 인접한 정점 중 방문하지 않은 B를 방문한다. 그 다음 B를 시작으로 깊이 우선 검색을 하여야 하므로 B에 인접한 정점 중 A는 이미 방문하였으므로 방문하지 않은 D를 방문한다. 다시 D에서 시작하여 D에 인접한 정점 중 방문하지 않은 G를 방문하고, G로 가서 G에 인접한 정점 중 아직 방문하지 않은 E를 방문한다. E에서는 인접한 정점 중 B와 G는 방문하였으므로 방문하지 않은 F를 방문하고, F에서 다시 C를 방문한다. C에서는 인접한 A와 F가 이미 방문되어 방문하지 않은 정점이 없으므로 거슬러 올라가야 하는데, 한 단계 거슬러 올라가면 정점 F가 된다. 정점 F에서는 인접한 C와 E는 이미 방문하였고, 아직 방문하지 않은 정점 H를 방문한다. H에 인접한 정점 중 방문하지 않은 정점이 없으므로 다시 G로 거슬러 올라간다. G에서는 더 이상 방문하지 않은 정점이 없으므로 여기서 D로 거슬러 올라가고, 또 B, A까지 거슬러 올라가면 어떤 정점으로부터도 도달되지 않은 정점이 없으므로 검색은 끝난다.

이 검색 과정을 마치면 방문한 정점의 순서는

A, B, D, G, E, F, C, H

가 된다.

이런 방법으로 검색이 이루어지려면 이미 방문한 정점인지의 여부를 확인하여야 하므로 별도로 전역 배열 int marked[m]을 만들어 놓고, 초기값을 FALSE(0)로 한 후, 방문한 정점에 대해서는 TRUE(1)로 바꾼다.

지금 설명한 검색 방법에 따라 깊이 우선 검색 함수를 기술하면 다음과 같다.

【알고리즘 8.1】 깊이 우선 검색(1)

```
void DFS(int vtx)
{
  nodeptr *w;
  marked[vtx] = TRUE;
  for (w=graph[vtx]; w; w=w->link)
     if (!marked[w->vertex])  DFS(w->vertex);
}
```

함수 DFS에 의하여 검색되는 순서를 배열 marked에 의하여 나타내면 〈그림 8.13〉과 같다.

	[0]	[1]	[2]	[3]	[4]	[5]	[6]	[7]	
초기 상태	0	0	0	0	0	0	0	0	방문한 정점
	A	B	C	D	E	F	G	H	
vtx=A, *w* = B	1	0	0	0	0	0	0	0	A
vtx=B, *w* = D	1	1	0	0	0	0	0	0	AB
vtx=D, *w* = G	1	1	0	1	0	0	0	0	ABD
vtx=G, *w* = E	1	1	0	1	0	0	1	0	ABDG
vtx=E, *w* = F	1	1	0	1	1	0	1	0	ABDGE
vtx=F, *w* = C	1	1	0	1	1	1	1	0	ABDGEF
vtx=C, *w* = 없음	1	1	1	1	1	1	1	0	ABDGEFC
vtx=H, *w* = 없음	1	1	1	1	1	1	1	1	ABDGEFCH

〈그림 8.13〉 DFS의 검색 과정

이 함수에서 *vtx*가 C일 때 이에 인접한 *w*중 방문하지 않는 것이 없으므로 이 때는 호출 프로그램으로 돌아가서 marked[8] 중 0인 H를 *vtx*로 하여 DFS를 호출하면 다시 호출 프로그램으로 돌아가 marked를 조사하면 0이 없으므로 실행은 끝난다.

동일한 그래프라도 그 인접 리스트를 만들 때 노드의 순서를 어떻게 배열하느냐에 따라 방문 순서가 달라지고, 또 처음 방문하는 정점에 따라서도 순서는 달라진다.

만일 그래프 G_5가 인접 행렬로 표현된다면 다음과 같은 알고리즘에 의하여 검색할 수 있다.

【알고리즘 8.2】 깊이 우선 검색(2)

```
void DFS(int vertex, int *a[], char mark[])
{
    int i, temp =0;
    printf("Visiting vertex %d₩n", vertex);
    mark[vertex] = 1;
    for (i = 0; i < maxgraphsize; i++)
    {
        if (a[vertex][i]==1 && mark[i]==0)
            DFS(i, a, mark);
    }
}
```

DFS 알고리즘은 인접 리스트에 있는 노드들은 한 번씩 조사해야 하는데, 리스트 노드는 $2e$개가 있으므로 검색을 끝내는 시간은 $O(e)$이다. 인접 행렬로 G를 나타낼 때 V에 인접한 모든 정점들을 결정하는데 $O(n)$의 시간이 걸리므로 총시간은 $O(n^2)$이 된다.

8.3.3 너비 우선 검색(BFS)

그래프의 한 정점 V에서 시작하여 이 정점을 방문한 후, V에 인접한 정점 중 방문하지 않은 모든 정점을 방문한다. 다시 앞에서 방문한 정점 중 앞의 정점을 택하여 그 정점에 인접한 것 중에서 방문하지 않은 정점들을 차례로 방문하기를 반복한다. BFS는 큐를 이용하여 실행하면 좋다.

〈그림 8.11〉과 〈그림 8.12〉를 사용하여 너비 우선 검색을 할 때, 방문하는 순서를 나타내면 〈표 8.1〉과 같다.

〈표 8.1〉 BFS 과정

출발 정점	큐에서 삭제	방문하는 정점	큐의 내용
A	empty	A	B C
B	B	B	C D E
C	C	C	D E F
D	D	D	E F G
E	E	E	F G
F	F	F	G H
G	G	G	H
H	H	H	empty

너비 우선 검색을 하면 〈표 8.1〉에서 보는 바와 같이 방문하는 정점의 순서는

A, B, C, D, E, F, G, H

의 순서가 된다.

이 방법에 따라 너비 우선 검색의 함수를 기술하면 다음과 같다.

【알고리즘 8.3】 너비 우선 검색

```
typedef struct queue *queueptr;
typedef struct queue {
        int vertex;
        queueptr link;
        };
void BFS(int vtx)
/* vtx에서 시작하여 너비 우선 탐색을 한다. */
{
  nodeptr *w;
  queueptr front, rear;
  front = rear = NULL;
  marked[vtx] = TRUE;
  ADDQ(front, rear, vtx);
  while (front) {
      vtx = DELETEQ(front);
```

```
            for (w = graph[vtx]; w; w = w->link)
                if (!marked[w->vertex]) {
                    ADDQ(front, rear, w->vertex);
                    marked[w->vertex] = TRUE;
                }
    }
}
```

함수 BFS에서 각 정점들은 한 번만 큐에 첨가되므로 while 루프는 많아야 n번 반복한다. 인접 행렬을 사용하면 방문하는 각 정점에 대하여 $O(n)$의 시간이 걸리므로 총시간은 $O(n^2)$이 된다. 그래프를 인접 리스트로 표현하여 실행하면 while 루프는 $O(e)$의 시간이 소요된다.

8.3.4 그래프 운행의 응용

그래프의 운행은 어떤 그래프의 연결 요소를 검색하거나 연결 그래프의 신장 트리(spanning tree)의 검색에 이용되는데, 신장 트리에 대하여는 다음 절에서 설명하기로 하고, 여기에서는 연결 요소를 결정하는 방법과 그 알고리즘에 대하여 살펴본다.

그래프에서 하나의 연결 요소 내에 있는 모든 정점들의 쌍 사이에는 경로가 존재한다. 그러므로 정점 *vtx*와 *w*가 서로 다른 연결 요소에 있다면 정점 *vtx*에서 *w*로 가는 경로는 존재하지 않는다.

따라서 연결 요소를 구하려면 아직 방문되지 않는 정점 *vtx*를 사용하여 BFS(*vtx*)나 DFS(*vtx*)를 계속 호출하면 된다. 다음은 DFS(*vtx*)를 호출하여 연결 요소를 찾는 알고리즘이다.

【알고리즘 8.4】 연결 요소 결정

```
void CONCOMP(void)
{
  int i;
  for (i=0; i<n; i++)
       marked[i] = FALSE;
  for (i=0; i<n; i++)
      if (!marked[i]) {
           DFS(i);
```

```
                printf("₩n");
            }
    }
```

함수 CONCOMP에 의하여 〈그림 8.5〉의 그래프 G_4에 적용하여 실행하면

component 1 : (1, 2, 3, 4, 5)

component 2 : (6, 7)

이라는 2개의 연결 요소가 결정된다.

8.4 그래프의 트리화

8.4.1 신장 트리

연결 그래프 $G=(V, E)$가 있을 때, 이것을 깊이 우선 검색이나 너비 우선 검색을 하면 집합 V에 있는 모든 정점을 방문하게 된다. 그러나 간선 집합 E는 검색 중에 운행된 간선과 그렇지 않은 간선으로 나눌 수 있다. 이 때, 검색 중에 운행된 간선의 집합을 E_1이라 하고, 운행되지 않은 간선의 집합을 E_2라 하면 새로운 집합 $T=(V, E_1)$을 구할 수 있는데, 집합 T는 G의 모든 정점과 검색 중에 운행된 간선만으로 이루어지는 트리를 형성한다. 이러한 트리를 신장 트리(spanning tree)라고 한다.

하나의 연결 그래프는 검색 방법이나 검색 시에 출발하는 정점에 따라 각기 다른 신장 트리가 만들어지는데 〈그림 8.14〉는 (a)의 그래프에서 만들어질 수 있는 몇 가지를 (b), (c), (d)로 나타낸 것이다.

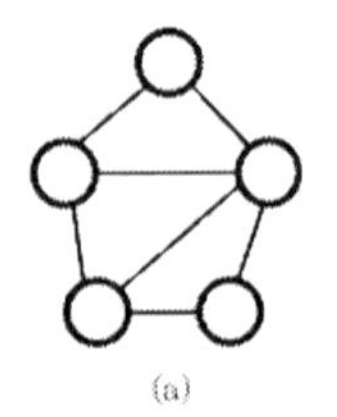

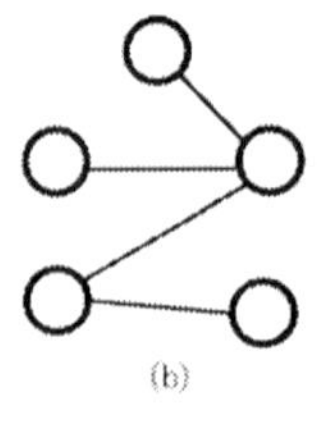

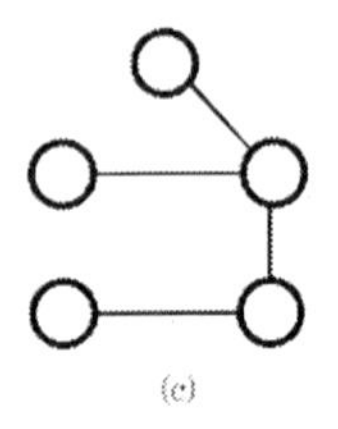

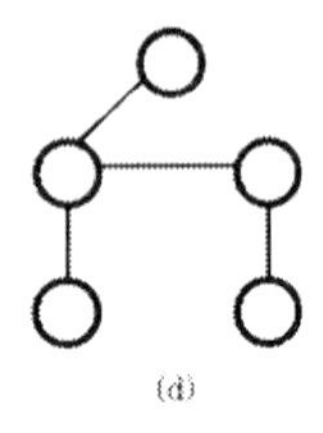

〈그림 8.14〉 그래프 (a)에 대한 3개의 신장 트리

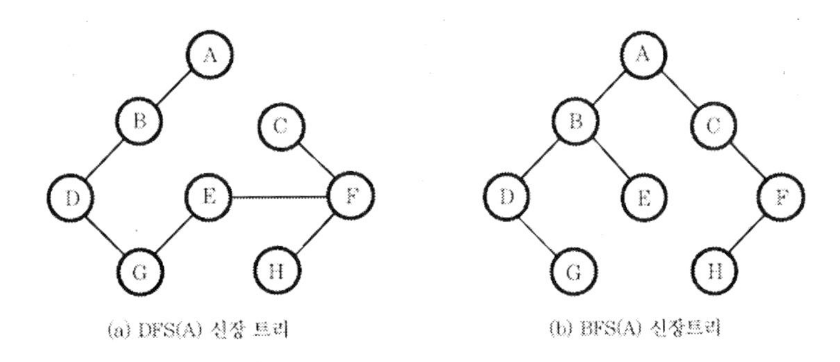

〈그림 8.15〉 그림 8.11의 그래프에 대한 신장 트리

신장 트리는 함수 DFS나 BFS를 호출하여 만들 수 있는데, DFS를 호출하여 만든 신장 트리를 깊이 우선 신장 트리(depth first spanning tree)라 하고, BFS를 사용하여 만든 신장 트리를 너비 우선 신장 트리(breadth first spanning tree)라고 한다.

〈그림 8.15〉는 〈그림 8.11〉의 그래프에서 정점 A에서 검색을 시작했을 때 생성된 두 가지의 신장 트리이다.

신장 트리는 전기 회로망의 분석이나 또는 통신망 및 도로망의 운영 등 여러 분야에서 이용된다.

8.4.2 최소 비용 신장 트리

하나의 연결 요소로 구성되어 있는 그래프 *G*가 *n*개의 정점을 가질 경우 이것의 신장 트리는 (n−1)개의 간선을 갖는다.

응용 분야의 하나로 그래프의 각 간선에 가중값(weight)이 주어져 있는 경우를 생각해 보자. 여기에서 가중값은 통신망에 있어서 회선 간의 비용이나 거리 등이 될 수 있다. 따라서 그래프의 각 간선에 가중값이 부여되어 있다면 통신 비용이 가장 적게 들거나 거리가 가장 짧은 신장 트리를 생성하는 문제가 관심이 된다. 이 때 가장 적은 비용으로 생성된 트리를 최소 비용 신장 트리(minimum cost spanning tree)라고 한다.

최소 비용 신장 트리를 구하는 알고리즘에는 Prim의 알고리즘과 Kruskal의 알고리즘이 있는데, 먼저 Prim의 알고리즘(Prim's algorithm)에 대하여 살펴본다.

주어진 그래프 *G*에 대하여 최소 비용 신장 트리는 항상 유일하게 존재하는 것은 아니다. 〈그림 8.16〉은 그래프 *G*가 (a)와 같이 주어졌을 때 만들어진 최소 비용 신장 트리를 (b)로 보인 것이다. 〈그림 8.16〉을 예로 하여 Prim의 방법으로 어떻게 최소 비용 신장 트리가 생성되는가의 과정을 알아본다.

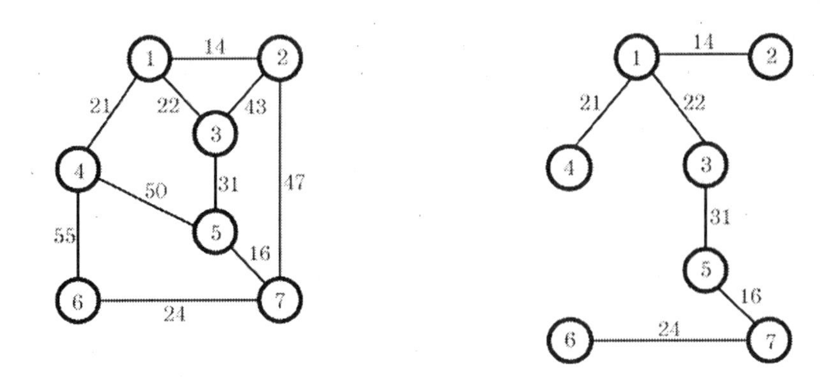

〈그림 8.16〉 그래프와 최소 비용 신장 트리

먼저 임의의 정점 1을 선택한 후, 여기에 부속된 간선 중 가중값이 가장 적은 (1, 2)=14를 고르고, 다음에 정점 1과 2에 부속된 간선 중 선택되지 않은 것 중에서 가장 가중값이 적은 (1, 4)=21을 골라 연결시킨다. 다시 트리에 포함된 정점 1, 2, 4에 부속된 간선 중에서 선택되지 않은 가장 적은 (1,3)=22를 골라 연결하고, 그 다음에는 정점 1, 2, 4, 3에 부속된 간선 중에서 선택되지 않은 최소 비용의 간선 (3, 5)=31을 골라 연결한다. 이런 방법을 계속하면 그 다음에는 (5, 7)=16이, 또 그 다음에는 (7, 6)=24가 선택되는데, 이 때 모든 정점이 트리에 포함되었으므로 작업은 끝이 난다. 이 과정을 나타내면 〈그림 8.17〉과 같다.

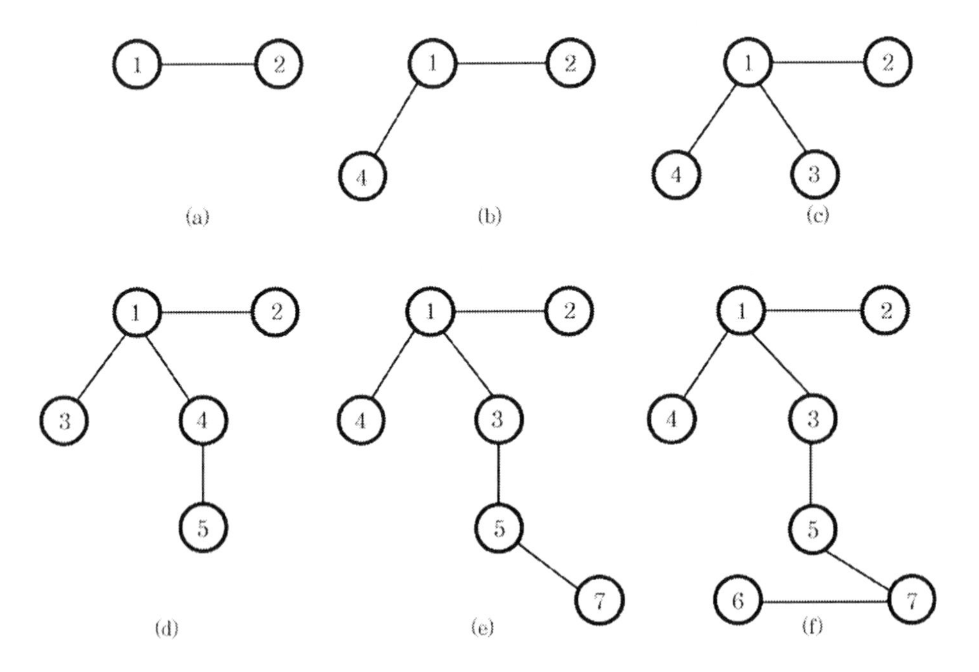

〈그림 8.17〉 최소 비용 신장 트리의 생성 과정

Prim의 알고리즘을 적용함에 있어서 처음 출발하는 정점이 어떤 것이라도 결과는 동일한 최소 비용 신장 트리가 만들어진다. 실행 과정에서 어떤 간선 (*V*, *W*)가 선택된 최소 비용의 간선이라 할지라도 이미 만들어진 중간 과정의 트리 내에 정점 *V*와 *W*가 모두 포함되어 있으면 이 간선은 제외되어야 한다. 만일 이것이 포함되면 사이클(cycle)이 형성되어 트리가 되지 않는다.

다음은 Prim의 알고리즘을 나타낸 것이다.

【알고리즘 8.5】 Prim의 최소 비용 신장 트리

```
#define marked -1
        void PRIM(int n, float *distance[])
        {
          int i, j, closest, nearestneighbor[MAX_SIZE];
          float mindistance[MAX_SIZE], newminimun;
          for (i = 1; i <n; i++) {
              mindistance[i] = distance[0][i];
              nearestneighbor[i] = 0;
          }

          for (i = 1; i <n; i++) {
               closest = 1;
               newminimum = mindistance[1];
               for (j = 2; j < n; j++)
                 if (mindistance[i] < newminimum) {
                     newminimum = mindistance[j];
                     closest = j;
                 }
               printf("edge %d", nearestneighbor[closest]);
               nearestneighbor[closest] = marked;
               mindistance[closest] = MAX_VALUE;
               for (j = 1; j <n; j++)
                   if ((nearestneighbor[j] != marked) &&
                       (distance[i][closest] < mindistance[i])) {
                           mindistance[j] = distance[j][closest];
                           nearestneighbor[j] = closest;
                   }
          }
        }
```

최소 비용 신장 트리를 만드는 또 다른 방법으로 Kruskal에 의하여 제안된 알고리즘이 있다. 이 방법은 그래프의 모든 간선을 그 가중값에 의하여 오름차순으로 정렬한 뒤, 가장 작은 간선부터 차례로 선택하여, 선택된 간선이 사이클을 이루지 않으면 신장 트리에 더한다. 이런 과정을 반복하여 신장 트리에 $(n-1)$개의 간선이 첨가되면, 즉 n개의 정점이 첨가되면 알고리즘의 수행은 정지된다.

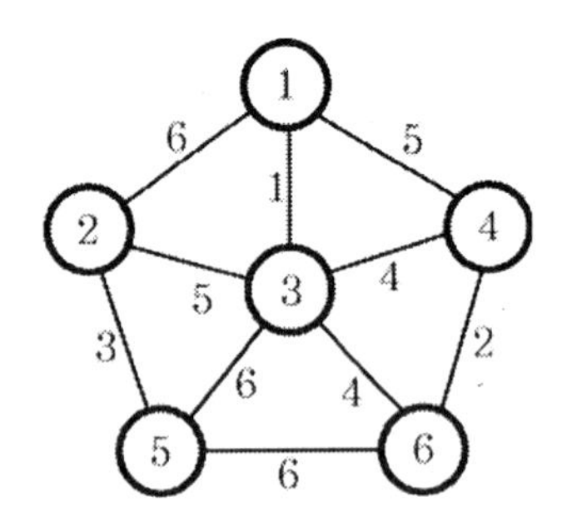

〈그림 8.18〉 가중값 그래프

〈표 8.2〉 최소 비용 신장 트리의 생성 과정

정렬된 간선	가중값	실 행	신 장 트 리(T)	서브트리의 수
–	–	–	① ② ③ ④ ⑤ ⑥	6
(1, 3)	1	T에 더함	① ② ③ ④ ⑤ ⑥	5
(4, 6)	2	〃	① ② ③ ④ ⑤ ⑥	4
(2, 5)	3	〃	① ② ③ ④ ⑤ ⑥	3
(3, 6)	4	〃	① ② ③ ④ ⑤ ⑥	2
(3, 4)	4	제외	(cycle 형성)	
(2, 3)	5	T에 더함	① ② ③ ④ ⑤ ⑥	1
(1, 4)	5	terminate		
(1, 2)	6		① ② ④ ③ ⑤ ⑥	
(3, 5)	6			
(5, 6)	6			

이와 같은 방법에 따라 함수를 기술하면 다음과 같다.

【알고리즘 8.6】 Kruskal의 최소 비용 신장 트리

```
void KRUSKAL(void)
/* E는 가중값에 의하여 오름차순으로 정렬된 간선들의 집합이다. */
{
   T = { };
   while (T contains less than n-1 edges && E is not empty) {
          choose a least edge (v,w) from E;
          delete (v,w) from E;    /* E에서 최소 비용의 간선을 선택한다. */
          if ((v,w) does not create a cycle in T)
               add (v,w) to T;
           else
               discard (v,w);
           }
          if (T contains fewer than n-1 edges)
               printf("No spanning tree₩n");
          else
               printf("Spanning tree₩n");
}
```

함수 KRUSKAL에서 E는 그래프 G의 모든 간선들의 집합이다. 이 집합에 대한 연산은 최소의 가중값을 갖는 간선을 선택하여 삭제하는 것이다. 이러한 연산은 간선들이 순차적으로 저장되어 있을 때 효과적으로 수행된다. 미리 정렬되어 있지 않다면 히프 정렬(heap sort)을 이용하여 간선들을 $O(e \log e)$ 시간에 최소 비용 간선을 뽑아낼 수 있다. 여기서 e는 간선의 수이다.

8.5 그래프의 응용

8.5.1 최단 경로의 검색

방향 그래프(directed graph) G의 간선에 가중값이 부여되어 있을 때 어떤 하나의 정점에서 모든 다른 정점에 이르는 최단 경로(shortest path)를 찾는 문제를 생각해 보자.

이런 문제는 정점들이 도시를 나타내고, 간선들이 도시와 도시 사이의 도로를 나타내는 데 사용되며, 간선에 부여되는 가중값은 두 도시 사이의 거리나 소요 시간 또는 유류 사용량 등이 될 수 있다. 이 때 현실적으로 부딪히는 문제로서는 어떤 두 도시 사이에 경로가 존재하는가의 여부와 만일 경로가 여러 개일 경우라면 가장 거리가 짧은 경로, 또는 가장 시간이 적게 걸리는 경로는 어떤 것인가를 검색하는 것들이다.

예를 들어 도로망이 〈그림 8.19〉의 (a)와 같이 방향 그래프로 표시된다고 하자. 여기에서 정점 V_1을 출발점(source)으로 하고 나머지 정점들 V_2~V_5를 각각 도착하고자 하는 종착점(destination)이라고 하고, 간선에 표시된 가중값을 두 도시 간의 거리라고 할 때, V_1으로부터 V_i($2 \leq i \leq 5$)까지의 각각의 최단 경로를 결정하는 과정을 살펴보자.

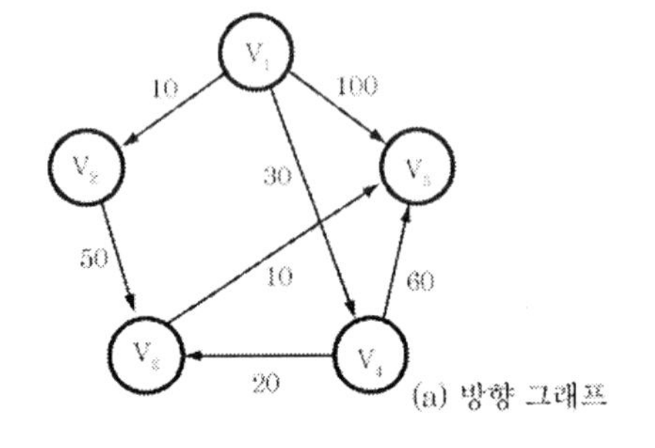

	path	length
i)	$V_1 V_2$	10
ii)	$V_1 V_4$	30
iii)	$V_1 V_4 V_3$	50
iv)	$V_1 V_4 V_3 V_5$	70

(b) 최단 경로

〈그림 8.19〉 그래프의 V_1에서 모든 정점까지의 최단 경로

먼저 V_1에 인접한 정점 V_2, V_4, V_5에 이르는 최단 경로는 각각

① $V_1 V_2 \rightarrow 10$

② $V_1 V_4 \rightarrow 30$

③ $V_1 V_5 \rightarrow 100$

이라고 결정한다. 다음에 V_2에 인접한 정점 V_3가 있으므로 이것은 V_1에서 V_2를 거쳐 V_3까지 경로가 있는 것이 되기 때문에 최단 경로는

④ $V_1 V_2 V_3 \rightarrow (10+50)=60$

이 된다. 다시 V_4에 인접한 정점 V_3, V_5를 선택하여 거리를 계산하면

⑤ $V_1V_4V_3$ → (30+20)=50

⑥ $V_1V_4V_5$ → (30+60)=90

이 되므로 ④를 버리고 ⑤를 택하며, 또 ③은 버리고 ⑥을 선택한다. 이번에는 정점 V_3에 인접한 정점 V_5를 생각해 보면

⑦ V1V2V3V5 → (10+50+10)= 70

이 되므로 V5에 이르는 경로는 앞에서 결정된 ⑥보다는 ⑦이 짧으니까 ⑥을 버리고 ⑦을 택하면 〈그림 8.19〉의 (b)와 같이 오름차순으로 정렬된 모든 종착점까지의 최단 경로가 얻어진다.

이와 같은 방법에 근거하여 다익스트라(Dijkstra)가 개발한 알고리즘을 사용하여 최단 경로를 찾는 과정을 살펴보자.

이 알고리즘은 출발점에서 특정 정점까지의 최단 경로를 갖는 정점들의 집합 S를 유지함으로써 수행되는데, 최초에는 S에 출발점이 되는 정점만을 포함시키고, 수행이 진행되는 각 단계에서 최단 경로상에서 이미 찾아진 정점들을 첨가시켜 나간다.

집합 *S*는 1차원 배열로 정의하여 정점 *i*가 *S*에 포함되었으면 *S*[*i*]=TRUE로 하고, 그렇지 않으면 *S*[*i*]=FALSE로 한다. 또 각 간선의 가중값은 인접 행렬(adjacency matrix)인 cost[*i*][*j*]로 나타내어 간선 〈*i*, *j*〉가 존재하면 그 가중값을 저장하고, 간선이 없으면 maxint(매우 큰 수)를 저장하며, 〈*i*, *i*〉에는 0을 저장하는 것으로 한다.

출발점인 정점 v_1에서 어떤 정점 *u*까지의 최단 경로상에 포함된 정점이 집합 *S*에 포함되었을 때, 이제 이 정점들을 통과하여 다시 *S*에 없는 정점 *w*로 가는 경우에 *u*에 인접한 정점 *w*의 선택을 해야 하는데, 이것은 〈*u*, *w*〉 중 가장 짧은 것을 골라야 하므로 이것을 위한 1차원 배열 dist[*i*]를 정의한다. 이것은 정점 *i*까지 현재의 최단 거리를 저장하는 배열로서 dist[*u*]=length(〈*v*, *w*〉)가 된다.

따라서 *u*까지의 최단 경로 dist[*u*]에 cost[*u*][*w*]를 더한 값이 dist[*w*]의 값보다 작으면 dist [*w*]는 dist[*u*]+cost[*u*][*w*]로 갱신된다.

다음은 이와 같은 다익스트라 알고리즘을 기술한 것이다.

【알고리즘 8.7】 다익스트라의 최단 경로

```
#define maxvertices 100
#define largenumber 10000
void DIJKSTRA(int numvertices, float cost[][maxvertices], float dist[])
{
```

```
int i, u, w;
float mind;
int s[maxvertices];
dist[0] = 0;        /* 현재까지의 최단 거리를 초기화한다. */
for (i=1; i<numvertices; i++)
    dist[i] = largenumber;
for (i=0; i<numvertices; i++)
    s[i] = FALSE;
for (i= 1; i<numvertices; i++)
    dist[i] = cost[0][i];
s[0] = TRUE;
for (i=1; i<numvertices-1; i++) {
    u = choose(dist, numvertices);
    s[u] = TRUE;
    for (w=1; w<n; w++)
        if (!s[w] && ((dist[u] + cost[u][w]) < dist[w]))
            dist[w] = dist[u] + cost[u][w];
  }
}
```

다익스트라의 알고리즘으로 〈그림 8.20〉과 같은 8개의 정점을 가진 방향 그래프를 대상으로 최단 경로를 검색해 보자. 〈그림 8.21〉은 〈그림 8.20〉의 그래프를 인접 행렬로 나타낸 cost[8][8]이고, 〈표 8.3〉은 출발점을 서울로 했을 때의 실행 과정을 나타낸 것이다.

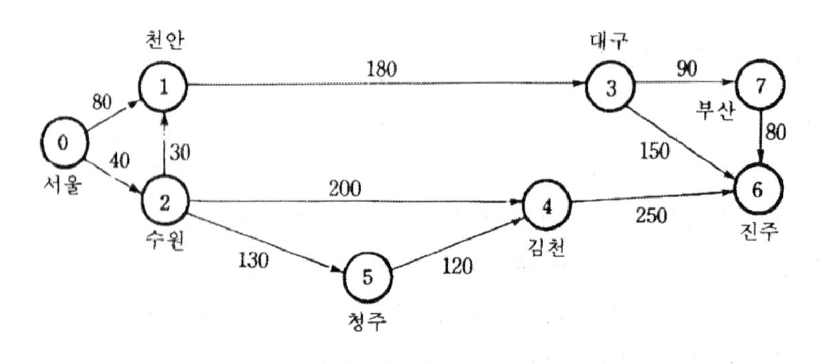

〈그림 8.20〉 방향 그래프

$$
\begin{array}{c|cccccccc}
 & 0 & 1 & 2 & 3 & 4 & 5 & 6 & 7 \\
\hline
0 & 0 & 80 & 40 & \infty & \infty & \infty & \infty & \infty \\
1 & \infty & 0 & \infty & 180 & \infty & \infty & \infty & \infty \\
2 & \infty & 30 & 0 & \infty & 200 & 130 & \infty & \infty \\
3 & \infty & \infty & \infty & 0 & \infty & \infty & 150 & 90 \\
4 & \infty & \infty & \infty & \infty & 0 & \infty & 250 & \infty \\
5 & \infty & \infty & \infty & \infty & 120 & 0 & \infty & \infty \\
6 & \infty & \infty & \infty & \infty & \infty & \infty & 0 & \infty \\
7 & \infty & \infty & \infty & \infty & \infty & \infty & 80 & 0
\end{array}
$$

〈그림 8.21〉 거리 인접 행렬

〈표 8.3〉 최단 경로의 실행 과정

단계	집합S	선택된 정점	서울 [0]	천안 [1]	수원 [2]	대구 [3]	김천 [4]	청주 [5]	진주 [6]	부산 [7]
초기값	null		0	80	40	∞	∞	∞	∞	∞
1	0	2	0	70	40	∞	240	170	∞	∞
2	0, 2	1	0	70	40	250	240	170	∞	∞
3	0, 2, 1	5	0	70	40	250	240	170	∞	∞
4	0, 2, 1, 5	4	0	70	40	250	240	170	490	∞
5	0, 2, 1, 5, 4	3	0	70	40	250	240	170	400	340
6	0, 2, 1, 5, 4, 3	7	0	70	40	250	240	170	400	340
	0, 2, 1, 5, 4, 3, 7									

다익스트라 알고리즘의 실행 시간은 알고리즘이 이중 for 루프로 형성되어 있으므로 $O(n^2)$이 된다. 실제로 이 알고리즘은 배열 dist에 최단 거리만 있으므로 종착점까지의 최단 거리는 알 수 있지만 경로 상의 정점들은 파악이 되지 않으므로 이것을 파악하기 위해서는 약간의 수정이 필요하다.

8.5.2 모든 정점간의 최단 경로

모든 정점간의 최단 경로를 검색하는 문제는 $i \neq j$인 모든 정점들의 쌍 V_i, V_j 사이의 최단 경로를 구하는 것이다. 이 문제를 해결하는 한 방법으로는 정점들의 집합 $V(G)$의 각 정점들을 출발점(source)으로 생각하고 다익스트라(Dijkstra) 알고리즘을 n번 반복 실행하여 구할 수 있는데, 이 방법은 $O(n^2)$인 알고리즘이 n번 실행되므로 전체 수행 시간은 $O(n^3)$이 된다.

이 문제를 해결하는 다른 방법은 플로이드(Floyd)에 의하여 제안된 플로이드 알고리즘으로 비용 인접 행렬(cost adjacency matrix)을 갱신해 나아감으로써 모든 정점간의 최단 경로를 구한다.

방향 그래프 G에서 $V(G)$의 정점들이 1, 2, …, n으로 되어 있을 때, G를 비용 인접 행렬 cost[n][n]로 나타내면 cost[i][j]는 간선 $\langle i, j \rangle$의 가중값이다. 간선 $\langle i, j \rangle$가 존재하지 않으면 cost[i][j]=∞로 하고, cost[i][i]=0으로 표현한다.

여기에서, $A^k[i][j]$를 k보다 큰 색인을 갖는 정점을 중간에 통과하지 않고 정점 i에서 정점 j로 가는 최단 경로의 비용이라고 정의하자. 그러면 $A^n[i][j]$는 i에서 j로 가는 최단 경로의 비용이 되기 때문에 결국 모든 정점 간의 최단 경로의 비용이 되는 것이다. 왜냐하면 G에는 n보다 큰 색인을 갖는 정점이 없기 때문이다.

$A[i][j]$는 경로 상에 중간 정점을 갖지 않기 때문에 cost[i][j]가 되는데 플로이드 알고리즘의 기본 개념은 행렬 A^0, A^1, A^2, …, A^n을 순차적으로 만들어 나아가는 것이다.
행렬을 갱신해 나아가는 방법은, 만일 정점 i에서 정점 j로 가는 경로 상에 정점 k가 포함되지 않는 다면

$$A^k[i][j]=A^{k-1}[i][j]$$

가 되고, 그렇지 않다면 i에서 j로 가는 경로 상에 k가 포함되므로 i에서 k까지의 경로와 k에서 j까지의 경로의 합이 되어

$$A^k[i][j]=A^{k-1}[i][k]+A^{k-1}[k][j]$$

가 된다.

이것은 그래프 G에 음의 길이를 갖는 사이클이 존재하지 않을 때만 성립한다.

$A^k[i][j]$의 수식은 다음과 같이 나타낼 수 있다.

$$A^k[i][j]= \text{cost}[i][j], \text{ 단 } k=0 \text{ 일 때}$$
$$= \min\{A^{k-1}[i][j],\ A^{k-1}[i][k]+A^{k-1}[k][j]\}, \text{ 단 } 1 \le k \le n$$

위의 공식에 근거하여 모든 정점 간의 최단 경로를 구하는 함수를 기술하면 다음과 같다.

【알고리즘 8.8】 모든 정점간의 최단 경로

```
void FLOYD(int A[][maxvertices], cost[][maxvertices], int n)
/* 인접행렬의 비용을 사용하여 이차원 배열 A상의 모든 정점들 사이의
        최단 경로를 구한다. */
{
    int i, j, k;
    for (i=0; i<n; i++)
        for (j=0; j<n; j++)
```

```
            A[i][j] = cost[i][j];
        for (k=0; k<n; k++)
        /* 정점 k를 통과하여 많은 거리가 존재하는 지를 검사한다. */
            for (i=0; i<n; i++)
                for (j=0; j<n; j++)
                    if (A[i][k] + A[k][j] < A[i][j])
                        A[i][j] = A[i][k] + A[k][j];
}
```

플로이드 알고리즘의 수행 시간은 3중 for 루프에 의하여 $O(n^3)$이 된다.

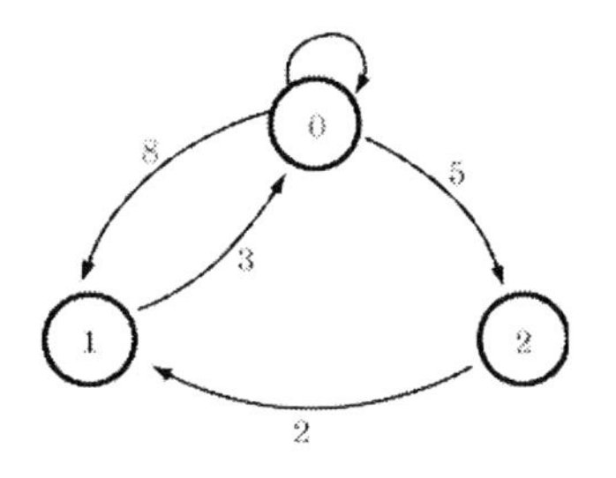

〈그림 8.22〉 방향 그래프

이 알고리즘을 이용하여 〈그림 8.22〉의 그래프에 대한 모든 정점 간의 최단 경로를 구하기 위한 A^k의 내용을 나타내면 〈그림 8.23〉과 같다.

A^0	0	1	2
0	0	8	5
1	3	0	∞
2	∞	2	0

A^1	0	1	2
0	0	8	5
1	3	0	8
2	∞	2	0

A^2	0	1	2
0	0	8	5
1	3	0	8
2	5	2	0

A^3	0	1	2
0	0	7	5
1	3	0	8
2	5	2	0

〈그림 8. 23〉 A^k의 행렬

〈그림 8.23〉의 A^3 행렬의 값이 모든 정점 간의 최단 경로의 비용을 나타낸다.

8.5.3 이행적 폐쇄 행렬

방향 그래프에서 제기되는 문제 중의 하나로써, 주어진 그래프 G에서 주어진 두 정점 사이에 경로가 존재하는지의 여부를 결정하는 문제를 생각해 보자.

그래프 G를 인접 행렬로 나타낼 때, cost[i][j]는 정점 i에서 j로 가는 간선이 존재하면 1, 그렇지 않으면 0으로 표시한다. 이 행렬을 바탕으로 만들어지는 $A^+[i][j]$는 길이가 0보다 큰 i에서 j까지의 경로가 존재하면 1, 아니면 0으로 표시되는 행렬이라고 정의할 때, $A^+[i][j]$를 그래프 G의 이행적 폐쇄 행렬(transitive closure matrix)이라고 한다.

또 $A^*[i][j]$를 길이가 0 이상인 i에서 j까지의 경로가 존재하면 1, 아니면 0을 표시하는 행렬이라고 정의할 때, 이 $A^*[i][j]$행렬을 그래프 G의 반사 이행적 폐쇄 행렬(reflexible transitive closure matrix)이라고 한다. A^*행렬은 A^+행렬의 대각선 요소를 모두 1로 함으로써 쉽게 얻어진다. 또 A^+ 행렬은 인접 행렬 A에 대하여 앞에서 익힌 플로이드 알고리즘을 약간 변형하여 쉽게 얻을 수 있다.

〈그림 8.24〉의 방향 그래프에 대한 A, A^+, A^*를 나타내면 〈그림 8.25〉와 같다.

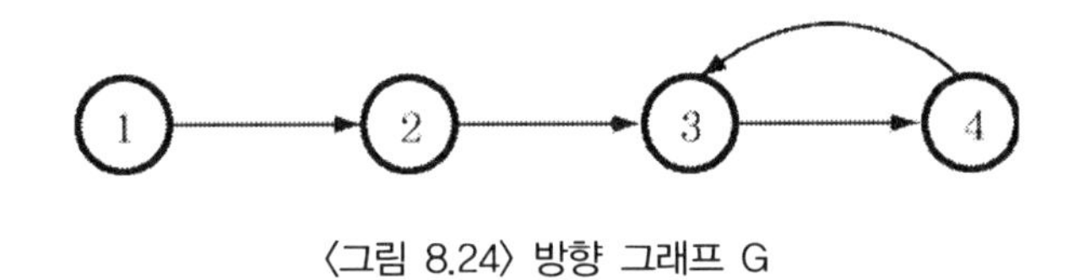

〈그림 8.24〉 방향 그래프 G

$$
\begin{array}{c|cccc} & 1 & 2 & 3 & 4 \\ \hline 1 & 0 & 1 & 0 & 0 \\ 2 & 0 & 0 & 1 & 0 \\ 3 & 0 & 0 & 0 & 1 \\ 4 & 0 & 0 & 1 & 0 \end{array}
\qquad
\begin{array}{c|cccc} & 1 & 2 & 3 & 4 \\ \hline 1 & 0 & 1 & 1 & 1 \\ 2 & 0 & 0 & 1 & 1 \\ 3 & 0 & 0 & 1 & 1 \\ 4 & 0 & 0 & 1 & 1 \end{array}
\qquad
\begin{array}{c|cccc} & 1 & 2 & 3 & 4 \\ \hline 1 & 1 & 1 & 1 & 1 \\ 2 & 0 & 1 & 1 & 1 \\ 3 & 0 & 0 & 1 & 1 \\ 4 & 0 & 0 & 1 & 1 \end{array}
$$

〈그림 8.25〉 그래프 G의 여러 행렬

〈그림 8.25〉의 A^*행렬에서 0이 아닌 요소는 경로가 존재함을 나타내고 있으므로 이것을 통하여 방향 그래프에서 임의의 두 정점 간에 경로가 존재하는지의 여부를 확인할 수 있는 것이다.

8.5.4 위상 정렬

하나의 큰 과제는 작은 여러 개의 작업(activity)들로 나누어질 수 있는데, 하나의 과제를 완료하려면 작은 작업들을 일정한 순서에 따라 연속적으로 수행함으로써 끝나게 된다.

예를 들어, 전산학과의 교과 과정이 〈표 8.4〉와 같다고 하고, 정해진 모든 교과목을 이수함

〈표 8.4〉 전산학과 교과 과정

교과목 번호	교과목 이름	선수 과목 번호
C_1	컴퓨터 입문	−
C_2	수치 해석	C_1, C_{14}
C_3	자료 구조	C_1, C_{14}
C_4	어셈블리어	C_1, C_{13}
C_5	오토마타 이론	C_{15}
C_6	인공 지능	C_3
C_7	컴퓨터 그래픽스	C_3, C_4, C_{10}
C_8	이산 수학	C_4
C_9	알고리즘 분석	C_3
C_{10}	프로그래밍 언어	C_3, C_4
C_{11}	컴파일러 구조	C_{10}
C_{12}	운영 체제	C_{11}
C_{13}	해석학 I	−
C_{14}	해석학 II	C_{13}
C_{15}	선형 대수	C_{14}

으로써 학사 학위를 받는다고 한다면 교과 과정의 이수가 하나의 과제(project)이고, 각각의 과목 이수가 작업(activity)이 되는 셈이다.

이수해야 할 과목 중에는 선수 과목에 관계없이 수강하여 이수할 수 있는 것이 있는가 하면, 어떤 과목은 다른 과목들을 선수 과목으로 이수한 후에야 수강할 수 있는 것들도 있다. 따라서 교과 과정의 각 과목 상호 간의 선후 관계가 생기게 되는데, 과목을 정점으로 나타내고, 선후 관계를 방향 간선으로 나타내면 〈그림 8.26〉과 같은 방향 그래프로 표현할 수 있다.

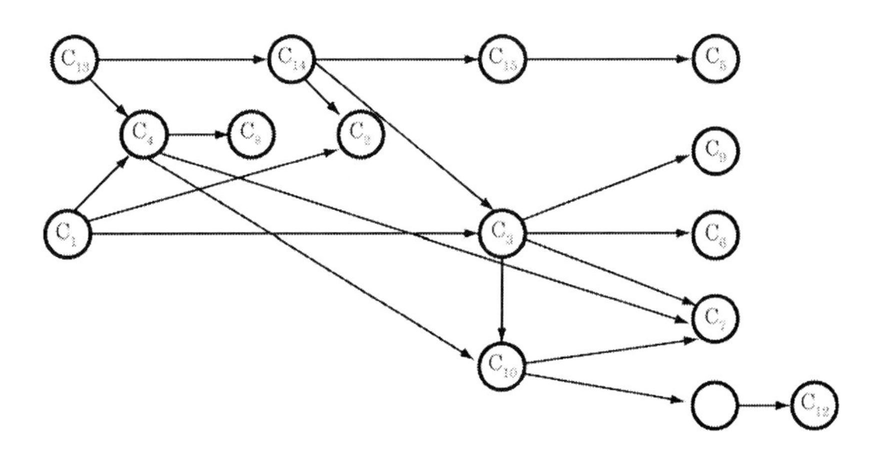

〈그림 8.26〉 교과 과정 방향 그래프

〈그림 8.26〉과 같이 작업이 정점을 나타내고, 간선이 작업 간의 선후 관계를 나타내는 방향 그래프를 특별히 정점 작업 네트워크(activity on vertex network) 또는 AOV-네트워크라고 한다. 또 여기에서 정점 i로부터 j까지의 방향 경로가 존재하면 i는 j의 선행자(predecessor)가 되고, j는 i의 후속자(successor)가 되며, 간선 $\langle i, j \rangle$에 있어서 i는 j의 즉각 선행자이고, j는 i의 즉각 후속자이다. 〈그림 8.26〉에서 C_{13}은 C_{14}, C_{15}, C_5의 선행자이고, C_5는 C_{13}, C_{14}, C_{15}의 후속자이다. 또 C_3은 C_{14}나 C_1의 즉각 후속자이면서 C_9, C_6, C_7, C_{10} 등의 즉각 선행자이다.

방향 그래프로 표시된 것이 AOV-네트워크가 되려면 이행적이면서 비반사적(irreflexive)이라야 하는데, 비반사적이려면 그래프 내에 사이클이 존재하지 않는 비사이클 그래프(acyclic graph)이어야 한다. 이행적이면서 비반사적 선후 관계를 부분 순서(partial order)라고 한다.

이제 학사 학위를 취득하기 위하여 어떤 순서로 각 교과목을 이수하여야 하는지 살펴보자. 한번에 한 과목씩만 수강이 가능하다고 가정하면 먼저 수강할 수 있는 과목은 선수 과목이 없는 C_1 또는 C_{13} 중의 어느 하나이다. C_{13}을 먼저 이수한다면 그 다음에는 C_1, C_{14} 중의 어느 하나를 수강할 수 있다. 이 때, C_1과 C_{14}를 이수한다면 그 다음에 수강할 수 있는 것은 선수 과목의 이수가 끝난 C_2, C_4 중의 어느 하나가 될 수 있으므로 이 중 어느 한 과목을 이수한다. 이와 같은 방법으로 모든 과목을 이수한다면, 그 순서는

$$C_{13},\ C_1,\ C_4,\ C_8,\ C_{14},\ C_2,\ C_3,\ C_{10},\ C_{11},\ C_{12},\ C_7,\ C_6,\ C_9,\ C_{15},\ C_5$$

또는

$$C_1,\ C_{13},\ C_4,\ C_8,\ C_{14},\ C_{15},\ C_5,\ C_2,\ C_3,\ C_{10},\ C_7,\ C_{11},\ C_{12},\ C_6,\ C_9$$

가 될 수 있고, 이외에도 여러 가지 순서 리스트가 만들어질 수 있다.

AOV-네트워크에서 만들어지는 이러한 순서 리스트를 위상 순서(topological order)라 하고, 이렇게 정렬하는 것을 위상 정렬(topological sort)이라고 한다.

이제 위상 정렬을 위한 알고리즘을 생각해 보자.
앞에서 설명한 방법에 의하면 선행자를 갖지 않는 정점이 출력 대상이 된다. 일단 어떤 정점이 출력되면 그 정점에 인접한 모든 간선을 그 정점과 함께 제거해 나아가는 일을 반복 수행하여 모든 정점이 출력된 시점에서 끝난다.

이 방법을 적용하기 위해서는 방향 그래프를 인접 리스트로 표현하고, 헤드 노드에 그 노드의 선행자의 수를 유지하도록 하여, 선행자의 수가 0인 노드를 출력 대상으로 하고, 출력된 노드에 인접한 간선이 제거될 때마다 해당 노드의 선행자의 수를 감소시켜 나아가야 한다.

예를 들어, 〈그림 8.27〉과 같은 AOV-네크워크에 대한 위상 정렬을 하고자 한다면 이것을 〈그림 8.28〉과 같은 인접 리스트로 표현한다.

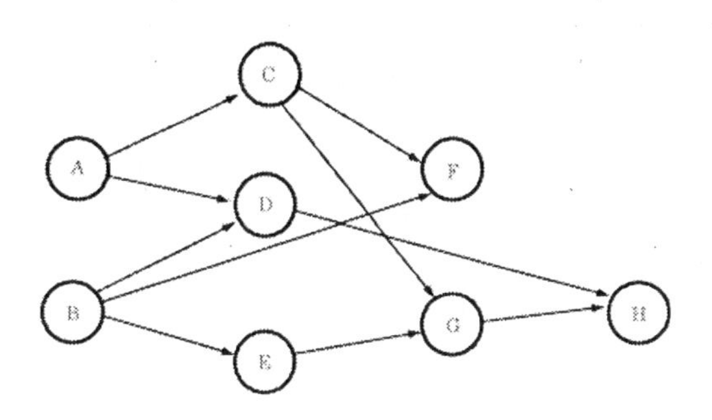

〈그림 8.27〉 AOV-네트워크

〈그림 8.28〉의 인접 리스트에서 헤드 노드의 counter가 0인 노드 A와 B를 스택에 넣는다. 스택에서 B를 꺼내어 출력하고, 여기에 인접한 간선을 제거하면 D, E, F의 counter는 1씩 감소되어 각각 1, 0, 1이 되므로 counter가 0인 E를 스택에 넣는다. 다시 스택에서 E를 꺼내어 출력하고, 여기에 인접한 간선을 제거하면 G의 counter가 1이 감소되어 2가 된다. 이번에 또 스택에서 A를 꺼내어 출력하고 A에 인접한 간선을 제거하면 C와 D의 counter는 모두 0이 되므로 C와 D를 스택에 넣는다. 다시 스택에서 D를 꺼내어 출력하고, 여기에 인접한 간선을 제거하면 H의 counter는 1이 된다. 다시 스택에서 C를 꺼내어 출력하고, 여기에 인접한 간선을 제거하면 F와 G의 counter가 각각 0, 1이 되므로 F를 스택에 넣은 후, 스택에서 F를 꺼내어 출력하고, 여기에 인접한 간선을 제거하면 G의 counter는 0이 되어 G가 스택에 들어간다. 스택에서 G를 꺼내어 출력하고, 여기에 인접한 간선을 제거하면 H의 counter가 0이 되어 스택에 들어간다. 이 때 H를 꺼내어 출력하면 수행은 종료된다.

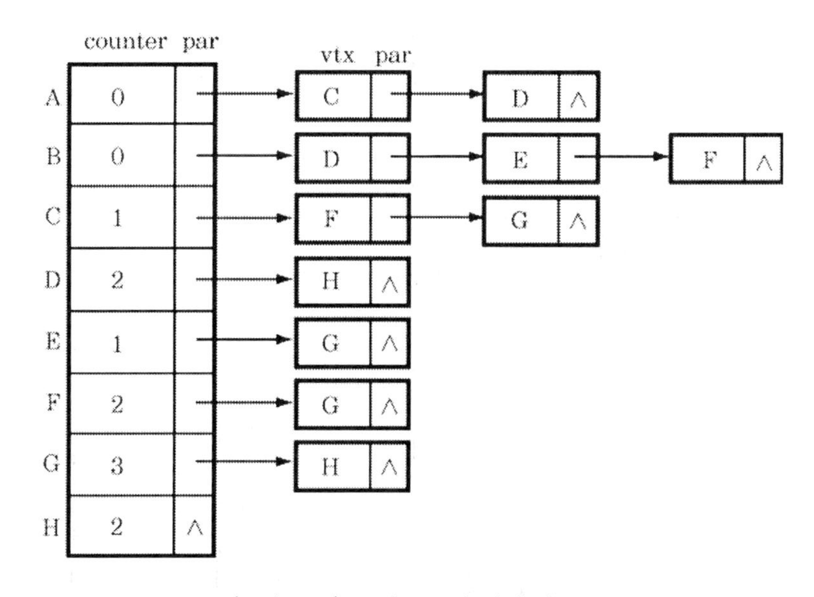

〈그림 8.28〉 그림 8.27의 인접 리스트

이 과정을 순차적으로 나타내면 〈그림 8.29〉와 같다.
〈그림 8.29〉에 의하여 구해진 위상 순서는 B, E, A, D, C, F, G, H가 된다. 이 과정에 따른 함수를 기술하면 다음과 같다.

【알고리즘 8.9】 위상 정렬

```
typedef struct node *nodeptr;
typedef struct node {
        int vertex;
        nodeptr link;
        };
typedef struct {
        int counter;
        struct node link;
        } adjacencylists;

void TOPOLSORT(adjacencylists list[], int n)
/* n개의 정점을 갖는 AOV-Network를 위상정렬한다. */
{
  int i, j, k, top = -1;
  nodeptr ptr;
  for (i=0; i<n; i++)
     if (!list[i].counter) {
        list[i].counter = top;
        top = i;
     }

  for (i=0; i<n; i++)
      if (top == -1) {
        printf( "Network has a cycle.₩n" );
        exit(1);
      }
      else {
        j = top;
        top = list[top].counter;
        printf("vertex %d, ", j);
        for (ptr=&list[j].link; ptr; link=ptr->link) {
            k = ptr->vertex;
            list[k].counter--;
            if (!list[k].counter) {
               list[k].counter = top;
               top = k;
            }
        }
      }
}
```

스택	출력	그래프
A, B	–	〈그림 8.27〉
A ↓ A, E	B	
A ↓ A	B	
0 ↓ C, D	A	
C ↓ C	D	
0 ↓ F	C	
0 ↓ G	F	
0 ↓ H	G	
0	H	

〈그림 8.29〉 위상 정렬의 수행 과정

이 알고리즘은 for 루프가 n번 반복되므로 $O(n)$이 되는데, 루프 내에서 각 정점은 그 정점의 진출 차수만큼 시행되므로 전체 시간은

$$O(\sum_{i=0}^{n-1} d_i)+n)=O(e+n)$$

이 된다. 여기서 d_i는 정점 i의 진출 차수이고 e는 간선의 수이다.

8.5.5 유통 문제

가중값을 부여한 방향 그래프의 응용 문제를 살펴보기 위하여 〈그림 8.30〉과 같은 수도관 시스템을 생각해 보자. 각 간선은 수도관을 나타내고, 간선에 부여된 수치는 1분간에 수도관을 통과하는 물의 양을 나타낸다. 또 각 정점은 각기 다른 수도관이 서로 연결된 접점을 나타내는데 물은 한 수도관에서 다른 수도관으로 이 접점을 통하여 옮겨진다.

두 정점 S와 T는 수돗물의 공급처와 사용처를 나타내며 수돗물은 수도관을 통하여 한 방향으로 흐른다.

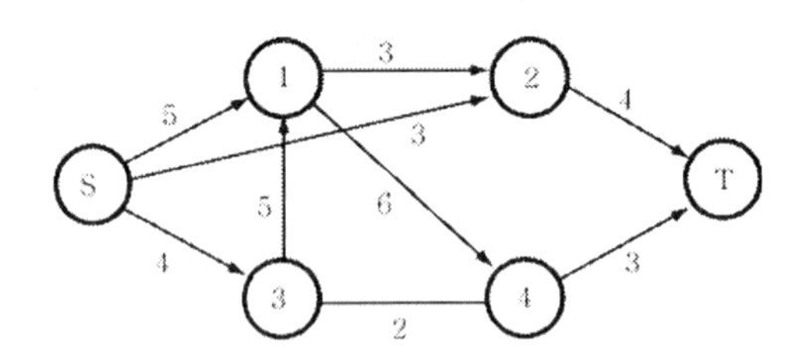

〈그림 8.30〉 수도관 시스템

이와 같은 수도관 시스템에서 공급처로부터 사용처까지 흐르는 수돗물의 양을 극대화하여 보자. 이런 문제는 실사회에서 흔히 일어나는데, 예를 들면 전기 네트워크, 철도망, 통신망 또는 분산 시스템 등은 한 장소에서 다른 장소로 이동되는 자원의 양을 극대화하고자 하는 문제들이다.

유통 문제(flow problem)의 해결을 위하여 정점 a와 b에 대하여 용량 함수 $c(a, b)$를 정의하는데, 이것은 a와 b가 인접해 있으면 a에서 b까지의 수도관의 용량으로 하고, 그렇지 않으면 0으로 한다. 또한 정점 a와 b에 대하여 유통 함수 $f(a, b)$를 a와 b가 인접해 있으면 a에서 b로 흐르는 물의 양으로 하고, 그렇지 않으면 0으로 정의한다. 그러면 모든 정점 a와 b에 대하여 $f(a, b) \geq 0$이고, 수도관은 정해진 용량 이상으로 물을 흐르게 할 수 없으므로 $f(a, b) \leq c(a, b)$이다.

V를 공급처 S에서 사용처 T까지 흐르는 물의 양이라고 하자. 그러면 S를 출발하는 물의 양과 모든 수도관을 통하여 T에 도달하는 물의 양이 같다. 이것을 수식으로 나타내면

$$\sum_{x \in vertices} f(S,\ x) = \sum_{x \in vertices} f(x,\ T) = V$$

이 된다.

정점 x로 들어가는 물의 총량을 inflow라하고, 정점 x에서 나가는 물의 총량을 outflow라고 정의하면

$$\text{outflow}(S) = \text{inflow}(T) = V$$

$$\text{inflow}(x) = \text{outflow}(x),\ \text{모든}\ x \neq S,\ T$$

이 된다.

이상과 같은 정의에 바탕을 두고 S에서 T까지 흐르는 물의 양인 V를 극대화하는 유통 함수를 생각해 보자.

최적의 유통 함수를 구하기 위한 전략은 모든 정점 a, b에 대하여 $f(a,\ b)$를 0으로 놓고, 최적의 유통 함수가 구해질 때까지 연속적으로 유통 함수를 개선시키는 것이다.

주어진 유통 함수 f에 대하여 유통량을 개선시키는 방법은 두 가지가 있다.

하나는 S에서 T까지의 경로 S, x_1, x_2, …, x_n, T를 구하여 각 경로에 있는 간선의 용량보다 적은 양을 유통시키는 방법이다. 이런 경로의 각 간선에 있는 유통량은 2와 n사이에 있는 모든 k에 대하여 $c(x_{k-1},\ x_k) - f(x_{k-1},\ x_k)$의 최소값만큼 증가시킬 수 있다.

이런 방법으로 전 경로의 유통량이 개선되면 적어도 하나의 간선 $\langle x_{k-1},\ x_k \rangle$가 존재하며, $f(x_{k-1},\ x_k) = c(x_{k-1},\ x_k)$가 되어 유통량을 개선시킬 수 없다.

〈그림 8.31〉의 (a)에 각 간선에 대한 용량과 유통량을 표시하여 앞의 방법을 설명한다. S에서 T까지 양의 유통량을 가진 2개의 경로 (S, A, C, T)와 (S, B, D, T)가 존재한다. 그러나 양 경로에는 용량과 유통량의 크기가 같은 간선 $\langle A,\ C \rangle$와 $\langle B,\ D \rangle$가 존재하므로 이들 경로를 따라서는 유통량을 개선할 수 없다. 그렇지만 경로 $\langle S,\ A,\ D,\ T \rangle$의 각 간선의 용량은 현재 유통량보다 용량이 크므로 이 경로에 대해서는 유통량을 개선시킬 수 있는데, 이것을 나타낸 것이 〈그림 8.31〉의 (b)이다.

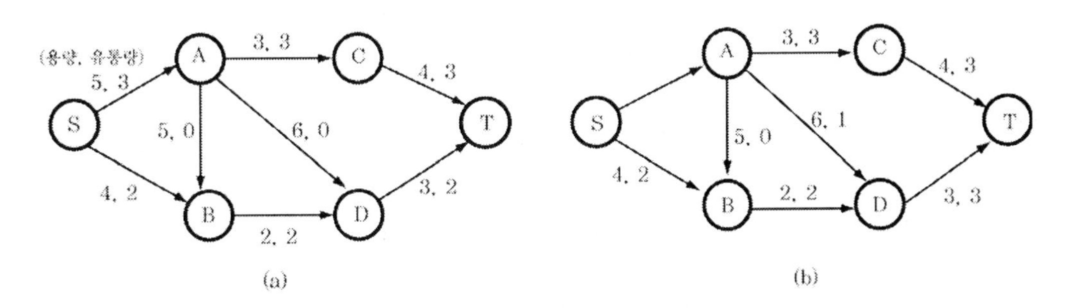

〈그림 8.31〉 그래프에서 유통량을 증가시키는 과정

유통량을 개선시키는 경로가 없을 때에도 공급처에서 사용처까지 순수 유통(netflow)을 개선시키는 다른 방법이 있다.

〈그림 8.32〉의 (a)를 보면 *S*에서 *T*까지의 유통량을 개선시킬 경로가 없다. 그러나 *X*에서 *Y*까지의 유통량을 감소시켜 *X*에서 *T*까지의 유통량을 증가시킬 수 있다. 즉 *Y*에의 유입(inflow)량을 감소시킴으로써 *S*에서 *T*까지의 유통량이 증가되어 순수 유통량은 증가한다.

〈그림 8.32〉의 (b)에서 보는 바와 같이 *X*에서 *Y*까지의 유통량은 *T*로 공급되므로 *S*에서 *T*까지의 순수 유통량은 4에서 7로 증가한다.

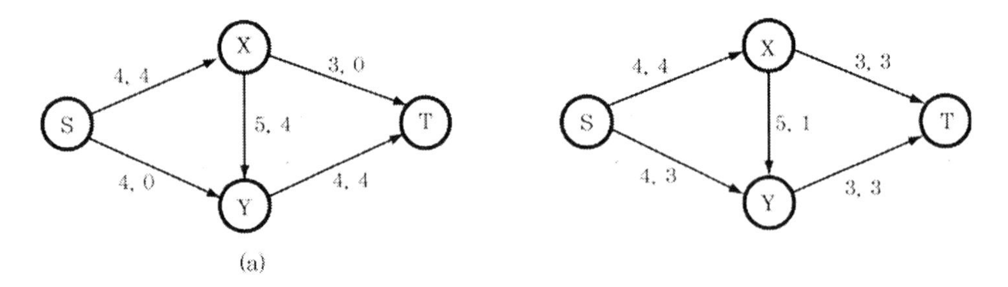

〈그림 8.32〉 유통량을 증가시키는 과정

앞의 방법을 일반화하면 다음과 같다.

*S*에서 *Y*까지의 경로, *X*에서 *T*까지의 경로, *X*에서 *Y*까지의 경로가 있다고 하자. 그리고 *X*에서 *Y*까지의 유통량은 감소시키고, *X*에서 *T*와 *S*에서 *Y*까지의 경로는 같은 양만큼 증가시키자. 이 양은 *X*에서 *Y*까지의 유통의 최소량이고 *S*에서 *Y*까지의 경로와 *X*에서 *T*까지의 경로의 용량과 유통량의 차이가 된다.

그래프 *G*에 대한 인접 행렬과 용량 행렬(capacity matrix) 및 공급처 *S*와 사용처 *T*가 주어진다고 할 때, 이 그래프에 대한 최적의 유통 함수를 구하는 알고리즘은 다음과 같다.

【알고리즘 8.10】 유통 함수 계산

1. 각 간선의 유통 함수를 0으로 초기화함.
2. improve:=true
3. **repeat**
4.   *S*에서 *T*까지의 부분 경로(semipath)를 찾아 유통량을 x>0만큼 증가시킴.
5.   **if** a semipath can't be found
        then improve:=false
6.   **else** semipath의 모든 정점의 유통량을 x만큼 증가시킴.
7. **until** **not** improve

이 알고리즘의 구체적인 함수는 각자 기술해 보기 바란다.

8.5.6 임계 경로

(1) 간선 작업 네트워크

간선 작업 네트워크(activity on edge network)는 어떤 프로젝트(project)를 완수하기 위하여 수행되는 작업(activity)들을 방향 간선(directed edge)으로 나타내고, 어떤 작업의 완료를 나타내는 사건(event)들은 정점(vertex)으로 표현하는 그래프로서 AOE-네트워크라고도 한다.

AOE-네트워크에서 간선으로 표현되는 작업들은 그 간선의 꼬리에 있는 사건이 완료되지 않는 한 시작될 수 없고, 또 그 정점으로 들어오는 모든 작업들이 끝나야만 그 사건이 완료되는 것이다.

예를 들어 〈그림 8.33〉과 같은 가상 AOE-네크워크가 있다고 하자. 이것은 act_1~act_{11}의 11개의 작업을 완료함으로써 전체 프로젝트가 완수되는 것으로 vtx_1~vtx_9의 9개의 사건이 있는 AOE-네트워크이다.

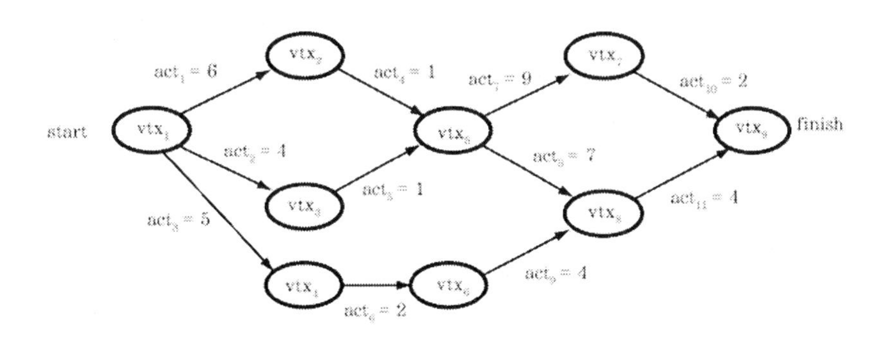

〈그림 8.33〉 가상 프로젝트에 대한 AOE-네트워크

〈그림 8.33〉에서 vtx_1은 프로젝트의 시작을 의미하고 vtx_9는 프로젝트의 완료를 의미하며 사건 vtx_2는 작업 act_1의 완료를 나타낸다. 또 사건 vtx_5는 작업 act_4와 act_5의 완료를 나타내며, 사건 vtx_8은 작업 act_8과 act_9의 완료를 나타낸다.

모든 간선에 표시된 작업에 부여된 숫자는 그 작업을 수행하는 데 걸리는 기간으로서 시간 수나 일수로 표시할 수 있다. 만일 일수로 표시한 것이라면 작업 act_1은 6일 걸리고, 작업 act_{10}은 2일 걸림을 의미하는데, 이것은 수행 전의 추정값으로 나타내게 된다.

하나의 사건이 완료되면 그 정점으로부터 나아가는 모든 작업들은 서로 병행하여 처리할 수 있으므로 작업 act_1, act_2, act_3은 프로젝트의 시작 후에 병행 처리가 가능하고, 작업 act_7과 act_8도 사건 vtx_5가 완료되면 역시 병행 처리가 가능하다. 그러나 작업 act_6과 act_3은 선후 관계가 분명하여 병행 처리가 불가능하며 작업 act_{11}은 작업 act_8과 act_9가 완료되어 사건 vtx_8이 끝나야만 처리할 수 있는 것이다. 만약 특정의 작업은 없지만 순서를 통제할 필요가 있을 때에는 기간이 0인 모조 작업(dummy activity)을 사용할 수 있는데, 예를 들어 작업 act_7과 act_8을 사건 vtx_5와 vtx_6이 완료된 후에 시작하려 한다면 간선 〈vtx_6, vtx_5〉를 첨가하고 이것을 act_{12}=0으로 나타내면 된다.

AOE-네트워크는 여러 가지 형태의 프로젝트 성능 평가에 이용되는데, 예를 들면 어떤 프로젝트의 최소 완료 시간의 평가나 또는 전체 공정을 단축시키기 위해서는 어떤 작업 시간을 단축시켜야 하는가의 분석 등이다. PERT(performance evaluation and review technique)나 CPM(critical path method), RAMPS(resource allocation and multiproject scheduling) 등은 AOE-네트워크의 이용 예이다.

(2) 임계 경로의 계산

AOE-네트워크에서 어떤 작업들을 병행하여 수행할 수 있기 때문에 그 프로젝트를 완료하는 데 필요한 최소 시간은 출발 정점에서 완료 정점까지의 최장 경로 길이가 된다. 여기에서 어떤 경로의 길이는 그 경로에 포함되는 작업들을 수행하는 데 필요한 시간의 합이 된다. 이 때, 여러 경로 중에서 가장 긴 길이를 갖는 경로를 임계 경로(critical path)라고 하는데, 이것은 하나의 AOE-네트워크에서 유일하지 않을 수도 있다.

〈그림 8.33〉의 AOE-네트워크에서 경로 vtx_1, vtx_2, vtx_5, vtx_7, vtx_9은 임계 경로이며 그 길이는 18이다. 또 vtx_1, vtx_2, vtx_5, vtx_8, vtx_9도 임계 경로가 된다.

AOE-네트워크에서 임계 경로를 계산하기 위하여 몇 가지 용어를 정의하고, 이것을 이용하여 〈그림 8.33〉의 AOE-네트워크 인접 리스트로 표시하고 그 계산 과정을 살펴보자.

AOE-네트워크에서 시작 정점 vtx_1에서 정점 vtx_i까지의 최장 경로의 길이를 사건 vtx_i가 완료될 수 있는 최조 시간(earlist time)이라고 한다. 그러므로 〈그림 8.33〉의 사건 vtx_5가 완료될 수 있는 최조 시간은 7이 된다. 또 어떤 사건이 완료될 수 있는 최조 시작 시간(earlist start time)을 결정하는데, 이 시간을 작업 act_i에 대하여 $e(i)$라고 표기한다. 〈그림 8.33〉에서 $e(7)=e(8)=7$이 된다.

모든 작업 act_i에 대해 최대한 늦게 시작할 수 있는 최종 시간(latest time)도 정의할 수 있는데, 이것은 어떤 작업이 전체 프로젝트의 전체 시간은 지연시키지 않으면서 늦출 수 있는 시작 시간이다. act_i의 최종 시간을 $l(i)$로 표시하는데, $l(6)=8$이며, $l(8)=7$이다. 이 때 $e(i)=l(i)$인 작업 act_i를 임계 작업이라고 하고, $l(i)-e(i)$를 임계도(criticality)라고 한다.

이제 AOE-네트워크에서 모든 작업에 대한 $e(i)$와 $l(i)$를 계산하는 알고리즘을 생각해 보자. $e(i)$와 $l(i)$가 계산되면 임계 작업들을 쉽게 판명할 수 있고, AOE-네크워크에서 비임계 작업들을 제거하면 모든 임계 경로는 시작 정점에서 완료 정점까지의 모든 경로를 만들어서 찾아지게 된다.

$e(i)$와 $l(i)$를 구하기 위하여 먼저 최조 사건 발생 시간(earlist event occurence time)인 $ee[j]$와

최종 사건 발생 시간(latest event occurrence time)인 $le[j]$를 네트워크 내의 모든 사건 j에 대해 구한다. 그러면 만약 작업 act_i가 간선 ⟨k, l⟩로 표시될 때 $e(i)$와 $l(i)$를 다음 공식으로 구할 수 있다.

$$e(i)=ee[k]$$

그리고

$$l(i)=le[l]-(\text{작업 } act_i \text{ 의 수행 시간})$$

$ee(j)$와 $le(j)$는 전진 단계와 후진 단계를 거쳐 계산되는데, 전진 단계에서는 $ee[1]=0$으로 놓고 나머지 최조 사건 발생 시간을 다음 공식으로 구한다.

$$ee[j]= \max_{i \in p(j)} \{ee[i]+\langle i,\ j\rangle\text{의 지속 시간}\}$$

여기에서 $p(j)$는 정점 j에 인접한 모든 정점들의 집합이다. 이 계산이 위상 순서에 의해 수행될 경우 j의 모든 선행자의 최조 발생 시간은 $ee(j)$의 계산에 앞서 결정될 것이다.

이것을 수행하는 알고리즘은 ⟨알고리즘 8.9⟩의 위상 정렬에

```
    if  ee[k]<ee[j]+ptr->dur
  then  ee[k]=ee[j]+ptr->dur;
```

를 삽입함으로써 쉽게 만들 수 있다. 이 때 배열 ee는 0으로 초기화되고, dur은 작업 시간을 포함하는 인접 리스트 노드의 한 필드이다.

$ee(j)$는 그것의 선행자 중의 하나인 $ee(i)$가 알려질 때마다 갱신된다.

실행 과정을 이해하기 위하여 ⟨그림 8.33⟩의 AOE-네트워크에 대한 인접 리스트와 ee 계산과정을 나타내면 ⟨그림 8.34⟩의 (a), (b)와 같다.

수행 과정을 보면 초기에는 모든 정점에 대한 $ee[j]$는 0이며 스택에는 시작 정점만 존재한다. 이 정점에 대한 인접 리스트가 처리될 때 vtx_1에 인접된 모든 정점의 ee가 갱신된다. 여기서 정점 2,3,4가 스택에 있으므로 그들의 선행자는 모두 처리되었고, 이들 세 정점에 대하여 ee가 계산된다. 다음으로 $ee[6]$이 결정되고 정점 vtx_6이 처리될 때 $ee[8]$이 11로 갱신된다. 그러나 이 값은 ee가 vtx_8의 모든 선행자에 대하여 계산된 것이 아니기 때문에 $ee[8]$의 실제값은 아니다. 그 다음 $ee[5]$가 5에서 7로 갱신되는데, 이 때에는 $ee[5]$가 vtx_5의 모든 선행자가 처리되었기 때문에 최종값이 된다. 다음으로 $ee[7]$과 $ee[8]$이 결정되고, 마지막으로 $ee[9]$는 18로 결정되는데 이것이 임계 경로의 길이가 된다.

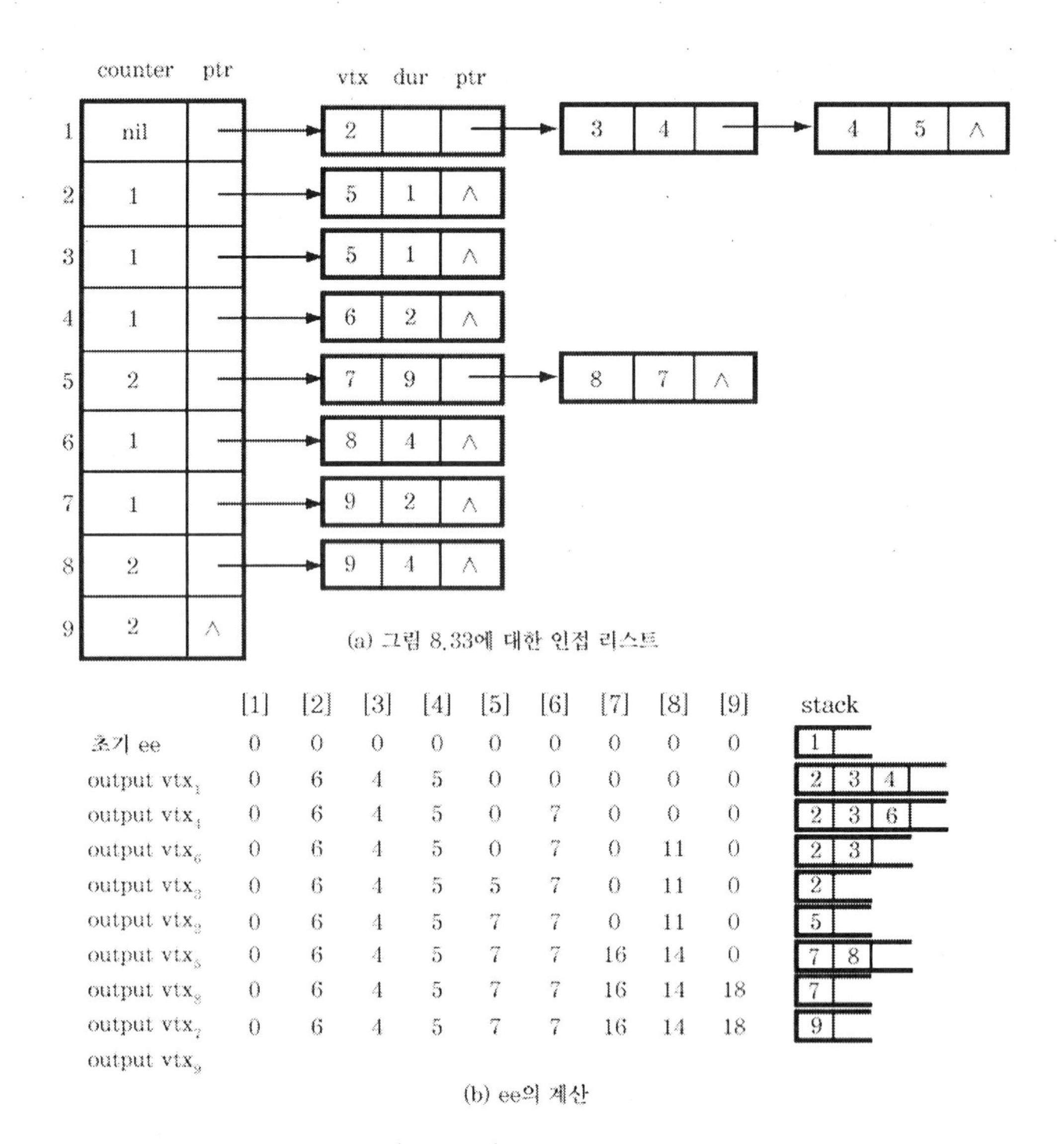

(a) 그림 8.33에 대한 인접 리스트

	[1]	[2]	[3]	[4]	[5]	[6]	[7]	[8]	[9]	stack
초기 ee	0	0	0	0	0	0	0	0	0	1
output vtx_1	0	6	4	5	0	0	0	0	0	2 3 4
output vtx_4	0	6	4	5	0	7	0	0	0	2 3 6
output vtx_6	0	6	4	5	0	7	0	11	0	2 3
output vtx_3	0	6	4	5	5	7	0	11	0	2
output vtx_2	0	6	4	5	7	7	0	11	0	5
output vtx_5	0	6	4	5	7	7	16	14	0	7 8
output vtx_8	0	6	4	5	7	7	16	14	18	7
output vtx_7	0	6	4	5	7	7	16	14	18	9
output vtx_9										

(b) ee의 계산

〈그림 8.34〉 위상 순서의 작동

여기서 *s(j)*는 정점 *j*에 인접한 정점들이다. 이것은 역 인접 리스트를 이용하여 같은 방법으로 수행할 수 있다.

*ee*의 값과 *le*의 값이 계산되면 *e(i)*와 *l(i)* 및 각 작업의 임계도를 계산할 수 있는데, 〈표 8.5〉는 그 계산값을 나타낸다.

〈그림 8.34〉에서 생성된 위상 순서는 vtx_1, vtx_4, vtx_6, vtx_3, vtx_2, vtx_5, vtx_8, vtx_7, vtx_9이다.

후진 단계에서 *le[i]*의 값을 계산하여 같은 위상 순서를 얻을 수 있고 *le[n]*=*ee[n]*으로 시작하여 다음 공식을 사용한다.

$$le[j] = \min_{i \in s(j)} \{le[i] - \langle j,\ i \rangle 의\ 기간\}$$

〈표 8.5〉 l-e의 계산

activity	e	l	l−e
act_1	0	0	0
act_2	0	2	2
act_3	0	3	3
act_4	6	6	0
act_5	4	6	2
act_6	5	8	3
act_7	7	7	0
act_8	7	7	0
act_9	7	10	3
act_{10}	16	16	0
act_{11}	14	14	0

이에 의하면 임계 작업은 act_1, act_4, act_7, act_8, act_{10}, act_{11}이 된다. 네트워크에서 모든 비임계 작업을 제거함으로써 〈그림 8.35〉와 같은 방향 그래프를 구할 수 있다.

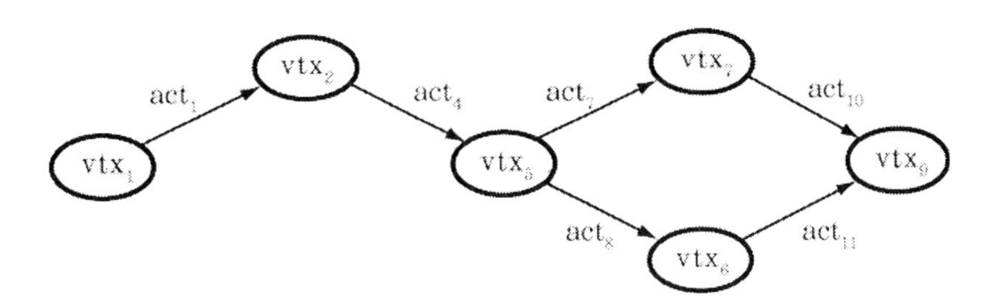

〈그림 8.35〉 비임계 작업을 제거한 그래프

이 그래프에서 vtx_1에서 vtx_9까지의 모든 경로는 임계 경로이며, 〈그림 8.35〉의 그래프 상에서 경로가 아닌 것은 원래 그래프 상에서 임계 경로가 될 수 없다.

Exercise

1. **다음과 같은 그래프에 대하여 아래의 물음에 답하여라.**

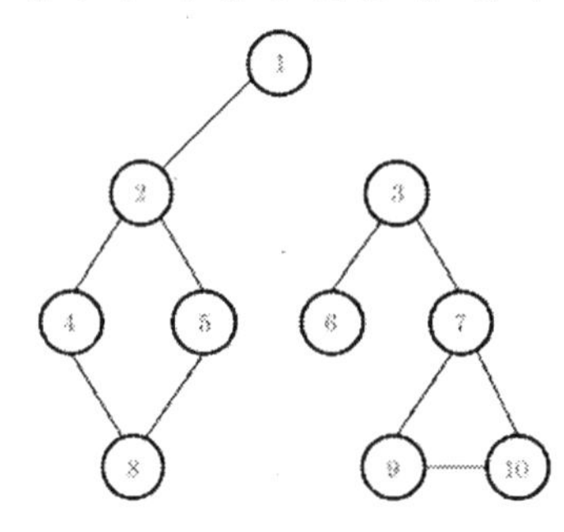

(1) 위 그래프의 인접 행렬(adjacency matrix)를 구하여라.
(2) 위 그래프의 인접 리스트(adjacency list)를 구하여라.
(3) 위 그래프를 너비 우선 검색(breadth first search)에 의해 순회할 때 방문되는 노드의 순서를 구하여라.
(4) 위 그래프를 깊이 우선 검색(depth first search)에 의해 순회할 때 방문되는 노드의 순서를 구하여라.

2. **다음의 그래프에 대하여 Dijkstra의 알고리즘이 적용되지 않음을 보여라. 또 그 이유를 설명하여라.**

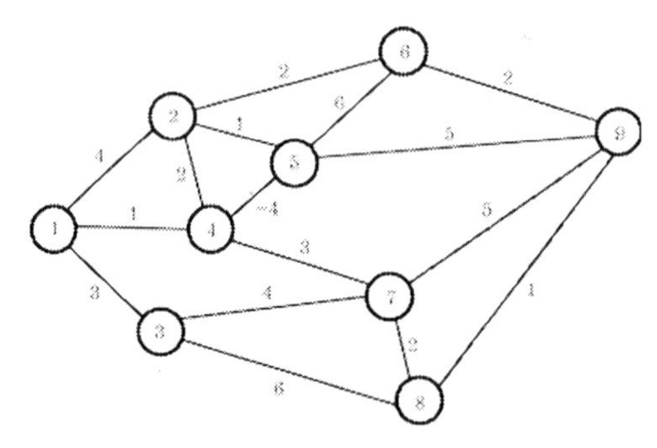

3. **정점들이 3개, 5개, 7개를 갖는 완전 무방향(complete undirected) 그래프를 그려라. 완전 그래프가 n개의 노드를 가지면 간선(edge)의 개수는 $n(n-1)/2$임을 증명하여라.**

4. **무방향 그래프의 노드의 개수가 n 이고 임의의 두 노드 사이에 경로(path)가 존재하려면 최소한 $(n-1)$개의 간선(edge)이 필요함을 증명하여라.**

5. **다음의 그래프는 강력 연결이 되었는가? 이 그래프의 모든 단순 경로**(simple path)**를 구하여라.**

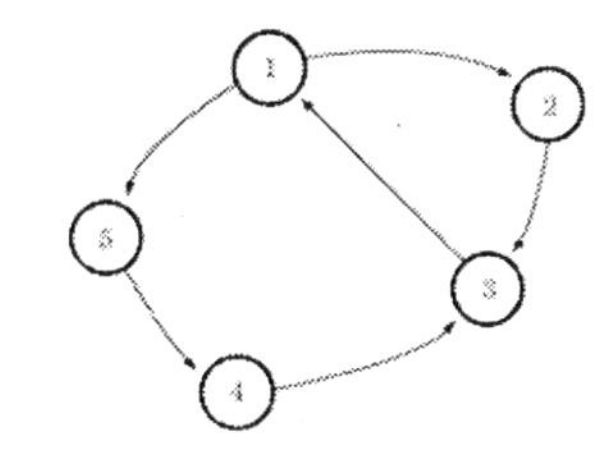

6. **다음의 그래프에** Prim**의 알고리즘과** Kruskal**의 알고리즘을 적용하여라.**

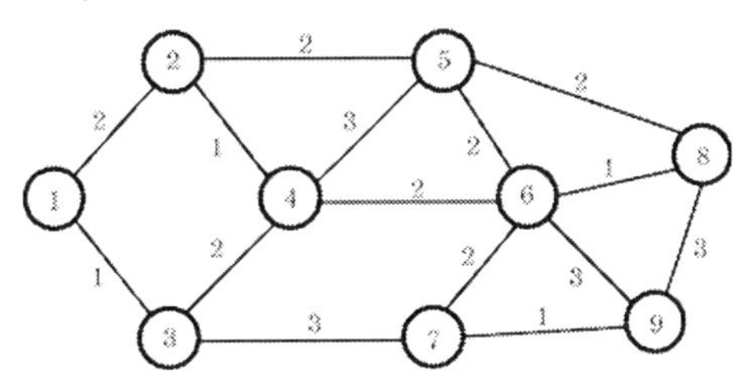

7. Prim**의 알고리즘을 사용하여 아래 그래프의 최소 신장 트리**(minimal spanning tree)**를 구하여라.**

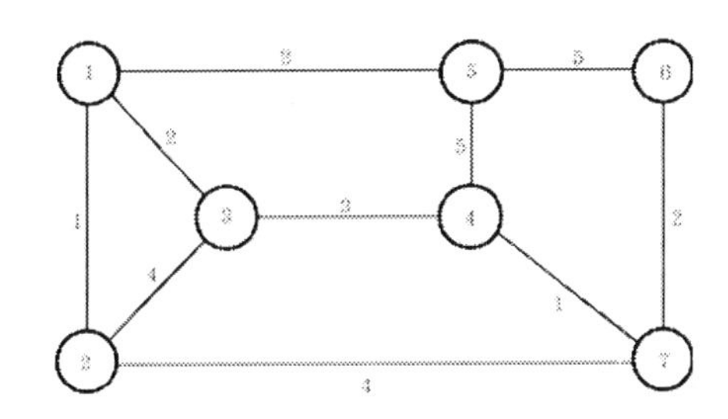

8. **그래프** G**에 대하여 다음이 동등 관계**(equivalent relation)**임을 증명하여라.**

   (1) G는 트리이다.

   (2) G는 연결된 그래프이지만 하나의 간선을 제거하면 연결된 그래프가 되지 않는다.

   (3) i와 j를 G의 서로 다른 두 노드라 할 때 i에서 j로 가는 단순 경로가 하나만 존재한다.

   (4) G는 사이클을 갖지 않으며 $n-1$개의 간선을 갖는다.

   (5) G는 연결되어 있고 $n-1$개의 간선을 갖는다.

9. 무방향 그래프 G가 n개의 노드와 e개의 간선을 가질 때 $\sum_{i=1}^{n} di = 2e$ 임을 증명하여라. 여기서 d_i는 노드 i의 차수이다.

10. 인접 행렬 A의 지수(power)를 계산할 때 불 산술식(1+1=1)을 이용한다. A^k에서 k는 무엇을 의미하는가? 그래프가 연결될 필요하고도 충분한 조건은 $A+A_2+\cdots+A_n-1$이 0을 갖지 않아야 함을 나타내어라.

11. Dijkstra의 알고리즘을 사용하여 아래 그래프의 노드 1에서 다른 모든 노드로의 최단 경로(shortest path)를 구하여라.

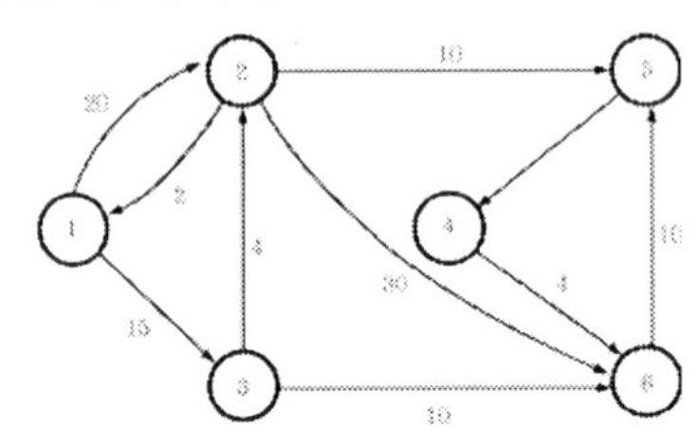

12. 다음 물음에 답하여라.
   (1) 아래의 AOE 네트워크에 대하여 최초 $e(i)$와 최종 $l(i)$ 그리고 각 작업의 시작 시간을 구하여라.
   (2) 프로젝트가 끝나는 가장 빠른 시간은 얼마인가?
   (3) 어떤 작업이 임계적인지 나타내어라.
   (4) 작업을 빨리 수행함으로써 프로젝트의 전체 시간을 단축시킬 수 있는 작업이 있는가?

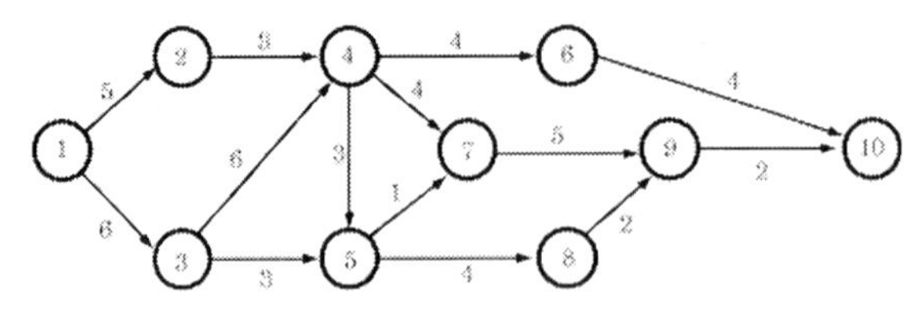

13. 그래프 G가 n개의 노드를 갖고 있는 완전 그래프(complete graph)라 할 때, 그래프로부터 만들 수 있는 생성 트리의 최소 개수가 (2^n-1-1)임을 증명하여라.

14. Prim의 알고리즘을 변형하여 최소 신장 트리의 값을 계산하여 출력하는 프로그램을 작성하여라.

15. 다음의 우선 관계(precedence relation)의 집합은 1부터 5까지의 부분 순서(partial order)를 정의하는 이유를 밝혀라.

    1〈2； 2〈4； 2〈3； 3〈4； 3〈5； 5〈1

PART 4

검색과 정렬

자료 처리 시스템에서 검색은 가장 빈번히 발생되는 연산이다. 일정한 기억 공간 내에 저장된 특정의 자료를 검색하기 위해서는 적절한 검색 기법이 적용되어야 한다. 이 파트에서는 여러 가지 검색 기법에 대하여 고찰한 후, 능률적인 검색이 행해지도록 자료를 정렬하는 방법에 대하여 내부 정렬과 외부 정렬로 나누어 다룬다.

Chapter

09 검 색

9.1 검색의 개요

9.1.1 검색의 개념

검색(searching)이란 일정한 기억 공간 내에 저장된 자료 중에서 주어진 조건에 맞는 특정한 자료를 찾아내는 작업이다. 검색이 효율적으로 수행되려면 검색 대상이 되는 자료는 적절한 자료 구조에 의하여 기억 공간에 저장되어야 하고, 자료를 식별하기 위한 키(key)가 지정되어야 하며, 능률적인 검색 기법이 적용되어야 한다.

일반적으로 파일을 구성하는 레코드는 각기 다른 레코드를 식별하기 위하여 유일한 키를 갖는데, 키와 레코드를 연관시키는 방법에는 두 가지가 있다. 한 가지 방법은 키가 레코드를 구성하고 있는 특정의 항목(item)으로 지정되어 레코드 내에 포함되는 내부 키의 지정 방법이고, 다른 하나는 독립적인 키 테이블을 만들어서 이 테이블로부터 특정의 키를 가리키도록 하는 외부 키의 설정 방법이다.

검색 알고리즘은 검색하고자 하는 특정의 키 값을 받아들여 그 키를 가진 레코드를 리스트 또는 파일 내에서 찾아내는 절차로서, 검색된 레코드를 복귀하거나 또는 레코드 포인터를 복귀한다. 특정한 키에 대한 테이블의 검색은 실패할 경우도 있는데, 이는 지정하는 키를 가진 레코드가 존재하지 않음을 의미하므로, 이런 경우에는 '공 레코드' 또는 '공 포인터'를 복귀시킬 수도 있다.

검색이 실패할 때, 그 키에 해당하는 새로운 레코드를 삽입하는 경우가 있는데, 이러한 일을 수행하는 알고리즘을 검색과 삽입 알고리즘이라 한다.

대량의 자료 중에서 특정의 정보를 발견하는 일은 컴퓨터의 이용에서 특히 중요하므로 단순한 알고리즘에 의하여 신속한 검색이 행해지도록 적절한 자료 구조의 설계와 능률적인 알고리즘의 선택에 유념하여야 한다.

9.1.2 검색 방법

검색 방법에는 검색 대상이 되는 자료가 어디에 저장되어 있느냐에 따라, 주기억 공간에 저장된 리스트로부터 검색하는 내부 검색(internal searching)과 보조 기억 공간에 저장된 파일로부터 특정의 키 값을 가진 레코드를 검색하는 외부 검색(external searching)이 있다.

또한, 특정의 자료를 검색하기 위하여 어떤 방법을 적용하느냐에 따라 키를 비교하는 방법(comparison method)과 키 자체의 계수적인 성질을 이용하여 검색하는 방법(non-comparison method)으로 나눌 수 있다.

구체적인 검색 방법으로는 선형 검색(linear 또는 sequential searching), 제어 검색(control searching), 블록 검색(block searching), 트리 검색(tree searching), 해싱(hashing) 등이 있는데, 제어 검색에는 다시 이진 검색(binary searching), 피보나치 검색(Fibonacci searching), 보간 검색(interpolation searching) 등의 방법이 있다.

이제 이들 각각의 검색 방법에 대하여 살펴보기로 하자. 각각의 검색 알고리즘을 C로 나타내기 위하여 다음과 같은 레코드 내에 한 항목이 키로 정의된다고 가정한다.

```
typedef struct {
        .
        . /* 여러 개의 구성요소 */
        keytype key ;
        . . . .
}
```

키의 형은

```
float keytype;
int keytype;
char data[10];
```

등 다양하게 정의될 수 있다.

9.2 선형 검색

9.2.1 선형 검색의 개요

선형 검색(sequential searching)은 가장 단순한 검색 기법으로서, 이 방법은 레코드들이 배열이나 연결 리스트로 키의 순서에 관계없이 구성되어 있을 때 적용할 수 있다.

*L*을 *n*개의 키를 가진 배열이라 하고, *k*를 검색하고자 하는 키 값이라고 할 때 선형 검색은 $L[i]=k$의 조건을 만족하는 *i*값을 복귀시키기 위하여 $L[1]$부터 $L[n]$까지 순차적으로 검색해 가는 방법을 말한다.

만일 배열 내에 $L[i]=k$의 조건을 만족하는 *i*가 여러 개 존재할 경우에는 가장 작은 *i*를 복귀시키는 것으로 하고, 조건을 만족하는 *i*가 없을 때에는 0을 복귀시킨다.

9.2.2 선형 검색 알고리즘

리스트 *L*에서 키 *k*를 검색함에 있어서 $L[1]$부터 $L[n]$까지 순차적으로 검색하여 리스트 내에 키 *k*가 있을 때는 *i*값을 복귀시키고, 그렇지 않을 때는 0을 복귀시키는 알고리즘은 다음과 같다.

【알고리즘 9.1】 선형 검색(1)

```
#define MAX_SIZE 100
typedef struct {
        int key;
        } element;
element list[MAX_SIZE];

int SEQSCH(int L[], int k, int n)
/* 배열에서 키가 key인 레코드를 검색한다. */
{
  int i;
  L[n+1].key = k;
  for (i=1; L[i].key != k; i++);
```

```
        return ((i <= n) ? i : 0);
    }
```

위의 알고리즘은 for문에서 매번 리스트의 마지막 자료인가를 검사함과 아울러 검색의 성공 여부를 검사하기 위한 0을 사용하였다.

이러한 번거로움을 없애기 위하여 *L*[0].key에 *k*를 세트한 후 *n*번째 자료부터 역순으로 비교하는 방법으로 함수를 기술하면 다음과 같다.

【알고리즘 9.2】 선형 검색(2)

```
    int SEQSCH(element L[], int n, int k)
    {
      L[0].key = k;
      i = n;
      while (L[i].key != k) --i;
      return(i);
    }
```

[알고리즘 9.2]의 함수를 수행했을 때, 검색하고자 하는 자료가 없으면 i=0이 복귀된다. 만일 리스트 L이 순서 리스트라면 비교 도중에 키 값의 범위를 벗어나면 검색의 실패로 간주하고 함수를 벗어나게 할 수 있다.

선형 검색에서 검색에 소요되는 시간을 살펴보자. 삽입이나 삭제가 없다고 가정할 때, 일정한 크기 n인 리스트의 검색은 리스트의 어느 위치에 원하는 자료가 존재하는가에 따라 소요 시간이 다르다.

리스트의 각 요소에 검색 성공 확률이 모두 같다면 최악의 경우는 n번, 최선의 경우는 1번의 비교가 필요하므로 평균 검색 시간은 (n+1)/2이 된다. 즉 평균 검색 시간 La는

$$La = \frac{1}{n} \sum_{i=1}^{n} (n-i+1)$$

$$= \frac{1}{n} \cdot \frac{n(n+1)}{2} = \frac{n+1}{2}$$

따라서 선형 검색 시간은 $O(n)$이 된다.

그러나 어떤 자료는 다른 자료에 비해 빈번한 검색이 될 수도 있다. $P(i)$를 자료 i가 검색될 확률

이고, $P(1)+P(2)+\cdots+P(n)=1$ 이라고 가정하면 어느 자료의 키도 리스트에서 제외될 가능성은 없다 그러면 자료를 검색할 평균 비교 횟수는

$$1*P(1)+2*P(2)+3*P(3)+\cdots+n*P(n)$$

이 되고, 이 값은 다음의 경우에 최소가 된다.

$$P(1)\geq P(2)\geq\cdots\geq P(n)$$

9.3 이진 검색

9.3.1 이진 검색의 개요

앞에서 살펴본 선형 검색은 알고리즘이 간단하고, 길이가 짧은 리스트의 경우에는 효율적이지만, 검색 시간이 $O(n)$으로서 리스트가 큰 경우에는 적합하지 않다.

이진 검색(binary searching)은 키가 정렬되어 있는 리스트에 대하여 적용할 수 있는 능률적인 검색 방법 중의 하나인데, 이해를 돕기 위하여 가입자의 이름이 가나다순으로 정렬되어 있는 전화번호부에서 '이부돌'이란 사람의 전화번호를 찾는 경우를 생각해 보자.

이 경우에 아마도 선형 검색처럼 처음부터 차례로 찾는 사람은 없을 것이다. 대개의 경우에는 전화 번호부의 중간쯤에 수록된 이름과 비교하여 같으면 찾는 일이 성공한 것이고, 그렇지 않으면 그 앞이나 뒤 중 어느 한쪽을 검색 대상으로 하여 같은 방법을 적용하기를 되풀이할 것이다.

이처럼 이진 검색은 정렬되어 있는 리스트에서 원하는 자료를 검색하기 위하여 키 k를 검색 대상이 되는 리스트의 중간이 되는 $L[m]$.key와 비교한다. 그러면 그 결과는 다음 중 어느 하나가 될 것이다.

① $L[m]$.key〉k이면, k가 $L[0]$.key부터 $L[m-1]$.key 사이에 있고,

② $L[m]$.key=k이면, 검색이 성공한 것이며,

③ $L[m]$.key〈k이면, k가 $L(m+1)$.key부터 $L[n]$.key사이에 있다.

따라서 ②의 조건이 만족될 때까지 검색 대상이 되는 리스트에 대하여 중간 요소의 인덱스를 새로 계산하여 위의 과정을 반복한다.

9.3.2 이진 검색 알고리즘

이진 검색은 순환적으로 잘 정의될 수 있으므로 순환 알고리즘에 의하여 기술할 수 있으나 다음 알고리즘은 비순환적 알고리즘이다.

【알고리즘 9.3】 이진 검색

```
int BINSCH(element L[], int k, int n)
{
  int low = 0, high = n-1, m;
  while (low <= high) {
      m = (low + high) / 2;   /* 키와 중앙의 위치를 계산한다. */
      if (L[m].key == k)
         return m;            /* 키와 중앙값이 같으면 복귀한다. */
      else if (L(m).key > k)
         high = m - 1;        /* 키 값이 중앙값보다 크면 오른쪽으로 간다. */
      else
           low = m + 1;       /* 키 값이 중앙값보다 작으면 왼쪽으로 간다. */
   }
   return -1;  /* 파일에서 키 값을 갖는 값을 찾을 수 없으면 -1을 복귀한다. */
}
```

이진 검색은 비교 회수를 거듭할 때마다 검색 대상이 되는 리스트의 크기가 $\frac{1}{2}$로 줄어 들기 때문에 최악의 경우 비교 횟수는 $\lfloor \log_2 n \rfloor$이 되고, 평균적으로는 $\log_2 n$이 되므로 알고리즘의 연산 시간은 $O(\log_2 n)$이다.

이진 검색은 리스트가 정렬되어 있을 때에만 적용할 수 있으므로 삽입과 삭제가 빈번한 경우에는 이를 위한 소요 시간이 크기 때문에 오히려 부적합하다.

9.3.3 비교 트리

이진 검색에서는 비교가 되는 키는 항상 현재 비교되고 있는 서브리스트(sublist)의 중앙에 놓여 있다. 즉, 15개의 키 값을 가진 리스트의 경우를 생각해 보면 첫 번째 비교되는 m은 (1+15)/2=8이고, 만일 $8<k$이면 두 번째 비교되는 m은 (9+15)/2=12가 된다.

이 과정을 이해하기 쉽게 이진 트리로 나타내면 〈그림 9.1〉과 같이 나타낼 수 있고, 이런 트리를 비교 트리(comparison tree) 또는 이진 결정 트리(binary decision tree)라고 한다.

비교 트리는 루트 노드로부터 어떤 노드 k로 가는 경로를 나타내는 것으로 단노드(leaf node)가 아닌 노드는 성공적 검색을 나타내고, 단노드는 검색의 실패를 나타낸다. 따라서 이진 검색은 트리의 깊이(depth)에서 $O(\log_2 n)$만큼의 비교 횟수로서 충분하다는 것을 알 수 있다.

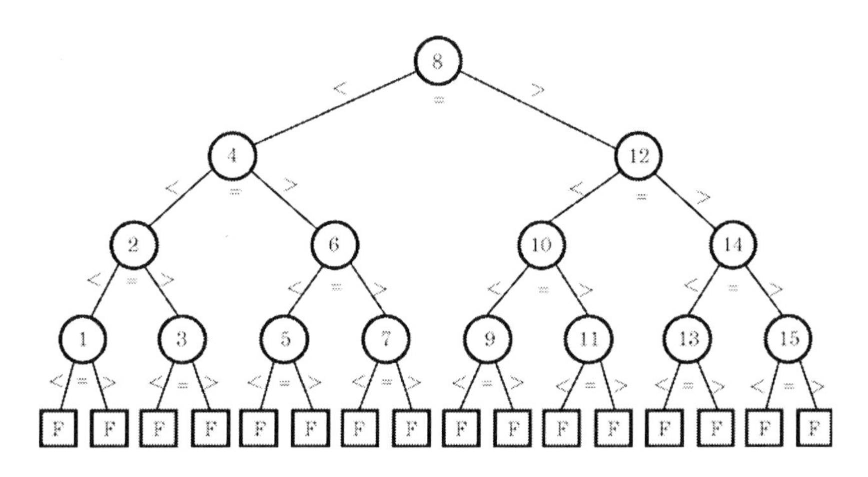

〈그림 9.1〉 비교 트리

9.4 피보나치 검색

9.4.1 피보나치 검색의 개요

이진 검색과 비슷한 제어 검색법에 속하는 피보나치 검색(Fibonacci searching)은 검색 대상이 되는 리스트를 반분하여 서브리스트를 만들어 나아가는 대신에 피보나치 수열에 따라 서브리스트를 나누어 검색하는 방법이다.

피보나치 수열은

0, 1, 1, 2, 3, 5, 8, 13, 21, 34, 55, …

등과 같은 수열로

$F_0=0$

$F_1=1$

로 정의하고

$$F_i = F_{i-1} + F_{i-2},\ i = 2,\ 3,\ 4,\ \cdots,\ n$$

에 의하여 피보나치 수를 결정한다.

피보나치 검색의 장점은 이진 검색에서 중간 요소를 계산하기 위하여 사용하는 (low+high)/2라는 나눗셈 대신에 덧셈과 뺄셈만을 사용한다는 점이다. 이것은 컴퓨터상에서 덧셈과 뺄셈이 나눗셈보다 훨씬 연산 속도가 빠르기 때문에 효율성이 높다는 이유로 고안된 것이다.

피보나치 검색이 어떤 방법으로 이루어지는지 살펴보자. 리스트가 $n=F_n-1$개의 요소, 즉 어떤 피보나치 수보다 하나 작은 수로 구성되어 있고, 각 요소들이 1부터 F_n-1까지 순차적으로 인덱스가 주어진다면, 첫 번째 비교는 검색하고자 하는 키 값 k의 $L[F_{n-1}]$.key와 이루어지고, 그 결과는 다음 중 어느 하나가 된다.

① $k < L[F_{n-1}]$.key인 경우에는 리스트의 왼쪽, 즉 1부터 $F_{n-1}-1$까지의 서브리스트가 다음 단계의 검색 대상이 되고,

② $k=L[F_{n-1}]$.key이면 검색이 성공된 것이며,

③ $k > L[F_{n-1}]$.key이면 리스트의 오른쪽 즉, $F_{n-1}+1$ 부터 F_n-1까지의 서브리스트가 다음 단계의 검색 대상이 된다.

이 때, 왼쪽 서브리스트의 크기는 $F_{n-1}-1$이 되고, 오른쪽 서브리스트의 크기는 $F_{n-2}-1$이 된다.

n=20인 리스트의 피보나치 검색에서 비교되는 키들을 노드로 표현한 트리로 나타내면 〈그림 9.2〉와 같은데, 이것은 피보나치 검색이 어떻게 실행되는지를 이해하는 데 도움을 줄 것이다.

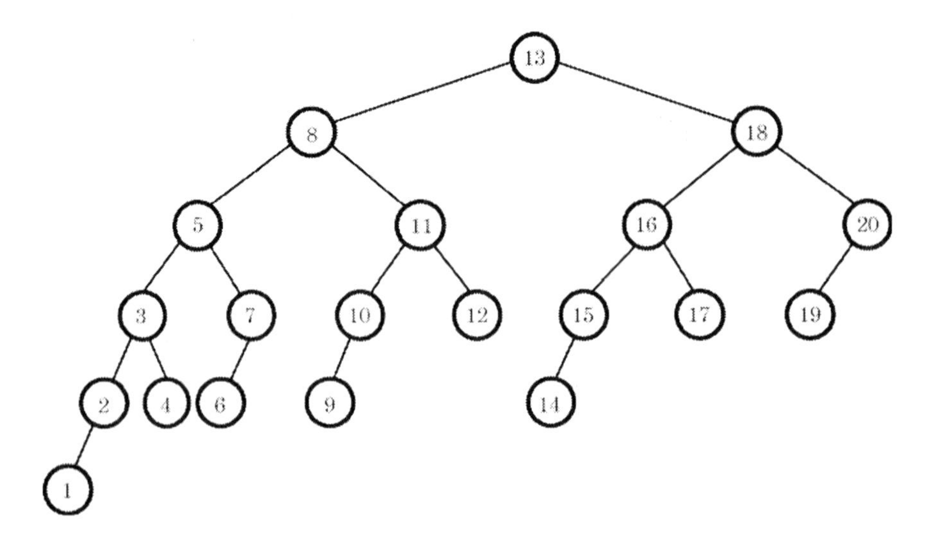

〈그림 9.2〉 n=20 인 피보나치 트리

노드에 표시된 값들은 리스트의 인덱스로서 검색 과정에서 리스트가 어떻게 분리되어 다음 단계에서 어느 키와 비교되는지를 보여 주는데, 어떤 노드의 인덱스는 그 부모 노드와 피보나치 수만큼 차이가 난다.

9.4.2 피보나치 검색 알고리즘

피보나치 트리(Fibonacci tree)에서 조부모와 부모, 그리고 두 자식 사이의 관계를 살펴보면 부모가 왼쪽 자식이며 조부모와 부모 간의 차이가 F_j이면, 부모와 두 자식 간의 차이는 F_{j-1}이고, 만약 부모가 오른쪽 자식이면, 부모와 자식 간의 차이는 F_{j-2}이다.

이와 같은 개념을 도입시킨 피보나치 검색 알고리즘을 기술하면 다음과 같다.

【알고리즘 9.4】 피보나치 검색

```
int FIBOSCH(element L[], int key, int n, int fibo[])
/* fibo 배열은 Fibonacci 수열을 저장하고 있는 배열,
   key는 검색 키이고, n은 리스트 L의 원소 개수이다.  */
{
  int k, i, temp, fl, f2;
  for(k=2; fibo[k] < n+1; ) k++;
  i = fibo[k-1]; /* i는 i≤n를 만족하는 피보나치 수 중에서 가장 큰 값 */
  f1 = fibo[k-2];
  f2 = fibo[k-3];

  while(i != 0) {
        if (key < L[i].key) {
              if (f2 == 0) i = 0;
              else {
                  i -= f2;
                  temp = f1;
                  fl = f2;
                  f2 = temp - f2;
              }
        }
        else if (key == L[i].key)
            return i;
        else {
```

```
                if (f1 == 1) i = 0;
                else {
                    i += f2;
                    f1 -= f2;
                    f2 -= f1;
                }
            }
        }
        return i;
    }
```

9.5 보간 검색과 블록 검색

9.5.1 보간 검색

이진 검색에서 예로 든 전화번호부에서 어떤 사람의 이름을 찾는 방법을 다시 생각해 보자. 예를 들어 '홍길동'이라는 사람의 전화번호를 검색할 때, 실제로는 전화번호부를 반씩 나누어 가면서 찾는 것이 아니라 직감적으로 '홍길동'은 'ㅎ'으로 시작되므로 거의 뒷부분을 펼쳐서 찾기 시작할 것이다.

이와 같이 보간 검색(interpolation searching)은 그 키가 있음직한 부분을 계산하여 비교하는 방법으로서, 비교하고자 하는 리스트의 인덱스 i를 다음과 같은 수식에 의하여 계산한다.

$$i = \frac{k - L[\mathrm{low}].\mathrm{key}}{L[\mathrm{high}].\mathrm{key} - L[\mathrm{low}].\mathrm{key}} \; n$$

여기서 L[low].key와 L[high].key는 리스트에서 가장 작은 키와 가장 큰 키의 값이다.

i가 계산되면 비교되는 키는 $L[i]$.key가 된다.

9.5.2 블록 검색

정렬되어 있는 순차 리스트에서 삽입과 삭제가 빈번히 발생하는 경우에 이진 검색이나 피보나치 검색을 적용하려면 정렬 상태를 유지하기 위한 노력이 매우 크다.

이와 같은 번거로움을 피하기 위하여 고안된 것이 블록 검색(block searching)인데, 이것은 자료들을 블록으로 분할하여 관리하는데, 블록들은 일정한 순서를 유지하지만 동일한 블록 내에서는 자료의 순서에 관계없이 저장시켜 놓고 검색을 하는 방법이다.

이 때, 리스트가 오름차순으로 되어 있다면 첫 번째 블록에 있는 모든 요소들은 두 번째 블록 내에 있는 요소들보다 작고, 두 번째 블록에 있는 모든 요소들은 세 번째 블록 내에 있는 요소들보다 작다.

블록 검색을 행하기 위하여 리스트가 여러 개의 블록으로 분할되어 있는 경우에 각 블록 내에서 가장 큰 값을 가진 요소의 인덱스를 가진 인덱스 포인터를 유지하는 별개의 포인터 리스트를 둔다.

리스트의 검색은 먼저 검색하고자 하는 키 k와 포인터 리스트가 가리키는 요소를 비교하는 1차 비교가 행해지는데, k가 첫 번째 포인터가 가리키는 요소의 키와 같으면 바로 검색이 성공되지만 k가 더 크면 다음 포인터와 비교해 가면서 k가 어느 블록에 있는지를 검색한다. 해당 블록이 찾아지면 2차 비교는 블록 내에서 선형 검색이 행해진다.

예를 들어, 〈그림 9.3〉과 같이 형성된 리스트를 생각해 보자.

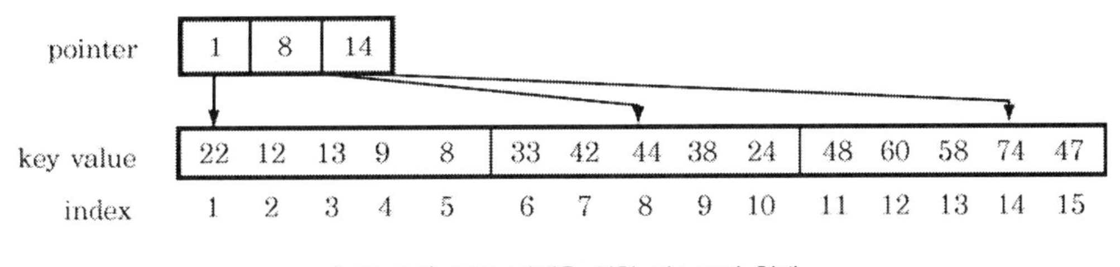

〈그림 9.3〉 블록 검색을 위한 리스트의 형태

리스트 pointer에는 각 블록 내에서 가장 큰 값이 기억된 인덱스를 포인터로 가지고 있고, 전체 리스트는 3개의 블록으로 분할되어 있으며, 각 블록에는 5개의 요소가 있다.

여기에서 k=60을 검색하고자 한다면 먼저 P[1].key와 비교한다. 이 때 P[1].key의 값이 22이므로 첫 번째 블록에는 존재하지 않음이 확인된다. 다시 P[2].key인 44와 비교되는데, 이것도 k보다 작으므로 다시 P[3].key인 74와 비교된다. 이 때에는 74가 k값보다 크므로 여기에서 k는 세 번째 블록에 있음이 확인되어, 이제 이 블록에서 선형 검색을 행하여 L[12]에서 조건이 만족되어 검색 작업이 끝난다.

블록 검색의 평균 연산 시간은 선형 검색보다는 짧으나 이진 검색보다는 비효율적이다. 블록 검색은 해당 블록을 찾는 단계와 블록 내에서의 요소를 찾는 단계의 두 단계로 이루어지므로 평균 연산 시간은

$$T_{\text{block}} = T_b + T_w$$

가 된다. 여기에서 T_b는 블록을 찾는 시간이고, T_w는 블록 내에서의 검색 시간이다.

n개의 요소를 가진 리스트를 s개의 요소로 블록을 형성한다고 가정하면 블록의 개수 b는 n/s개가 된다. 검색 확률이 모두 같다면 블록을 찾는 시간 T_b는

$$T_b = \sum_{i=1}^{b}(i)(\frac{1}{b})$$

이 되고, 블록 내에서의 검색은 $(s-1)$번의 비교 횟수를 필요로 하기 때문에

$$T_w = \sum_{i=1}^{s-1}(i)(\frac{1}{s})$$

이 된다. 따라서 전체 연산 시간 T_{block}은

$$\begin{aligned} T_{block} &= \sum_{i=1}^{b}(i)(\frac{1}{b}) + \sum_{i=1}^{s-1}(i)(\frac{1}{s}) \\ &= \frac{1}{b}\frac{b(b+1)}{2} + \frac{1}{s}\frac{(s-1)s}{2} \\ &= \frac{b+1}{2} + \frac{s-1}{2} \\ &= \frac{b+s}{2} \\ &= \frac{1}{2}(\frac{n}{s} + s) \\ &= \frac{n+s^2}{2s} \end{aligned}$$

가 된다. 블록 검색은 $b=\sqrt{n}$, $s=\sqrt{n}$인 경우가 가장 적합하므로 연산 시간은 $O(\sqrt{n})$이다.

9.6 트리 검색

9.6.1 트리 검색의 개요

자료의 삽입이나 삭제를 용이하게 하기 위하여 리스트를 이진 검색 트리(binary search tree)로 구성하여 이진 검색과 같은 연산 시간으로 검색이 행해지도록 하는 것이 트리 검색(tree searching)이다.

이진 검색 트리는 각 노드의 키 값이 왼쪽 서브트리(left subtree)의 키 값들보다는 크고, 오른쪽 서브트리(right subtree)의 키 값들보다는 작은 값이 유지되도록 구성한 트리로서 서브트리 내에서도 순환적으로 이 성격이 적용된다.

예를 들어 9개의 자료로 구성된 리스트의 키 값이

5, 3, 15, 10, 4, 2, 18, 12, 7

의 순서로 입력된다면 〈그림 9.4〉와 같은 트리가 구성된다.

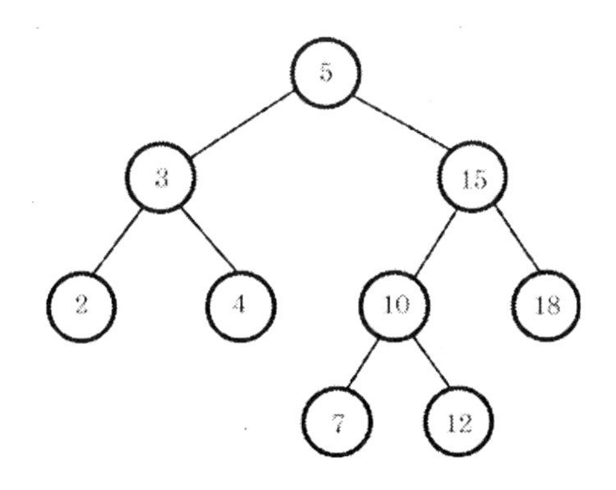

〈그림 9.4〉 이진 검색 트리

〈그림 9.4〉에서 키 값이 10인 자료를 검색한다면 우선 루트 노드 5와 비교하여 더 크니까 오른쪽 서브트리를 옮겨가고, 여기서 15와 비교하여 더 작으니까 왼쪽 서브트리로 가고, 여기에서 10과 비교하여 같으므로 검색이 성공된다.

9.6.2 트리 검색 알고리즘

트리 검색은 *L*[*i*].key와 검색 키 *k*를 비교하여 같으면 검색이 성공한 것이고, *L*[*i*].key〉*k*이면 왼쪽 서브트리를 검색하기 위하여 *i*=lchild[*i*]로 하며, 만일 *L*[*i*].key〈*k*이면 오른쪽 서브트리 검색을 위하여 *i*=rchild[*i*]로 해서 다음 단계의 검색 작업을 한다.

트리 검색의 함수는 다음과 같다.

【알고리즘 9.5】 트리 검색

```
int TREESCH(element L[], int k, int t)
/* 트리를 가리키는 L[]에서 키값을 갖는 노드를 찾는다. */
{
  i = t;
  while (i)
      switch (compare(k, L[i].key)) {
```

```
            case -1: i = lchild[i];     /* k < L[i].key */
                     break;
            case 0: return i;
            case 1: i = rchild[i];
        }
    return i;
}
```

이진 검색 트리가 이상적으로 구성되어 완전 이진 트리(complete binary tree)가 형성되면 이진 검색과 연산 시간이 동일하나, 최악의 경우는 사향 트리(skewed tree)가 형성되므로 이 때는 연산 시간이 $O(n)$이 된다. 다만 리스트의 갱신이 용이하다는 것이 장점이다.

키 자체의 계수적 성질을 이용하여 검색하는 방법으로 해싱(hashing)이 있는데, 이것은 12장의 심벌 테이블에서 다루기로 한다.

이제까지 살펴본 검색 방법 중 대표적인 것을 비교하면 〈표 9.1〉과 같다.

〈표 9.1〉 검색 방법의 비교표

검색 방법	연산 시간	알고리즘의 복잡도	장 점
선형 검색	$(n+1)/2$	간 단	프로그래밍 용이
이진 검색	$\log_2(n+1)-1$	보 통	빠른 속도
블록 검색	$\sqrt{n}$	보 통	갱신 용이, 프로그래밍 용이
트리 검색	$1.4\log_2 n$	복 잡	빠른 속도, 갱신 용이

Exercise

1. 테이블 T의 키(key) K에 대하여 오름차순으로 정렬된 파일 (1, 2, 3, 4, 5, 6, 7, 8, 9, 10, 11, 12, 13, 14, 15, 16)에 대하여 이진 검색(binary search)과 피보나치 검색(Fibonacci search)을 수행하려 한다. 3개의 키 2, 10, 15를 찾기 위한 비교 횟수를 구하여라.(단 Fibonacci 검색에서는 F_5=5, F_6=8, F_7= 13을 사용하여라.)

2. 보간 검색(interpolation search)의 장단점을 설명하여라.

3. 배열과 연결 리스트에서의 검색을 비교하여라.

4. 정렬된 테이블과 정렬되지 않은 테이블에서 다음의 연산을 수행할 때 검색의 효율성을 비교하여라.
   (1) 키 값을 갖는 레코드가 테이블에 존재하지 않는다.
   (2) 키 값을 갖는 레코드가 테이블에 하나 있고, 이 레코드를 검색한다.
   (3) 키 값을 갖는 레코드가 테이블에 여러 개 존재하고 첫 번째 레코드를 검색한다.
   (4) 키 값을 갖는 레코드가 테이블에 여러 개 존재하고 모든 레코드를 검색한다.

5. 배열이나 이중 연결 리스트를 사용하여 정렬된 테이블을 나타낸다고 하자. 그러면, 테이블의 검색은 전진 방향(forward)과 후진 방향(backward)으로 수행할 수 있다. 또 포인터 p가 성공적으로 검색된 마지막 레코드를 가리키고 있다고 가정하자. 검색은 p에 의해 지정된 레코드에서 항상 시작하고 양쪽 방향으로 진행된다. 테이블을 검색하는 함수를 작성하여라. 또한, 성공적인 검색과 비성공적인 검색에 걸리는 시간을 구하여라.

6. 비성공적 검색을 다음과 같이 처리하는 변형된 이진 검색 함수를 작성하여라.

   복귀

$$\begin{cases} k(i) < key < k(i+1) & i \\ key < k(1) & 0 \\ key > k(n) & n \end{cases}$$

7. 레코드의 키가 트리에 존재하지 않을 때 이진 검색 트리에 레코드를 삽입하는 함수를 작성하여라.

8. m개의 자료를 저장할 수 있는 n개의 블록으로 구성된 1차원 배열 상에서 블록 검색 (block search)를 하고자 한다. 검색 방법과 실행 시간을 나타내어라.

9. 선형 검색과 이진 검색이 동일한 시간을 소요하는 경우는 어떤 경우인지를 예를 들어 설명하여라. 또 피보나치 검색이 이진 검색에 비하여 능률적임을 설명하여라.

10. 여러 가지 검색 방법의 연산시간과 장단점을 비교 분석하여라.

Chapter

10 내부 정렬

10.1 정렬의 개요

10.1.1 정렬의 개념

순서화된 자료들의 집합은 일상생활이나 자료의 처리에서 매우 중요한 역할을 한다. 하나의 예로 전화번호부에서 가입자의 이름을 키로 하여 전화번호를 찾는 일을 생각해 보자. 만일 전화번호부에 수록된 가입자의 인명이 가나다순에 의하여 순서대로 정렬이 되어 있지 않다면 첫페이지부터 차례로 찾아야 하기 때문에 엄청난 시간이 소요될 것이다. 그러나 보통 전화번호부는 가입자의 성명을 기준으로 정렬되어 있어서 앞장의 검색에서 살펴본 바와 같이 쉽게 찾을 수 있다.

대부분의 자료 처리 시스템은 자료의 검색을 수반하므로, 이의 편의를 위하여 주어진 자료를 일정한 키에 의하여 미리 정렬하는 것이 보통이다.

정렬(sorting)이란 무질서하게 나열된 자료들을 일정한 기준에 의하여 차례로 순서화하는 작업을 말하는데, 예를 들어 n개의 레코드로 구성된 파일이 있다고 하자. 레코드들이

$$(R_1,\ R_2,\ \cdots,\ R_n)$$

의 순으로 되어 있을 때, 각 레코드 R_i의 키 값 k_i가

$$(k_1 \leq k_2 \leq k_3 \leq \cdots \leq k_n)$$

의 순서로 되어 있을 때, 이 파일은 정렬된 파일(sorted file)이라고 한다.

따라서 정렬은 $k_i \leq k_{i+1}(1 \leq i \leq n-1)$의 조건을 만족하고, 입력 파일에서 $i<j$이고 $k_i<k_j$이면 R_i가 R_j보다 앞서도록 순서화하는 작업인데, 정렬 방법에 따라서는 R_i와 R_j의 순서가 일정치 않을 수도 있다.

10.1.2 정렬의 종류

정렬은 분류 기준에 따라 여러 가지로 나눌 수 있다. 키를 어떤 순서로 정렬하느냐에 따라 키의 크기가 작은 것부터 큰 것의 순서로 정렬하는 오름차순 정렬(ascending sort)과 반대로 키의 크기가 큰 것부터 작은 것의 순서로 정렬하는 내림차순 정렬(descending sort)이 있다.

또 정렬을 어떤 기억 매체를 이용하느냐에 따라 구분하면 정렬하고자 하는 자료를 주기억 장치 내에 기억시켜 놓고 재배열하여 순서화시키는 내부 정렬(internal sort)과 자료의 양이 많아서 주기억장치에 모두 수용할 수 없을 때, 외부 보조 기억 장치를 이용하여 정렬하는 외부 정렬(external sort)이 있다.

내부 정렬을 정렬 방식에 따라 구분하면 다음과 같다.

① 비교 정렬(comparative sort) : 이것은 키를 비교하여 순서를 정하는 방법으로, 이에 속하는 것은 삽입법에 속하는 삽입 정렬(insertion sort)과 셸 정렬(shell sort)이 있고, 교환법에 속하는 버블 정렬(bubble sort), 퀵 정렬(quick sort), 선택 정렬(selection sort)이 있으며, 선택법에 속하는 힙 정렬(heap sort) 및 병합법에 속하는 병합 정렬(merge sort) 등이 있다.

② 배분 정렬(distributive sort) : 이것은 키를 구성하고 있는 각 디짓(digit)을 특정 버킷에 배분하여 정렬하는 방법으로, 기수 정렬(radix sort)과 기수 교환 정렬(radix-exchange sort) 등 이 있다.

여러 가지 정렬 방법 중에서 어떤 방법을 선택하느냐 하는 기준으로는 다음과 같은 사항을 고려할 수 있다.

- 정렬에 사용되는 컴퓨터의 특성
- 정렬 대상이 되는 자료 파일의 크기
- 기존 자료의 배열 정도
- 키 값의 분포
- 정렬에 소요되는 공간의 크기 및 작업 시간

외부 정렬에 대해서는 다음 장에서 다루고, 이 장에서는 우선 내부 정렬에 대하여 살펴보기로 한다.

10.2 삽입 정렬

10.2.1 삽입 정렬의 개요

카드 게임을 해 본 경험을 가진 사람은 순식간에 여러 장의 카드를 순서대로 정리할 수 있을 것이다. 이 방법의 기본적인 착상은 정렬되어 있는 i개의 카드 C_1, C_2, …, C_i에 새로운 카드 C를 삽입하여 $i+1$개의 정렬된 카드 덱(card deck)을 만드는 것이다.

예를 들어 7매의 카드가

(3, 4, 6, 8, jack, queen, king)

의 순서로 되어 있을 때, 새로운 카드 7을 삽입하여 새로 8매의 정렬된 카드 덱을 만들려면 7번째의 카드인 king부터 7과 비교하기 시작하여 7보다 크면 오른쪽으로 한 자리씩 이동시키는 일을 반복하여 6과 8 사이에 빈 공간을 만들어 그 자리에 7을 삽입하면 된다.

이와 같은 방법에 근거하여 기존의 정렬된 순서로 나열된 레코드 R_1, R_2, ……, $R_i(k_1 \le k_2 \le \cdots\cdots \le k_i)$에 새로운 레코드 R를 삽입하는 과정을 되풀이하는 방법이 삽입 정렬(insertion sorting)인데, 매번 그 크기는 $i+1$이 된다.

예를 들어 레코드 키의 순서가 2, 3, 5, 1, 4인 입력 파일이 있다고 가정하자.

초기 상태에서는 기존의 정렬된 레코드가 없다. 따라서 처음 레코드의 키 값 2가 처음에 놓여지고, 다음 3이 입력되면 2와 비교하여 더 크므로 바로 2 다음에 3이 놓여져 정렬된 파일은

(2, 3)

의 상태가 된다. 다시 5가 입력되면 끝의 값 3과 비교하여 더 크므로 3의 뒤에 놓여져

(2, 3, 5)

의 상태가 되고, 1이 입력될 때, 끝에서부터 차례로 5와 비교하여 5보다 작으므로 5를 네 번째 위치로 옮기고, 그 다음 3과 비교하여 역시 작으므로 3을 세 번째 위치로 옮긴다. 다시 2와 비교하여 역시 작으므로 2를 두 번째 위치로 옮기고, 더 이상 비교 대상이 없으므로 첫 번째 위치에 1을 저장하면

(1, 2, 3, 5)

의 상태가 된다. 같은 방법으로 4를 입력하여 5를 다섯 번째 위치로 옮긴 후 그 자리에 4를 저장시켜 정렬된 파일인

(1, 2, 3, 4, 5)

를 얻음으로써 정렬 작업의 실행이 종료된다.

10.2.2 삽입 정렬 알고리즘

삽입 정렬의 알고리즘을 간단히 하기 위하여 리스트의 0번째 요소에 −maxint(−∞) 값을 미리 저장해 놓고, 이미 정렬되어 있는 마지막 요소의 키부터 역순으로 삽입될 위치를 검색해 나아가면서 이미 저장된 키 값을 한 위치씩 오른쪽으로 이동시키는 방법을 사용한다.

【알고리즘 10.1】 삽입 정렬

```
void INSORT(element list[], int n)
{
  int i, j;
  element next;
  for (i=2; i<n; i++) {
      next = list[i];
      for (j=i-1; j>=0 && next.key<list[j].key; j--)
          list[j+1] = list[j];
      list[j+1] = next;
  }
}
```

list(15, 24, 17, 36, 29)를 예로 [알고리즘 10. 1]의 실행 과정을 나타내면 다음과 같다.

초기 상태 —∞, 15, 24, 17, 36, 29

j=2 —∞, 15, 24

j=3 —∞, 15, 17, 24

j=4 —∞, 15, 17, 24, 36

j=5 —∞, 15, 17, 24, 29, 36

삽입 정렬의 기억 공간의 사용량은 n이고, 최악의 경우, 즉 리스트가 완전히 역순으로 되어 있는 경우의 연산 시간은

$T_{max}=1+2+\cdots+(n-1)=n(n-1)/2$

가 되며, 최선의 경우, 즉 이미 리스트가 정렬되어 있는 경우에는

$T_{min}=(n-1)$

이다. 따라서 평균 연산 시간은

$T_{ave}=T_{max}/2=n(n-1)/4$

이므로 $O(n^2)$이다.

삽입 정렬은 정렬하고자 하는 리스트의 자료들이 이미 거의 정렬된 상태일 때 적용하면 매우 효과적이다.

10.3 셸 정렬

10.3.1 셸 정렬의 개요

셸 정렬(shell sorting)은 삽입 정렬을 일반화한 방법으로, 특정 레코드와 거리가 일정한 레코드들끼리 서브파일(subfile)을 형성하여 각 서브파일을 삽입 정렬 방법에 의거, 정렬하는 방법으로서, 여러 개의 서브파일을 병렬로 정렬할 수 있다는 장점이 있다. 이 때, 서브파일을 형성하기 위한 거리 h를 점점 작게 하여 h=1 일 때, 즉 n개의 레코드로 구성된 파일의 서브 파일의 개수가 1일 때 정렬 작업은 종료된다.

예를 들어 레코드의 수 n=12인 파일의 키가

(29, 5, 7, 19, 13, 24, 31, 8, 82, 18, 63, 44)

이고, h=(1, 2, 3, 4, 6)인 경우 〈그림 10.1〉과 같은 단계를 거쳐 정렬 작업이 진행된다.

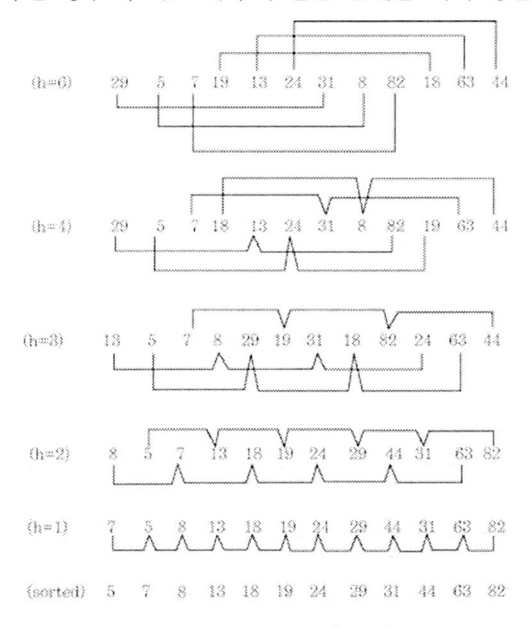

〈그림 10.1〉 셸 정렬 과정

10.3.2 셸 정렬 알고리즘

서브파일을 형성하기 위한 거리 *h*를 어떻게 결정하느냐 하는 문제는 일정한 원칙이 없으므로 앞에서 예를 든 경우라면 배열 *d*(1, 2, 3, 4, 6)을 정의하여 놓고, 이것을 이용하여 *d*[4]부터 *d*[0]까지를 *h*로 하여 그 거리에 있는 키 값으로 서브파일을 형성하여 삽입 정렬 방법을 적용하도록 함수를 기술하면 다음과 같다.

【알고리즘 10.2】 셸 정렬

```
void SHSORT(element list[], int n, int t, int d[])
{
  int i, j, k, s, h;
  element temp;
  for (s = t-1; s >= 0; s--)
  /* h=1일 때까지 과정을 반복한다. */
  {
     h = d[s];
     for (j = h; j < n; j++)
     /* 서브파일 단위로 삽입정렬을 수행한다. */
     {
           k = list[j].key
           i = j - h;
           while ((i >= 0) && (list[i].key > k)) {
            /* 삽입 위치를 결정하기 위하여 키를 이동한다. */
                  temp = list[i+h];
                  list[i+h] = list[i];
                  list[i] = temp;
                  i -= h;
           }
     }
  }
}
```

이 알고리즘은 서브파일을 형성하기 위한 거리 *h*에 영향을 받으므로 분석이 어려우나 삽입 정렬보다는 효율이 좋은 것으로 알려져 있고, $h=1.72\sqrt[3]{n}$이 이상적이다.

10.4 선택 정렬

10.4.1 선택 정렬의 개요

삽입 정렬의 단점은 정렬된 파일에 새로운 레코드를 삽입하고자 할 때, 삽입될 위치의 오른쪽 레코드들을 한 자리씩 모두 이동시켜야 한다는 부담이 따르는 점이다. 따라서 (R_1, R_2, ……, R_i)에 새로운 레코드 R가 j번째 위치에 삽입된다면 R_{j+1}부터 R_i까지의 레코드들을 R_{j+2}부터 R_{i+1}까지 한 자리씩 이동시키게 되므로 $(i-j+1)$회의 이동 작업이 필요한데, 이와 같은 불편을 해결하는 방법 중의 하나가 선택 정렬(selection sorting)이다.

선택 정렬의 기본 방법을 이해하기 위하여 카드 게임에서 주어진 카드를 순서대로 정렬하는 경우를 생각해 보자. 만일 오름차순으로 정렬한다면 우선 전체 카드를 살펴보아서 가장 큰 것을 뽑아 제일 오른쪽에 놓고, 다시 그 카드를 제외한 나머지 카드 중에서 가장 큰 것을 오른쪽에서 두 번째에 놓는 그런 방법으로 모든 카드를 순서대로 정렬할 수 있는데, 이 방법이 바로 선택 정렬의 기본 착상이다.

예를 들어, 5장의 카드가 다음과 같은 순서로 주어졌다고 하자.

주어진 카드(초기 상태)=(7, 4, 3, 8, 6)

이것을 정렬하기 위해서는 다음과 같이 네 번의 선택 과정을 거치게 된다.

1단계 : 초기 상태에서 가장 큰 8을 골라 6과 교환

7, 4, 3, 6, [8]　　　(8↔6)

2단계 : [8]을 제외한 것 중 가장 큰 7을 골라 6과 교환

6, 4, 3, [7], [8]　　　(7↔6)

3단계 : 6, 4, 3 중에서 가장 큰 6을 골라 3과 교환

4, 3, [6], [7], [8]　　　(6↔3)

4단계 : 4, 3 중에서 큰 4를 골라 제자리에 놓음

3, [4], [6], [7], [8]

여기에서 정렬이 완료되어 정렬된 파일을 얻게 되므로 5개의 카드를 정렬하는 데는 4단계의 작업 과정을 거치게 되고, 각 단계에서는 4, 3, 2, 1번의 비교가 행해진다.

이제까지 설명한 방법과는 반대로 가장 작은 것을 골라 맨 왼쪽부터 차례로 늘어놓을 수도 있다.

10.4.2 선택 정렬 알고리즘

n개의 레코드로 구성된 파일(R_1, R_2……, R_n)이 있을 때, 첫단계에서 R_n과 R_1, R_2, ……, R_{n-1}을 비교하여 가장 큰 것을 R_n에 놓고, 두 번째 단계에서는 R_{n-2}와 R_1, R_2, ……, R_{n-3}을 비교하여 가장 큰 것을 R_{n-2}에 놓는 작업을 반복하여 $n-1$ 단계에서는 R_2와 R_1을 비교해서 큰 것을 R_2에 놓는 방법으로 선택 정렬 함수를 기술하면 다음과 같다.

【알고리즘 10.3】 선택 정렬

```
void SELSORT(element L[], int n)
{
  int i, m;
  /* i는 현재 선택된 최대값을 넣을 장소를 나타내는 인덱스이고 m은
  선택된 위치를 가리키는 인덱스를 나타낸다.                */
  for (i = n-1; i > 0; i--) {
       m = MAXKEY(L, 0, i);
       SWAP(L, m, i);
  }
}
```

선택 정렬 알고리즘에서 함수 MAXKEY와 함수 SWAP을 사용하고 있는데, 이들을 각각 다음과 같이 나타낸다.

【알고리즘 10.4】 가장 큰 키의 인덱스 선택

```
int MAXKEY(element L[], int low, int high)
{
  int m=low, j;
  /* L의 인덱스 low부터 high 사이의 키 중 가장 큰 값을 선택하여 MAXKEY에
   저장한다.
  */
  for (j = low+1; j <= high; j++)
       if (L[m].key < L[j].key) m = j;
```

```
    return m;
}
```

【알고리즘 10.5】 레코드의 상호 교환

```
void SWAP(element L[], int x, int y)
{
  element temp;
  temp = L[x];
  L[x] = L[y];
  L[y] = temp;
}
```

선택 정렬의 장점은 자료의 이동 횟수가 적다는 데 있다. 어떤 값이 정확한 최종 위치에 놓여 있으면 자료의 이동 작업은 없게 된다. 교환(swap)이 일어날 때마다 적어도 둘 중의 하나는 최종 위치로 이동된다. 따라서 n개의 레코드를 가진 파일을 정렬할 때 많아야 $n-1$번의 교환이 필요하다.

함수 SWAP은 $n-1$번이 호출되고, 각 호출은 3개의 치환문(assignment statement)의 실행을 하므로 $3(n-1)$의 연산이 필요하다. 또 함수 MAXKEY는 $n-1$번 호출되고, 가장 큰 값을 찾을 대상이 되는 파일의 크기는 n부터 2까지 변한다. 파일의 크기에 따라 MAXKEY가 호출될 때마다 (high−low)번 비교가 이루어지게 되므로 선택 정렬의 연산 시간은

$$(n-1)+(n-2)+\cdots\cdots+1=\frac{n(n-1)}{2}\approx\frac{n^2}{2}=O(n^2)$$

이 된다.

10.5 버블 정렬

10.5.1 버블 정렬의 개요

버블 정렬(bubble sorting)의 기본 개념은 인접한 2개의 요소 $x[1]$와 $x[i+1]$을 비교하여 상호 교환하는 과정을 정렬이 완료될 때까지 순환적으로 실행하는 정렬 방법이다.

즉, 이웃한 레코드의 키를 비교하여 상호 교환하기 위해서, 첫 번째 패스(pass)에서는 (R_1 : R_2), (R_2 : R_3), ……, (R_{n-1} : R_n)의 순으로 비교하고, 두 번째 패스에서는 (R_1 : R_2), (R_2 : R_3), ……, (R_{n-2} : R_{n-1})의 순으로 비교하는 과정을 되풀이하여 $(n-1)$ 번째 패스에서 (R_1 : R_2)를 비교함으로써 정렬이 끝난다.

버블 정렬은 비교 횟수와 자료의 이동이 많아 비능률적이기는 하지만 이해하기 쉽고 프로그램이 간단하다는 장점이 있다.

예를 들어, n=5인 입력 자료가 7, 2, 3, 8, 6인 경우에 버블 정렬 과정을 살펴보면 다음과 같다.

초기	상태	7 2 3 8 6		
1st	pass	7 2 3 8 6	결과	2 3 7 6 [8]
2nd	pass	2 3 7 6 8	결과	2 3 6 [7] [8]
3rd	pass	2 3 6 7 8	결과	2 3 [6] [7] [8]
4th	pass	2 3 6 7 8	결과	2 [3] [6] [7] [8]

위의 예에서 보는 바와 같이 한 단계의 패스가 끝나면 비교 대상이 되는 값 중에서 가장 큰 값이 맨 오른쪽에 위치하게 되므로 패스가 진행됨에 따라 정렬 대상 리스트의 크기는 점차로 줄어들게 된다. 여기에서 주목할 것은 두 번째 패스에서 이미 정렬이 완료되어 그 이후는 교환이 이루어지지 않는다는 점이다. 따라서 이미 정렬이 되었다는 사실을 확인하는 표지(flag)를 두면 불필요한 비교 작업을 계속할 필요가 없어지므로 능률적인 처리가 가능하다.

10.5.2 버블 정렬 알고리즘

n개의 레코드로 구성된 파일 L의 버블 정렬에서 $(n-1)$회의 패스를 수행하여 정렬하는 함수는 [알고리즘 10.6]과 같다. 여기에서는 정렬 과정에서 도중에 이미 정렬되어 있는가의 여부를 확인하기 위하여 표지(flag)로써 change를 두었다.

【알고리즘 10.6】 버블 정렬

```
typedef enum { false, true } boolean;
void BUBSORT(element L[], int n)
{
  int pass = 0, j;
  element temp;
  boolean change = true;
  while ((pass < n-1) && change) {
  /* n-1번의 패스를 수행한다. 단, 도중에 교환이 없으면 정렬을 끝낸다. */
      change = false;
      for (j = 0; j < n-pass-1; j++)
          if (L[j].key > L[j+1].key) {
              change = true;
              temp = L[j];
              L[j] = L[j+1];
              L[j+1] = temp;
          }
      pass++;
  }
}
```

버블 정렬에서 표지를 두지 않는 경우의 연산 시간은

$$T_{\text{bubsort}} = \sum_{i=1}^{n-1} i = \frac{n(n-1)}{2} \approx \frac{n^2}{2}$$

이 되는데, 표지를 둔다 하여도 최악의 경우는 마찬가지이므로 $O(n^2)$이지만, 일부분이 정렬되어 있는 경우에는 비교 횟수가 대폭 감소된다.

10.6 퀵 정렬

10.6.1 퀵 정렬의 개요

퀵 정렬은 지금까지 제안된 정렬 알고리즘 중에서 평균적으로 실행 속도가 가장 좋은 방법으로 알려져 있다. 삽입 정렬에서는 현재 삽입하고자 하는 레코드의 키 K_i가 이미 정렬된 파일(R_1, R_2, ……, R_{i-1})에 대하여 적합한 위치에 삽입되어 i개의 정렬된 파일을 생성해 나아간다. 그러나 퀵 정렬은 정렬 대상 파일에 대하여 특정 레코드의 키 K_i를 전체 키 값들에 대한 정확한 위치에 옮겨 놓는 정렬 방법이다.

예를 들어 키 K_i를 가진 레코드가 $s(i)$의 위치에 놓여지면

$j \langle s(i)$일 때, $K_j \le K_{s(i)}$

$j \rangle s(i)$이면, $K_j \ge K_{s(i)}$

가 된다. 즉 레코드 $R_{s(i)}$가 $s(i)$의 위치에 놓이게 되면, 원래 파일은 2개의 서브파일로 나뉘어 져서, 하나는 R_1, R_2, ……, $R_{s(i)-1}$이 되고, 다른 하나는 $R_{s(i)+1}$, ……, R_n의 레코드들로 구성된다. 따라서 $R_{s(i)}$를 중심으로 이보다 키 값이 작은 레코드들이 왼쪽 서브파일을 구성하고, 키 값이 큰 레코드들이 오른쪽 서브파일을 구성한다.

다음 단계에서는 다시 서브파일들을 대상으로 앞의 방법을 순환적으로 적용하여 정렬하게 된다.

퀵 정렬 방법의 이해를 위하여 11개의 레코드로 된 파일의 키를

(12, 2, 16, 30, 8, 28, 4, 10, 20, 6, 18)

라고 가정하여 정렬 과정을 살펴보면 〈표 10.1〉과 같다.

〈표 10.1〉 퀵 정렬 과정

	R1	R2	R3	R4	R5	R6	R7	R8	R9	R10	R11	*m*,	*n*
초기상태	[12,	2,	16,	30,	8,	28,	4,	10,	20,	6,	18]	1,	11
1st pass	[④,	2,	6,	10,	8],	$\boxed{12}$,	[28,	30,	20,	16,	18]	1,	5
2nd pass	②,	$\boxed{4}$	[6,	10,	8],	$\boxed{12}$,	[28,	30	20,	16,	18]	1,	1
3nd pass	$\boxed{2}$,	$\boxed{4}$,	[⑥,	10,	8],	$\boxed{12}$,	[28,	30,	20,	16,	18]	3,	5
4nd pass	$\boxed{2}$,	$\boxed{4}$,	$\boxed{6}$,	[⑩,	8],	$\boxed{12}$,	[28,	30,	20,	16,	18]	4,	5
5nd pass	$\boxed{2}$,	$\boxed{4}$,	$\boxed{6}$,	$\boxed{8}$,	$\boxed{10}$,	$\boxed{12}$,	[㉘,	30,	20,	16,	18]	7,	11
6nd pass	$\boxed{2}$,	$\boxed{4}$,	$\boxed{6}$,	$\boxed{8}$,	$\boxed{10}$,	$\boxed{12}$,	[⑯,	18,	20]	$\boxed{28}$,	[30]	7,	9
7nd pass	$\boxed{2}$,	$\boxed{4}$,	$\boxed{6}$,	$\boxed{8}$,	$\boxed{10}$,	$\boxed{12}$,	$\boxed{16}$,	[⑱,	20]	$\boxed{28}$,	[30]	8,	9
8nd pass	$\boxed{2}$,	$\boxed{4}$,	$\boxed{6}$,	$\boxed{8}$,	$\boxed{10}$,	$\boxed{12}$,	$\boxed{16}$,	$\boxed{18}$,	$\boxed{20}$,	$\boxed{28}$,	[㉚]	11	11
9nd pass	$\boxed{2}$,	$\boxed{4}$,	$\boxed{6}$,	$\boxed{8}$,	$\boxed{10}$,	$\boxed{12}$,	$\boxed{16}$,	$\boxed{18}$,	$\boxed{20}$,	$\boxed{28}$,	$\boxed{30}$,	(sorted)	

표에서 [ ]로 나타낸 것은 정렬 대상이 되는 서브파일이고, □로 표시된 것은 이미 정렬된 파일에서의 키의 위치가 확정된 것이며, ○로 표시된 것은 제어키(control key)이다. 그리고 m과 n은 제어키에 의하여 퀵 정렬 대상이 되는 서브파일의 하한과 상한의 인덱스이다.

10.6.2 퀵 정렬 알고리즘

〈표 10.1〉에서 살펴본 바와 같이 퀵 정렬은 정렬 대상이 되는 서브파일에서 맨 왼쪽의 키 값을 제어키로 하여 제어키와 그 밖의 키들을 비교해 간다.

비교 방법은 먼저 제어 키 L_m과 L_{m+1}, L_{m+2}, …… 등을 비교하여 L_m보다 큰 키를 찾고, 다시 L_m과 L_n, L_{n-1}, …… 등을 비교하여 L_m보다 작은 키를 찾아서 그 2개의 키를 상호 교환한다. 이것을 계속하여 상향 인덱스와 하향 인덱스가 서로 만나게 되면 그 위치의 값과 제어키 L_m을 교환하여, 이것을 중심으로 2개의 새로운 서브파일을 만들고, 다시 새로운 서브파일을 대상으로 위의 작업을 되풀이하는데, 만일 서브파일의 m과 n이 $m \geq n$의 조건이 만족되면 그 서브파일은 정렬이 완료된 것으로 한다.

이런 방법에 의한 퀵 정렬 함수를 기술하면 다음과 같다.

【알고리즘 10.7】 퀵 정렬

```
void QSORT(element L[], int m, int n)
/* 첫번째 원소를 키로 하여 파일을 양분하여 정렬한다. */
{
  int i, j, k;
  if (m < n) {
     i = m; j = n+ 1; k = L[m].key;
  do {
  /* 왼쪽에서 오른쪽으로 이동하면서 제어키보다 큰 값의 위치를 찾는다. */
     do
       i++;
     while (L[i].key < k);
  /*오른쪽에서 왼쪽으로 이동하면서 제어키보다 작은 값의 위치를 찾는다. */
     do
       j--;
     while (L[j].key > k);
     if (i < j) SWAP(L, i, j);
   } while (i < j);
  SWAP(L, m, j);
  QSORT(L, m, j-1);       /* 왼쪽 서브파일을 순환 처리한다. */
  QSORT(L, j+1, n);       /* 오른쪽 서브파일을 순환 처리한다. */
   }
}
```

퀵 정렬은 실행에 필요한 기억 공간이 S=n+stack(파일 공간 외에 서브파일의 포인터 저장용 스택)이고, 비교 횟수는 서브파일이 어떻게 형성되느냐에 따라 다르다.

만일 왼쪽 서브파일과 오른쪽 서브파일의 크기가 같도록 제어키가 옮겨진다면 대략 $n/2$의 크기를 가진 서브파일로 나누어지게 되므로 크기가 n인 파일에서 제어키의 위치를 결정하는 데 $O(n)$의 시간이 소요된다. 따라서 크기가 n인 파일을 정렬하는 데 걸리는 시간을 $T(n)$이라 하고, 이것이 크기가 비슷한 2개의 종속 파일로 분할되도록 제어키가 선택된다고 가정하면

$$T(n) \le cn+2T(n/2), \qquad \text{(c는 상수)}$$
$$\le cn+2(cn/2+2T(n/4))$$
$$\le 2cn+4T(n/4))$$
$$\vdots$$
$$\le cn+\log_2 n+nT(1)$$
$$=O(nlog_2 n)$$

이 될 것이다.

퀵 정렬의 실행 속도를 개선하기 위해서는 2개의 서브파일이 가능한 한 같은 크기로 분할이 되도록 하여야 한다. 제어키가 정렬 과정에서 맨 왼쪽이나 맨 오른쪽으로 치우치게 된다면 대부분의 시간이 키의 값이 정확한 위치에 있는지를 조사하는 데 걸릴 것이다.

따라서 앞에서는 정렬 대상 파일의 맨 왼쪽의 키를 제어키로 선택하였는데, 그 대신에 가능하면 파일의 중앙 부근에서 키를 찾는다. 그렇게 하기 위하여 첫 번째나 마지막, 그리고 중앙의 값을 택하여 이 중에서의 가운데 값을 취해 제어키로 사용한다. 이렇게 하면 파일이 클 때, 크기가 비슷한 서브파일로 분할이 될 것이다.

10.7 병합 정렬

10.7.1 병합 정렬의 개요

병합 정렬(merge sorting)은 이미 정렬되어 있는 2개의 서브파일을 병합(merge)하여 하나의 새로운 파일을 생성하는 과정을 순환적으로 적용시켜 최종적으로 1개의 파일로 병합될 때까지 반복시키는 방법으로서, 최초의 서브파일의 길이가 1인 것으로 간주하여 적용할 수 있다.

병합 정렬을 이해하기 위하여 먼저 2개의 파일을 병합하는 방법을 살펴보자.

예를 들어, 2개의 파일 F_1과 F_2가 각각

F_1=(2, 5, 17, 34)

F_2=(3, 6, 12, 28)

로 정렬되어 있다고 하자. 이것을 하나의 파일로 병합하는 과정을 나타내면 〈표 10.2〉와 같다(○표는 입출력되는 키이다.)

〈표 10.2〉 병합 과정

입 력 F_1 : F_2	병합되어 생성된 화일 (출 력)
②:③	(②)
⑤: 3	(2,③)
5 :⑥	(2, 3,⑤)
⑰: 6	(2, 3, 5,⑥)
17 :⑫	(2, 3, 5, 6, ⑫)
17 :㉘	(2, 3, 5, 6, 12, ⑰)
㉞: 28	(2, 3, 5, 6, 12, 17, ㉘)
34 :(end)	(2, 3, 5, 6, 12, 17, 28, ㉞)
(end)	

〈표 10.2〉에서 보는 바와 같이 F_1과 F_2에서 각각 하나씩 입력하여 비교한 후, 작은 F_1의 값을 출력하고, 출력된 F_1에서 다음의 값을 읽어 비교한 후 F_2의 값을 출력한다. 즉 출력된 파일에서 다시 입력하기를 반복하여 어느 한 파일이 끝나면 나머지 파일은 그대로 출력 파일로 복사한다.

병합 정렬은 위와 같은 병합 원리를 이용하여, 정렬하고자 하는 파일의 n개 레코드들을 각기 크기가 1인 n개의 서브파일로 간주하고, 이 서브파일들을 2개의 서브파일씩 병합하여 크기가 2배인 새로운 서브파일을 만들어가기를 반복해서 최종적으로 크기가 10인 하나의 파일을 만드는 것이다.

예를 들어, 크기가 10인 파일의 키가

(28, 7, 79, 3, 64, 15, 58, 17, 46, 23)

일 때, 병합 정렬 과정을 살펴보면 다음과 같다.

처음에는 크기가 1인 10개의 서브파일로 간주하여 병합하면

[28] [7] [79] [3] [64] [15] [58] [17] [46] [23]

[7 28] [3 79] [15 64] [17 58] [23 46]

와 같이 크기가 2인 5개의 서브파일이 형성된다. 다시 2개의 서브파일씩 병합하면

[7 28] [3 79] [15 64] [17 58] [23 46]

[3 7 28 79] [15 17 58 64] [23 46]

와 같이 크기가 4인 2개의 서브파일과 병합 대상 서브파일이 1개밖에 없어 그대로 둔 크기가 2인 1개의 서브파일이 남는다. 이후의 병합 과정은 다음과 같다.

[3 7 28 79] [15 17 58 64] [23 46]
[3 7 15 17 28 58 64 79] [23 46]
[3 7 15 17 23 28 46 58 64 79]

이상과 같이 2개의 서브파일씩 병합하여 정렬하는 방법을 2원 병합 정렬(2-way merge sort)이라고 한다.

10.7.2 병합 정렬 알고리즘

병합 정렬 알고리즘은 우선 2개의 서브파일을 병합하는 함수 MERGE가 필요하고 그 다음으로는 정렬하기 위한 각 패스의 처리를 수행하는 함수 MPASS가 있어서, 여기에서 함수 MERGE를 호출하게 하며, 최종적으로 정렬을 위한 함수 MSORT를 만들어, 이 함수가 MPASS를 호출하도록 하는 것이 바람직하다.

먼저 2개의 서브파일을 병합하는 함수를 기술해 보면 다음과 같다.

【알고리즘 10.8】 병 합

```
void MERGE(element x[], element z[], int l, int m, int n)
/* 서브파일 x[l]~x[m]과 x[m+1]~x[n]을 병합하여 새로운 파일 z를 만든다. */
{
  int i, j, k, t;
  i = l;
  j = m+ 1;
  k = l;
  while ((i <= m) && (j <= n)) {
       if (x[i].key <= x[j].key)
          z[k++] = x[i++];
       else
          z[k++] = x[j++];
  }
  if (i > m)
     for (t = j; t <= n; t++)
         z[k+t-j] = x[t];
  else
     for (t = i; t <= m; t++)
         z[k+t-i] = x[t];
}
```

함수 MERGE를 호출하여 한 패스의 병합을 실행하는 함수를 기술해 보면 다음과 같다.

【알고리즘 10.9】 병합 패스

```
void MPASS(element x[], element y[], int n, int l)
{
  int i, t;
  for (i = 0; i <= (n - 2*l); i += 2*l)
      MERGE(x, y, i, i+l-1, i+2*l-1);
  if(i+l<n)
      MERGE(x, y, i, i+l-1, n-1);
  else
      for (t = i; t < n; t++)
          y[t] = x[t];
}
```

MPASS를 호출하여 병합 정렬을 수행하는 함수를 기술하면 다음과 같다.

【알고리즘 10.10】 병합 정렬

```
void MSORT(element x[], int n)
{
  int l = 1;
  element y[MAX_SIZE];

  while (1 < n) {
       MPASS(x, y, n, l);
       l *= 2;
       MPASS(y, x, n, l);
       l *= 2;
  }
}
```

함수 MSORT에서 MPASS를 호출하여 병합 정렬을 실행할 때, 파일 x로 y를 생성하고, 그 다음에는 y로 x를 생성하는 식으로 x와 y를 교대로 사용한다.

병합 정렬에서 n개의 레코드로 구성된 파일을 정렬하기 위해서는 소요 기억 공간이 $S=2n$ 이고, 정렬 실행시 k번째 패스에서 각 서브파일에 2^k개의 키가 있게 되므로 마지막 패스 k'에 n개의 값이 있게 되어 $2^{k'}=2n$이 성립하므로 패스의 수는 $\log_2 n$이다.

따라서 연산 시간은 최악의 경우나 평균의 경우 모두

$$O(n*\log\ n)$$

이 된다.

10.8 히프 정렬

10.8.1 히프 정렬의 개요

앞 절에서 살펴본 병합 정렬은 최악의 경우나 평균의 경우 모두 $O(n*\log n)$의 시간이 소요되고, 정렬 대상이 되는 레코드의 수에 비례하여 부차적인 기억 공간이 더 필요하다. 따라서 이 절에서는 레코드 수에 관계없이 일정량의 기억 공간만이 소요되고 최악의 경우이나 평균의 경우 연산 시간이 $O(n*\log n)$인 히프 정렬(heap sorting)에 대하여 살펴보도록 한다.

히프 정렬은 파일을 구성하는 레코드 $R=(R_1, R_2, \cdots\cdots, R_n)$을 전이진 트리(complete binary tree)로 형성하여 정렬하는 방법이다.

각 레코드들을 각각의 노드로 하여 전이진 트리로 나타낼 때는 i번째 노드의 부노드(parent node)는 $\lfloor i/2 \rfloor$ 번째에 위치하게 하고, i번째 노드의 왼쪽 자노드(left child node)는 $2i$번째에, 그리고 오른쪽 자노드(right child node)는 $2i+1$ 번째에 놓이도록 하는 것이다. 이 때 $2i$나 또는 $2i+1$의 값이 노드의 개수인 n보다 크면 i번째 노드에 대응하는 자노드가 존재하지 않음을 의미하고, 또 $i=1$일 때에는 루트 노드(root node)이므로 부노드가 없다.

히프 정렬은 2단계를 거쳐 이루어지는데, 첫단계에서는 파일을 나타내는 트리를 히프로 변환하는 과정이고, 두 번째 단계는 히프에서 루트 노드를 출력한 후 나머지를 다시 히프로 만드는 과정을 반복하여 정렬한다.

히프이란 어떤 노드의 부모는 그 노드보다 크고, 자노드는 더 작은 성질을 만족하는 전이진 트리이다.

우선 히프 정렬의 첫단계인 히프를 만드는 방법에 대하여 알아본다.

예를 들어, 입력 파일의 키가

(28, 7, 79, 3, 64, 15, 58, 17, 46, 23)

일 때, 이것을 전이진 트리로 나타내면 〈그림 10.2〉와 같다.

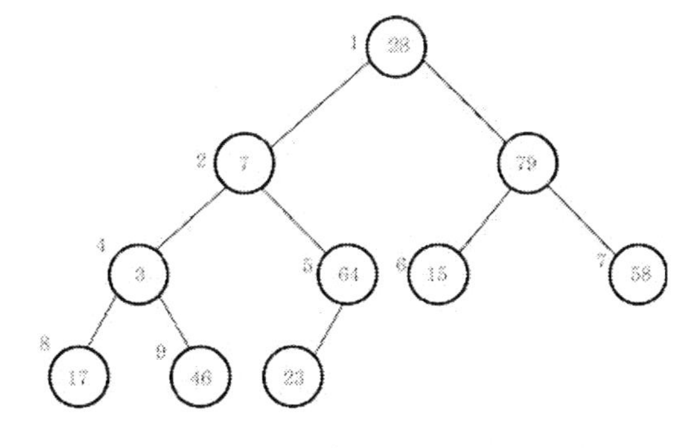

〈그림 10.2〉 입력 파일의 전이진 트리

〈그림 10.2〉에서 노드 밖의 숫자는 인덱스 *i*이다. 〈그림 10.2〉를 초기 히프로 만드는 과정을 나타내면 〈그림 10.3〉과 같다.

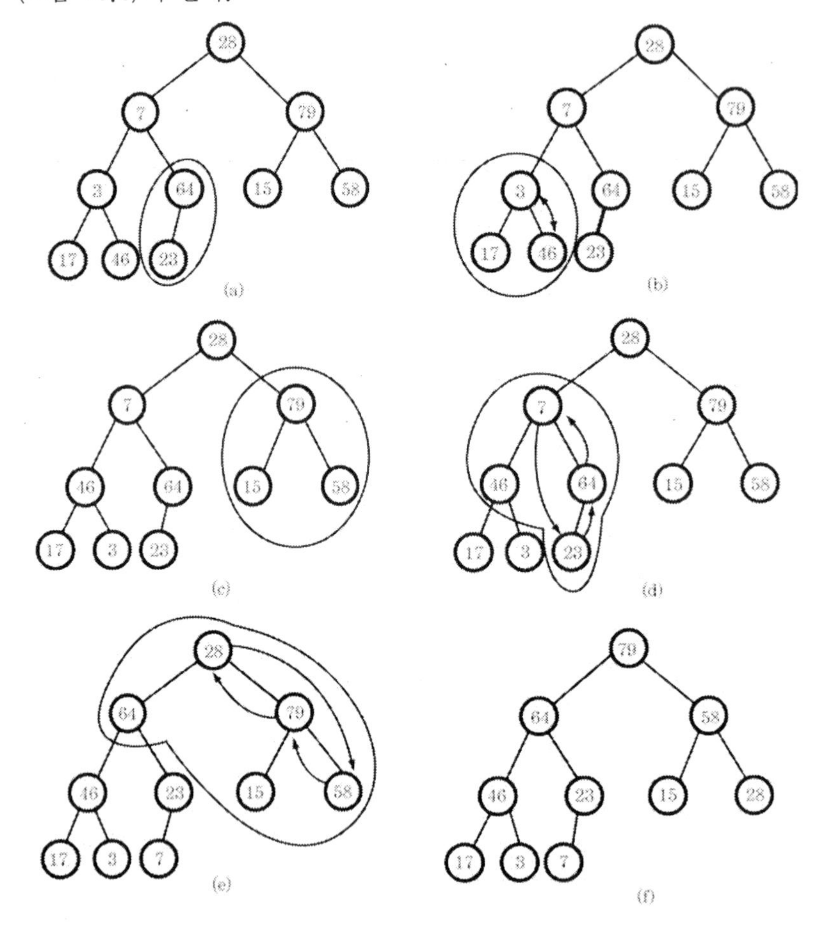

〈그림 10.3〉 히프 생성 과정

초기 히프의 생성 과정은 최초에 인덱스가 $\lfloor i/2 \rfloor$, 즉 $\lfloor 10/2 \rfloor =5$인 노드로부터 시작하여 히프의 특성을 만족하도록 상호 교환한다.

(a)에서 보는 바와 같이 tree[5]의 자노드 중 큰 것을 찾아 이 노드와 교환하는데, 여기에서는 히프 특성이 유지되어 있으므로 교환이 필요 없다. 다시 (b)에서 tree[4]의 자노드들인 17과 46 중 큰 값인 46과 tree[4]의 3과 비교하면 자노드가 크므로 3과 46을 교환하여 (c)를 만든다. (c)에서 tree[3]의 자노드들의 값 15와 58중 큰 값과 79를 비교하면 tree[3]이 더 크므로 교환이 필요 없다.

일단 첫단계에서 〈그림 10.3〉의 (f)와 같은 초기 히프가 생성되면 두 번째 단계의 정렬 작업이 행해진다.

정렬 과정은 히프에서 루트 노드를 출력하고, 히프의 마지막 노드를 루트 노드로 가정하여 나머지 노드들로 새로운 히프를 만들고, 다음 단계에서 다시 루트 노드를 출력하고 앞에서 만든 히프의 마지막 노드를 루트 노드로 가상하여 새로운 히프를 만드는 과정을 반복하는데, 이것을 그림으로 나타내면 〈그림 10.4〉와 같다.

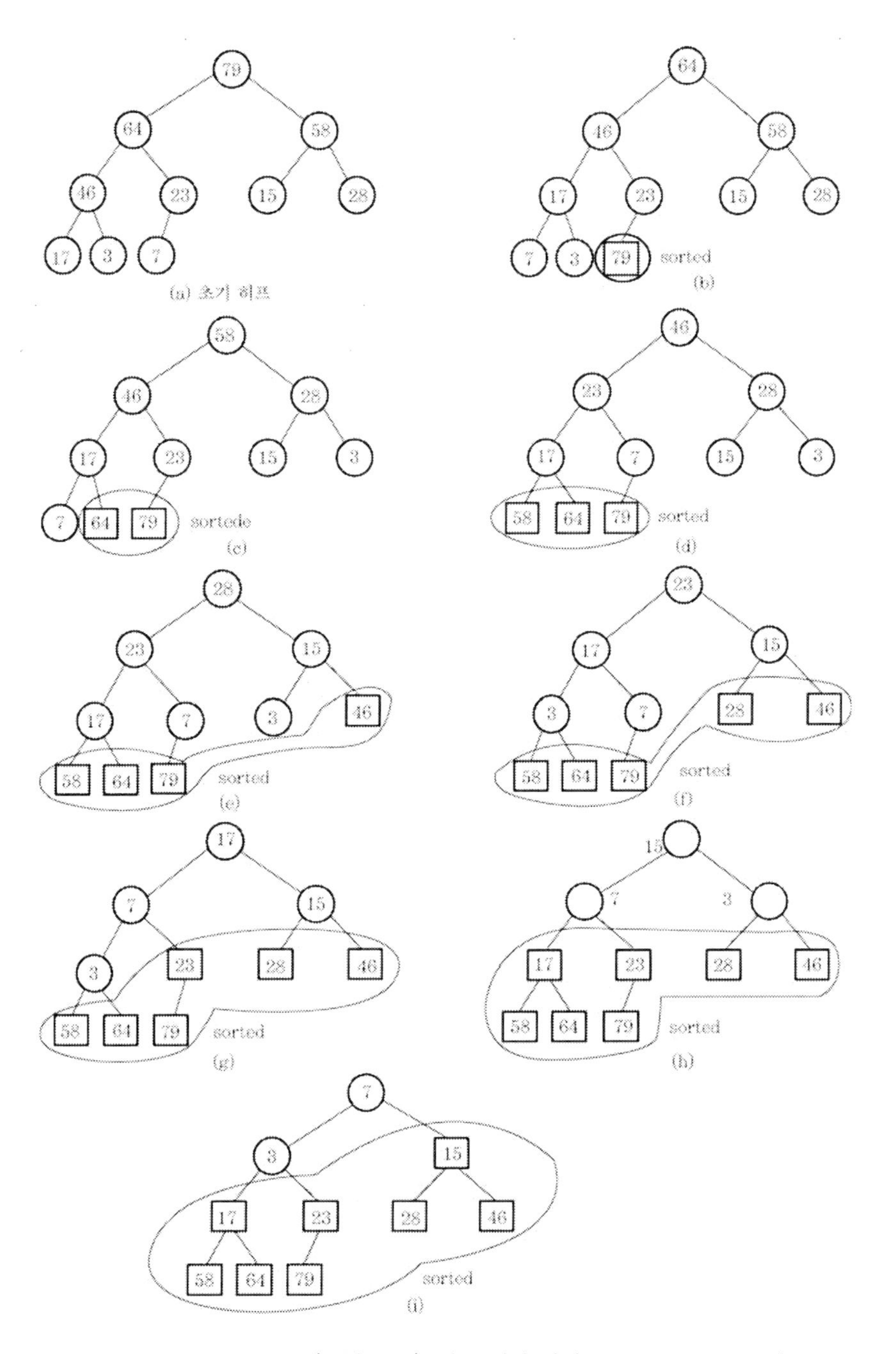

〈그림 10.4〉 히프 정렬 과정

<그림 10.4>에서 ㅁ로 표시된 노드들은 이미 정렬이 되어 해당 위치에 정확히 놓여진 상태이다. (*i*)까지 실행하고 나면 히프의 크기는 2가 되므로 이 때는 루트 노드를 tree[2]와 교환하면 된다. 이 때 트리의 노드 순서대로 출력하면

(3, 7, 15, 17, 23, 28, 46, 58, 64, 79)

와 같은 정렬된 결과를 얻음으로써 히프 정렬은 끝난다.

10.8.2 히프 정렬 알고리즘

히프 정렬을 위한 첫단계 작업인 초기 히프의 생성을 위한 함수를 나타내면 [알고리즘10. 11]과 같다. 이 함수는 [알고리즘 10.12]에서 호출된다.

【알고리즘 10.11】 초기 히프

```
void HEAP(element tree[], int i, int n)
/* n개의 노드를 가진 전이진 트리에서 i=n/2번째 노드를 그 노드로 하여 히프를
만든다. i의 자노드인 2i와 2i+1을 루트 노드로 하는 서브트리는 이미 히프이다. */
{
    int j, k;
    element temp;
    temp = tree[i];
    k = tree[i].key;
    j = 2 * i;
    while (j <= n) {
        if ((j < n) && (tree[j].key < tree[j+1].key))
        /* 왼쪽 자식과 오른쪽 자식 중 큰 값을 가진 노드를 찾는다. */
         j++;
      if (k > tree[j].key) break;
      else {
      /* 자식의 값이 부모보다 크면 부모의 위치로 자식을 올린다. */
         tree[j/2] = tree[j];
         j *= 2;
      }
    }
```

```
        tree[j/2] = temp;
    }
```

함수 HEAP에서 루트 노드 i를 가진 트리의 깊이(depth)가 k이면 while 루프는 많아야 k번 수행되므로 이 알고리즘의 연산 시간은 $O(k)$이다.

함수 HEAP를 호출하여 초기 히프를 생성한 후, 다음 단계에서 히프 정렬을 하게 되는데, 이를 위한 함수를 기술하면 다음과 같다.

【알고리즘 10.12】 히프 정렬

```
void HSORT(element A[], int n)
/* 파일 A=(A1, A2, ····An)의 키에 대하여 오름차순으로 정렬한다. */
{
  int i;
  for (i = n/2; i > 0; i--)          /* A 초기 히프로 만든다. */
      HEAP(A, i, n);
  for (i = n-1; i > 0; i--) {
      SWAP(A, i+1, 1)                /* 맨 끝의 노드와 루트 노드를 교환한다. */
      HEAP(A, 1, i)       /* 마지막 노드를 제외한 노드들을 히프로 만든다. */
  }
}
```

파일의 크기 n을 $2^{k-1} \leq n \leq 2^k$라고 가정하면 트리는 k개의 레벨(level)을 가지며, i레벨의 노드 수는 2^{i-1}개이다. 초기 히프를 만드는 데 걸리는 시간은 각 레벨의 노드 개수에다 노드들이 이동하는 최대 거리를 곱한 것의 합과 같으므로

$$
\begin{aligned}
T &= \sum_{1 \leq i \leq k} 2^{i-1}(k-i) \\
&= 2^0(k-1)+2^1(k-2)+\cdots+2^{k-2}(1) \\
&= 2^k-(k-1)-2 < 2n
\end{aligned}
$$

이 된다. 다음 $(n-1)$개의 히프의 생성은 최대 길이 $k = \lceil \log_2(n+1) \rceil$의 이동으로 이루어지므로 이 루프에 걸리는 시간은 $O(n^*\log n)$이다. 결과적으로 전체 연산 시간은 $O(n^*\log n)$이다.

최악의 경우, $O(n^*\log n)$임에도 불구하고, 평균의 경우에 히프 정렬은 퀵 정렬보다 작은 상수 인자에 의해서 더 많은 시간이 소요된다.

10.9 기수 정렬

10.9.1 기수 정렬의 개요

하나의 자료 레코드에 여러 개의 키를 사용하는 경우가 흔히 있는데, 예를 들어 학적 파일을 구성하고 있는 학생 개개인의 레코드를 입력으로 학과별, 학년별로 정렬하는 경우, 소속과 학년을 키로 하여 순서화 시킨다면, 여기에서 학과와 학년이 키가 된다. 또 카드 게임에서 무늬별(♣, ◆, ♥, ♠), 숫자별(2, 3, …, J, Q, K, A)로 카드 묶음을 정렬하는 경우에는 무늬와 숫자 값이 정렬의 키가 된다.

이렇게 여러 개의 키 K_1, K_2, …, K_r를 사용하는 경우에, K_1을 최대 유효 키(most significant key)라 하고, K_r을 최소 유효 키(least significant key)라고 한다.

몇 개의 키를 가지고 있는 레코드를 정렬하는 방법에는 두 가지가 있는데, 첫 번째 방법은 MSD 우선(most significant digit first) 정렬로서 제일 먼저 K_1을 기준으로 같은 값을 가진 레코드끼리 서브파일을 구성하여 정렬하고, 그 다음 K_2, K_3, …의 순으로 서브파일을 구성하여 정렬하여 최종적으로 K_r에 대하여 정렬함으로써 정렬 파일을 얻는 방법이다.

두 번째 방법은 LSD 우선(least significant digit first) 정렬로서, 제일 먼저 키 K_r을 기준으로 하여 같은 값을 가진 레코드끼리 서브파일을 구성하여 정렬하고, 차례로 K_{r-1}, K_{r-2}, …K_1 순으로 정렬하여 최종적으로 정렬된 파일을 얻는 방법이다.

MSD정렬과 LSD정렬을 비교해 보면 LSD 정렬 방법이 더 편리하다는 것을 알 수 있는데, 이 방법은 컴퓨터가 등장하기 이전에 사용되었던 PCS(punched card system) 에서 사용하던 분류기 (cardsorting machine)의 기본 원리에서 채택된 정렬 방법이다.

10진수 2자리로 구성된 키를 기준으로 LSD 정렬을 하는 경우를 생각해 보자. 여기서 키는 논리적으로 2자리수로 된 키를 논리적으로 K_1(10의 자리수), K_2(1의 자리수)의 2개의 키의 조합으로 간주한다.

각 키들이 0~9 사이의 어느 한 숫자이기 때문에 각각의 숫자에 대응하는 10개의 큐 또는 빈(bin)을 두어 정렬하는데, 그 방법은 다음과 같다.

① 최소 유효 숫자(K_r)를 검사하여 그 숫자에 해당하는 큐에 넣는다.

② 0번 큐부터 9번 큐까지 순서대로 큐 안에 넣어진 각 요소들을 순서대로 모아 새로운 리스트를 형성 한다.

③ K_{r-1}, K_{r-2}, …, K_1의 숫자에 대하여 단계 1과 2를 반복 적용하여 마지막으로 얻어진 리스트가 정렬된 리스트가 된다.

이와 같은 방법으로 정렬할 때 반복되는 패스의 수는 가장 큰 수로 된 키의 자릿수와 같다.

〈그림 10.5〉는 10진수 두 자리로 구성된 키를 기수 정렬(radix sorting) 방법으로 정렬하는 과정을 보여 주고 있다.

초기 리스트 19, 01, 26, 43, 92, 87, 21, 38, 11, 55, 21, 64, 54, 70, 36, 77

패스 1의 큐		
	0번 큐	70
	1번 큐	01, 21, 11, 21
	2번 큐	92
	3번 큐	43
	4번 큐	64, 54
	5번 큐	55
	6번 큐	26, 36
	7번 큐	87, 77
	8번 큐	38
	9번 큐	19

재구성 리스트 70, 01, 21, 11, 21, 92, 43, 64, 54, 55, 26, 36, 87, 77, 38, 19

패스 1의 큐		
	0번 큐	01
	1번 큐	11, 19
	2번 큐	21, 21, 26
	3번 큐	36, 38
	4번 큐	43
	5번 큐	54, 55
	6번 큐	64
	7번 큐	70, 77
	8번 큐	87
	9번 큐	92

재구성 리스트 01, 11, 19, 21, 21, 26, 36, 38, 43, 54, 55, 64, 70, 77, 87, 92
(정렬된 리스트)

〈그림 10.5〉 10진수의 키에 대한 기수 정렬

〈그림 10.5〉에서와 같이 LSD우선 기수 정렬은 먼저 1의 자릿수에 대하여 숫자를 해당 큐에 옮겨 넣은 후, 이들 큐에 있는 요소들을 차례로 모아 리스트를 재구성하고, 다시 이 리스트에 대하여 패스 2에서 10의 자릿수에 대하여 그 숫자에 해당하는 큐에 다시 옮겨 넣은 후, 이들 큐에 있는 요소들을 차례로 모아 리스트를 재구성한다. 키들이 두 자리의 10진수로 되어 있기 때문에 키 K_i의 r은 2이므로 두 번의 패스로써 정렬은 완료된다.

기수 정렬에서 키를 위와 같이 10진수로 하여 정렬하는 것을 기수 10 정렬(radix 10 sort)이라 하고, 키 값이 2진수로 분해되어 정렬하게 되면 기수 2 정렬(radix 2 sort)이라고 한다.

10.9.2 기수 정렬 알고리즘

기수 정렬 알고리즘의 효율성을 위하여 리스트나 큐를 모두 연결 리스트를 사용하는 함수를 기술해 보도록 한다.

LSD 기수 r정렬에서, 레코드 R_1, R_2, ……, R_n이 d개의 키(K_1, K_2, ……, K_d)를 가지고 있고, $0 \leq k_i < r$이라고 가정하면 r개의 큐가 필요하고, d번의 패스를 거쳐 정렬이 완료된다.

각 레코드에는 링크 필드가 있고, 각 큐에 담겨진 레코드들은 선형 연결 리스트로 연결되어 있으며, f[i], ($0 \leq i < r$)는 i번째 큐의 첫 번째 레코드를 가리키는 포인터라고 하고, e[i]는 i번째 큐의 마지막 레코드를 가리키는 포인터라고 정의한다. 또 각 레코드의 키 필드는 $0 \leq$ key[i] $\leq kr = r-1$인 배열 key[1][rd]로 하여 기술한 기수 정렬 함수는 다음과 같다.

【알고리즘 10.13】 기수 정렬

```
typedef struct node *list;
typedef struct node {
        int key[MAX_DIGIT];
        list link;
        };
list LSDSORT(list R)
{
  list f[RADIX_SIZE}, e[RADIX_SIZE];
  int i, j, d;
  for (i = MAX_DIGIT-1; i >= 0; i--) {
       for (j = 0; j < RADIX_SIZE; j++)
             f[j] = e[j] = NULL;
       while (R) {
             d = R->key[i];
             if (!f[d])
```

```
                f[d] = R;
            else
                e[d]->link = R;
            e[d] = R;
            R = R->link;
        }
        R = NULL;
        for (j = RADIX_SIZE-1; j >= 0; j--)
            if (f[j]) {
                e[j]->link = R;
                R = f[j];
            }
    }
    return R;
}
```

[알고리즘 10.13]을 이용하여 키가 세 자리의 10진수로 구성된 10개의 레코드 R=(179, 208, 306, 093, 859, 984, 055, 009, 271, 033)이 기수 정렬되는 과정을 나타내면 〈그림 10.6〉과 같다.

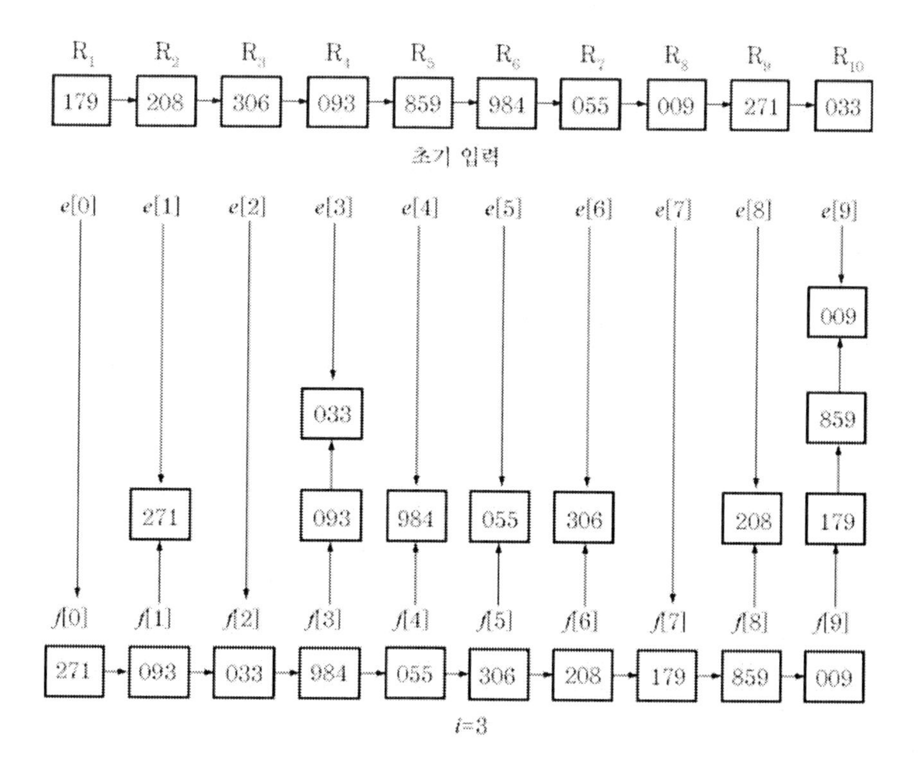

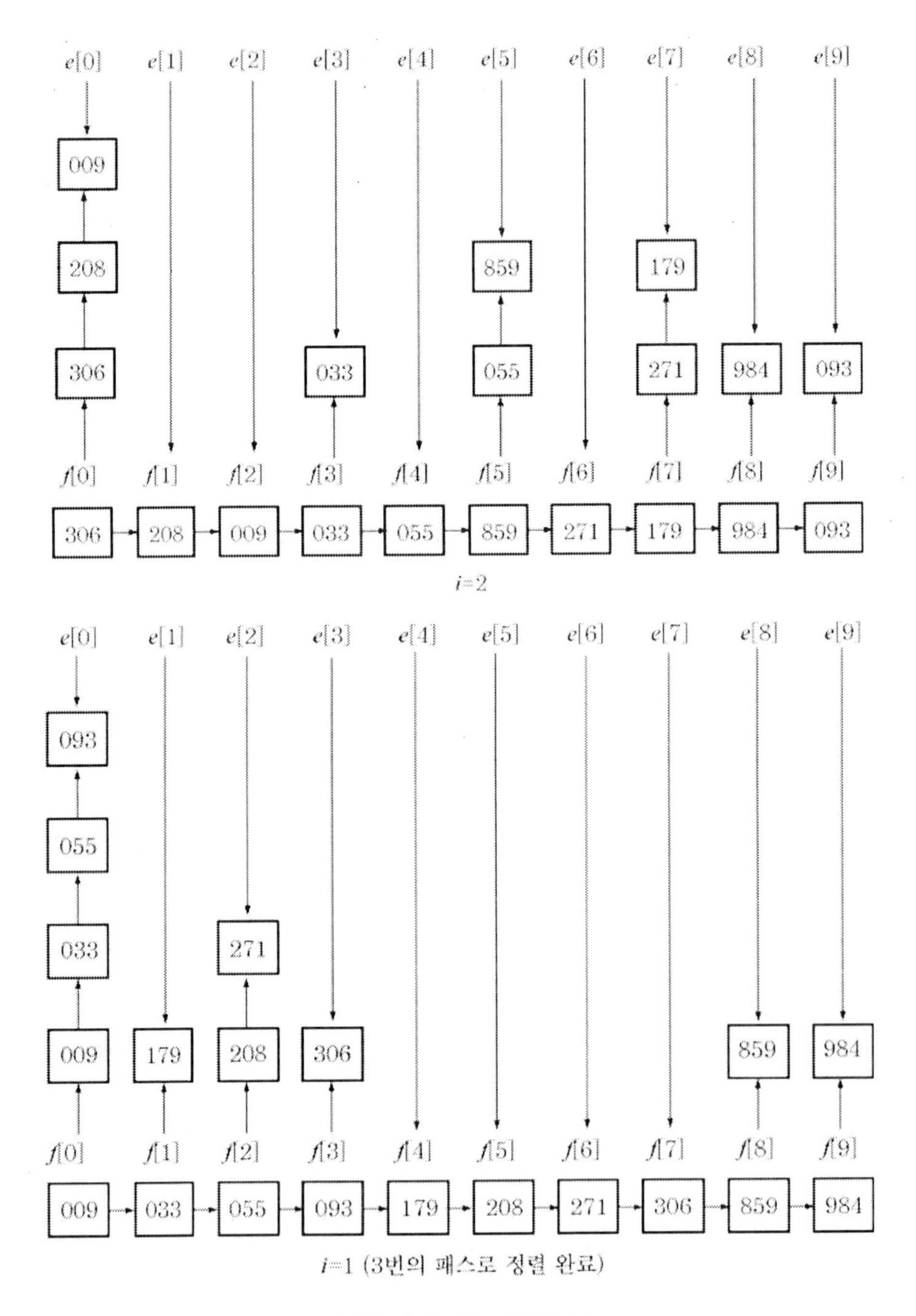

〈그림 10.6〉 기수 정렬 과정

기수 정렬에 있어서, 레코드의 수를 n, 기수(radix)의 값(큐의 수)을 q, 디지트 수(키의 수)를 k라고 할 때, 필요한 기억 공간은

$$S=(n+1)q$$

이고, 연산 시간은 각 자릿수마다 $O(n+q)$의 시간이 걸리게 되므로 k회 반복에 따라 전체 적으로

$$O(k(n+q))$$

가 된다.

배분 정렬에는 지금까지 설명한 기수 정렬 외에 기수 교환 정렬(radix exchange sort)이 있는데, 이 방법의 설명은 생략한다.

이상에서 알아본 내부 정렬을 각 종류별로 비교해 보면 〈표 10.3〉과 같다.

〈표 10.3〉 내부 정렬의 비교표

종 류	방 법	소요공간	평균시간	최악의 경우
insertion sort	삽 입 법	n	$O(n^2)$	$O(n^2)$
shell sort	삽 입 법	n	$O(n^2)$	$O(n^2)$
selection sort	교 환 법	n	$O(n^2)$	$O(n^2)$
bubble sort	교 환 법	n	$O(n^2)$	$O(n^2)$
quick sort	교 환 법	n + stack	$O(n*\log n)$	$O(n^2)$
merge sort	병 합 법	$2n$	$O(n*\log n)$	$O(n*\log n)$
heap sort	선 택 법	n + pointer	$O(n*\log n)$	$O(n*\log n)$
radix sort	배 분 법	$(n+1)q$	$O(k(n+q))$	$O(k(n+q))$

Exercise

1. INSERTION sorting에서는 먼저 삽입할 위치를 찾고, 다음에 레코드를 삽입한다. 이 정렬에서 삽입할 위치를 이진 검색이나 피보나치 검색을 사용하여 구하면 찾는 속도를 줄일 수 있다. 이것을 수행하는 함수를 작성하여라.

2. 다음 물음에 답하여라.
   (1) 입력 자료가 정렬되어 있을 경우 퀵 정렬(quick sort)에 소요되는 시간이 $O(n^2)$임을 증명하여라. 이렇게 되는 입력 자료의 예를 들어 보라.
   (2) 퀵 정렬에서 왜 $k_m \le k_{n+1}$을 만족해야만 하는지를 설명하여라.

3. 다음의 {2, 5, 10, 11}, {3, 6, 7, 12, 15}, {4, 8, 9, 13}의 3개의 파일을 사용하여 3개의 정렬된 파일을 병합하는 과정을 보여라.

4. k번째 원소가 i번째 원소의 자리에 있는 것을 제외하고는 파일이 완전히 순서대로 정렬되어 있는 경우, 다음 방법을 사용하여 정렬할 때 걸리는 시간을 구하여라. (단 $i \neq k$) 다음의 경우 i〉k와 i〈k일 때 차이가 있는가?
   (1) 삽입 정렬(insertion sort)
   (2) 선택 정렬(selection sort)
   (3) 퀵 정렬(quick sort)
   (4) 히프 정렬(heap sort)

5. k={12, 5, 18, 24, 8, 25, 3, 15, 20, 6, 19}를 퀵 정렬을 사용하여 정렬하는 과정을 나타내어라.

6. 문제 5의 파일 F를 히프 정렬을 사용하려 정렬하는 과정을 나타내어라.

7. 퀵 정렬을 사용할 때 첫 번째 원소를 제어 키(control key)로 사용한다. 그러나 이 제어키는 좋은 선택이 아닐 경우도 많다. 파일의 중간 부근에 있는 값을 제어키로 택하여 퀵 정렬을 수행하는 프로그램을 작성하여라. 또한 3개의 중앙값을 구하여 중간의 값을 제어키로 하여 퀵 정렬을 하는 프로그램을 작성하여라.

8. 병합 정렬(merge sort)이 안정(stable)된 방법임을 증명하여라.

9. 서로 다른 n개의 원소를 가진 파일에서 최대값과 최소값을 구하는 데 걸리는 시간을 구하여라. (단 파일은 정렬되어 있지 않다.)

10. m개를 가진 파일과 n개를 가진 파일을 병합할 때 최상과 최악의 경우에 비교 횟수를 구하여라.

Chapter

11 외부 정렬

11.1 테이프를 이용한 정렬

11.1.1 테이프 정렬의 종류

외부 정렬은 1960대 중반 이후 자기 디스크와 같은 임의 접근 장치(random access device)의 사용이 늘어남으로써 관심의 대상이 되었다. 그 이전에는 외부 정렬(external sorting)은 자기 테이프를 사용하였으며, 내부 정렬(internal sorting)과 리스트의 병합(merge) 조합에 의하여 대량 자료의 정렬 작업이 수행되었다. 자기 테이프의 자료는 블록(block) 단위로 입출력이 되고, 순차적 접근(sequential access)만 가능하므로 기본적으로 병합을 바탕으로 다음과 같은 네 가지의 기법이 소개되었다.

① 균형 병합 (balanced merge 또는 von Neumann merge)
② 캐스케이드 병합 (cascade merge)
③ 다단계 병합 (polyphase merge)
④ 오실레이팅 병합 (oscillating merge)

대부분의 경우에는 균형 병합이나 캐스케이드 병합은 다단계 병합이나 오실레이팅 병합에 비하여 비효율적이다.

이 절에서는 위의 네 가지 병합 기법을 이용한 정렬 방법을 소개한다.

11.1.2 균형 병합 정렬

t의 테이프가 주어졌을 때, 정렬하고자 하는 전체 리스트를 수록한 테이프로부터 자료를 읽어 내부 정렬 기법을 이용하여 같은 크기로 몇 개의 순서화 된 서브리스트를 생성하여 전체 테이프

장치의 반인 $\frac{t}{2}$에 같은 개수의 서브리스트를 배분해 놓은 후 병합을 통하여 최종적으로 하나의 리스트를 만드는 방법을 균형 병합 정렬(balanced merge sorting)이라고 한다.

예를 들어, 4개의 테이프를 이용하여 정렬한다고 하자. 초기에는 비순서 리스트가 테이프 중 어느 하나에 수록되게 된다. 이것을 읽어 내부 정렬을 통하여 6개의 순서화된 서브리스트 S를 생성한다고 하자. 그러면 〈그림 11.1〉의 (a)와 같은 초기 상태는 첫단계에서 〈그림 11.1〉의 (b)와 같이 tape 3과 tape 4에 각각 3개씩의 서브리스트가 수록된다. 그리고 tape 1과 tape 2는 공백 테이프가 되어 전체 테이프는 균형 상태가 유지된다.

다음 단계에서는 tape 3의 서브리스트 S_1과 tape 4의 서브리스트 S_2를 병합하여 〈그림 11.1〉의 (c)와 같이 병합된 S_{12}를 tape 1에 수록한다. 그리고 나서 다시 S_3과 S_4를 입력으로 병합하여 크기가 2배인 새로운 서브리스트 S_{34}를 만들어 〈그림 11.1〉의 (d)와 같이 tape 2에 수록하고, 또 S_5와 S_6을 병합하여 S_{56}을 만들어 〈그림 11.1〉의 (e)와 같이 tape 1에 수록한다. 이 때 tape 3과 tape 4가 공백 테이프가 된다.

이번에는 tape 1의 S_{12}와 tape 2의 S_{34}를 병합하여 tape 4에 S_{1234}가 수록됨으로써 tape 2와 tape 3이 〈그림 11.1〉의 (f)와 같이 공백 테이프가 된다. 마지막으로 tape 1의 S_{56}과 tape 4의 S_{1234}를 병합하여 tape 2에 S_{123456}을 수록함으로써 정렬은 끝난다.

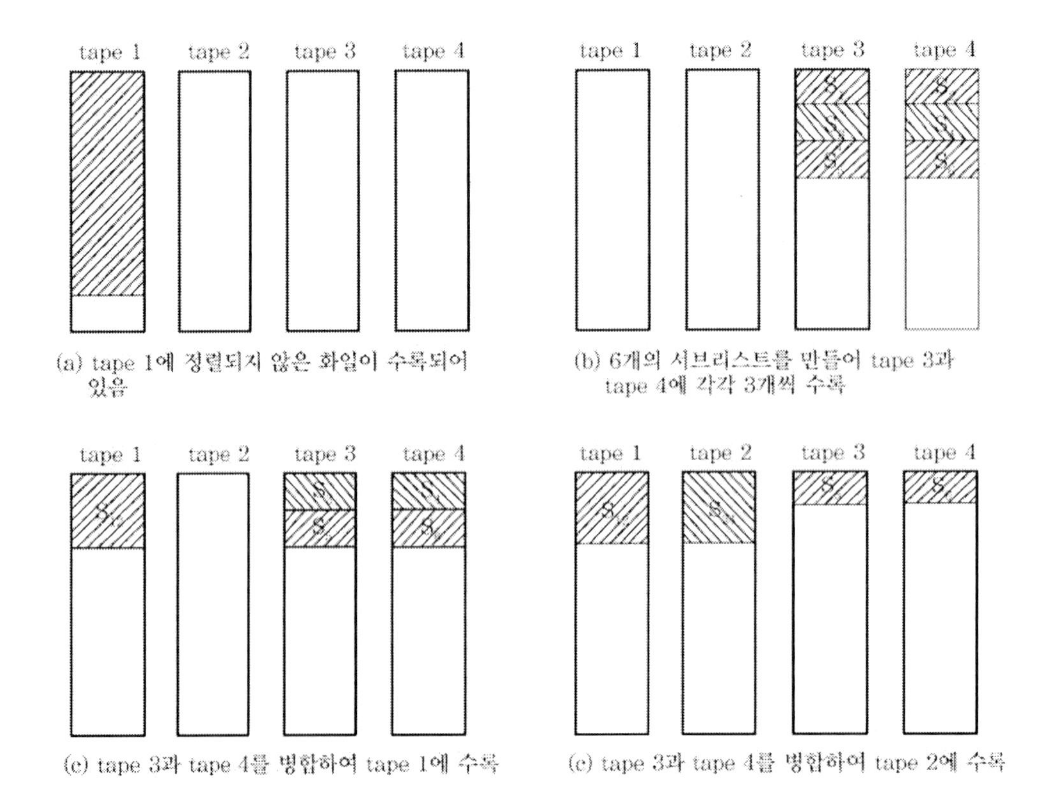

(a) tape 1에 정렬되지 않은 화일이 수록되어 있음

(b) 6개의 서브리스트를 만들어 tape 3과 tape 4에 각각 3개씩 수록

(c) tape 3과 tape 4를 병합하여 tape 1에 수록

(c) tape 3과 tape 4를 병합하여 tape 2에 수록

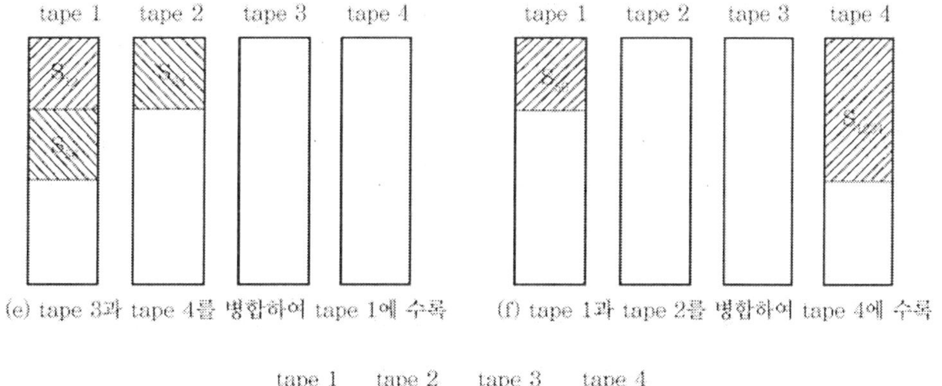

(e) tape 3과 tape 4를 병합하여 tape 1에 수록　　(f) tape 1과 tape 2를 병합하여 tape 4에 수록

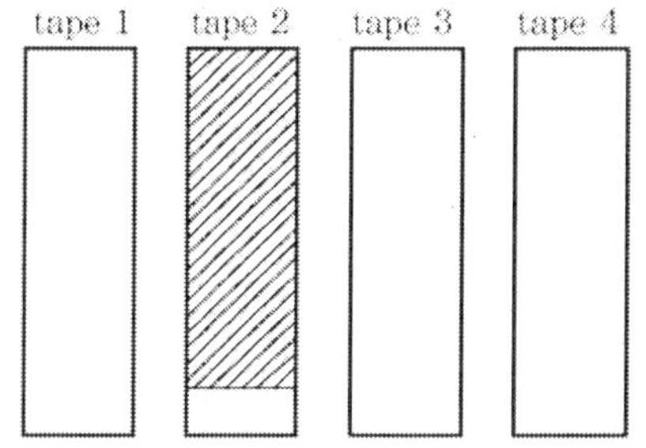

(g) tape 1과 tape 4를 병합하여 tape 2에 수록, 정렬 완료

〈그림 11.1〉 균형 병합 정렬 과정

이와 같은 정렬 방법에서는 S개의 서브리스트를 병합 정렬함에 있어서 $\log_T S$ 단계 (phase)를 거쳐 하나의 정렬된 리스트를 얻게 된다. 여기에서 T는 $t/2$이다. 이 방법은 한번에 전체 테이프의 1/2이 병합된다는 것을 제외하고는 내부 정렬에서의 병합 정렬과 비슷하다.

11.1.3 캐스케이드 병합 정렬

캐스케이드 병합 정렬(cascade merge sorting)은 한번에 전체 테이프 t개를 작동시킨다. 이 기법은 우선 정렬된 S개의 서브리스트를 $(t-1)$개의 테이프에 분산시켜 수록해 놓고 $(t-1)$-way병합을 실시한다. 병합을 수행하는 도중에 어느 하나의 테이프가 공백이 되면 일단 병합을 중지하고, 이번에는 $(t-2)$개의 테이프의 서브리스트를 병합하여 공백 테이프에 출력하고, 어느 하나의 테이프가 공백이 되면 그 다음에는 $(t-3)$개의 테이프를 병합한다. 계속하여 $(t-4)$개의 테이프를 병합하여 최종적으로 하나의 테이프에 수록될 때까지 반복 수행함으로써 정렬 작업은 종료된다.

예를 들어 초기 리스트가 (7, 9, 1, 3, 20, 6, 2, 8, 18, 15, 5, 12, 4, 11, 10, 13)이고 t=5일 때 정렬하는 과정을 알아보자. 입력 테이프를 읽어 내부 정렬을 통해 4개의 서브리스트가 생성된다면 〈그림 11.2〉와 같은 과정을 거쳐 캐스케이드 정렬이 행해진다.

tape 1	tape 2	tape 3	tape 4	tape 5
7				
9				
1				
3				
20				
⋮				
11				
10				
13				

(a) 초기 상태 (tape 1에 정렬되지 않은 리스트가 수록되어 있음)

tape 1	tape 2	tape 3	tape 4	tape 5
	1	2	5	4
	3	6	12	10
	7	8	15	11
	9	20	18	13

(b) 내부 정렬을 하여 4개의 테이프에 수록

tape 1	tape 2	tape 3	tape 4	tape 5
1		20	12	10
2			15	11
3			18	13
⋮				
7				
8				
9				

(c) 4-way 병합을 하여 tape 1에 수록하고 하나의 tape가 빌 때 일단 정지

tape 1	tape 2	tape 3	tape 4	tape 5
1		20	15	
2			18	
3				
⋮				
11				
12				
13				

(d) 3-way 병합을 하여 tape 5가 빌 때 일단 정지

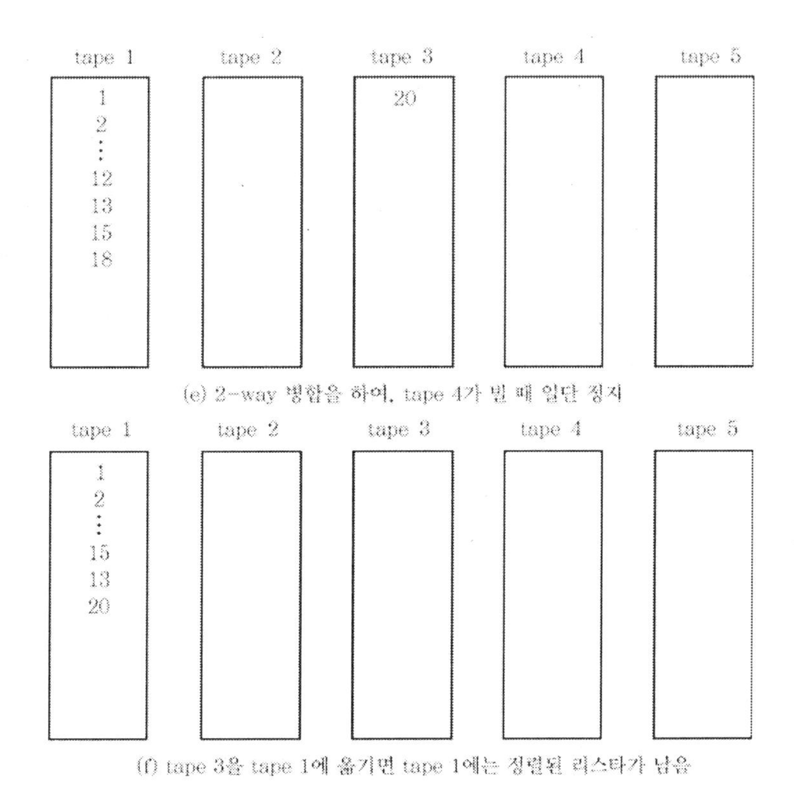

〈그림 11.2〉 캐스케이드 병합 정렬 과정

11.1.4 다단계 병합 정렬

t개의 테이프를 이용하여 병합 정렬하고자 할 때 초기 서브리스트를 $t-1$개의 테이프 상에 일반화한 피보나치 수열에 대응하는 개수만큼 배분해 놓고 $(t-1)$-way병합을 하여 정렬하는 방법을 다단계 병합 정렬(polyphase merge sorting)이라고 한다.

이 정렬 방법은 캐스케이드 병합 정렬과 마찬가지로 $t-1$개의 테이프들 중에 하나가 빌 때까지 나머지 테이프 상에 병합한다는 점에서는 비슷하나, 일단 공백 테이프가 생기면 이것은 출력이나 또는 다음 단계의 병합 테이프로 사용되며, 각 단계에서 계속 t-1개의 테이프가 사용된다.

피보나치 수열은 $F_0=1$, $F_1=1$일 때

$$F_i=F_{i-1}+F_{i-2},\ 단,\ i=2,\ 3,\ \cdots,\ n$$

이므로

$$1,\ 1,\ 2,\ 3,\ 5,\ 8,\ 13,\ 21,\ 34,\ 55,\ \cdots$$

와 같다.

3개의 테이프를 사용하여 다단계 병합 정렬을 한다고 할 때, 총 서브리스트는 t-1=2개의 테이프에 배분한다면 〈표 11.1〉과 같이 피보나치 수열에 대응하도록 한다.

〈표 11.1〉 3개의 테이프를 사용할 경우 배분되는 서브리스트 수

총 서브리스트의 수	tape 1	tape 2
2	1	1
3	1	2
5	2	3
8	3	5
13	5	8
21	8	13
34	13	21
⋮	⋮	⋮

예를 들어, 기 리스트를 내부 정렬을 이용하여 21개의 정렬된 서브리스트가 생성되었다고 하자. 이 경우 각 서브리스트의 크기는 1이고 3개의 테이프를 사용하여 다단계 정렬을 한다면 다음과 같은 과정을 거쳐 수행된다.

① 길이가 1인 서브리스트 21개를 tape 1에 8개, tape2에 13개를 배분하고 tape 3은 출력용으로 남겨 둔다.

② tape 1이 빌 때까지 tape 1과 tape 2를 병합하여 tape 3에 출력하면 tape 2에는 길이가 1인 서브리스트가 5개 남고, tape 3에는 길이가 2인 서브리스트 8개가 수록된다.

③ tape 2가 빌 때까지 tape 2와 tape 3을 병합하여 길이가 3인 서브리스트 5개를 tape 1에 수록하면 tape 3에는 길이가 2인 3개의 서브리스트가 남는다.

④ tape 3이 빌 때까지 tape 3과 tape 1을 병합하여 길이가 5인 서브리스트 3개를 tape 2에 수록하면 tape 1에는 길이가 3인 2개의 서브리스트가 남는다.

⑤ tape 1이 빌 때까지 tape 1과 tape 2를 병합하여 길이가 8인 서브리스트 2개를 tape 3에 수록하면 tape 2에는 길이가 5인 1개의 서브리스트가 남는다.

⑥ tape 2가 빌 때까지 tape2와 tape3을 병합하여 길이가 13인 서브리스트 1개를 tape 1에 수록하면 tape 3에는 길이가 8인 1개의 서브리스트가 남는다.

⑦ 마지막으로 tape 1과 tape 3을 병합하여 길이가 21인 1개의 리스트를 tape 2에 출력하면 정렬은 끝난다.

이상과 같은 과정을 표로 나타내면 〈표 11.2〉와 같다. 표에서 S^n으로 표시된 것은 S는 서브리스트의 크기이고 n은 서브리스트의 개수이다.

사용되는 테이프의 수 t가 3이상일 때, t-1개의 테이프에 서브리스트를 배분하는 경우에는 일반화된 피보나치 수열을 따르는데, 이의 일반적인 공식은

$$a_k^i = \sum_{r=1}^{t-1} a^{(i)}_{k-r} \text{ 단, } a_k^i=1,\ i=2,\ 3,\ \cdots\cdots,$$

$$k=t,\ t+1,\ \cdots,\ a^{(1)}_0=t-1$$

〈표 11.2〉 다단계 병합 정렬 과정

단 계	tape 1	tape 2	tape 3
1	1^8	1^{13}	–
2	–	1^5	2^8
3	3^5	–	2^3
4	3^2	5^3	–
5	–	5^1	8^2
6	13^1	–	8^1
7	–	21^1	–

로 정의되므로 t=4 일 때에는 〈표 11.3〉과 같은 다단계 표(polyphase table)를 얻을 수 있다.

〈표 11.3〉 t=4일 때 다단계 표

k	병합 초기의 총 서브리스트의 수	tape 1 $a^{(1)}_k$	tape 2 $a^{(2)}_k$	tape 3 $a^{(3)}_k$
1	3	1	1	1
2	5	1	2	2
3	9	2	3	4
4	17	4	6	7
5	31	7	11	13
6	57	13	20	24
7	105	24	37	44

4개의 테이프를 사용하여 리스트(19, 13, 05, 27, 01, 26, 31, 16, 02)를 병합 정렬하는 과정을 나타내면 〈그림 11.3〉과 같다. 단계(pass)0에서는 tape 1에 초기 리스트가 수록된 상태를 보이고 있으며, 단계 1은 $a^{(1)}_3$=2, $a^{(2)}_3$=3, $a^{(3)}_3$=4개의 서브리스트를 tape 2, 3, 4에 수록한 것이다. 단계 2는 tape 2가 빌 때까지 tape 1에 병합하여 수록한 것이고, 단계 3은 tape 3이 빌 때까지 tape 2에 병합하여 수록한 것이며, 단계 4는 최종 결과이다.

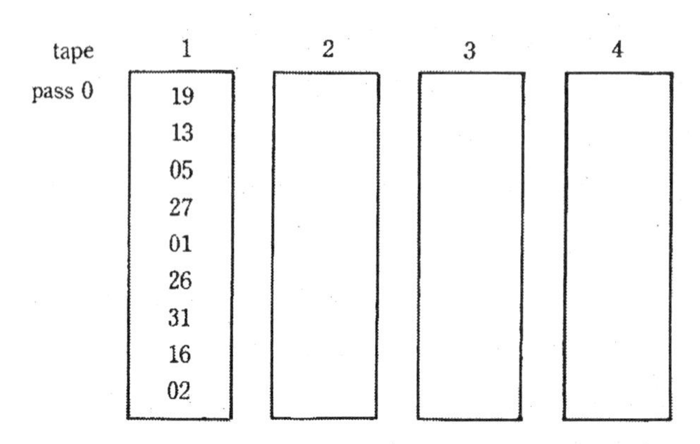

〈그림 11.3〉 $t=4$인 경우의 다단계 병합 정렬 과정 (계속)

pass 1

tape 1	tape 2	tape 3	tape 4
	19	05	26
	13	27	31
		01	16
			02

pass 2

tape 1	tape 2	tape 3	tape 4
05		01	16
19			02
26			
13			
27			
31			

pass 3

tape 1	tape 2	tape 3	tape 4
13	01		02
27	05		
31	16		
	19		
	26		

pass 4

tape 1	tape 2	tape 3	tape 4
		01	
		02	
		05	
		13	
		16	
		19	
		26	
		27	
		31	

〈그림 11.3〉 t=4인 경우의 다단계 병합 정렬 과정

11.1.5 오실레이팅 병합 정렬

오실레이팅 병합 정렬(oscillating merge sorting)은 테이프 장치가 순방향(forward direction)과 역방향(reverse direction) 어느 쪽으로도 읽기와 쓰기가 가능한 경우에만 적용할 수 있는 정렬 방법이다.

t개의 테이프를 사용하여 정렬하는 경우 1개의 테이프에 수록된 초기 리스트는 공백 테이프 1개를 제외한 $t-2$개의 테이프에 배분하고, 이것을 병합하여 공백 테이프에 수록하는데 1개의 공백 테이프를 유지하면서 $t-2$개의 테이프에 리스트를 배분하여 이것을 병합해서 공백 테이프에 수록한다. 이런 과정을 되풀이하는 동안 매번 순방향과 역방향으로 읽거나 쓰면서 내부 정렬과 외부 정렬이 교대로 이루어지며 각 단계마다 1개의 공백 테이프가 출력용으로 유지된다.

예를 들어 t=5개의 테이프를 이용하여 12개의 자료를 오름차순으로 오실레이팅 병합 정렬을 한다고 하자. 초기에 이 자료는 〈그림 11.4〉의 (a)와 같이 tape 1에 수록되어 다음과 같은 과정으로 정렬 작업이 진행되며, 이것은 〈그림 11.4)〉 (b)~(i)와 같다.

① tape 1에서 3개의 자료를 읽어 tape 3, 4, 5에 수록한다.

② 역방향으로 tape 3, 4, 5의 자료를 읽어 병합하여 tape 2에 수록한다.

1	2	3	4	5
•	•	•	•	•
30				
24				
16				
28				
2				
27				
32				
17				
3				
47				
11				
23				

(a) pass 0 초기 데이터

1	2	3	4	5
•	•	(30)	(24)	(16)
28		•	•	•
2				
27				
32				
17				
3				
47				
11				
23				

(b) pass 1 sort

1	2	3	4	5
•		•	•	•
28	30			
2	24			
27	16			
32	•			
17				
3				
47				
11				
23				

(c) pass 2 merge

1	2	3	4	5
•	•	•	(2)	(27)
32	30		•	•
17	24			
3	16			
47	(28)			
11	•			
23				

(d) pass 3 sort

1	2	3	4	5
•			•	•
32	30	28		
17	24	27		
3	16	2		
47				
11				
23				

(e) pass 4 merge

1	2	3	4	5
•			•	
(47)	30	28		(3)
11	24	27		•
23	16	2		
	(32)	(17)		
	•	•		

(f) pass 5 sort

1	2	3	4	5
•	•	•		•
47	30	28	32	
11	24	27	17	
23	16	2	3	
	•	•	•	

(g) pass 6 merge

1	2	3	4	5
•	•	•		•
	30	28	32	
	24	27	17	
	16	16	3	
	(47)	(47)	(23)	

(h) pass 7 sort

1	2	3	4	5
•	•	•		•
	30	28	32	47
	24	27	17	23
	16	2	3	11
	•	•	•	•

(i) pass 8 merge

1	2	3	4	5
•	•	•	•	•
2				
3				
11				
16				
17				
23				
24				
27				
28				
30				
32				
47				

(i) pass 9 merge

〈그림 11.4〉 오실레이팅 병합 정렬 과정

③ tape 1에서 3개의 자료를 읽어 tape 2, 4, 5에 수록한다.

④ tape 2, 4, 5에서 3개의 자료를 역방향으로 읽어 병합한 후 tape 3에 수록한다.

⑤ tape 1에서 3개의 자료를 읽어 tape 2, 3, 5에 수록한다.

⑥ tape 2, 3, 5에서 3개의 자료를 역방향으로 읽어 병합하여 tape 4에 수록한다.

⑦ tape 1에서 마지막으로 3개의 자료를 읽어 tape 2, 3, 4에 수록한다.

⑧ tape 2, 3, 4에서 3개의 자료를 역방향으로 읽어 병합한 후 tape 5에 수록한다.

⑨ 마지막으로 tape 2, 3, 4, 5에 기록된 순서화 리스트를 역방향으로 읽어 4-way 병합하여 tape 1에 수록함으로써 정렬은 끝난다.

〈그림 11.4〉에서 점(dot)은 각 테이프 장치의 읽기 /쓰기 헤드(read/write head)의 위치를 가리킨다. 단계 9에서 오름차순의 결과를 얻기 위해서는 각 단계에서 내림차순으로 정렬하여 기록하는데 유의하기 바란다.

11.2 디스크를 이용한 정렬

11.2.1 디스크정렬의 개요

디스크를 이용한 정렬에서 테이프의 경우와 같이 가장 널리 알려진 방법은 병합 정렬이다. 즉 입력 파일을 읽어 적당한 내부 정렬 방법을 적용시켜 정렬하여 몇 개의 서브파일(run이라고 함)을 생성하여 디스크에 수록한 후, 이것들을 최종적으로 하나의 파일이 될 때까지 반복적으로 병합하는 것이다.

테이프 정렬에서는 k-way 병합을 하고자 할 때 k는 사용 가능한 테이프 장치에 영향을 받지만 디스크에서는 영향을 받지 않는다. 또 디스크 장치는 테이프와는 달리 임의 접근(random access)이 가능하므로 보다 효율적인 방법들이 제안되어 있다.

디스크 정렬의 효율성은 전체 시간과 밀접한 관련을 갖는데, 디스크의 처리 시간은 다음과 같은 3가지 요소가 영향을 미친다.

① 탐색 시간(seek time) : 읽기/쓰기 헤드가 해당 실린더(cylinder)를 찾는 데 걸리는 시간으로, 이것은 헤드가 움직여야 하는 실린더의 거리와 관계가 있다.

② 회전 지연 시간(rotation delay time) : 읽기/쓰기 헤드가 트랙 위의 해당 섹터(sector)에 올 때까지 걸리는 시간이다.

③ 전송 시간(transmission time) : 디스크와 주기억장치간에 자료가 전송되는 데 걸리는 시간

이다.

검색 시간을 줄이기 위해서는 자료가 가능한 한 같은 실린더에 수록되어야 하는데, 파일이 클 경우에는 불가능하므로 이를 위하여 별도로 키(key)만 모아 키 정렬(key sort)을 한다. 또 전송 시간을 줄이기 위해서는 입출력 횟수를 줄여야 하는데, 이것은 내부 정렬을 통하여 가능한 한 서브파일을 크게 하여 그 개수를 줄이거나 또는 k-way 병합에서 k의 값을 크게 하거나 또는 병합 순서를 적절히 조정하여 병합 횟수를 최소화하여야 한다.

따라서 이 절에서는 k값이 큰 k-way 병합 방법, 서브파일의 크기를 최대화하기 위한 방법 및 최적 병합 트리와 키 정렬 등에 대하여 살펴본다.

11.2.2 k-way 병합

병합 정렬에서 m개의 서브파일이 있다면 2-way 병합에서의 병합 트리는 자료 파일에 대하여 총 $\lceil \log_2 m \rceil$ 회의 처리를 해야 하므로 $\lceil \log_2 m \rceil + 1$의 레벨을 가지게 된다. 그러므로 자료의 처리 횟수는 $k \geq 2$인 k-way 병합을 통하여 차수를 높임으로써 줄일 수 있다.

예를 들어 16개의 서브파일이 있을 경우 2-way 병합을 하면 처리 횟수가 4회이지만 4-way 병합을 하면 〈그림 11.5〉와 같이 2회의 처리 횟수로 끝난다.

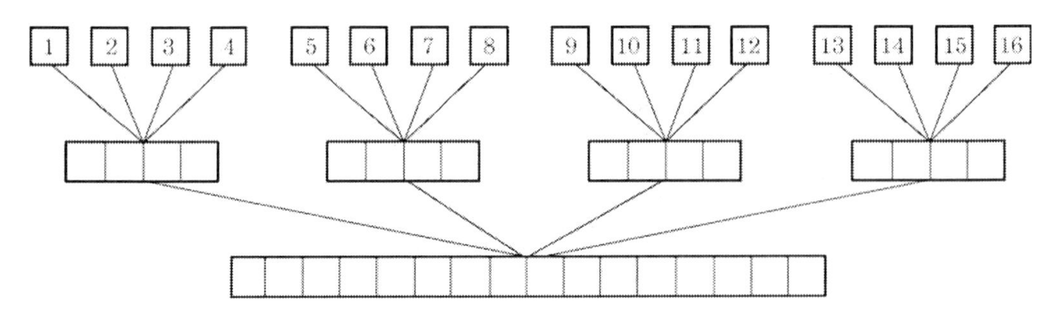

〈그림 11.5〉 16개의 서브 파일에 대한 4-way 병합

일반적으로 m개의 서브파일에 대한 k-way병합은 많아야 $\lceil \log_2 m \rceil$ 회의 자료 처리를 한다. 따라서 고차 병합을 사용하면 그 만큼 입출력 시간인 전송 시간을 줄인다.

그러나 고차 병합을 사용할 경우에는 정렬에 다른 영향을 미친다. 즉, k개의 서브파일을 내부적으로 병합할 때, k개의 자료를 비교하여 가장 작은 것을 선택하는 데 걸리는 시간이 길어진다. 그러므로 k가 증가할 때 입출력 시간은 감소하더라도 k-way 병합을 하는 데 필요한 시간 때문에 결과적으로 전체 시간은 증가한다.

그러나 *k*값이 클 경우, 다음 최소값의 자료를 찾는데 필요한 비교 횟수는 선택 트리 기법을 사용하여 어느 정도 줄일 수 있다.

선택 트리(selection tree)는 각 노드가 두 자노드보다 더 작은 값을 갖도록 구성된 이진 트리이다. 따라서 루트 노드는 그 트리에서 가장 작은 값이 된다. 〈그림 11.6〉은 8개 서브파일의 8-way 병합에 대한 선택 트리를 나타내고 있다.

이 선택 트리의 구조는 더 작은 값을 가진 자료가 승자(winner)가 되는 토너먼트 경기에 비유될 수 있으므로 이 트리에서 단노드(terminal node)가 아닌 것은 토너먼트의 승자를 뜻하고, 루트 노드는 전체 승자, 즉 가장 작은 값을 의미하게 된다.

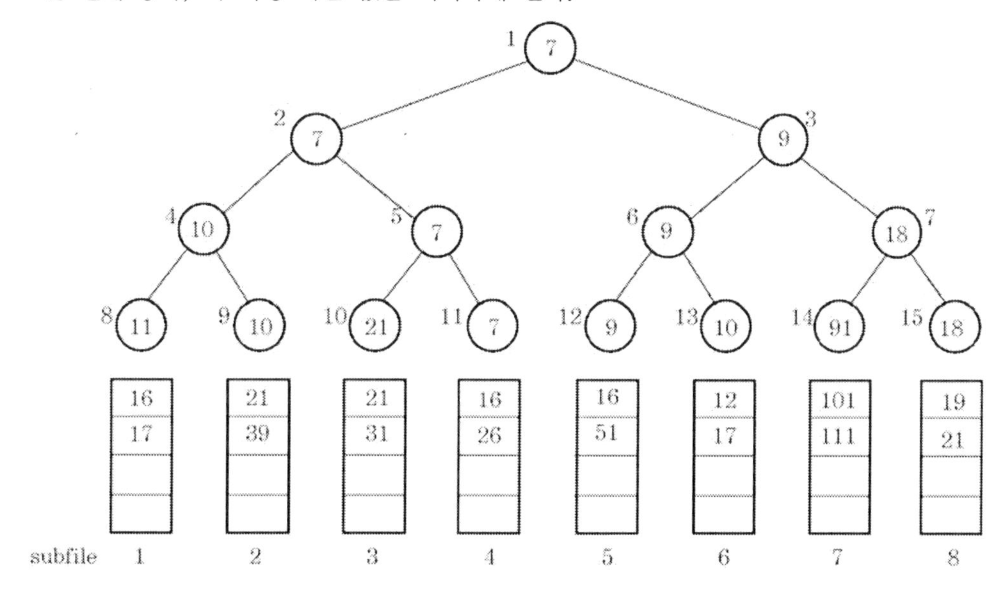

〈그림 11.6〉 8-way 병합에 대한 선택 트리

단노드는 해당 서브파일에서 첫 번째 자료를 나타낸다. 여기에서 자료를 해당 레코드의 키 또는 그 레코드의 포인터를 갖도록 하면 전체 레코드를 다루지 않아도 된다.

선택 트리는 이진 트리로 구성되고 각 노드의 옆에 쓰여진 번호는 순차적으로 표현해서 그 노드의 주소로 활용함으로써 알고리즘을 단순화시킬 수 있다.

선택 트리를 이용하여 어떻게 정렬 작업이 행해지는지 살펴보자.

먼저 루트 노드에 가장 작은 값이 있으므로 이것을 출력하고, 이것은 서브파일 4에서 올라온 것이므로 서브파일 4에서 11번 노드에 넣는다. 여기에서 제노드인 10번 노드와 16을 비교하면 21〉16이 되므로 16이 5번 노드로 올라간다. 다시 4번 노드와 비교하면 10〈16이므로 10이 2번 노드로 올라가며, 여기에서 3번 노드와 비교하면 10〉9이므로 9가 루트 노드로 올라간다. 이것을 나타내면 〈그림 11.7〉과 같다.

〈그림 11.7〉의 선택 트리에서 다시 루트 노드의 9를 출력하고, 서브파일 5에서 16을 노드 12로 입력하여 앞에서와 같은 방법으로 계속 반복하여 정렬을 해 나간다.

이 트리에서 레벨의 수는 $\lceil \log_2 k \rceil + 1$이므로 트리를 재구성하는 데 걸리는 시간이 $O(\log_2 k)$가 된다. 트리는 1개의 자료가 출력될 때마다 한 번씩 재구성되므로 n개의 자료를 병합하는데 걸리는 시간은 $O(n\log_2 k)$이다. 처음에 선택 트리를 만드는 데 $O(k)$시간이 소요되고, 레벨 수는 $O(\log_k m)$이므로 내부 처리 시간은 k와는 관계없이 $O(n\log_2 k \cdot \log_k m) = O(n\log_2 m)$이 된다.

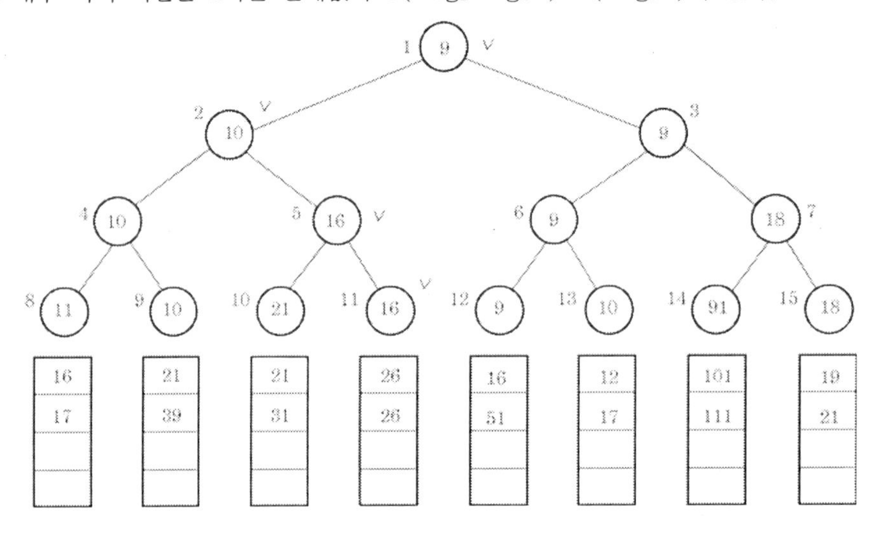

〈그림 11.7〉 하나의 데이터를 출력한 후의 선택 트리(V표는 바뀌어진 노드)

총 소요 시간을 다소 줄이려면 비 단노드들이 패자가 되는 패자 트리(tree of loser)를 사용하면 되는데, 〈그림 11.7〉의 선택 트리를 패자 트리로 나타내면 〈그림 11.8〉과 같다.

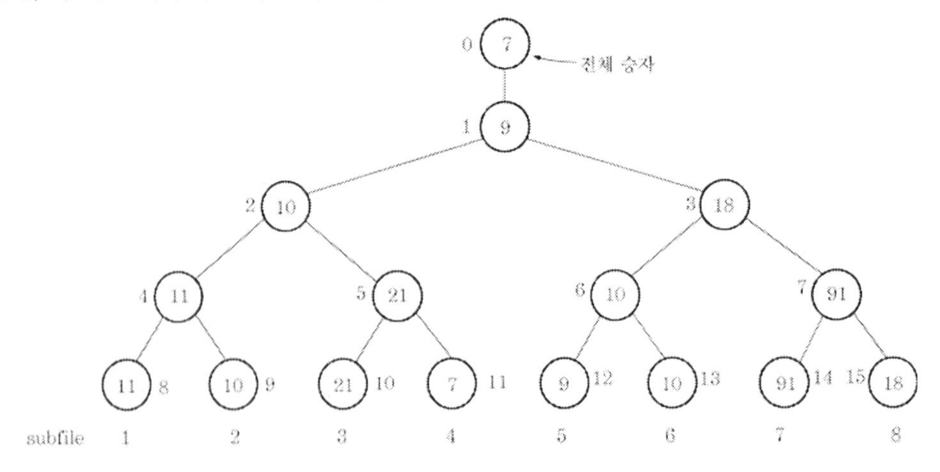

〈그림 11.8〉 그림 11.7에 대응하는 패자 트리

패자 트리에서는 추가로 노드 0을 설정하여 최종 승자를 나타내며 이것을 출력한 후 트리를 재구성한다.

11.2.3 서브파일의 생성

내부 정렬을 통하여 생성되는 서브파일의 크기는 사용하는 컴퓨터의 기억 용량과 관계가 있다. 예를 들어 한번에 기억시킬 수 있는 최대 레코드의 수가 *b*라면 생성되는 서브파일의 크기는 *b*보다 클 수 없다. 그런데 대치 선택(replacement-selection) 알고리즘을 사용하면 평균적으로 약 2배 크기의 서브파일을 생성할 수 있어서 전체적으로 서브파일의 개수가 적어지므로 병합에 있어서 단계의 수를 줄여 정렬 작업의 총 시간을 감소시킬 수 있다.

우선 대치 선택에 의하여 어떻게 서브파일이 생성되는지 〈그림 11.9〉를 통하여 살펴보자.

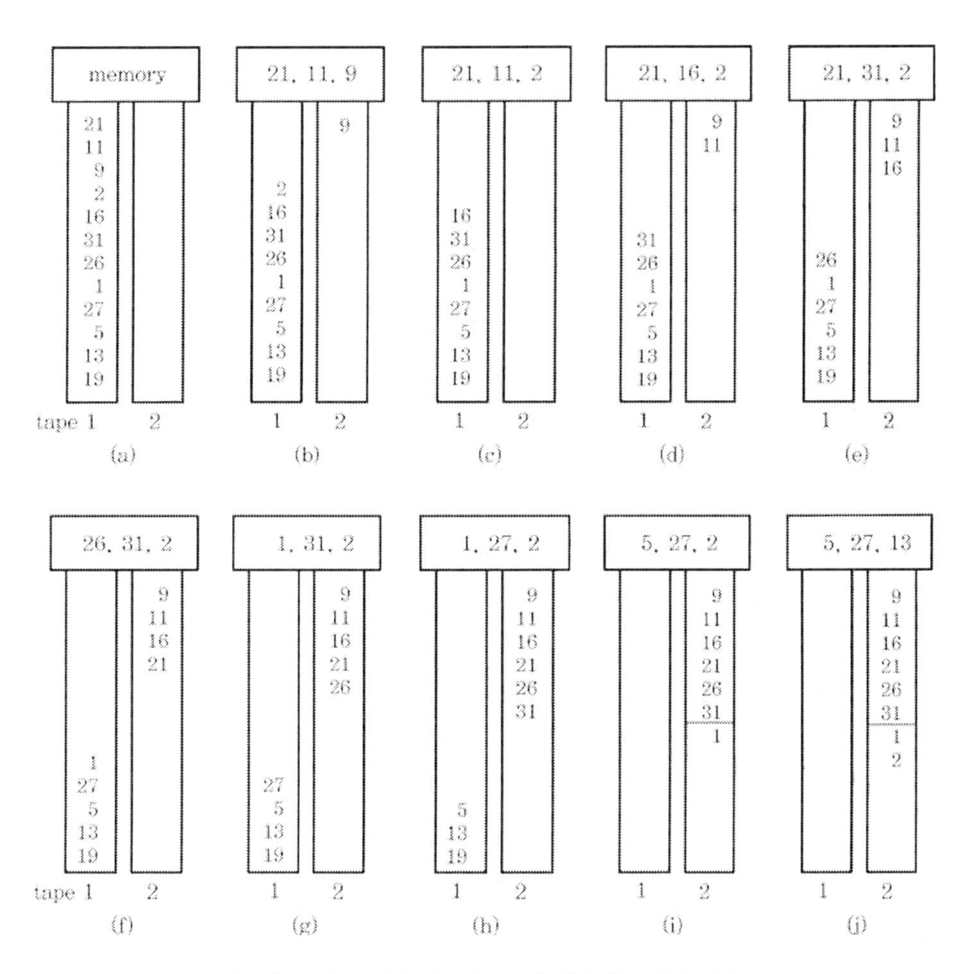

〈그림 11.9〉 2개의 서브리스트가 생성되는 대치 선택

리스트는 〈그림 11.9〉 (a)와 같이 tape 1에 수록되어 있고, 주기억장치의 기억 용량의 크기는 3이라고 가정한다.

먼저 tape 1에서 3개의 자료를 읽어 기억 장치에 기억시키면 〈그림 11.9〉의 (b)와 같은 상태가 된다. 이 때 기억 장치에 기억된 내부 리스트에서 가장 작은 값을 선택하여 tape 2에 출력하고, 이 위치에 tape 1로부터 다음 값을 읽어 대치하면 〈그림 11.9〉의 (c)와 같이 된다. 다시 기억 장치에서 출력된 값보다 크거나 같은 값 중 가장 작은 11을 선택하여 출력하고, tape 1에서 다음 값 16을 읽어 그 장소에 대치하면 〈그림 11.9〉의 (d)와 같이 된다.

이와 같은 방법을 계속하여 〈그림 11.9〉의 (h)와 같은 상태가 되면 이제는 출력된 31보다 작지 않은 값이 없으므로 일단 1개의 서브파일의 생성을 끝내고, 기억 장치 내에서 가장 작은 1을 출력한 후 그 자리에 tape 1로부터 5를 읽어 대치하면 〈그림 11.9〉의 (i)상태가 된다. 이런 방법을 계속하여 두 번째의 서브파일을 생성한다.

〈그림 11.9〉에서 보는 바와 같이 일반적인 서브파일의 생성 방법으로는 12/3=4개의 서브 파일이 만들어지나 대치 선택 알고리즘을 사용하면 2개의 서브파일로 끝나게 되므로 다음 단계의 병합 작업을 효율적으로 수행할 수 있다.

대치 선택 알고리즘을 개괄적으로 기술하면 다음과 같다.

replacement-selection

{T_1은 입력 테이프이고, T_2는 출력 테이프이다. 여기에서 n은 내부 기억 장치의 크기이다. }

1. T_1으로부터 n개의 자료를 읽어 LIST라 불리는 내부 기억 장치에 기억시킨다.
2. T_1이 empty가 될 때까지 다음 step을 반복한다.
   (a) LIST로부터 smallest data를 선택하여 MINMAX로 한다.
   (b) T_2에 MINMAX를 출력하고, T_1으로부터 1개의 data를 읽어 그 곳에 replace 한다. 그리고 SELECTION='SUCCESS'로 놓는다.
   (c) SELECTION='FAIL'일 때까지 다음 step을 반복한다.
      i) LIST내에 MINMAX보다 크거나 같은 값 중 가장 작은 것이 있으면, 이것을 MINMAX에 replace하고 T_2에 출력하며, T_1으로부터 1개의 data를 읽어 그 자리에 replace한다.
      ii) 아니면 SELECTION='FAIL'로 set한다.
   (d) T_2에 subfile mark를 출력한다.
3. LIST 내의 $(n-1)$개의 largest 자료를 순서화하여 T_2에 출력한 후, T_2에 filemark를 한다.

대치 선택 알고리즘은 각기 다른 크기의 순서화 된 서브파일을 만들어 내기 때문에 이것은 최소 병합 트리(minimal merge tree)를 형성하여 최적으로 병합 작업을 수행할 수 있으므로 전체 정렬 시간을 단축하게 된다.

11.2.4 최적 병합 트리

대치 선택 알고리즘에 의하여 서브리스트의 길이가 각각 28, 25, 13, 10, 8, 7, 6, 3인 리스트들이 생성되었다고 하자. 이 8개의 서브리스트를 3-way 병합을 한다면 어떤 것부터 병합을 하는 것이 전체 병합 시간을 최소화할 수 있는지에 대한 문제가 제기된다.

제일 먼저 서브리스트의 길이가 가장 큰 3개를 병합한다고 하면 새로 만들어지는 서브리스트의 길이는 28+25+13=66이 될 것이다. 그렇게 되면 다음 단계에서 병합해야 할 서브리스트는 66, 10, 8, 7, 6, 3의 길이를 가진 6개가 된다. 여기서 다시 길이가 큰 3개의 서브리스트를 병합하면 66+10+8=84의 길이가 되는 리스트가 만들어지고, 그 다음에는 84+7+6=97, 마지막으로 97+3=100의 길이를 가진 리스트가 만들어짐으로써 병합이 끝나게 된다.

이런 방법으로 3-way 병합을 할 경우 각 단계를 트리로 표현할 수 있는데, 이 트리는 초기의 서브리스트를 단노드로서 표현한다. 단노드의 값은 서브리스트의 길이를 나타내며, 간노드(internal node)는 병합된 리스트의 길이로서 그 자노드의 합계가 된다. 〈그림 11.10〉의 (a)는 앞에서 설명한 방법으로 병합하는 과정을 나타낸 병합 트리(merge tree)이다. 루트 노드는 계산의 편의상 레벨 0으로 하였다.

〈그림 11.10〉의 (b)와 같은 트리에 의하여 병합을 한다고 하자. 첫 단계의 병합은 가장 길이가 짧은 2개의 서브리스트 V_7과 V_8을 대상으로 하여 길이가 9인 서브리스트를 만들고, 다음 단계에서는 이것과 길이가 각각 8과 7인 서브리스트 V_5, V_6과 함께 3-way 병합을 하여 길이가 24인 서브리스트를 만든다. 그 다음에는 길이 24로 새로 만들어진 서브리스트와 길이가 각각 13, 10인 V_3, V_4를 병합하여 길이가 47인 서브리스트를 만들고 이것을 최종적으로 길이가 각각 25, 28인 서브리스트 V_2, V_1을 병합하여 길이가 100인 순서화 된 리스트를 얻음으로써 병합은 끝난다.

〈그림 11.10〉의 (b)의 병합 트리를 최적 병합 트리(optimal merge tree)또는 최소 병합 트리(minimal merge tree)라고 하는데, 그 이유는 병합 과정에서 필요로 하는 자료의 이동 횟수(move operation)가 최소가 되도록 구성된 트리이기 때문이다.

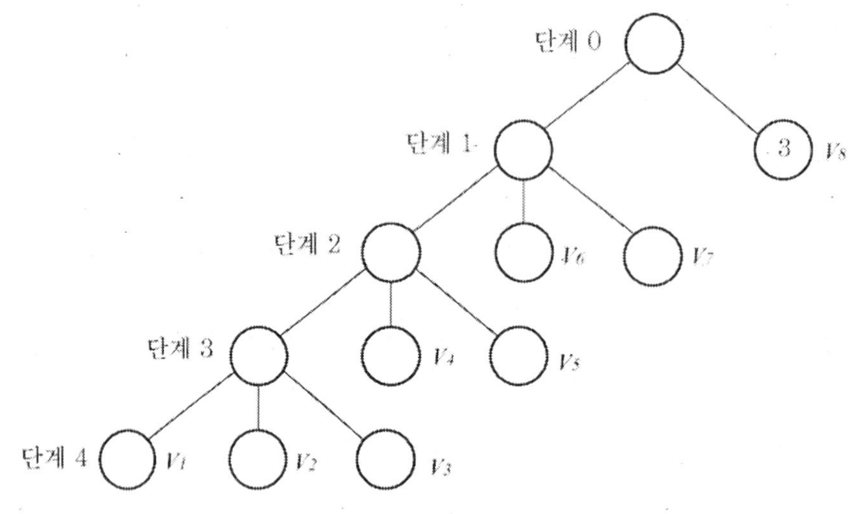

(a) 3-way 병합을 위한 병합 트리

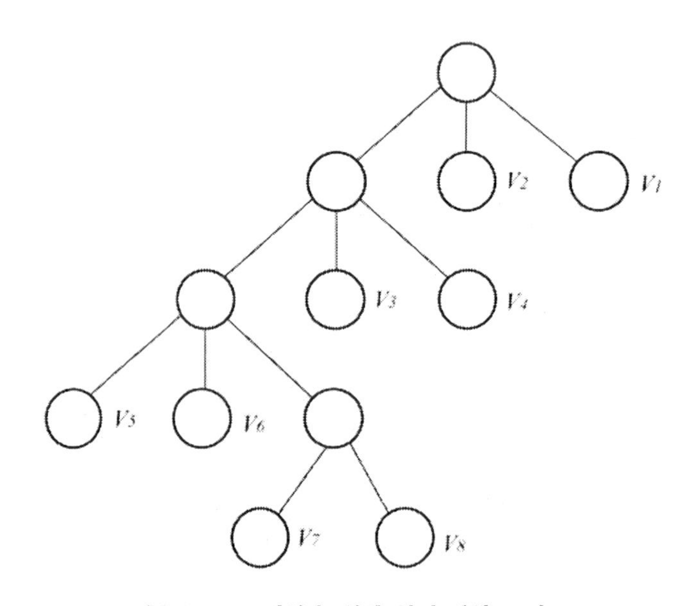

(b) 3-way 병합을 위한 최적 병합 트리

〈그림 11.10〉 3-way 병합을 위한 두 가지 병합 트리

그러면 주어진 트리의 총 병합 횟수는 어떻게 계산하고, 최적 병합 트리는 어떻게 만드는 가에 대하여 알아보자.

병합에 따르는 자료의 이동 횟수를 계산함에 있어서 병합 트리의 각 레벨은 한 번의 이동을 필요로 한다. 초기의 서브리스트에 포함된 자료가 최종 리스트까지 이동되기 위해서는 루트 노드에 포함될 때까지 반복해서 단노드를 병합해 나아가야 한다. 그러므로 초기 서브리스트에서 하나의 자료는 그 레벨부터 루트 노드까지 레벨 수만큼 이동되어야 한다.

즉 레벨 L에 있는 단노드는 루트 노드에 도달하기 위하여 L번 이동되어야 하므로 만일 단노드가 v_i의 값을 가지고 있다면 Lv_i는 초기 서브리스트에서 최종 리스트까지 v_i개의 자료를 복사(copy)하는 데 필요한 이동 횟수가 된다.

여기에서 L_i를 단노드 i의 레벨 수라하고, v_i를 단노드 i의 서브리스트의 길이라고 하면, r레벨을 가진 트리의 총 이동 횟수 value는

$$\text{value} = \sum_{i=1}^{r} L_i v_i$$

가 된다.

최적 병합 트리는 병합 트리의 value가 가능한 한 최소가 되도록 단노드(길이가 v_i로 표현된 서브리스트)를 배치한 트리이다.

〈그림 11.10〉에 보인 2개의 트리에 대한 총 이동 횟수의 계산 결과를 나타낸 것이 〈표 11.4〉이다.

〈표 11.4〉 2개의 병합 트리에 대한 총 이동 회수 계산

(a) 〈그림 11.10〉 (a)의 트리

level number	node	value	product
1	v_8	3	3
2	v_6, v_7,	7 + 6	26
3	v_4, v_5,	10 + 8	54
4	v_1, v_2, v_3	28 + 25 + 13	264
		value =	347

(b) 〈그림 11.10〉 (b)의 트리

level number	node	value	product
1	v_1, v_2	28 + 25	53
2	v_3, v_4	13 + 10	46
3	v_5, v_6	8 + 7	45
4	v_7, v_8	6 + 3	36
		value =	180

〈표 11.4〉의 value는 각 레벨에 있는 노드의 값을 더한 것이고, product는 value에 level number를 곱한 것이다.

병합 트리의 value를 계산하는 공식은 주어진 트리가 최적인가를 판정하기 위하여 트리의 value를 검사하는 수단을 제공한다.

이번에는 어떻게 최적 병합 트리를 만드는지 그 방법에 대하여 살펴보자.

2-way 병합은 이진 트리를 형성하고, 3-way 병합은 3진 트리(ternary tree)를 형성한다. 일반적으로 C진 트리(C-nary tree)는 C-way 병합을 나타낸다. 최적 병합 C진 트리는 최소 값을 가진 C개의 노드를 함께 집단화함에 의하여 만들어지는데, 이것을 filial set라고 한다.

C개의 최소값들은 더해지고, 그 합계는 filial set의 부노드의 값이 된다. 다시 남아 있는 모든 노드들 중에서 최소값을 가진 C개의 노드를 선택하면 이것이 filial set이 된다. filial set의 값을 모두 더하여 이것을 다시 부노드로 해서 앞의 방법을 반복 적용하는 과정에서 하나의 노드만 남게 될 때 트리의 구성은 끝난다.

때로는 단노드의 수가 C의 배수가 아닐 경우가 있는데, 이런 경우에는 처음 filial set의 크기를 다음과 같이 결정하여야 한다.

만일 $(r-1)$ modulo $(C-1)=0$ 이면 최초 filial set은 C개의 노드를 포함하게 되고, 그렇지 않으면 $1+\lfloor (r-1)$ modulo $(C-1) \rfloor$ 개의 노드를 갖도록 한다.

〈그림 11.10〉의 (b)의 최적 병합 트리의 구성의 예를 나타낸 것이 〈그림 11.11〉이다. 여기에서 $r=4$이고 $C=3$이므로 최초 filial set은 $1+\lfloor (4-1)$ modulo $(3-1) \rfloor =2$이다.

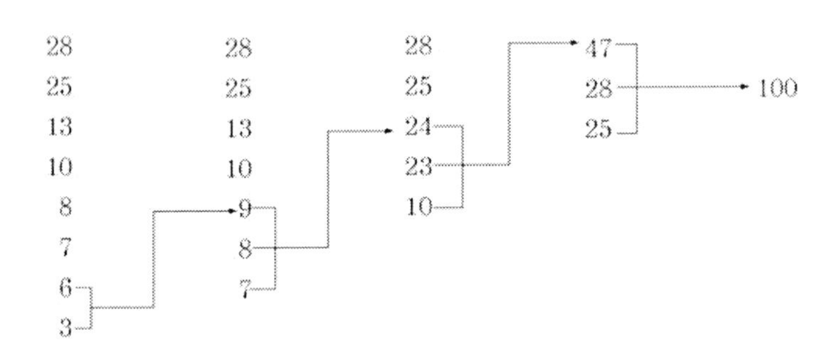

〈그림 11.11〉 최적 병합 트리의 유도

11.2.5 키 정렬

디스크의 정렬에서 검색 시간(seek time)을 무시한다면 최적 병합 트리를 이용하는 것이 가장 적합한 병합 정렬 방법이 된다. 그러나 검색 시간은 디스크의 파일을 다루는데 있어서 가장 큰 요인 중의 하나이기 때문에 이 시간을 최소화하는 노력이 필요하다.

잘 아는 바와 같이 디스크의 트랙은 트랙간의 이동 시간을 피하기 위하여 실린더로 구성되어 있다. 그러므로 다루려고 하는 레코드들이 1개의 실린더에 모두 포함된 트랙에 디스크파일을 수록하면 헤드의 이동 없이 레코드들을 다룰 수 있다.

만일 초기의 서브파일이 한 실린더에 모두 수용할 수 있는 작은 것들이라면 정렬과 병합알고리즘은 검색 시간을 최소화하여 수행할 수 있다.

그러나 대부분의 파일은 하나의 실린더에 수용할 수 없을 정도의 크기이기 때문에 각 레코드를 키 필드(key field)와 나머지 필드로 분할하여 정렬 대상이 되는 파일의 크기를 감소시키는 방법을 사용한다. 즉 키 필드와 그에 대응하는 레코드의 포인터로서 파일을 만들어 정렬한다.

이렇게 파일의 크기를 줄이기 위하여 키와 그 포인터만을 가지고 정렬하는 방법을 키 정렬(key sort) 또는 태그 정렬(tag sort)이라고 한다.

키 정렬의 단점은 정렬 후에 파일의 마스터 레코드를 키가 정렬된 후에 해당 위치로 재배치한다는 점이다.

Exercise

1. 다단계 병합(polyphase merge sort)로 정렬할 때 가장 작은 테이프의 개수는 얼마인가?

2. 4개의 유닛을 사용하여 다단계 병합 정렬을 하려고 한다. 이때 파일을 16개의 서브파일로 등분했다면 각 테이프에 몇 개 씩 분배하면 좋은가?

3. 키의 값이 ki(1≤i≤k)인 k개의 레코드들에 대하여 패자 트리를 만드는 프로그램을 작성하여라. 트리의 노드는 $T_i(0 \le i < k)$로 나타내고, T_0는 전체 승자를 가리킨다. 이 프로그램의 수행 시간이 $O(k)$임을 증명하여라.

4. 5개의 테이프를 가지고 외부 정렬을 하는 피보나치 병합표를 작성하여라. 또한 30개의 중간 결과를 3개의 테이프를 사용하여 피보나치 수열에 따라 병합하는 과정을 나타내어라. 필요하면 모조 레코드를 사용할 수 있다.

5. (1) s개의 레코드만을 저장할 수 있는 컴퓨터에서 n개의 레코드를 정렬하려 한다. 여기서 s는 n보다 아주 작은 수이다. s개 레코드 전체의 용량을 입출력 버퍼로 사용할 수 있다고 가정하자. 또한, 입력은 디스크를 사용하며 전체 시행 횟수(run)는 m으로 되어 있다. 디스크에 입력될 때마다 탐구 시간은 t_s이고 회전 지연 속도는 t_l이다 또한 레코드의 전송시간은 t_t이다. k-원 병합을 사용하고 입출력과 CPU 작업을 동시에 수행할 수 있도록 내부 메모리를 1/0 버퍼로 나누어 사용한다면 외부 정렬에 대한 총 입력 시간은 얼마나 되는가?
   (2) 모든 런(run)을 병합하는 데 필요한 CPU의 시간을 T_{cpu}라 하자. t_s=80ms, t_l=20ms, n=200,000, m=64, $t_t=10^{-3}$초/record, s=2000이라 할 때 k에 대한 전체 입력 시간 T_{input}의 근사값을 구하여라.

6. 디스크를 사용한 정렬의 문제점들을 나열하고 이를 설명하여라.

7. 테이프를 사용하여 정렬하는 분산 전략을 사용한 런(run)을 조사해 본다. 4개의 테이프를 사용하여 157개의 런을 3-way병합을 하는 과정을 살펴보자. 초기에 실행은 T_1에서 70개의 런 T_2에서 56개의 런 그리고 T_3에서 31개의 런으로 분산된다. 병합이 아래 테이블과 같이 수행되는 이치를 설명해 보아라.

번호	위상	T_1	T_2	T_3	T_4	
1	1	1^{70}	1^{56}	1^{31}	–	초기 분산
2	2	1^{39}	1^{25}	–	3^{31}	T_4를 병합
3	2	1^{14}	–	2^{25}	3^{31}	T_1, T_2를 T_3에 병합
4	3	–	6^{14}	2^{11}	3^{17}	T_1, T_3, T_4를 T_2에 병합
5	3	5^{11}	6^{14}	–	3^{6}	T_3, T_4를 T_1에 병합
6	4	5^{5}	6^{8}	14^{6}	–	T_1, T_2, T_4를 T_3에 병합
7	4	–	6^{3}	14^{6}	–	T_1, T_2를 T_4에 병합
8	5	31^{3}	–	14^{3}	11^{2}	T_2, T_3, T_4를 T_1에 병합
9	5	31^{3}	25^{2}	14^{1}	–	T_3, T_4를 T_2에 병합
10	6	31^{2}	25^{1}	–	70^{1}	T_1, T_2, T_3를 T_4에 병합
11	6	31^{1}	–	56^{1}	70^{1}	T_1, T_2를 T_3에 병합
12	7	–	157^{1}	–	–	T_1, T_3, T_4를 T_2에 병합

8. 위상(phase)은 3-way 병합 뒤에 2-way 병합을 하도록 되어 있고, 각 위상에서 거의 모든 초기 런이 처리된다.

(1) 157 런(run)을 정렬하는 데 필요한 전체 패스(pass)의 수는 6-62/157임을 보여라.

(2) 6개의 테이프를 사용하여 5-way 캐스케이드 병합을 위한 초기 분산 테이블의 처음 10개의 행(row)들을 만들어라.

9. 태그 정렬(tag sort)은 어떤 경우에 적합하며, 이 방법의 단점은 무엇인지 설명하여라.

10. 외부 정렬의 효율화를 위하여 고려되어야 할 가장 큰 요인은 무엇인지 그 이유를 설명하여라.

11. n개의 원소 $x[1]$, $x[2]$, …, $x[n]$이 주어진 경우에, 다음은 합병 삽입 정렬(merge insertion sort)을 나타낸다. 이를 프로그램으로 작성하고 프로그램의 수행 시간을 분석하라.

- 단계1 : $1 \le i \le n-i$인 모든 홀수 i에 대하여 $x[i]$와 $x[i+1]$을 비교하여 큰 원소를 또 다른 배열의 원소 $L[j]$에 저장하고 작은 원소를 $S[j]$에 저장한다. 만일 n이 홀수이면 마지막 원소인 $x[n]$을 $S[k]$에 저장한다.

- 단계2 : 합병 삽입 정렬을 순환적으로 정의하여 배열 L을 정렬한다. 단, $L[j]$가 $L[k]$로 옮겨질 때마다 $S[j]$도 $S[k]$로 옮겨진다. 이 단계의 수행이 끝나면 $1 \leq i \leq n/2$인 i에 대하여 $L[i] \leq L[i+1]$이고 $S[i] \leq L[i]$가 된다.
- 단계3 : 이번 과정에서는 $S[1]$과 배열 L의 모든 원소를 $x[1]$부터 $x[n/2+1]$의 위치로 옮긴다.
- 단계4 : 함수 $f(i)=[2^{i+1}+(-1)^{i}] \div 3$라고 가정할 때, i를 1부터 하나씩 증가시켜 $f(i) \leq (n \div 2)+1$인 동안 $S[f(i)]$에서 $S[f(i+1)]$까지 차례대로 이진 탐색에 의한 삽입 방법을 사용하여 x로 옮긴다.

12. 다단계 병합 정렬에 의한 3-way 합병을 위해 4개의 테이프를 사용 가능하고, 각 테이프에 300개의 레코드가 존재하는 경우, 주기억장치가 100개의 레코드를 수용할 수 있다면 전체 파일에 대한 입출력은 몇 번 필요한지를 구하라.

13. Tape T_1에 Key값 41, 26, 18, 30, 3, 29, 36, 19, 5, 51, 15, 23 등 12개의 테이터가 수록되어 있다. T_1을 포함하여 5개의 Tape를 사용해서 오실레이팅 병합 정렬을 행하는 과정을 그림으로 나타내고 설명하여라. 단 테이프 장치들은 모두 순방향과 역방향 어느 쪽으로나 읽기와 쓰기가 가능한 것으로 간주한다.

14. k-way 병합에서 k값이 클 경우에는 최소값을 찾는데 필요한 횟수를 줄이기 위하여 선택 트리 기법을 사용한다. 선택 트리 기법을 이용하여 8-way병합을 하는 방법을 보기를 들어 설명하여라.

15. 리스트 42, 21, 17, 4, 30, 59, 51, 2, 54, 11, 25, 38이 Tape 1에 수록되어 있다. 이것을 대치 선택 알고리즘을 사용하여 Tape 2에 서브 파일을 생성해 보아라, 단 기억 용량의 크기는 3이라고 가정한다.

PART 5

테이블과 파일

파일은 레코드의 집합체로 이루어진 특수한 형태의 자료 구조로서 대량의 자료를 외부 기억 장치에 저장해 놓고 능률적인 파일 처리를 하게 된다.
따라서 이 파트에서는 레코드의 키 및 키와 관련된 정보를 저장하는 테이블의 구성과 연산에 대하여 살펴보고 여러 가지 파일의 편성 방법과 그 응용에 대하여 다룬다.

Chapter

12 심벌 테이블

12.1 심벌 테이블의 개요

12.1.1 심벌 테이블의 개념

심벌 테이블(symbol table)은 파일을 구성하고 있는 레코드의 키(key) 및 키와 관련된 정보가 저장된 테이블로서, 키는 테이블에서 레코드를 유일하게 구별해 주는 고유값이고, 키와 관련된 정보는 하나 이상의 속성(attribute)들의 집합이다.

따라서 K_1, K_2, ⋯, K_n을 서로 다른 키들이라 하고, A_1, A_2, ⋯, A_n을 키에 관련된 정보라 하면 심벌 테이블 T는

$$(K_1,\ A_1),\ (K_2,\ A_2),\ \cdots\cdots,\ (K_n,\ A_n)$$

과 같이 키-속성의 쌍들의 집합으로 구성된다.

심벌 테이블은 전산학 분야에서 널리 사용되는데, 특히 로더(loader), 어셈블러(assembler), 컴파일러(compiler) 등의 키워드를 테이블로 구성한다든지, 또는 파일 관리 시스템에서 자주 볼 수 있는 자료 구조이다.

심벌 테이블에서 일반적으로 수행되는 연산으로는 다음과 같다.

① 새로운 테이블의 생성
② 심벌과 관련된 정보의 검색
③ 특정의 심벌, 즉 키가 존재하는지의 여부 조사
④ 새로운 키와 관련된 정보의 삽입
⑤ 기존의 키와 관련된 정보의 삭제
⑥ 공백 테이블의 확인

또한, 이들을 관련된 함수들로 표현하면 다음과 같다.

- CREATE*()* → stable : 공백 테이블을 생성한다.
- FIND*(stable, key)* → attribute : 테이블에서 주어진 키와 관련된 정보를 검색한다.
- HAS*(stable, key)* → boolean : 주어진 테이블 내에 키가 존재하는지의 여부를 검색하여 논리값을 반환한다.
- INSERT*(stable, key, attribute)* → stable : 테이블에 주어진 키 및 키와 관련된 정보를 삽입한다.
- DELETE*(stable, key)* → stable : 테이블에서 주어진 키를 삭제한다.
- ISMTST*(stable)* → boolean : 테이블이 공백 테이블인가의 여부를 조사하여 그 결과를 논리값으로 반환한다.

심벌 테이블에 대하여 삽입과 삭제의 연산이 적용되지 않는 정적인 테이블이 있는가 하면 수시로 갱신이 되는 동적인 테이블도 있다. 또 경우에 따라서는 테이블 내에 같은 키가 한 번 이상 나타날 수도 있다.

테이블을 검색하는 경우에는 각 테이블이 키를 중심으로 어떻게 테이블이 구성되어 있느냐에 따라 각기 다른 검색법을 적용할 수 있으며, 또 반대로 키의 검색 빈도에 따라 각기 다른 구조의 테이블을 구성할 수도 있다. 따라서 이 장에서는 여러 가지 형태의 테이블과 그 검색 방법에 대하여 살펴보기로 한다.

12.1.2 심벌 테이블의 구성과 검색

심벌 테이블은 배열이나 이진 트리 구조로 표현할 수 있다. 배열로 테이블을 표현하는 경우에는 순서화 된 테이블과 해시 테이블로 관리되며, 이진 트리로 표현하는 경우에는 이진 검색 트리(binary search tree)나 높이 균형 트리(height balanced tree)로 관리된다.

순서화된 테이블을 관리하는 경우에는 이진 검색(binary search)이나 피보나치 검색(Fibonacci search)을 통하여 용이하게 검색할 수 있으나 삽입과 삭제가 빈번할 경우에 테이블의 유지에 많은 시간과 노력이 소요된다.

한편 해시 테이블을 관리하는 경우에는 테이블 내에서의 키의 주소를 결정하는 해싱 함수(hashing function)의 선택과 오버플로우(overflow)에 대한 대책이 중요한 문제로 제기되지만 검색의 효율성은 커진다는 장점이 있다.

심벌 테이블을 이진 검색 트리로 표현하는 경우에는 테이블이 정적일 때 키의 검색 빈도에 따라 검색 길이가 최소화되도록 하는 문제가 고려되어야 하고, 동적 테이블일 경우에는 트리의 높이가 균형이 유지되도록 하여야 하는 문제가 제기된다.

이상과 같은 테이블의 구성과 검색에 대한 트리 테이블과 해시 테이블에 대해 상세하게 알아본다.

12.2 트리 테이블

12.2.1 트리 테이블의 구성

키가 정렬되어 있는 경우 테이블의 검색 길이를 짧게 하기 위하여 이진 검색 트리를 구성하고, 이에 대하여 검색 작업을 수행한다.

이진 검색 트리 *T*는 공백(empty)이거나 또는 트리 내의 각 노드는 하나의 키를 가지며 다음 성질을 만족한다.

① *T*의 왼쪽 서브트리에 있는 키는 루트 노드(root node)의 키보다 작다.

② *T*의 오른쪽 서브트리에 있는 키는 루트 노드의 키보다 크다.

③ *T*의 왼쪽 서브트리와 오른쪽 서브트리에 대해서도 역시 ①과 ②의 성질을 만족한다.

키로 사용되는 심벌의 집합(read, write, if, for, while, repeat)가 있을 때, 이에 대한 이진 검색 트리는 키의 입력 순서에 따라 각기 다른 형태로 구성될 수 있는데 〈그림 12.1〉의 (a)는 키의 입력 순서가 (read, write, if, for, while, repeat)일 경우의 이진 검색 트리이고, (b)는 키의 입력 순서가 (repeat, if, read, while, for, write)일 경우의 이진 검색 트리이다.

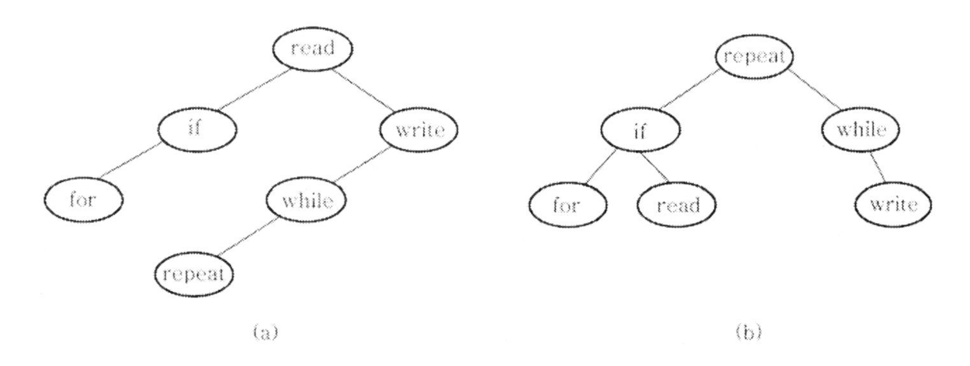

〈그림 12.1〉 키의 입력 순서에 따른 이진 검색 트리

이진 검색 트리에서 특정의 키를 검색하는 데 걸리는 시간은 해당 키를 가진 노드의 레벨수 만큼의 비교 횟수와 같다. 즉 〈그림 12.1〉의 (a)에서 키 while을 검색하려면 처음에 read와 비교되고, 다음에 write와 비교되며, 다시 while과 비교됨으로써 3번의 비교 결과로 검색이 성공된다.

따라서 최악의 검색 시간을 생각하면 〈그림 12.1〉의 (a)는 4개의 노드를 조사하여야 하고, 〈그림 12.1〉의 (b)는 3개의 노드를 조사하면 되므로 (b)가 더 바람직하다.

만일 각각의 키가 모두 같은 확률로 검색된다고 가정하면, 〈그림 12.1〉(a)의 이진 검색 트리에서의 평균 검색 시간은

read =1
if =2
write =2
for =3
while =3
repeat =4

계 15 15/6=2.5(회)

가 되고, (b)의 평균 검색 시간은

repeat =1
if =2
while =2
for =3
read =3
write =3

계 14 14/6≒2.3(회)

이므로 (b)의 평균 검색 시간이 더 효율적이다.

동일한 키의 집합에 대한 이진 검색 트리의 효율성을 평가할 때 일반적으로 확장된 이진트리(extended binary tree)를 사용하는데, 이것은 〈그림 12.2〉와 같이 널 포인터(null pointer)가 있는 곳마다 사각 노드(square node)를 첨가하여 만든 트리이다.

n개의 노드로 구성된 이진 트리에는 $n+1$개의 널 포인터가 존재하므로 $n+1$개의 사각 노드를 갖게 된다. 사각 노드는 원래의 트리에 있는 실제 노드가 아니므로 실제 노드를 내부 노드(internal node)라고 하는데 대하여 외부 노드(external node)라고 한다.

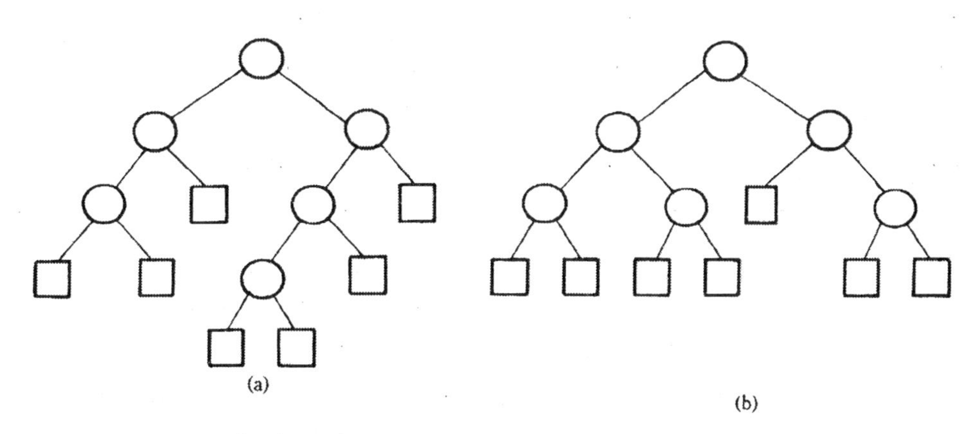

〈그림 12.2〉 그림 12.1에 대응하는 확장된 이진 트리

트리에 존재하지 않는 키를 검색하기 위하여 이진 검색 트리를 조사하면 검색은 외부 노드에서 종료되므로 외부 노드를 실패 노드(failure node)라고도 한다. 그러므로 외부 노드가 첨가된 이진 트리가 확장된 이진 트리인데, 〈그림 12.1〉에 대응하는 확장된 이진 트리를 나타내면 〈그림 12.2〉와 같다.

확장된 이진 트리로 심벌 테이블이 구성되어 있을 때는 각 노드의 경로 길이의 합으로 검색 시간을 평가할 수 있는데, 이진 트리의 외부 경로 길이(external path length)는 모든 외부 노드에 대하여 루트 노드로부터 각 외부 노드까지의 경로 길이의 합으로 정의되고, 내부 경로 길이(internal path length)는 모든 내부 노드에 대하여 루트 노드로부터 각 내부 노드까지의 경로 길이의 합으로 정의된다.

따라서 내부 경로 길이를 I, 외부 경로 길이를 E라 할 때, 〈그림 12.2〉의 (a)의 확장된 이진 트리의 I와 E는 다음과 같다.

$$I=0+1+1+2+2+3=9$$
$$E=2+2+3+3+3+4+4=21$$

따라서 n개의 내부 노드를 가진 확장된 이진 트리에서 I와 E의 관계는

$$E=I+2n$$

으로 나타낼 수 있고, E의 최대값은 최대값 I를 갖게 된다.

그러므로 검색 시간을 최소화하기 위해서는 I의 값이 최소가 되는 이진 트리를 구성하여야 하는데, 이를 위해서는 가능한 한 많은 내부 노드들이 루트 노드에 근접해 있어야 한다.

이진 트리에서 내부 경로 길이가 0인 노드는 1개, 1인 노드는 2개, 2인 노드는 4개를 가질 수 있으므로 I의 최소값은

$$0 + 1 \cdot 2 + 2 \cdot 4 + 3 \cdot 8 + \cdots$$

이 된다. 이것을 공식으로 나타내면

$$\sum_{1 \le k \le n} = \lceil \log_2 k \rceil = O(n^* \log n)$$

이 된다.

n개의 내부 노드를 가진 모든 이진 트리에 대하여 I의 최대값을 갖는 이진 트리는 사향 트리(skewed tree)로서, 이것은 트리의 깊이가 n이므로 그 내부 경로의 길이는

$$I = \sum_{i=0}^{n-1} i = n(n-1)/2$$

가 되어 선형 검색의 결과를 가져오므로 최악의 경우가 된다.

12.2.2 높이 균형 이진 트리

심벌 테이블에 새로운 키를 삽입하거나 또는 기존의 키를 삭제하는 등의 연산이 행해지는 동적 테이블(dynamic table)의 경우에, 이에 대응하는 이진 검색 트리는 삽입 또는 삭제되는 키에 따라 트리의 형태가 변하므로 검색 시간도 변화된다.

검색 시간이 최소화되려면 이진 검색 트리는 전이진 트리(complete binary tree)로 유지되어야 하는데, 노드들이 어떤 순서로 삽입되느냐에 따라 각기 다른 트리가 형성되고 또 새로운 노드를 삽입함에 따라 수시로 변화하므로 전이진 트리를 유지하는 것은 매우 어렵다. 왜냐하면 새로운 노드가 삽입될 때마다 전체 트리를 재구성하여야 하므로 이를 위한 시간과 노력이 검색 시간보다 커질 수 있어 효율성이 저하되기 때문이다.

그러나 n개의 노드를 갖는 트리에 대하여 평균과 최악의 검색 시간이 $O(\log_2 n)$이 되도록 트리가 균형을 유지하도록 할 수 있는데 이런 트리가 높이 균형 이진 트리(height balanced binary tree)이다.

이것은 1962년 Adelson-Velskii와 Landis가 소개한 것으로 AVL 트리라고도 하는데, 각 서브

트리들의 높이가 균형을 이루는 이진 트리 구조이다. AVL 트리를 형성하면 n개의 노드를 가진 트리의 검색은 $O(\log_2 n)$ 시간 내에 이루어지며, 삽입과 삭제 후에도 역시 트리는 높이 균형을 유지한다.

AVL 트리를 순환적으로 정의하면 다음과 같다.

AVL 트리는 공백 트리이거나 또는 하나 이상의 노드를 가진 이진 트리라면 이진 트리 T의 왼쪽 서브트리 T_l과 오른쪽 서브트리 T_r가 다음 조건을 만족한다.

① T_l과 T_r는 높이 균형이다.

② $|h_l - h_r| \leq 1$이다. 여기에서 h_l과 h_r는 각각 T_l과 T_r의 높이이다.

위의 정의와 같이 AVL을 정의할 때에 모든 서브트리들은 역시 높이 균형을 이루어야 한다. 그러므로 〈그림 12.3〉의 (a)와 (b)는 AVL 트리이지만 (c)와 (d)는 AVL 트리가 아니다.

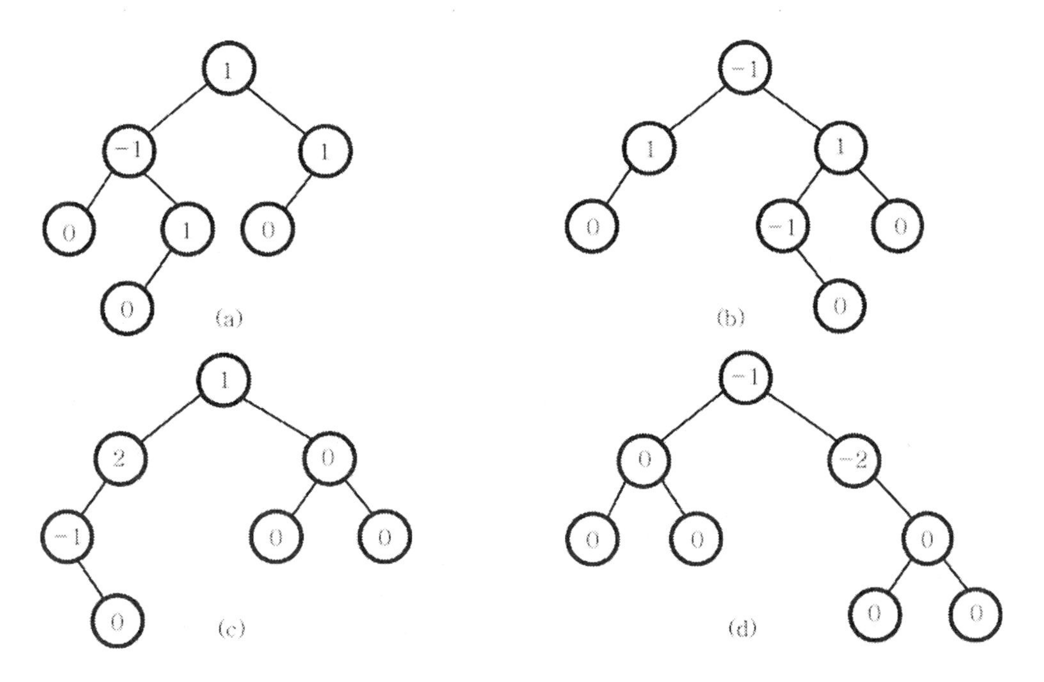

〈그림 12.3〉 AVL 트리 (a), (b)와 AVL 트리가 아닌 트리 (c), (d)

이진 트리에서 h_l과 h_r의 차이를 나타내는 숫자를 균형 인수(balanced factor)라고 하는데 어떤 이진 트리 T의 균형 인수 BF(T)는 −1, 0, +1 중의 어느 하나이다. 〈그림 12.3〉의 각 노드의 숫자는 균형 인수를 나타낸 것으로 (c)와 (d)에는 균형 인수가 −1, 0, +1이외의 값이 있으므로 AVL 트리가 아니다.

이제 주어진 AVL 트리에 새로운 노드를 삽입하는 경우를 생각하여 보자. 새로운 노드가 삽입되면 높이 균형은 깨질 수도 있고, 그대로 유지될 수도 있다. 예를 들어 〈그림 12.4〉의(a)와 같은

AVL 트리에 새로운 노드가 삽입되면 삽입되는 위치에 따라 각기 높이 균형이 이루어지는 경우는 △표로, 그렇지 않은 경우는 ㅁ로 나타내어 그린 것이 〈그림 12.4〉의 (b)이다.

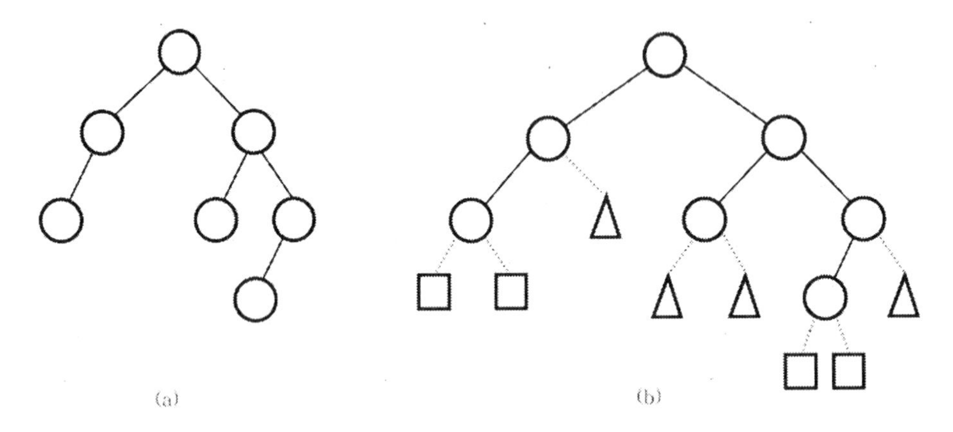

〈그림 12.4〉 AVL 트리의 삽입

AVL 트리에 새로운 노드를 삽입함으로써 균형이 깨어질 경우에는 균형이 이루어지도록 트리를 재구성하여야 하는데, 재구성의 기본 원리는 트리의 회전인데, 〈그림 12.5〉는 (a)의 AVL 트리를 우회전(b)또는 좌회전(c)한 결과를 나타내고 있다.

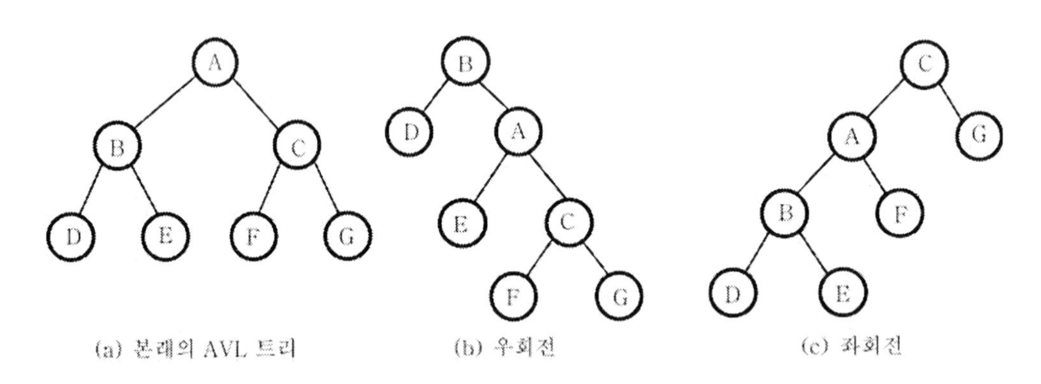

〈그림 12.5〉 AVL 트리의 단순 회전

트리를 회전하여도 트리 내의 노드들을 중위 운행법에 따라 운행하면 회전하기 이전과 동일한 결과를 얻기 때문에 새로운 노드가 삽입됨으로써 균형이 깨어지는 경우에는 균형 인수가 ±1보다 커지는 노드를 중심으로 회전시켜야 한다.

예를 들어 공백 트리에 다음과 같은 12개의 심벌을 차례대로 삽입하여 AVL 트리를 구성하는 과정을 살펴보자.

(money, mother, noble, auto, airplane, joke, dot, juice, father, jurnal, orange, sister)

〈그림 12.6〉은 새로운 노드를 삽입하는 과정에서 높이 균형을 유지하도록 트리를 재구성하는 것을 보이고 있는데, 노드 내의 숫자는 균형 인수이고, LL, RR, LR, RL은 4가지 회전 형식을 표시한다.

LL과 RR의 관계는 LR과 RL의 경우와 마찬가지로 대칭이다. 균형 인수가 2이고 삽입된 노드 *Y*에서 가장 근접한 조상 *A*의 위치에 따라 이들 회전이 결정되는데, 회전 형식의 특징은 다음과 같다.

LL : 새로운 노드 *Y*는 *A*의 LST의 LST에 삽입된다.
LR : *Y*는 *A*의 LST의 RST에 삽입된다.
RR : *Y*는 *A*의 RST의 RST에 삽입된다.
RL : *Y*는 *A*의 RST의 LST에 삽입된다.

여기에서 LST는 왼쪽 서브트리이고, RST는 오른쪽 서브트리이다.

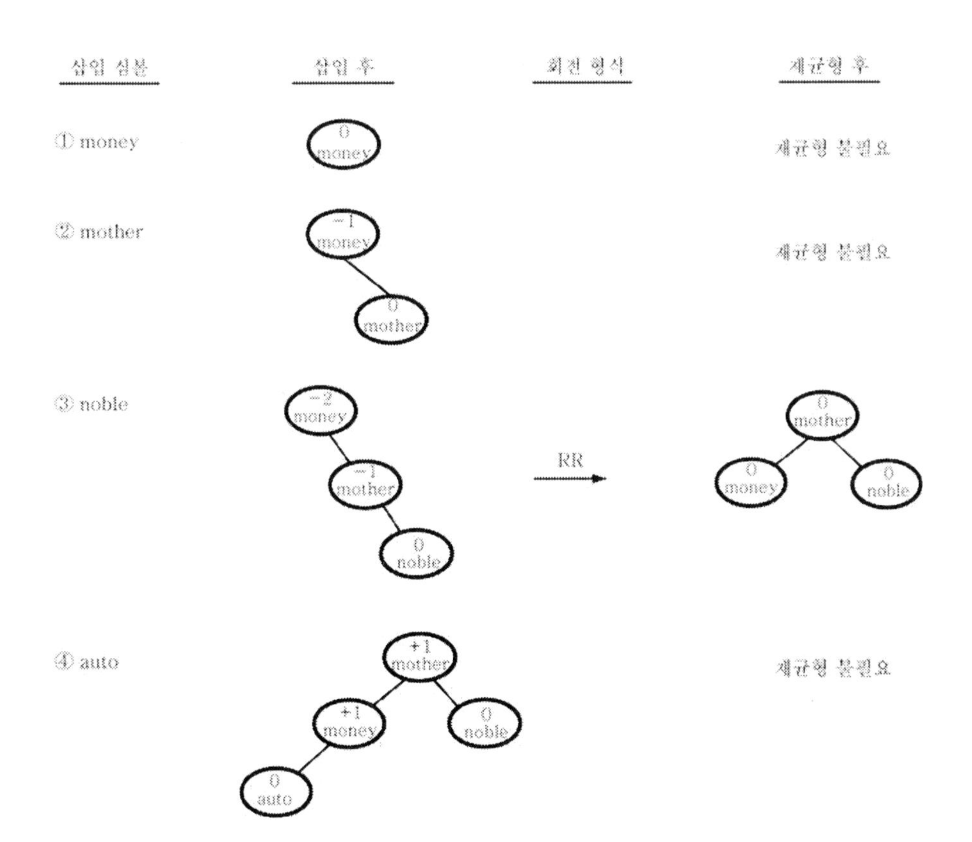

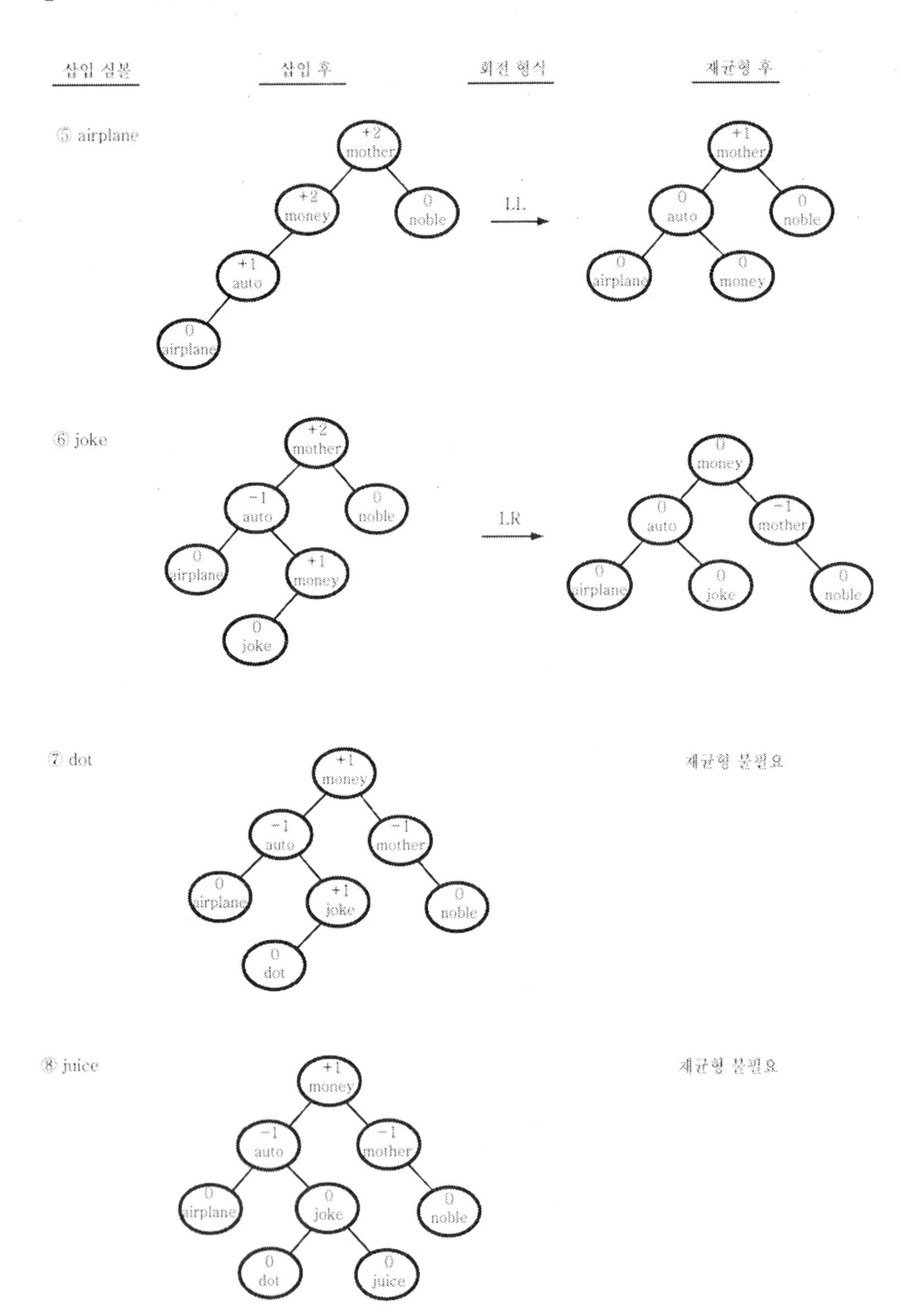
삽입 심볼
삽입 후
회전 형식
재균형 후
⑤ airplane
+2 mother
+2 money
0 noble
+1 auto
0 airplane
LL
+1 mother
0 auto
0 noble
0 airplane
0 money
⑥ joke
+2 mother
-1 auto
0 noble
0 airplane
+1 money
0 joke
LR
0 money
0 auto
-1 mother
0 airplane
0 joke
0 noble
⑦ dot
+1 money
-1 auto
-1 mother
0 airplane
+1 joke
0 noble
0 dot
재균형 불필요
⑧ juice
+1 money
-1 auto
-1 mother
0 airplane
0 joke
0 noble
0 dot
0 juice
재균형 불필요

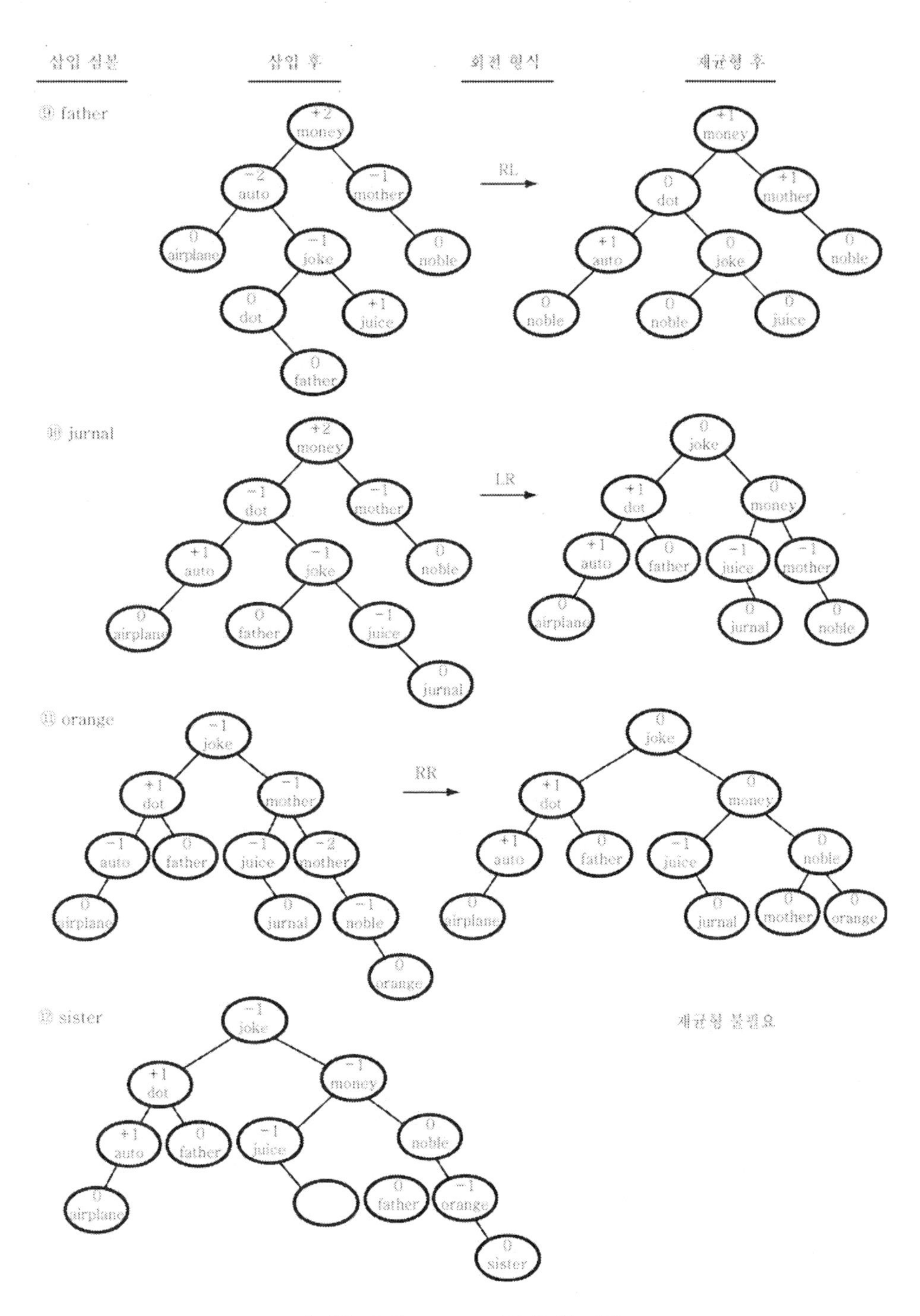

〈그림 12.6〉 AVL 트리의 구성 과정

먼저 공백 트리에 money를 삽입하면 ①과 같고, 여기에 mother를 삽입하면 ②와 같이 된다. 여기에 noble을 삽입할 때 money의 RST의 높이가 2이며 LST의 높이는 0이 되어 균형이 깨진다. 따라서 AVL 트리가 되도록 회전을 시켜야 하므로 money와 mother은 왼쪽 자식이 되고, mother은 루트가 되어 ③과 같은 AVL 트리가 된다. auto를 삽입하면 ④와 같이 균형이 유지되고, 여기에 다시 airplane을 삽입하면 균형이 깨지므로 시계 방향으로 회전시킨다. 그러면 ⑤와 같이 money가 auto의 오른쪽 자식이 되어 높이 균형을 이룬다.

이제 joke를 삽입하는 경우를 보자 joke를 삽입하면 트리의 균형이 깨지므로 money가 새로운 루트가 되고, joke는 auto의 오른쪽 자식이 되며, mother는 money의 오른쪽 자식이 된다.

다시 dot와 juice를 삽입하면 ⑦, ⑧과 같이 그대로 높이 균형이 유지되므로 재균형을 필요로 하지 않으며, father을 삽입하면 ⑨와 같이 균형이 깨지므로 회전을 필요로 한다. 이 때는 균형 인수가 ±2이고, 가장 근접한 조상은 auto이므로 dot는 이 서브트리의 새로운 루트가 된다. auto와 그의 LST는 dot의 LST가 되고, joke와 그의 RST는 dot의 RST가 되며, father는 joke의 LST가 된다. 만약 dot가 LST를 가졌다면 이 서브트리는 auto의 RST가 되었을 것이다.

jurnal을 삽입하면 ⑥과 동일한 재균형이 필요하고, orange를 삽입할 때에는 ⑪과 같이 noble을 삽입할 때처럼 RR 회전 형식을 필요로 하며 마지막으로 sister를 삽입할 때에는 높이 균형이 유지되므로 재균형 작업은 불필요하다.

이제까지 살펴본 바에 의하면 새로운 노드의 삽입 후에 균형 인수가 ±2인 노드가 생기면 4가지 회전 형식 중 하나가 행해져야 하는데, 이 때에는 먼저 회진시켜야 할 노드 *A*를 찾는 것이 필요하다. 노드 *A*를 결정하는 방법과 AVL 트리에의 삽입 알고리즘은 생략한다.

12.2.3 외부 경로 길이의 최소화

심벌 테이블의 각 키들에 대한 검색 확률이 모두 같을 때에는 트리의 내부 경로 길이가 최소가 되도록 가능한 한 전이진 트리에 근접하도록 이진 검색 트리로 구성하여야 한다는 것을 이미 살펴보았다.

그러나 키들의 검색 확률이 각기 다른 경우에는 최적의 이진 검색 트리를 얻기 위해서는 내부와 외부 경로 길이의 개념을 다른 측면에서 사용하여야 한다.

n개의 내부 노드로 구성된 이진 검색 트리에서 n+1 개의 양의 가중값(positive weight) q_1, q_2, …, q_{n+1}의 집합이 있다고 하자. 이 가중 값들은 n+1 개의 외부 노드에 1 : 1로 대응된다. 이러한 이진 검색 트리의 가중 외부 경로 길이(weighted external path length)는

$$\sum_{i=1}^{n+1} q_i k_i$$

로 정의된다. 여기서 k_i는 루트 노드에서 가중값 q_i를 갖는 외부 노드까지의 거리이다.

최소의 외부 경로 길이를 갖는 이진 트리를 구하기 위하여 〈그림 12.7〉과 같은 2개의 이진 검색 트리를 생각하여 보자. 그림에서 내부 노드에는 어떠한 정보도 포함하고 있지 않다고 가정한다.

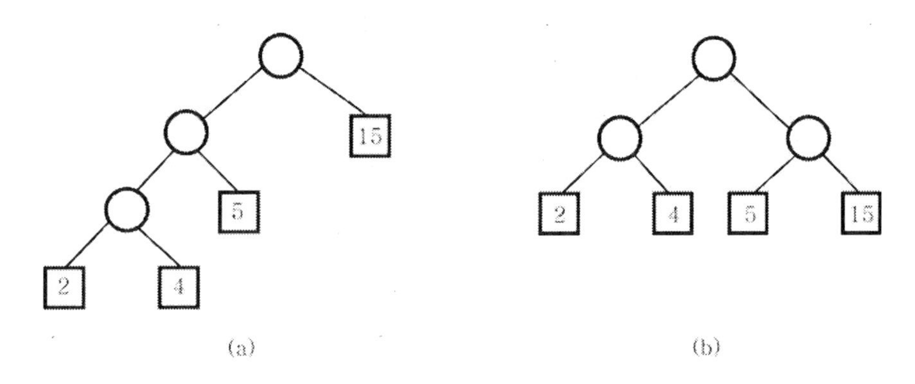

〈그림 12.7〉 가중된 이진 검색 트리

〈그림 12.7〉은 n=3이고, q_1, q_2, q_3, q_4= (15, 2, 4, 5)인 2개의 가능한 이진 트리이다. 〈그림 12.7〉의 (a) 가중 외부 경로 길이는

$2 \cdot 3 + 4 \cdot 3 + 5 \cdot 2 + 15 \cdot 1 = 43$

이고, 〈그림 12.7〉의 (b)의 가중 외부 경로 길이는

$2 \cdot 2 + 4 \cdot 2 + 5 \cdot 2 + 15 \cdot 2 = 52$

이다. 따라서 (a)는 (b)에 비하여 외부 경로 길이가 더 짧음을 알 수 있다.

최소의 가중 외부 경로 길이를 갖는 이진 트리는 여러 분야에서 응용된다. 여기서 두 가지의 응용 문제를 살펴본다.

한 예로 2-way 병합을 이용하여 n+1개의 서브리스트에 대한 최적의 병합을 하고자 할 때를 생각해 보자.

4개의 서브리스트 S_1, S_2, S_3, S_4가 있고, 각 서브리스트 S_i는 q_i개의 심벌을 가질 때, 이에 대한 이진 트리가 〈그림 12.8〉과 같이 사향 트리로 구성된다면 다음과 같은 병합 형태를 이룬다.

먼저 S_2와 S_3을 병합하고, 이 결과에 다시 S_4를 병합하며, 마지막으로 S_1과 병합한다.

n과 m개의 심벌을 갖는 2개의 서브리스트는 $O(n+m)$시간 내에 병합할 수 있으므로 〈그림 12.8〉의 병합 시간은

$$(q_2+q_3)+\{(q_2+q_3)+q_4\}+\{(q_2+q_3+q_4)+q_1\}$$

에 비례하는데, 이것이 바로 트리의 가중 외부 경로 길이이다.

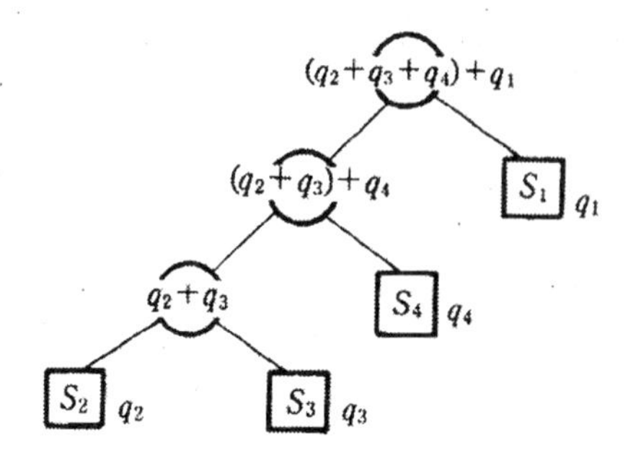

〈그림 12.8〉 병합 트리

일반적으로, 서브리스트 S_i의 외부 노드가 루트 노드로부터 거리 k_i에 있다면 병합의 비용은 가중 외부 경로 길이인 $\sum q_i k_i$ 에 비례한다.

이를 바탕으로 최소의 가중 외부 경로 길이를 갖는 이진 트리를 구성하는 함수를 기술하면 다음과 같다.

【알고리즘 12.1】 최소 가중 외부 경로 길이를 갖는 트리

```
typedef struct trecord *tpointer;
typedef struct trecord {
        tpointer lchild;
        int      weight;
        tpointer rchild;
    };
void OPTBTREE(listptr l, int n)
{
   tpointer t;
   int i;
   for (i = 0; i < n; i++) {
        t = (tpointer)malloc(sizeof(struct trecord));
        t->lchild = LEAST(l);
        t->rchild = LEAST(l);
        t->weight = t->lchild->weight + t->rchild->weight;
        INSERT(l, t);
   }
}
```

함수 OPTBTREE에서 서브 알고리즘 LEAST는 l에 있는 트리 중에서 최소의 가중값을 갖는 트리를 결정하여 리스트 l에서 제거하며, INSERT는 리스트 l에 새로운 트리를 첨가하는 것이다.

초기에 l에 있는 모든 트리는 하나의 노드만을 가지며, 이것은 생성되는 트리의 외부 노드가 되고, 가중값은 주어진 q_i중의 하나를 가진다.

가중값 q_1=4, q_2=5, q_3=10, q_4=11, q_5=14, q_6=22가 있다고 할 때 함수 OPTBTREE에 따른 구성 과정을 나타내면 〈그림 12.9〉와 같다. 여기서 외부 노드의 값은 q_i이고, 내부 노드의 값은 그 서브 트리에 있는 외부 노드들의 가중값의 합을 나타낸다.

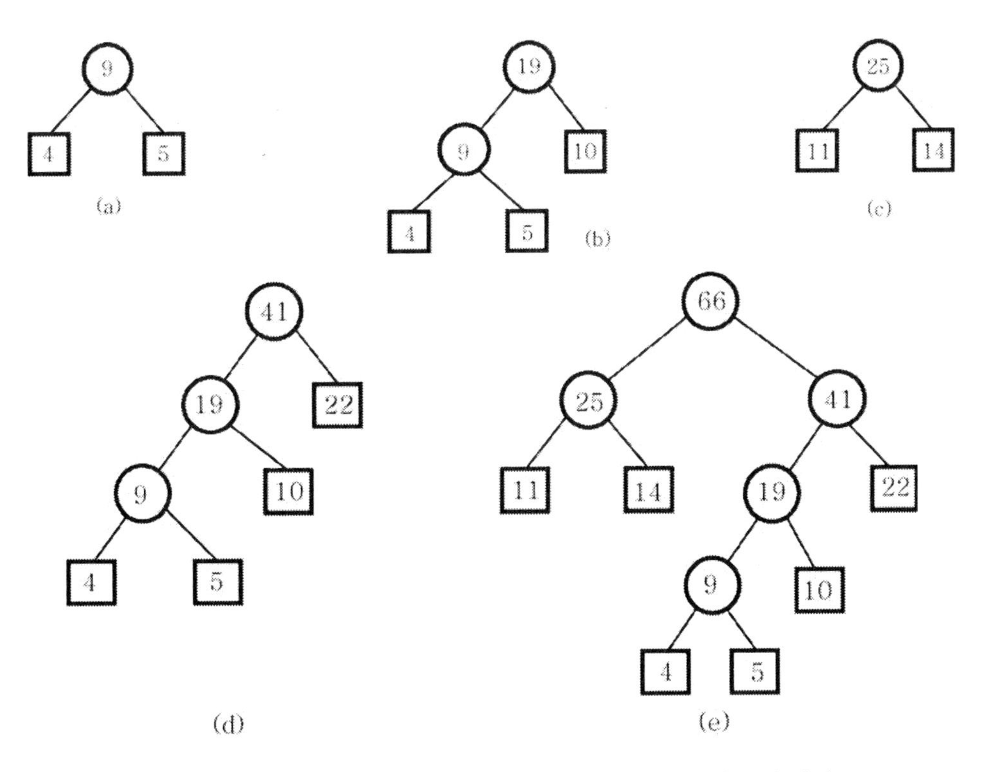

〈그림 12.9〉 최소 가중 외부 경로 길이를 갖는 이진 트리의 구성 과정

〈그림 12.9〉를 병합 과정으로 나타내면 〈그림 12.10〉과 같다.

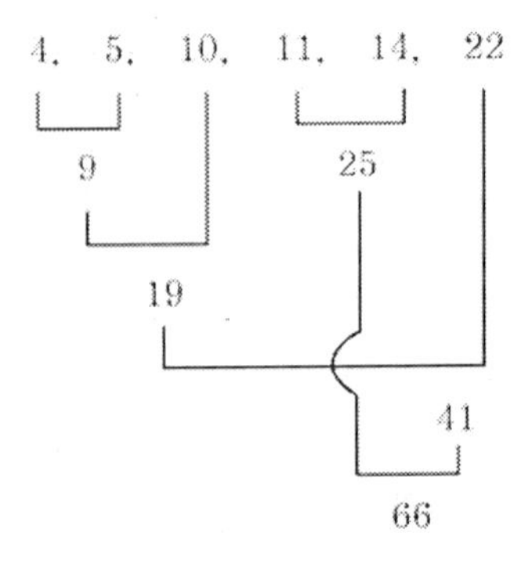

〈그림 12.10〉 병합 과정

〈그림 12.9〉에서 최종적으로 얻어진 트리의 가중 외부 경로 길이는

$$4 \cdot 4 + 5 \cdot 4 + 10 \cdot 3 + 22 \cdot 2 + 11 \cdot 2 + 14 \cdot 2 = 160$$

인 데 대하여 〈그림 12.11〉과 같은 전이진 트리로 구성하면 가중 외부 경로 길이는

$$4 \cdot 3 + 5 \cdot 3 + 10 \cdot 3 + 11 \cdot 3 + 14 \cdot 2 + 22 \cdot 2 = 165$$

가 된다.

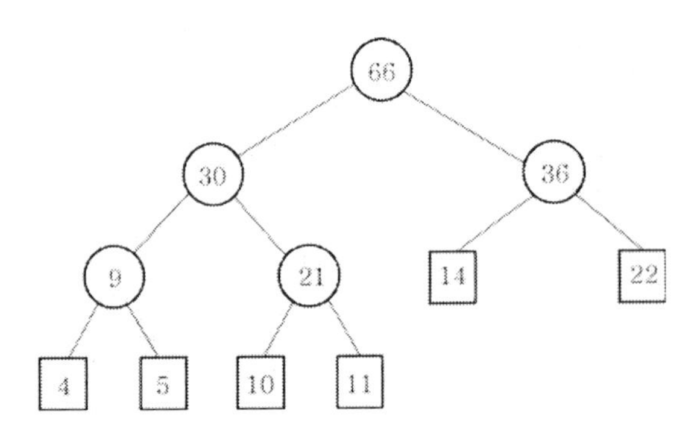

〈그림 12.11〉 최선의 전이진 트리

최소의 외부 경로 길이를 갖는 이진 트리의 응용에 대한 또 하나의 예로는 메시지 M_1, M_2, ⋯, M_{n+1}에 대한 최적 코드 집합을 얻는 것으로, 각 코드는 이진 스트링(binary string)으로 메시지를 전달하는 데 사용한다.

수신 쪽에서는 〈그림 12.12〉와 같은 해독 트리(decode tree)를 이용하여 그 코드를 해독한다.

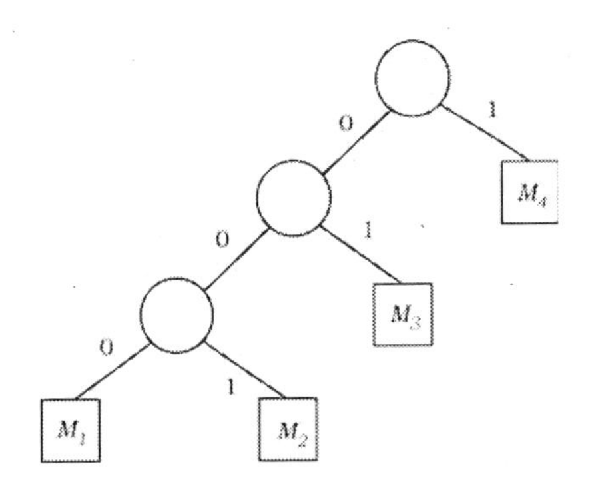

〈그림 12.12〉 해독 트리

해독 트리는 이진 트리이고, 트리의 외부 노드는 메시지를 나타내는데, 한 메시지를 나타내는 코드 단어 내의 이진 비트들은 해독 트리의 각 레벨에서 필요한 분기를 결정하여 정확한 외부 노드에 도달할 수 있게 한다.

예를 들어 만약 0을 왼쪽 분기로, 1을 오른쪽 분기로 해석하면 〈그림 12.12〉의 해독 트리에서 메시지 M_1=000, M_2=001, M_3=01, M_4=1에 대응된다. 이러한 코드를 허프만 코드(Huffman code)라고 하는데, 코드 단어를 해독하는 비용은 코드 수에 비례한다.

코드의 비트 수는 루트 노드에서 해당 외부 노드까지의 거리와 같으므로 만약 메시지 M_i가 첨가될 때 q_i가 그에 대한 빈도를 나타낸다면 기대되는 해독 시간은

$$\sum_{i=1}^{n+1} q_i \cdot k_i$$

이다. 여기서 k_i는 루트 노드로부터 M_i의 외부 노드까지의 거리이다. 기대할 수 있는 해독 시간은 해독 트리가 최소의 가중 외부 경로 길이를 갖는 코드 단어를 선택함으로써 최소화할 수 있는데, 이것은 〈그림 12.9〉의 함수 OPTBTREE에 의하여 구해지며, 이는 D. Huffman이 제시하였다.

12.2.4 가중 이진 검색 트리

심벌 테이블을 이진 검색 트리로 표현함에 있어서, 트리를 구성하는 노드의 키 k_1, k_2, …, k_n에서 $k_1 < k_2 < \cdots < k_n$이고 각 k_i의 검색 확률이 p_i라면, 성공적인 검색만이 수행될 경우에는 이진 검색 트리의 총 비용은

$$\sum_{1 \le i \le n} p_i \text{level}(k_i)$$

이 된다.

그러나 검색이 실패할 경우, 즉 테이블에 없는 키를 검색하는 데 소요되는 비용도 포함시킨다면 그것은 확장 이진 검색 트리의 외부 노드, 즉 실패 노드에서 검색이 종료된다.

실패 노드를 내부 노드와 구별하여 E_i, $0 \le i \le n$인 $n+1$개로 정의하면 E_0는 $x < k_i$인 모든 키 x를 포함하며, E_i는 $k_i < x < k_{i+1} (1 \le i < n)$인 모든 키 x를 포함하고, E_n은 $x > k_n$인 모든 키 x를 포함한다. 그러므로 E_i 내의 키를 검색하는 경우에는 서로 다른 실패 노드에서 검색이 종료된다.

이진 검색 트리의 총 비용을 계산하기 위하여 실패 노드에 대하여 0부터 n까지의 수를 부여하여 E_i에 대응시키고, 검색될 키가 E_i에 있을 확률을 q_i라고 하면 실패 노드의 비용은

$$\sum_{0 \le i \le n} q_i (\text{level}(\text{실패 노드 } i) - 1)$$

이 된다. 따라서 전체 비용은

$$\sum_{1 \le i \le n} p_i \cdot \text{level}(k_i) + \sum_{0 \le i \le n} q_i (\text{level}(\text{실패 노드 } i) - 1)$$

이다. 모든 검색은 성공적이든 실패든 종료되어야 하므로

$$\sum_{1 \le i \le n} p_i + \sum_{0 \le i \le n} q_i = 1$$

이 된다.

앞에서 제시한 전체 비용을 계산하여 그 값이 최소인 것이 키 k_1, k_2, …, k_n에 대한 최적의 이진 검색 트리이다.

예를 들어 키의 집합(k_1, k_2, k_3)=(for, if, write)에 대한 여러 가지 가능한 트리가 〈그림 12.13〉과 같다고 하자.

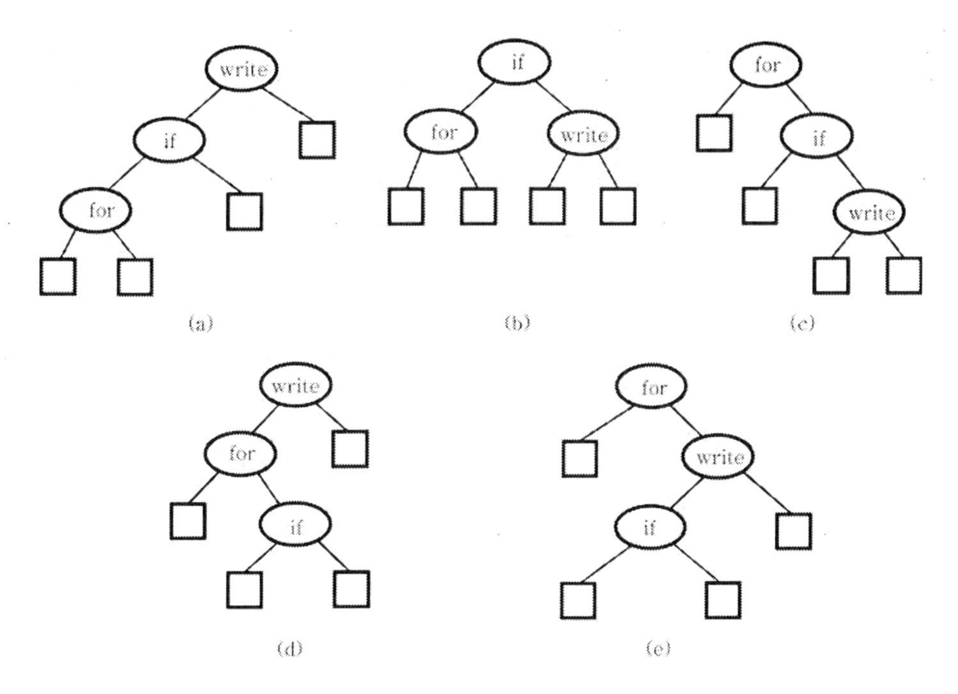

〈그림 12.13〉 여러 가지 이진 검색 트리

이 때, 모든 i와 j에 대하여 동일한 확률 $p_i=q_j=1/7$이라면 각 트리의 비용은 다음과 같다.

$$\text{cost}(\text{tree } a)=(1\cdot\frac{1}{7}+2\cdot\frac{1}{7}+3\cdot\frac{1}{7})+(1\cdot\frac{1}{7}+2\cdot\frac{1}{7}+3\cdot\frac{1}{7}+3\cdot\frac{1}{7})=\frac{15}{7}$$

$$\text{cost}(\text{tree } b)=(1\cdot\frac{1}{7}+2\cdot\frac{1}{7}+2\cdot\frac{1}{7})+(2\cdot\frac{1}{7}+2\cdot\frac{1}{7}+2\cdot\frac{1}{7}+2\cdot\frac{1}{7})=\frac{13}{7}$$

$$\text{cost}(\text{tree } c)=(1\cdot\frac{1}{7}+2\cdot\frac{1}{7}+3\cdot\frac{1}{7})+(1\cdot\frac{1}{7}+2\cdot\frac{1}{7}+3\cdot\frac{1}{7}+3\cdot\frac{1}{7})=\frac{15}{7}$$

$$\text{cost}(\text{tree } d)=(1\cdot\frac{1}{7}+2\cdot\frac{1}{7}+3\cdot\frac{1}{7})+(1\cdot\frac{1}{7}+2\cdot\frac{1}{7}+3\cdot\frac{1}{7}+3\cdot\frac{1}{7})=\frac{15}{7}$$

$$\text{cost}(\text{tree } e)=(1\cdot\frac{1}{7}+2\cdot\frac{1}{7}+3\cdot\frac{1}{7})+(1\cdot\frac{1}{7}+2\cdot\frac{1}{7}+3\cdot\frac{1}{7}+3\cdot\frac{1}{7})=\frac{15}{7}$$

따라서 트리 b가 최적의 이진 검색 트리가 된다. 그러나 p_1, p_2, p_3=(0.5, 0.1, 0.05)이고, q_0, q_1, q_2, q_3=(0.15, 0.1, 0.05, 0.05)라고 하면

$$\text{cost(tree } a) = (1 \cdot 0.05 + 2 \cdot 0.1 + 3 \cdot 0.5) + (1 \cdot 0.05 + 2 \cdot 0.05 + 3 \cdot 0.15 + 3 \cdot 0.1) = 2.65$$
$$\text{cost(tree } b) = (1 \cdot 0.1 + 2 \cdot 0.5 + 2 \cdot 0.05) + (2 \cdot 0.15 + 2 \cdot 0.1 + 2 \cdot 0.05 + 2 \cdot 0.05) = 1.9$$
$$\text{cost(tree } c) = (1 \cdot 0.5 + 2 \cdot 0.1 + 3 \cdot 0.05) + (1 \cdot 0.15 + 2 \cdot 0.1 + 3 \cdot 0.05 + 3 \cdot 0.05) = 1.5$$
$$\text{cost(tree } d) = (1 \cdot 0.05 + 2 \cdot 0.5 + 3 \cdot 0.1) + (1 \cdot 0.05 + 2 \cdot 0.15 + 3 \cdot 0.1 + 3 \cdot 0.05) = 2.05$$
$$\text{cost(tree } e) = (1 \cdot 0.5 + 2 \cdot 0.05 + 3 \cdot 0.1) + (1 \cdot 0.15 + 2 \cdot 0.05 + 3 \cdot 0.1 + 3 \cdot 0.05) = 1.6$$

이 되어 트리 c가 최적이 된다.

확률이 각기 다른 경우, 모든 가능한 이진 검색 트리 중에서 최적 트리를 알아내는 방법으로, 이와 같이 가능한 모든 이진 검색 트리를 생성하고, 각 트리의 비용을 계산하여 최적 트리를 결정할 수 있는데, 이 경우에는 n개의 노드를 갖는 트리에서 비용은 $O(n)$시간 내에 결정되므로 서로 다른 이진 검색 트리의 수가 $N(n)$이라면 알고리즘의 복잡도는 $O(nN(n))$이 된다.

이 방법 대신에 최적의 이진 검색 트리의 성질을 고려함으로써 훨씬 효율이 좋은 알고리즘을 찾을 수도 있는데, 이에 대하여는 생략한다.

12.3 해시 테이블

12.3.1 해시 테이블의 개요

특정의 키 또는 심벌을 검색하기 위하여 일련의 비교를 수행하는 대신에 해싱(hashing)은 키 k에 대하여 임의의 함수 f를 적용하여 k의 주소(address)나 색인(index)을 계산하여 비교 절차 없이 직접 검색하는 방법이다.

키 k에 대해 함수 f를 적용하여 주소를 계산할 때, 적용되는 함수 f를 해싱 함수(hashing function)라 하고, 이에 의하여 계산된 번지를 해시 주소(hash address)또는 홈 주소(home address)라고 한다.

	슬롯 1 S[1]	슬롯 2 S[2]
htable[0]	MIN	AVE
[1]	NUM	
[2]		
[3]		
[4]		
[5]	FLAG	
[6]	SD	SUM
[7]	TOT	
[8]	IR	
[9]		
[10]		
[11]		

〈그림 12.14〉 해시 테이블(버킷당 2개의 슬롯, 12개의 버킷)

심벌 테이블(symbol table)을 〈그림 12.14〉와 같이 순차적인 메모리 상에서 유지한다고 할 때, 이것을 해시 테이블(hash table)이라 하고, 해시 테이블을 구성하고 있는 각각의 요소(element)를 버킷(bucket)이라 한다. 〈그림 12.14〉는 12개의 버킷으로 구성되어 있으며 각각의 버킷 b는 htable[0]부터 htable[11]로 참조된다. 그리고 각 버킷은 하나 이상의 레코드를 저장할 수 있는 슬롯(slot) S들로 구성되는데 〈그림 12.14〉는 2개의 슬롯을 포함하고 있다.

하나의 버킷이 하나의 슬롯으로 구성되면 각 버킷은 하나의 레코드만을 저장할 수 있고, 이 때에 해시 테이블에 저장할 수 있는 키는 b개이다. 따라서 해싱 함수 f에 의하여 키의 주소를 계산하면 $f(k)$는 0부터 $b-1$까지의 정수를 출력하고, 그 정수가 테이블의 색인이 된다.

일반적으로 키의 집합은 매우 크고, 상대적으로 해시 테이블의 버킷의 수는 제한적이다. 예를 들어 FORTRAN의 변수명을 키로 한다면 서로 다른 키 값은

$$T= \sum_{0 \le i \le 5} 26 \times 36^{i} \rangle\ 1.6 \times 10^{9}$$

만큼 된다. 그러나 실제 프로그램에서는 이보다 훨씬 작은 제한된 변수명만을 사용하게 되므로 보통 변수의 수를 고려한 크기의 해시 테이블을 정의하여 사용한다.

만일 어떤 프로그램에서 n개의 변수명을 정의하였다면 n/T를 변수 밀도(variable density)라 하고, $n/(sb)$를 해시 테이블의 적재 밀도(loading density) 또는 적재 인수(loading factor)라고

한다. 만일 변수의 수가 n=9라면 〈그림 12.14〉와 같은 해시 테이블의 적재 인수는 9/(2·12)=0.375가 된다.

서로 다른 키 K_1과 K_2가 해싱 함수 f에 의하여 해시 주소를 계산하면 동일한 값이 계산되는 경우가 있는데, 즉 $f(K_1)=f(K_2)$인 경우에 K_1과 K_2를 동의어(synonym)라고 하는데, 이 때 K_1과 K_2는 동일한 버킷에 저장되어야 한다. 그러나 만일 버킷의 슬롯 수가 1일 때에는 해당 버킷에 수용할 수 없으므로 K_1이 이미 해당 버킷에 저장되었다면 K_2를 저장하려고 할 때에는 오버플로우(overflow)가 발생한다. 이와 같이 서로 다른 2개의 키가 동일한 버킷으로 해시(hash)되는 것을 충돌(collision)이 발생한다고 하며 s=1일 경우는 충돌과 오버플로우가 동시에 일어난다.

예를 들어 서로 다른 변수명의 집합

(IR, MIN, SUM, AVE, MAX, SD, TOT, NUM, FLAG)

이 있다고 하고, 이것을 키로 하여 어떤 해싱 함수 f를 적용하여 해시 주소를 계산한 결과

f(IR)=8　　f(AVE)=0　　f(TOT)=7

f(MIN)=0　　f(MAX)=0　　f(NUM)=1

f(SUM)=6　　f(SD)=6　　f(FLAG)=5

라면 이들은 각각 계산된 정수에 대응하는 버킷에 〈그림 12.14〉와 같이 저장된다.

여기에서 MIN, AVE, MAX는 동의어이고, 또 SUM, SD도 동의어이다. 한편 MAX를 저장하고자 할 때에는 버킷에 이미 2개의 변수가 저장되어 있으므로 오버플로우가 발생한다.

해시 테이블에 키를 저장하거나 또는 해시 테이블에서 특정의 키를 찾는 데 걸리는 시간은 오버플로우가 발생하지 않는다면 해싱 함수의 계산 시간과 해당 버킷의 슬롯을 조사하는 시간 밖에 없으므로 키의 수 n과는 무관하다.

해시 테이블의 운영은 해싱 함수의 효율성에 좌우된다. 해싱 함수는 계산이 간편하고, 모든 입력에 대하여 해시 테이블에 균등하게 분포하도록 되어야 하는데, 가장 이상적인 것은 모든 버킷 i에 대하여 $f(k)=i$가 될 확률이 $1/b$이 되는 것이다.

만일 임의의 키 k가 b개의 버킷에 동일한 확률로 사상(mapping)된다면 이에 적용되는 함수는 균일 해싱 함수(uniform hashing function)가 되는 것이다.

해싱 함수는 키를 주소로 변환하는 것이므로 키-주소 변환법(key to address transformation)이라고도 한다.

12.3.2 해싱 함수

(1) 숫자 분석(digit analysis) 법

숫자 분석법은 키 또는 심벌을 숫자로 변환한 값을 나타내는 숫자 스트링(digit string)에서 특정 컬럼(column)의 숫자만을 모아 주소로 사용하는 방법이다.

예를 들어 〈그림 12.15〉와 같은 사원 번호를 키로 사용하고 있다고 하자.

가장 편리한 방법은 사원 번호 자체를 그대로 주소로 사용하는 것이지만 그럴 경우에는 사원번호 384-42-2241은 384422241 번지에, 384-81-3678은 384813678 번지에 저장해야 한다.

384-42-2241
384-81-3678
384-38-8171
384-22-9671
384-88-1577
384-54-3552
384-19-5376

〈그림 12.15〉 해싱을 위한 사원 번호

만일 이 방법을 사용한다면 몇 개 안되는 키를 저장하기 위한 해시 테이블의 크기가 10억 개의 버킷이 되므로 공간의 낭비가 막대하다. 물론 이런 방법은 특별한 계산이 불필요하므로 속도가 빠르다.

사원 번호를 키로 하는 해시 테이블의 버킷 수가 1000개라고 가정하면 사원 번호에 대하여 각각 0~999까지의 어떤 수에 대응하도록 변환하여야 한다.

이를 위해서는 각 칼럼의 숫자 분포를 조사하여 그 분포가 균등한 것 3개를 택한다. 우선 앞의 3개 숫자는 모두 동일하므로 버리고, 나머지 6개의 숫자 중에서 3개를 선택한다. 여기서 분포가 균등한 6, 7, 9 칼럼을 선택하고, 4, 5, 8칼럼을 버리면 〈그림 12.16〉과 같은 번지 값을 얻게 된다.

이와 같이 각 키의 숫자들을 조사하여 가장 편중된 분산을 가지는 숫자들은 제거하고, 해시 테이블의 주소로 사용되기에 충분한 만큼의 적은 개수의 숫자만 남도록 해서 그것을 주소로 사용하는 방법을 숫자 분석법이라고 한다.

주소로 사용될 숫자를 선택하는 기준은 앞에서 예를 든 것처럼 각 숫자 값의 분산이 균일한가를 측정하는 것이다.

key	address
384-42-2241	221
384-81-3678	368
384-38-8171	811
384-22-9671	961
384-88-1577	157
384-54-3552	352
384-19-5376	536

〈그림 12.16〉 키와 그에 대응한 번지

(2) 나눗셈 변환(division) 법

나눗셈 변환법은 해싱 함수 중 가장 일찍 소개되었고 또 간단한 방법으로서 해시 테이블의 크기에 근접하는 어떤 수로 키 값을 나눈 나머지를 해시 주소로 사용하는 방법이다.

즉 모드(mod) 연산자를 사용하여 키 k를 어떤 수 p로 나눈 나머지가 k의 주소가 된다.

$$fd(k)=k \bmod p$$

여기에서 해시 주소는 0~(p−1)이 되고, 이 값은 해시 테이블의 버킷 수 b보다 작은 값이 된다. 그러기 위해서는 p의 선택이 중요한데, p는 b보다 크지 않아야 하고, 또 2의 제곱이 아닌 값이라야 한다. p가 2의 제곱이 되면 계산된 해시 주소의 충돌이 빈번히 발생할 가능성이 있으므로 일반적으로 해시 테이블의 크기보다 약간 작은 소수(prime number)를 사용하기를 권장하고 있다.

예를 들어 해시 테이블의 버킷 수가 32개라면 키를 소수 31로 나눈 나머지를 해시 주소로 사용하는 것이다. 그러면 다음과 같이 주소는 0~30중 어느 한 값이 된다.

$$fd(357)=357 \bmod 31=16$$
$$fd(124)=124 \bmod 31=0$$
$$fd(721)=721 \bmod 31=8$$

따라서 키 357의 주소는 16이 되고, 키 124의 주소는 0이 되며, 키 721의 주소는 8이 된다.

(3) 접지(folding)법

접지법은 키가 되는 숫자 스트링을 주소의 크기만큼씩 분할하여 분할된 값들을 더한 숫자를 해시 주소로 하는 방법이다.

키의 숫자를 접는 방법은 크게 두 가지가 있을 수 있다. 한 가지 방법은 〈그림 12.17〉의 (a)와 같이 주소의 길이에 해당하는 크기만큼의 숫자를 선택하여, 그 수에 나머지 부분을 분리해 내어 더하는 방법이다. 일단 키의 숫자들이 몇 개의 부분으로 분할되면 이것을 선택된 접지 키(folded key)에 어떻게 더하느냐에 따라 〈그림 12.17〉의 (b)와 같이 분할된 경계를 기준으로 포개어 그 합을 주소로 하는 경계 접지(boundary folding)와 〈그림 12.17〉의 (c)처럼 분할된 부분을 이동시켜 합한 수를 주소로 하는 이동 접지(shift folding)가 있다.

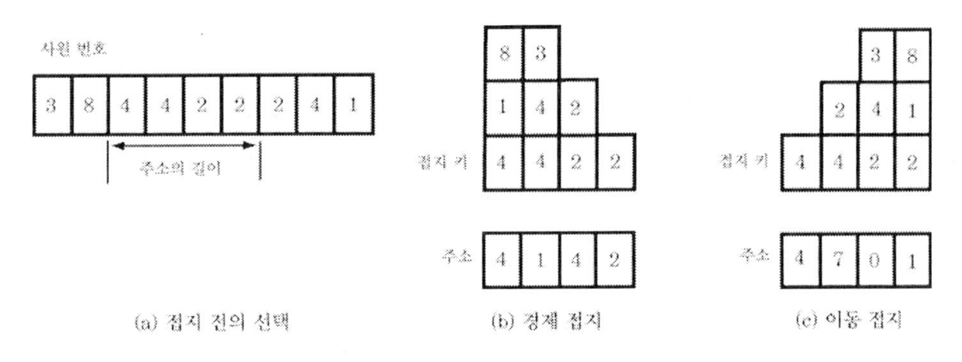

〈그림 12.17〉 접지법에 의한 해시 주소 계산

다른 또 하나의 방법은 키 k를 왼쪽에서부터 주소의 크기에 해당하는 자릿수 만큼씩 여러 부분으로 분할하여 이들을 더하는 방법으로, 이 경우에도 이동 접지와 경계 접지 중 어느 한 방법을 선택한다.

예를 들어 k가

'1 2 3 2 0 3 2 4 1 1 1 2 2 0'

이라면 〈그림 12.18〉의 (a)와 같이 분할하여 (b), (c)와 같이 각각 주소를 구한다.

p_1			p_2			p_3			p_4			p_5	
1	2	3	2	0	3	2	4	1	1	1	2	2	0

(a) 키의 분할

P_1	1 2 3
P_2	2 0 3
P_3	2 4 1
P_4	1 1 2
P_5	2 0
번지	6 9 9

(b) 이동 접지

P_1	1 2 3
P_2	3 0 2
P_3	2 4 1
P_4	2 1 1
P_5	2 0
번지	8 9 7

(c) 경계 접지

〈그림 12.18〉 접지법의 또 다른 방법

(4) 중위 제곱(mid-square)법

중위 제곱법은 키 값을 제곱하여 얻어진 수의 중간 위치의 값을 추출하여 해시 주소로 하는 방법이다.

예를 들어 k가 327이고 해시 테이블의 크기가 100이라면 $k^2=327^2=106929$에서 3, 4칼럼의 수 69를 주소로 하는 것이다.

〈그림 12.19〉는 해시 주소를 두 자리 숫자로 할 때, 중위 제곱법에 의하여 각 키에 대응하는 주소를 계산한 것이다.

key k	k^2	address
327	106929	69
184	033856	38
632	399424	94
524	274576	45
869	755161	51
714	509796	97
432	186624	66

〈그림 12.19〉 중위 제곱법에 의한 주소 계산

(5) 기타 방법

앞에서 소개한 방법 이외에 기수 변환법, 대수적 코딩법, 무작위법 등이 있는데, 간단히 소개한다.

① 기수 변환(radix conversion)법 : 주어진 키 값을 특정 진법의 수로 간주하고 이것을 다른 진법의 수로 변환하여 주소로 삼는 방법이다.

② 대수적 코딩(algebraic coding)법 : 키를 구성하고 있는 각 자릿수를 다항식의 계수로 간주하여, 이 다항식을 해시 테이블의 크기에 따라 정한 다항식으로 나눈 나머지 다항식의 계수를 주소로 삼는 방법이다.

③ 무작위(pseudo random)법 : 난수(random number)를 발생시켜 주소로 삼는 방법인데, 충돌(collision)이 발생하면 그 다음의 난수를 이용한다.

12.3.3 오버플로우의 처리

해싱 함수에 의하여 키 또는 심벌 k의 주소가 결정되었을 때, 해시 테이블 htable의 해당 버킷이 이미 다른 키에 의하여 점유되어 있으면 충돌(collision)이 발생한다. 이 때 그 버킷의 모든 슬롯이 다 차 있으면 충돌과 동시에 오버플로우(overflow)가 발생하므로 이 키를 저장할 다른 버킷을 찾아서 htable의 어딘가에 저장하여야 하는데, 어떤 방법으로 빈 버킷을 찾아 저장하느냐에 따라 몇 가지로 나눌 수 있다.

(1) 선형 조사(linear probing)법

가장 간단한 방법으로 비어 있는 가장 가까운 버킷을 찾아 그 버킷에 저장하는 방법으로 선형 개방 주소(linear open addressing)법이라고도 한다.

예를 들어 키가 18, 25, 13, 16, 23, 11, 32, 14가 있고, 나눗셈 변환법에 의하여 주소를 계산해서 〈그림12.20〉과 같은 해시 테이블에 저장했다고 가정하면 버킷은 하나의 슬롯으로 구성되어 있고, 테이블의 크기는 13개의 버킷이며, 키를 13으로 나눈 나머지를 주소로 한다고 하자.

여기에 다시 키 15가 입력되면 $f(k)$=15 mod 13=2가 되는데 htable[2]가 비어 있으므로 15가 저장된다. 그러나 만일 키 19가 입력된다면 $f(k)$=19 mod 13=6이므로 htable[6]에는 이미 키 32가 저장되어 있으므로 오버플로우가 되어 가장 가까운 빈 버킷인 htable[7]에 19를 저장한다. 다시 키 10이 입력된다고 하면 $f(k)$=10 mod 13=10이 되어 htable[10]에 저장해야 하는데 이미 채워져 있으므로 그 다음 버킷부터 차례대로 조사하여 결국 htable[4]에 저장되게 된다. 이 경우에는 빈 버킷을 찾기 위한 선형 검색 시간이 많이 소요되는 결과를 빚게 된다. 또 다른 경우는 키 17이 입력되었을 경우인데, 이 때는 실제 키 중에서 주소가 4가 되는 것이 없었는데도 불구하고 이미 다른 키가 해당 버킷을 차지하고 있어 결국 htable[8]에 저장되는 결과를 초래한다.

[0]	13
[1]	14
[2]	15
[3]	16
[4]	* 10
[5]	18
[6]	32
[7]	* 19
[8]	* 17
[9]	
[10]	23
[11]	11
[12]	25

〈그림 12. 20〉 해시 테이블 (htable)

이런 방법은 결국 해시 테이블에 키를 저장하거나 검색할 때, $f(k)$를 계산하여 htable[$f(k)$], htable[$f(k)+1$], …, htable[$f(k)+j$] 위치를 순차적으로 조사하는 것이다. 이 과정에서 k=htable[$f(k)+i$], ($1 \le i \le j$)이면 충돌이 발생한 경우이고, htable[$f(k)+i$]='공백' 이면 비어 있는 경우이며, 경우에 따라서는 빈 공간을 찾을 수 없을 수도 있다.

선형 조사법에 따른 함수를 기술하면 다음과 같다.

【알고리즘 12.2】 선형 조사법

```
int LINPROB(int key, int htable[], int b)
{
  int i, j;
  i = f(key);
  j = i;
  while ((htable[j] != key) && (htable[j] != 0)) {
        j = (j+1) % b;
        if (j == i) htablefull();
  }
  return j;
}
```

선형 조사법의 단점 중의 하나는 키 10이 테이블에 저장될 때와 같이 경우에 따라서는 비교 횟수가 많아서 트리 테이블보다 효과가 떨어지는 경우이다 이것은 키들이 군집(cluster)을 형성하기 때문이고, 그 군집은 새로운 키를 첨가할수록 더욱 더 커지는 경향이 있다.

(2) 이차 조사(quadratic probing)법

이 방법은 키들의 군집화와 비교 횟수를 개선하기 위하여 제안된 방법으로 색인의 증가값을 선형 조사법과 같이 1로 하는 것이 아니라 이차 함수값을 사용하는 것이다.

즉, 선형 조사법은 $(f(k)+i) \bmod b$(버킷의 수)에 의하여 조사하는데 이차 조사법은 증가값으로 i의 이차 함수값이 사용된다. 따라서 이차 조사법은 $1 \le i \le (b-1)/2$에 대하여

$$f(k),\ (f(k)+i^2) \bmod b,\ (f(k)-i^2) \bmod b,\ \cdots$$

에 의하여 버킷을 조사한다.

j	소수(4j+3)
0	3
1	7
2	11
3	−
4	19
5	23
6	−
7	31
8	−
9	−
10	43
14	59
31	127
62	251
125	503
254	1019

〈그림 12.21〉 4j+3 형태의 소수

예를 들어 버킷의 수가 23이고 $f(k)=5$라면

htable[5], htable[6], htable[4], htable[9], htable[1], htable[14], htable[19], …

순으로 조사한다.

한 연구에 의하면 b가 $4j+3$(j는 정수) 형태의 소수(prime number)라면 이차 조사법은 해시 테이블의 모든 버킷을 조사하는 것이 가능한 것으로 증명되었다. 〈그림 12.21〉은 $4j+3$ 형태의 소수들을 보인 것이다.

(3) 재해싱(rehashing)법

이 방법은 해싱 함수 $f_i(k)$에 의하여 계산된 주소의 해당 버킷에서 오버플로우가 발생하면, 다시 다른 해싱 함수 $f_{i+1}(k)$에 의하여 주소를 계산하여 해당 버킷을 조사하고, 또 오버플로우가 발생하면 그 다음에는 $f_{i+2}(k)$, $f_{i+3}(k)$, …, $f_m(k)$를 차례로 적용하여 빈 버킷을 찾아 나아가는 방법이다. $f_i(k)$에서 $1 \le i \le m$이며 m은 적용 가능한 해싱 함수의 종류이다.

(4) 무작위 조사(random probing)법

모리스(Morris)가 1968년에 제안한 방법으로서 b개의 버킷을 갖는 해시 테이블에서 키 k를 검색하려면

$$f(k),\ f(k)+s(i),\ 1 \le i \le b-1$$

의 버킷들을 조사하는 방법이다.

여기에서 $s(i)$는 가상 난수(pseudo random number)이다. 난수 발생기는 1에서 $b-1$까지의 모든 수를 정확히 한 번씩만 생성해야 한다는 특성을 만족해야 한다.

(5) 연결 체인(linked chaining)법

이 방법은 각 버킷에 대하여 그 버킷에 해당하는 모든 동의어(Synonym)들을 포함하는 연결 리스트(linked list)를 만들어 비교 횟수를 줄이기 위한 방법이다.

〈그림 12.22〉와 같이 해시 테이블은 b개의 체인(chain)으로 구성되며 각각에는 헤드 노드를 가진다. 헤드 노드는 단지 포인터만을 가지며, 리스트로 된 각 슬롯은 포인터를 위한 부가적 공간이 필요하다.

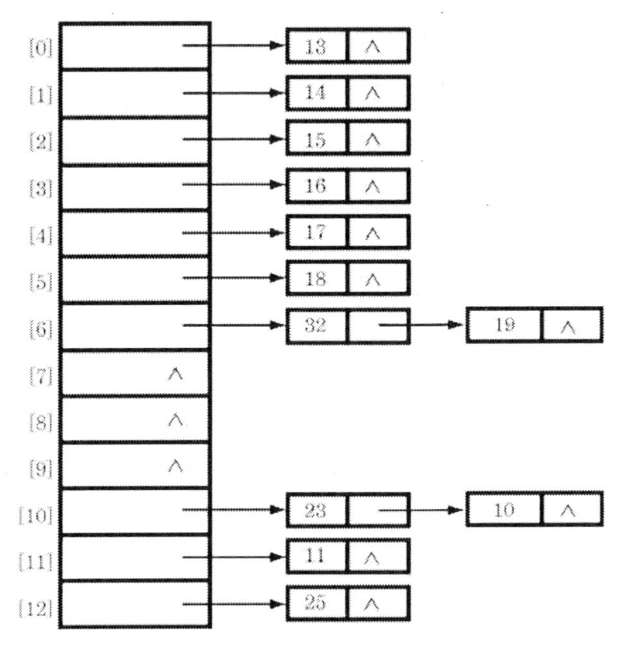

〈그림 12.22〉 해시 체인

이 방법에서는 해시 주소로 $f(k)$를 계산하여 $f(k)$에 대응하는 리스트만을 조사하게 되고, 새로운 키 k를 삽입할 때에는 해당 리스트의 끝에 삽입하면 되므로 오버플로우의 문제가 발생하지 않는다.

그러나 검색 시에는 버킷 b가 긴 체인으로 구성되어 있을 때에는 포인터를 따라 차례로 다음 노드의 주소를 검색해야 한다는 비능률적인 요인이 생긴다.

〈그림 12.22〉는 〈그림 12.20〉을 연결 체인법에 의하여 표현한 것이다. 연결 체인법에 따른 함수를 기술하면 다음과 같다.

【알고리즘 12.3】 연결 체인법

```
typedef struct listnode *listpointer;
typedef struct listnode {
     int id;
     listpointer ptr;
     };
listpointer CHAINPROB(int k, listpointer htable[], int b)
{
```

```
        listpointer i, j;
        j = htable[f(k)]; i = j;
        while (j != NULL) {
            if (j->id == k)
                break;
            else {
                i = j;
                j = j->ptr;
            }
        }
        if(j == NULL) return i;
        else return j;
    }
```

한 연구에 의하면 오버플로우 처리 방법 중에서 연결 체인법이 선형 조사법보다 더 우수한 것으로 판명되었고, 일반적으로 나눗셈 변환법이 다른 종류의 해싱 함수보다 우수하여 여러 응용에서 널리 사용되고 있다.

Exercise

1. 선형 검색(linear probing)을 사용하여 C의 예약어(reserved word)들을 100개의 장소를 가진 테이블에 넣는 프로그램을 작성하여라.

2. AVL 트리의 각 노드에 LSIZE 필드가 있다고 가정하자. 모든 노드 p에 대하여 LSIZE(p)는 왼쪽 종속 트리에 있는 노드의 개수에 1을 더한 값이다. 종속 트리 T에서 k번째로 작은 식별자를 찾는 프로그램을 작성하여라. 또한, 트리 T에 n개의 노드가 있으면 이 프로그램에 걸리는 시간이 $O(\log n)$임을 증명하여라.

3. AVL 트리에서 식별자 X를 가진 노드를 삭제하는 프로그램을 작성하여라. 삭제한 후 트리는 재구성되어야 한다. 또 T에 n개의 노드가 있을 때 걸리는 시간이 $O(\log n)$임을 보여라.

4. 2개의 AVL 트리 T_1, T_2의 노드들을 합하여 하나의 AVL 트리를 만드는 프로그램을 작성하여라. 또한 이 프로그램의 수행 시간은 얼마인가?

5. 공백 트리에서 시작하여 아래의 순서로 AVL 트리에 자료를 삽입할 때 높이 균형 트리(height balanced tree)를 구하여라.

   자료 : DEC, JAN, APL, MAR, JUL, AUG, OCT, FEB, NOV, MAY, JUN

6. 파일 (24, 63, 91, 42, 26, 18, 33, 78, 92, 11)을 해싱 함수 $f(x)=x \bmod 10$을 사용하여 메모리에 넣은 결과를 나타내어라. 충돌(collision)이 발생하면 선형 검색(linear probing)을 사용하여라.

7. 충돌이 발생할 때, 이차 해싱(quadratic hashing)은 선형 방법보다 이차 증가(quadratic increment)를 사용한다. 예를 들어, 이차 증가는 1, 4, 9, 16, …으로 값을 증가시켜 빈 공간을 발견한다. 문제 6을 이차 해싱을 사용하여 나타내어라.

8. 컴퓨터에서 해싱 함수로 사용할 수 있는 기법들을 조사하고 설명하여라.

9. 해시 테이블의 크기가 m이고 현재 n개의 레코드가 테이블에 있다고 하자. 적재 인수(load factor) lf를 n/m로 정의하고, 해싱 함수가 키들을 m개의 위치에 균등하게 분포한다고 할 때, 새로운 레코드를 삽입할 경우 n개의 키 중에 $(n-1)*lf/2$의 키는 전에 입력된 키의 장소로 충돌을 발생함을 보여라.

10. 해시 테이블의 모든 식별자들을 사전식으로 나열하는 프로그램을 작성하여라. 해싱 함수 $f(x)$는 x의 첫문자이고 선형 검색을 한다고 가정할 때, 이 프로그램에 걸리는 시간은 얼마인가?

11. 문자에 대한 빈도수가 다음과 같이 주어졌을 때 이들을 허프만(Huffman)코드를 사용하여 나타내어라. 또 코드를 만들 때 생기는 트리는 유일한지를 나타내어라. 하나 이상의 트리가 존재한다면 또 다른 코드를 만들어라.

문자	빈도수
A	2
B	5
R	11
T	15
S	18

12. 식별자들의 집합(a_1, a_2, a_3, a_4)=(end, goto, write, read)에서 P_1=1/20, P_2=1/5, P_3= 1/10, P_4=1/20, q_0=1/5, q_1=1/10, q_2=1/5, q_3=1/20, q_4=1/20으로 주어져 있을 때 가중 이진 검색트리를 구하는 과정을 나타내어라.

13. 오버플로우를 다루는 방법으로 연결 체인을 사용할 때 추가, 삭제 그리고 주어진 레코드를 찾는 프로그램을 작성하여라.

14. 정렬된 서브리스트 6개가 있다. 각각의 서브리스트의 길이가 4, 12, 5, 15, 9, 3일 때, 2-way 병합을 하여 1개의 리스트를 만드는 과정을 확장된 2진 트리(extended binary tree)로 표현을 하고자 한다. 외부 경로 길이가 최소가 되도록 하는 방법을 설명하고, 그림으로 나타내어라.

15. 해싱 함수에는 다음과 같은 나눗셈 변환법이 있는데, 여기에서 m을 택할 때 소수(prime number)로 하는 것이 좋은 이유를 설명하여라.

$$f(x)=x \bmod m$$

16. 키의 값이 123456789이고, 주소의 범위가 0~999일 때 해싱 함수로서 접지법(folding)을 사용한다면 출력되는 주소는 얼마가 되는지 이동 접지(shift folding)법과 경계 접지(boundary folding) 법의 경우를 모두 계산하여라.

17. 기수 변환법(radix conversion)에 의하여 키를 주소로 변환하는 방법을 예를 들어 설명하여라.

18. 동의어(synonym), 충돌(collision), 오버플로우(overflow)를 각각 설명하여라.

19. 레코드의 키들이 다음과 같이 5자리의 수로 구성되어 있을 때, 해싱 함수 $f(\text{key})=\text{key mod } 13$을 사용하여 키를 주소로 변환할 경우 동의어의 쌍을 찾아라.

45247
12345
10398
27634
62111
10240
69009
12434
84182
66444
51328
64218
11001

20. 문제 19에서 해시 테이블의 각 버킷의 크기가 1인 경우 충돌이 발생하면 오버플로우가 된다. 오버플로우의 처리를 위하여 선형 조사법을 택한다면 해시 테이블의 상태는 어떻게 되는지 나타내어라. (단 해시 테이블의 크기는 13이다.)

Chapter

13 파 일

13.1 파일의 개요

13.1.1 파일의 구성

자료 구조(data structure)의 입장에서 볼 때, 파일이란 특별한 형태라기보다는 자기 테이프나 자기 디스크와 같은 대용량의 보조 기억 장치에 물리적으로 기록된 자료 구조일 뿐이고, 단지 효율적인 자료의 검색(retrieval)에 중점을 두고 설계된 특수한 형태라는 시각에서 보는 자료 구조이다.

파일을 설계할 때에는 다음과 같은 고려 사항을 충분히 검토하여 적당한 자료 구조를 선택하고, 또 파일 처리를 위한 알고리즘을 설계하여야 한다.

① 파일의 크기, 즉 정보의 양
② 자료의 검색 빈도
③ 파일의 갱신(update) 빈도
④ 레코드에 포함되는 접근(access) 키 필드(key field)의 수

파일을 대상으로 하는 처리는 자료의 저장(store), 유지(maintenance) 및 검색이 주가 된다.

파일은 레코드(record)의 집합체이고, 레코드는 서로 관련된 필드(field)의 모임이며, 필드는 정보의 단위이다.

키(key)란 레코드 내의 1개 또는 그 이상의 문자들로써 이루어지는데, 레코드를 식별하거나 또는 해당 레코드의 용도를 결정해 주는 데 사용하는 정보이다. 키는 보통 레코드의 특정 필드에 수록되는데, 파일의 내용을 정렬(sort)하거나 특정의 레코드를 검색하는 데 사용된다.

파일에는 1개 또는 그 이상의 키가 존재하는데, 키가 1개인 파일을 단일 키 파일(single key

file)이라 하고, 복수개의 키를 가진 파일을 다중 키 파일(multiple key file)이라고 한다. 단일 키 파일인 경우에는 파일의 갱신이나 검색 작업이 용이하나, 복수 키 파일은 상대적으로 파일 구조의 편성이나 처리가 용이하지 않다.

파일을 구성하는 레코드의 형식은 다음과 같이 크게 네 가지로 구분할 수 있다.

- 고정 길이 비블록화 레코드(fixed length unblocking record)
- 고정 길이 블록화 레코드(fixed length blocking record)
- 가변 길이 비블록화 레코드(variable length unblocking record)
- 가변 길이 블록화 레코드(variable length blocking record)

① 고정 길이 비블록화 레코드 : 크기가 동일한 논리 레코드(logical record)를 블록화하지 않고 그대로 하나의 물리 레코드(physical record)로 수록되는 것으로서 〈그림 13.1〉의 (a)와 같은 형식이다. 프로그램이 용이하나 기억 매체의 낭비가 크다는 단점이 있다.

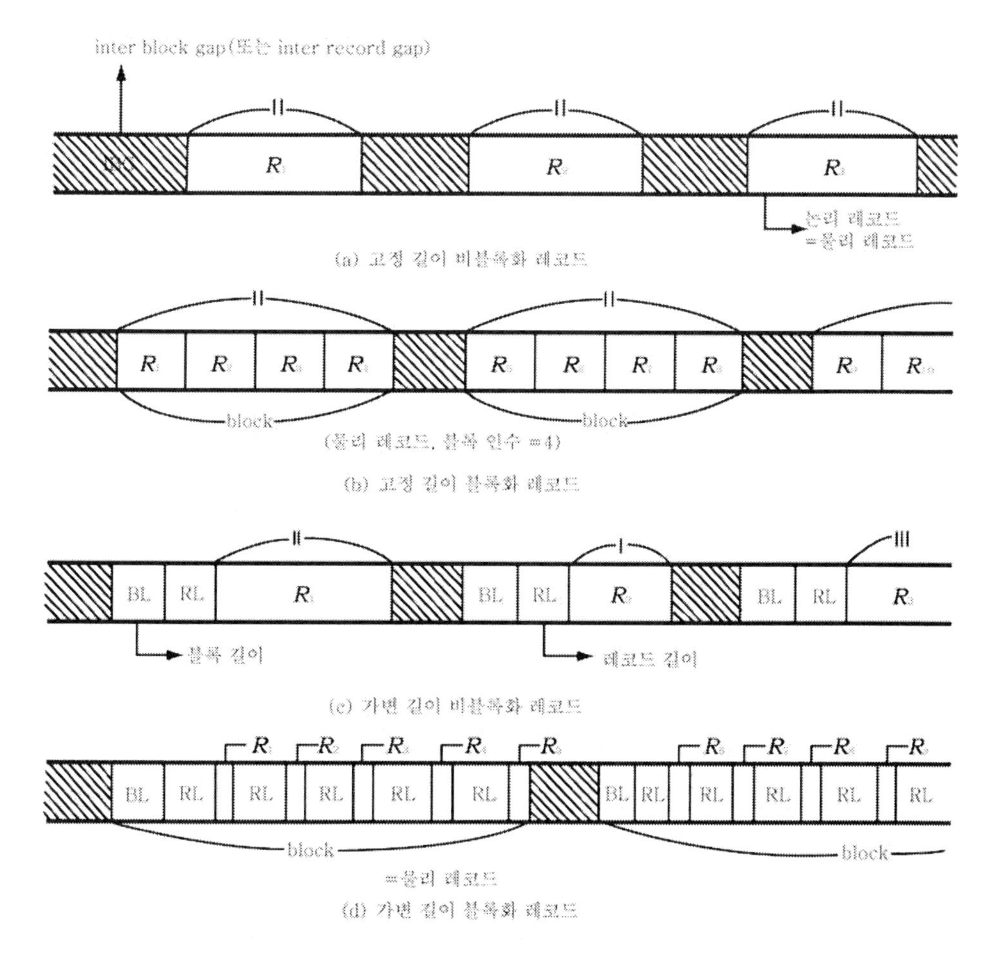

〈그림 13.1〉 파일을 구성하는 레코드의 형식

② 고정 길이 블록화 레코드 : 크기가 동일한 복수 개의 레코드를 블록화하여 하나의 물리레코드를 형성하는 것으로서 하나의 블록이 하나의 물리 레코드가 되고, 테이프 장치에서는 이것을 단위로 하여 입출력이 행해지는데, 블록에 포함된 논리 레코드의 수를 블록 인수(block factor)라고 한다. 이 형식은 프로그램이 용이하고 기억 매체의 낭비가 적을 뿐만 아니라 처리의 능률이 우수하여 가장 널리 사용되는 것으로 〈그림 13.1〉의 (b)와 같다.

③ 가변 길이 비블록화 레코드 : 길이가 각기 다른 논리 레코드를 블록화하지 않고 그대로 물리 레코드로서 구성하는 것으로 〈그림 13.1〉의 (c)와 같이 레코드의 앞에 레코드의 길이를 표시하는 필드(RL)를 둔다. 그러나 파일의 처리시에 일일이 그 길이를 검사해야 한다는 불편이 따른다.

④ 가변 길이 블록화 레코드 : 〈그림 13.1〉의 (d)와 같이 각기 다른 길이의 논리 레코드들을 각기 다른 개수씩 묶어 블록을 형성하여 하나의 물리 레코드를 형성하는 것으로 블록 앞에는 블록 길이(block length)를 표시하는 필드를 두고, 블록에 포함된 각 레코드의 앞에는 레코드 길이를 표시한다.

이 밖에도 레코드의 길이가 정의되지 않는 부정 형식 레코드(undefined record)도 있는데, 특별한 경우를 제외하고는 실제 응용에서 별로 사용되지 않는다.

13.1.2 파일의 종류

파일은 그 분류 기준에 따라 여러 가지로 나눌 수 있다. 처리 과정에 따라 나누면 입력 파일(input file), 임시 파일(temporary file), 출력 파일(output file)로 구분할 수 있고, 기록 매체에 따라 나누면 카드 파일(card file), 자기 테이프 파일(magnetic tape file), 자기 디스크 파일(magnetic disk file)로 구분할 수 있다.

또 파일의 내용에 따라 나누면 자료 파일(data file), 프로그램 파일(program file), 작업 파일(work file) 등으로 구분되는데, 자료 파일은 자료의 성격에 따라 원시 파일(source file), 마스터 파일(master file), 거래 파일(transaction file), 히스토리 파일(history file), 요약 파일(summary file), 보고서 파일(report file) 등으로 세분할 수 있다.

그러나 자료 구조의 측면에서 보면 우리의 관심 대상이 되는 것은 파일의 편성 방법에 의하여 분류하는 것으로서, 여기에는 순차 파일(sequential file), 색인 파일(indexed file), 색인 순차 파일(indexed sequential file), 직접 파일(direct file) 또는 임의 파일(random file)이 있고, 특수한 형태로 링크 파일(linked file), 역파일(inverted file), 세포 분할 파일(cellular partition file) 등이 있다.

다음절부터는 파일 편성 방법에 의하여 분류한 여러 종류의 파일에 대하여 그 구성과 처리 방법을 상세하게 살펴보기로 한다.

13.2 순차 편성 파일

13.2.1 순차 파일의 구성

순차 파일은 파일을 구성하고 있는 레코드들이 그 논리적인 순서에 따라 물리적인 기억 매체에 차례대로 저장되도록 편성하는 파일로서, 대량의 자료를 기억 매체의 종류에 관계없이 다룰 수 있는 가장 널리 쓰이는 기본적인 파일 구조이다.

순차 파일은 대개 레코드의 특정키를 기준으로 하여 정렬되어 있는데, 자기 테이프를 이용할 때에는 레코드들이 인접한 위치에 차례로 기억되고, 자기 디스크에서는 실린더(cylinder)와 면(surface)의 개념을 이용하여 기억된다.

디스크 기억 장치는 원래 2차원적인 구조이지만 1차원 메모리로 사상(mapping)시켜 순차파일을 편성한다. 만약 C개의 실린더와 S개의 면을 가진다면 〈그림 13.2〉와 같이 디스크 메모리를 순차적 메모리로 간주하여 i번째 면의 j번째 실린더를 t_{ij}로 해서 t_{11}, t_{21}, t_{31}, …, t_{s1}, t_{12}, t_{22}, …, t_{s2}와 같은 순서로 저장한다.

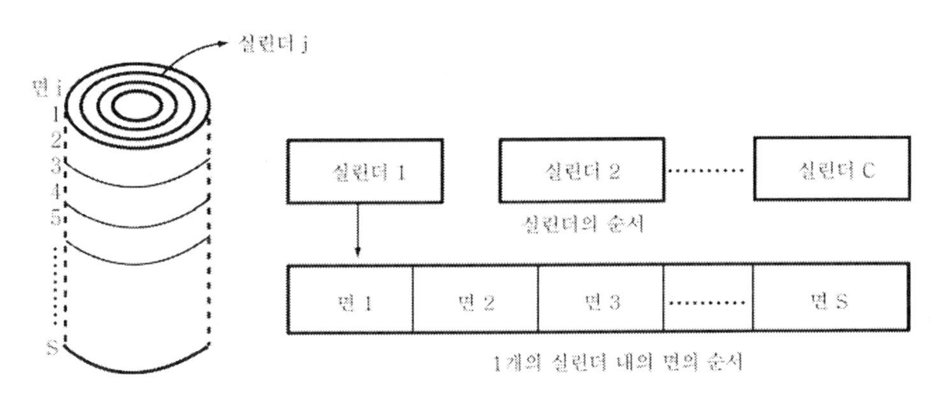

〈그림 13.2〉 디스크의 순차적 메모리 표현

순차 파일은 기본 키를 기준으로 정렬되어 있고, 레코드의 논리적 순서와 물리적 순서가 일치하므로 일괄 검색과 갱신은 테이프를 이용할 때와 거의 같다.

순차 파일로 편성할 때의 장점은 액세스 순서를 키 순서대로 한다면 처리 시간이 빠르고, 어떤 기록 매체에서도 편성 및 처리가 가능하며, 기억 공간의 낭비가 적다는 점이다. 그러나 기존 파일에 새로운 레코드를 삽입할 경우 파일 전체를 복사하여야 한다든지, 또는 특정 레코드의 검색에 시간이 많이 소요된다는 점이 단점이다.

순차 파일은 주기적으로 파일 전체를 대상으로 하여 일괄 처리하는 일괄 처리 시스템(batch processing system)이나 갱신 및 검색 작업이 거의 없는 경우에 적합한 편성 방법이다.

13.2.2 순차 파일의 처리

순차 파일의 처리 내용으로서는 일괄 처리를 위한 입출력, 레코드의 갱신 및 검색 등이 있다.

파일의 입출력, 즉 주기억장치와 보조 기억 장치 사이의 자료의 전송은 블록 단위로 이루어진다. 하나의 블록은 보조 기억 장치와 프로그램의 자료 영역 사이에 버퍼(buffer)를 두어 이곳을 이용하여 블록의 입출력이 행해진다.

예를 들어 블록 인수(block factor)가 5인 경우에 보조 기억 장치로부터 자료를 읽어 처리하는 경우를 살펴보자.

프로그램에서 입력 명령이 지시되면 〈그림 13.3〉과 같이 파일에서 하나의 블록이 일단 주 기억 장치 내의 버퍼로 전송되고, 여기에서 하나의 레코드씩 프로그램의 자료 영역으로 옮겨져 필요한 처리를 한다. 버퍼에 있는 5개의 레코드가 모두 처리되고 나면 다시 파일에서 다음 블록을 읽어 버퍼로 전송된 후 앞에서와 동일한 처리를 반복한다.

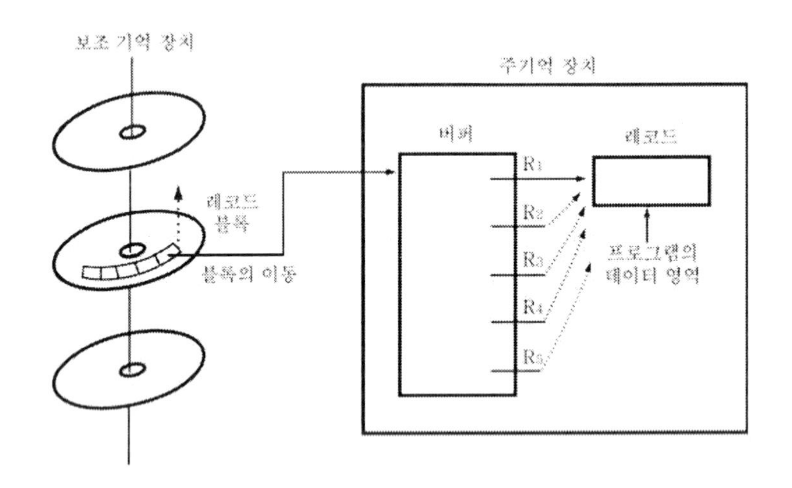

〈그림 13.3〉 입력 명령에 의한 데이터의 전송

여기에서 문제가 되는 것은 하나의 버퍼만을 사용하는 단일 버퍼 처리(single buffering)이기 때문에 버퍼에 저장된 모든 레코드들을 프로그램에서 처리한 후에는 다음 블록이 버퍼로 전송되어 올 때까지 기다려야 하는 문제이다.

이 문제를 해결하기 위해서는 복수 개의 버퍼를 이용하는 다중 버퍼 처리(multiple buffering) 방법이다. 예를 들어 〈그림 13.4〉와 같이 2개의 버퍼를 이용한다면 버퍼 1에 저장된 레코드들을 프로그램에서 처리하는 동안에 버퍼 2에는 보조 기억 장치로부터 다음 블록이 전송되고, 버퍼 1의 처리가 끝나면 이번에는 버퍼 2의 레코드들을 처리하며, 이 시간 동안에 다시 버퍼 1로 다음 블록이 전송되도록 하는 것이다. 이런 방법으로 처리하면 처음 블록을 전송할 경우를 제외하고는 보조 기억 장치로부터의 전송 시간은 무시할 수 있다.

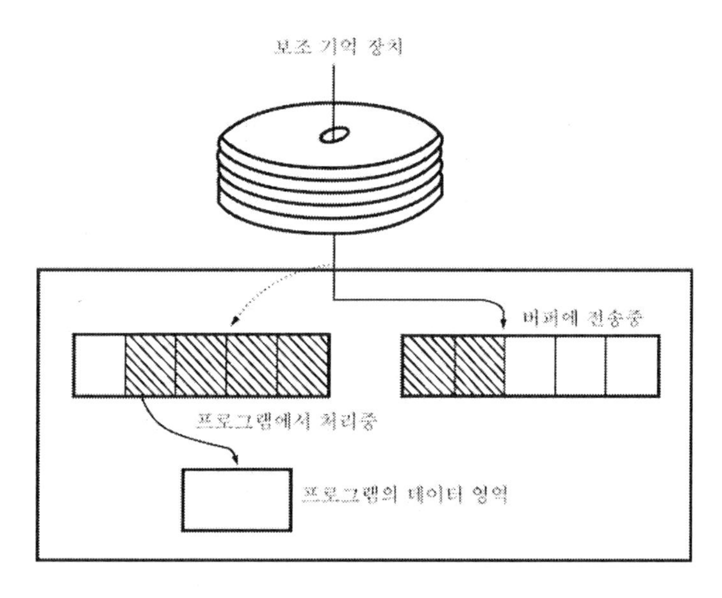

〈그림 13.4〉 다중 버퍼의 운영

순차 파일에 새로운 레코드를 삽입할 때에는 주기억장치 내에서 순서 리스트를 처리할 때와 같은 문제가 발생한다. 즉 새로운 레코드를 삽입하려면 그 레코드가 삽입될 공간을 만들어야 한다. 따라서 자기 테이프 파일일 경우에는 이 레코드를 포함하여 다시 전체를 복사(copy)하여야 하고, 자기 디스크 파일일 경우에는 상당한 양의 레코드를 이동하여야 한다.

삭제의 경우에도 삭제된 레코드의 공간을 활용하기 위해서는 역시 레코드들의 이동이 수반되고, 이 작업을 피하고자 한다면 삭제되었다는 표시(mark)를 해 두어야 한다. 그러나 삭제 표시 방법을 사용할 경우에는 기억 공간의 낭비와 함께 파일 처리에 있어서 표시 여부를 검사하는 시간 때문에 능률이 저하된다.

파일에 대한 검색은 보통 질의로서 이루어지는데, 전형적인 질의의 형태는 다음과 같은 것이 있다.

① 단순 질의 : 하나의 키 값만이 지정된다.

② 범위 질의 : 하나의 키에 대하여 키 값의 범위가 지정된다.

③ 함수 질의 : 파일 내의 키 값들에 대하여 평균이나 중간값 등을 계산하는 어떤 함수가 지정된다.

④ 불(Boolean)질의 : 논리 연산자 and, or, not 등을 사용한 질의가 지정된다.

검색은 이와 같은 질의에 만족하는 특정의 레코드 또는 레코드들을 찾아야 하기 때문에 선형 검색과 같은 파일 처리가 행해진다.

파일 검색을 위한 질의는 질의의 형태에 따른 일정한 질의어(query language)가 정의되어 있으므로 이를 이용하여 편리하게 행해진다.

13.3 색인 편성 파일

13.3.1 색인 파일

보조 기억 장치 내의 파일에서 원하는 레코드를 손쉽게 찾기 위해서는 각 레코드의 키 값과 이에 대응하는 번지를 수록한 색인(index) 또는 목록(directory)을 별도로 준비해 두고, 이 색인을 통하여 검색을 할 수 있도록 하는 방법이 있는데, 이것을 색인 파일이라고 한다.

색인 파일의 구성은 〈그림 13.5〉와 같이 색인만을 모아놓은 색인 테이블이 별도로 있고, 실제 레코드가 저장된 자료 영역이 있다.

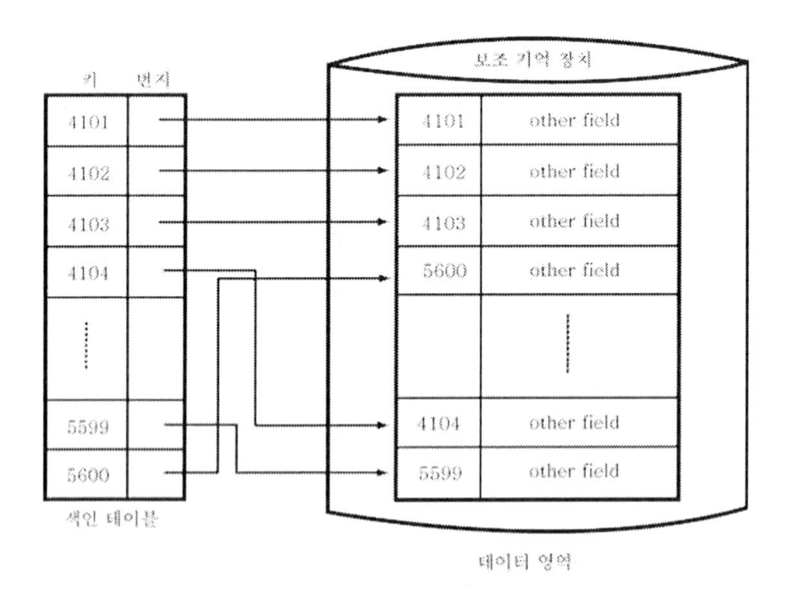

〈그림 13.5〉 색인 화일의 구성

색인 파일의 검색은 먼저 찾고자 하는 키를 색인 테이블에서 찾은 다음, 그 번지를 확인하여 보조 기억 장치의 해당 번지에서 레코드를 액세스하는 두 단계를 거친다. 일반적으로 색인 테이블은 키 값을 기준으로 정렬되어 있으므로 이진 검색을 통하여 $O(\log_2 n)$시간에 검색되고, 보조 기억 장치에서는 한번의 액세스만 하기 때문에 검색 효율이 높다.

색인 테이블은 키 값의 순서대로 정렬되지만 보조 기억 장치에는 어떤 순서로 저장되어도 관계가 없다. 따라서 새로운 레코드의 삽입시에 키는 색인 테이블의 순서에 맞게 해당 위치에 삽입하여야 하나 자료 영역에는 어느 위치에 첨가되어도 관계가 없으므로 삽입에 따른 자료의 이동은 필요없다. 삭제시에는 색인 테이블에서만 삭제하면 된다. 자료 영역에 레코드가 남아 있어도 색인 테이블에서 그 키가 삭제되면 그 레코드는 사실상 없는 것과 같기 때문이다.

색인 파일의 단점은 색인과 실제 레코드가 1 : 1로 대응되게 편성하므로 색인 테이블이 커져서 이 자체를 검색하는 데 많은 시간이 소요된다는 점이다. 이런 불편을 해소하기 위해서 제안된 편성 방법이 다음에서 설명하는 색인 순차 파일이다.

13.3.2 색인 순차 파일

순차 파일과 직접 파일의 장점을 활용하여 편성한 파일로서, 자료 영역과 색인 영역을 구별해 두고, 자료 영역에는 파일을 구성하는 레코드들을 순차 파일처럼 차례로 저장해 두어 순차 처리가 가능하게 하고, 색인 영역에는 키와 그에 대응하는 레코드의 번지를 쌍으로 몇 단계의 색인 테이블을 두어 색인을 통하여 직접 처리가 가능하게 한 파일 구조이다.

색인 순차 파일은 〈그림 13.6〉과 같이 기본 자료 영역(prime data area), 색인 영역(index area), 오버플로우 영역(overflow area) 등 3개의 영역이 필요하다.

① 기본 자료 영역 : 파일을 구성하고 있는 실제 레코드들이 기록된 영역으로서, 레코드가 저장될 때에는 키 값의 순서에 따라 차례로 저장된다.

② 색인 영역 : 단순 색인 파일의 색인 테이블처럼 색인과 레코드가 1 : 1로 대응되는 것이 아니고 보통 몇 단계의 색인을 두는데, ISAM 파일(indexed sequential access method file)의 경우는 트랙 색인(track index), 실린더 색인(cylinder index), 마스터 색인(master index) 등 3단계의 색인으로 구성된다.

트랙 색인은 기본 자료 영역의 각 트랙에 저장된 레코드의 최대 키 값과 번지가 저장되는 색인이고, 실린더 색인은 기본 자료가 여러 개의 실린더 상에 수록되어 있을 때, 해당 레코드가 어떤 실린더에 있는지에 관한 정보가 수록된 색인으로, 각 실린더에 수록된 최대 키 값과 번지가 있다. 그리고 마스터 색인은 실린더 색인이 클 경우, 이를 몇 개의 그룹으로 하여 상위의 색인을 형성한 것으로서 처리 대상 레코드가 어느 집단에 속하고 있는가에 대한 정보를 제공한다.

③ 오버플로우 영역 : 새로이 추가되는 레코드를 자료 영역 내에 수록할 수 없을 때 사용하는 기억 공간으로서, 실린더 오버플로우 영역(cylinder overflow area)과 별도로 독립된 기억

공간을 설정한 독립 오버플로우 영역(independent overflow area)이 있다.

〈그림 13.6〉은 부품 번호를 키로 하는 재고 파일을 색인 순차 파일로 구성한 파일 구조를 나타낸 것이다.

색인 순차 파일에서 특정의 레코드를 검색하는 과정을 〈그림 13.6〉에 의하여 살펴보자.

예를 들어 부품 번호 1703을 검색한다면 다음과 같은 과정을 거친다.

① 마스터 색인에서 부품 번호 1703이 그룹 1의 2079 보다 작으므로 실린더 색인 (1)에서 찾아야 함을 확인한다.

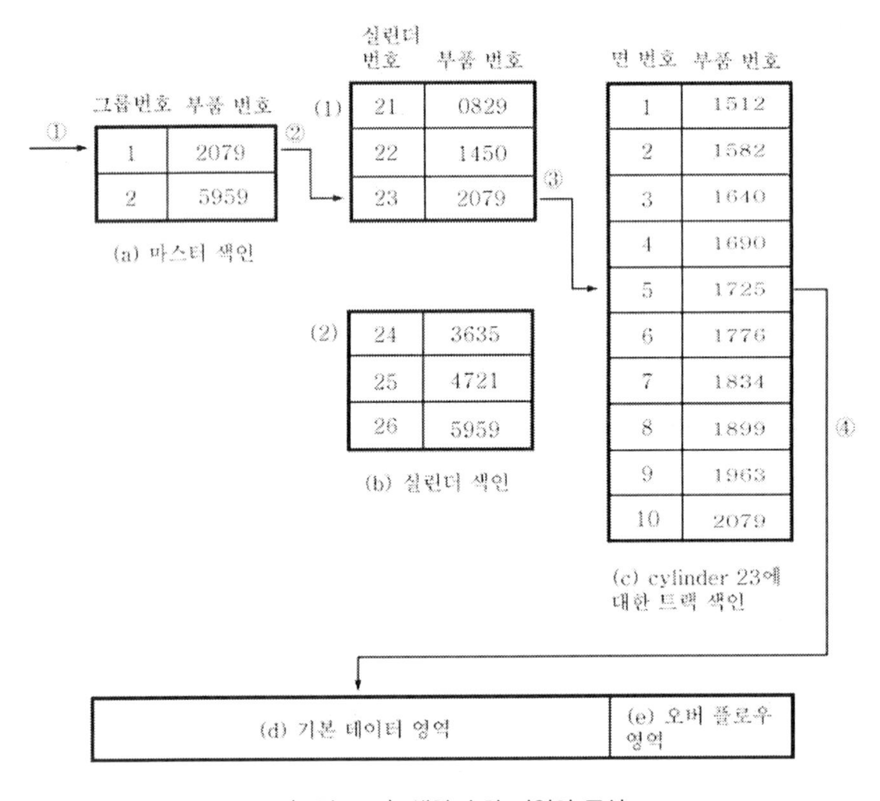

〈그림 13.6〉 색인 순차 파일의 구성

② 실린더 색인의 표(1)에서 1703이 1450 보다는 크고, 2079 보다는 작으므로 실린더 번호 23에 속해 있음을 확인한다.

③ 트랙 색인에서 1703이 1690 보다 크고 1725 보다 작으므로 면(surface)번호 5에 저장되어 있음을 확인한다.

④ 실린더 번호 23, 면(surface)번호 5라는 번지가 결정되었으므로, 기본 자료 영역에 가서 해당 레코드를 검색한다.

검색 과정에서 색인 테이블이나 기본 자료 영역에서는 순차 검색이 이루어진다. 〈그림 13.6〉에는 1개의 트랙 색인 테이블만 나타내었으나 실제는 6개의 트랙 색인 테이블이 존재한다. 색인 순차 파일의 장점으로는 순차 처리와 직접 처리가 가능하며 추가 삽입시에 파일 복사가 필요없다는 점이고, 단점으로서는 색인과 오버플로우 영역을 위한 추가 기억 공간이 필요하고, 색인 테이블의 검색 과정이 요구되며, 오버플로우 영역에 레코드가 많으면 파일의 재편성이 필요하다는 점이다.

색인 순차 파일의 구성에 있어서 적용되는 색인 기법은 이제까지 설명한 실린더-면색인(cylider-surface index)법 이외에 몇 가지 방법이 있는데, 어떤 색인 기법을 적용하느냐에 대한 것은 파일의 크기나 자료의 특성과 관계가 있다.

13.3.3 색인 기법

색인 기법(index technique)으로는 실린더-면 색인법(cylinder-surface indexing), 해시 색인법 (hashed indexing), 트리 색인법(tree indexing), 트라이 색인법 (trie indexing) 등이 있는데, 이들 기법에 대하여 간단히 살펴보기로 한다.

(1) 실린더-면 색인법

가장 간단한 색인 구성 방법으로서 디스크 메모리를 순차적 메모리로 간주하고 레코드들을 기본키의 오름차순으로 실린더에 연속적으로 저장한 후 실린더 색인과 여러 개의 면 색인(surface index)으로 색인 테이블을 구성한다.

만약 파일의 기억 장소가 C개의 실린더를 사용한다면 실린더 색인 테이블은 C개의 항을 가지며, 각 항에는 해당 실린더 내에서 최대 키 값을 가진다. 또 C개의 실린더는 각각 하나의 면 색인 테이블과 연관되기 때문에 만약 디스크가 S개의 면(surface)을 가진다면 각각의 면 색인 테이블은 S개의 항을 가진다. 그리하여 실린더 j의 면 색인에서 i번째 항은 i번째 면(surface)의 j번째 트랙에서 최대 키 값을 유지한다. 파일의 크기가 매우 커서 실린더 색인 테이블이 클 경우에는 실린더 색인 테이블을 다시 몇 개의 그룹으로 분할하여 마스터 색인 테이블을 두기도 한다.

실린더 색인과 면 색인만을 둘 경우 특정 키 값 K를 검색하려면 먼저 실린더 색인을 메모리로 읽어 들인다. 디스크의 실린더는 보통 몇 백개에 달하므로 실린더 색인은 일반적으로 하나의 트랙에 저장된다. 실린더 색인을 검색하여 어떤 실린더가 원하는 레코드를 포함하는 가를 결정한 후, 이 실린더에 대응하는 면 색인을 디스크에서 검색한다.

실린더 색인은 키 값의 시작점을 가리키는 포인터들의 배열로 구성할 수 있으므로 $O(\log_2 C)$시간에 검색할 수 있고, 면 색인은 순차 검색을 한다.

검색을 위한 실린더와 면이 결정되면 해당 트랙을 읽어 K를 검색하는데, 트랙에 하나의 레코드만 저장된다면 검색은 간단하고, 여러 개의 레코드가 저장된다면 그 트랙을 순차 검색을 한다.

검색 과정의 실제 예는 〈그림 13.6〉을 예로 설명한 바와 같다.

(2) 해시 색인법

해시 색인법은 해시 테이블을 설계하거나 오버플로우 기법을 선택하는데 따라 여러 가지를 고려하여야 한다. 색인 테이블과 오버플로우 영역이 디스크에 있다고 가정할 때, 먼저 적용된 해시 함수에 의하여 색인 테이블의 번지를 결정하고, 그 버킷을 검색한다. 버킷 내의 슬롯 갯수만큼의 순차 검색이 행해진 후 검색이 실패하면 적용된 오버플로우 기법에 따른 제 2차 검색을 행한다.

(3) 트리 색인법 : B-트리(B-tree)

AVL 트리는 최대 $O(\log n)$ 시간 내에 크기 n인 테이블의 항을 검색할 수 있으므로 색인 테이블을 AVL 트리로 구성할 수 있다. 그러나 색인 테이블이 클 경우에는 오히려 실린더-면 색인법보다 효율이 떨어지므로 m-way 검색 트리를 이용한 균형 트리를 이용하는 것이 접근 횟수를 줄일 수 있다.

m-way 검색 트리는 다음과 같이 정의한다.

m-way 검색 트리 T는 모든 노드의 차수(degree)가 m이하인 트리로서 공백이거나 또는 다음과 같은 성질을 갖는다.

① T는 다음과 같은 형태의 노드를 유지한다.

$$n,\ A_0,\ (K_1,\ A_1),\ (K_2,\ A_2),\ \cdots\cdots,\ (K_n,\ A_n)$$

여기에서 $A_i(0 \le i \le n)$는 T의 서브트리를 가리키는 포인터들이고 $K_i(1 \le i \le n)$는 키 값이다. (단 $1 \le n < m$)

② $K_i < K_{i+1},\ 1 \le i < n$

③ 서브트리 A_i 내의 모든 키 값들은 키 값 K_{i+1}보다 작고, K_i보다 크다. (단 $0 \le i \le n$)

④ 서브트리 A_0내의 모든 키 값들은 K_1보다 작고 A_n 내의 모든 키 값들은 K_n보다 크다.

⑤ 서브트리 A_i도 역시 m-way 검색 트리이다. (단 $0 \le i \le n$)

예를 들어 키 값

12, 17, 23, 28, 30, 34, 40, 43, 50

에 대한 3-way 검색 트리를 〈그림 13.7〉과 같이 구성한다면 이 트리는 m-way 검색 트리의 조건을 만족한다.

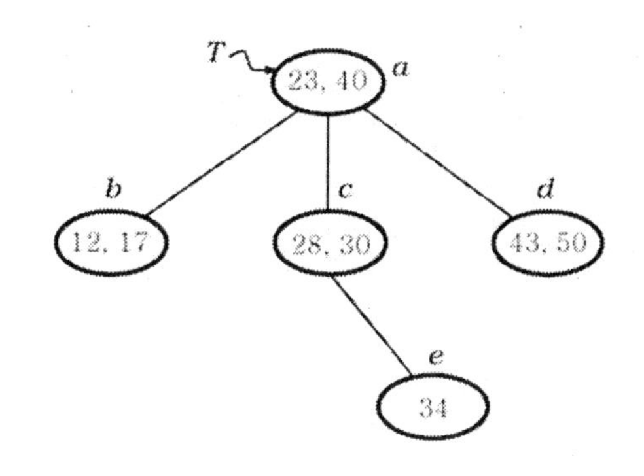

노드	n, A_0 (K_1, A_1),…, (K_n, A_n)의 형식
a	2, b, (23, c), (40, d)
b	2, 0, (12, 0), (17, 0)
c	2, 0, (28, 0), (30, e)
d	2, 0, (43, 0), (50, 0)
e	1, 0, (34, 0)

〈그림 13.7〉 3-way 검색 트리의 예

〈그림 13.7〉의 트리에서 어떤 키 값 k를 검색하려면 먼저 번지 a에 있는 루트 노드 T를 조사하여 $K_i \leq k \leq K_{i+1}$가 되는 i값을 결정한다. $k=K_i$라면 검색은 종료되고, 그렇지 않으면 m-way 검색 트리의 정의에 의하여 서브트리 A_i를 검색한다.

예를 들어, k=34인 경우에 루트 노드를 검색하면, 이 노드에는 없고 다음에 검색할 서브트리는 주소 c에 있는 루트 A_1을 갖는 서브트리임이 확인된다. 이 노드에도 34는 없고, 다음에 검색할 서브트리는 e임을 알게 되며, 주소 e의 노드에서 키 값 34를 찾게 되어 검색은 종료된다. 따라서 k=34를 검색하는 과정에서 a, c, e에 있는 노드들을 접근해야 하므로 3번의 접근이 소요된다. 이것은 앞의 예를 AVL 트리로 구성했을 때 보다 효율적이다.

검색 트리에서 비교 횟수를 적게 하기 위해서는 트리의 높이를 최소화시켜야 하고, 높이를 최소화시키기 위해서는 높은 차수의 트리를 구성하여야 더 많은 항을 포함할 수 있다. n개의 항이 주어질 경우에 최선의 m-way검색 트리가 되려면 검색 트리는 균형을 이루어야 하는데, 이 개념을 도입한 것이 B-트리이다.

B-트리는 실패 노드의 개념을 도입하여 다음과 같이 정의한다.

차수 m인 B-트리 T는 공백이거나 또는 다음 성질을 만족하는 높이≥1인 m-way 검색 트리이다.

① 루트 노드는 최소한 2개의 자식을 갖는다.

② 루트 노드와 실패 노드를 제외한 모든 노드는 최소한 $\lceil m/2 \rceil$개의 자식을 갖는다.

③ 모든 실패 노드는 같은 단계(level)에 있다.

〈그림 13.7〉의 3-way 검색 트리에 실패 노드를 부여하여 나타내면 〈그림 13.8〉과 같은 검색 트리가 되는데, 이것은 모든 실패 노드가 같은 단계에 있지 않으므로 조건 ③에 위배되어 B-트리가 아니다.

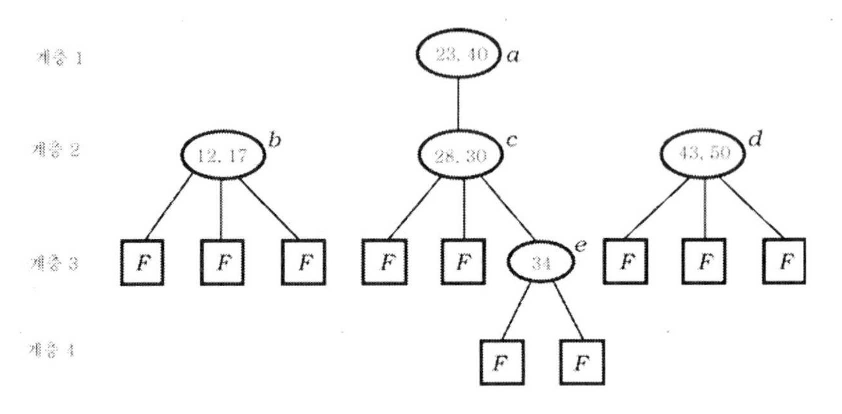

〈그림 13.8〉 그림 13.7에 실패 노드를 추가한 검색 트리

B-트리의 정의에 합당하도록 〈그림 13.7〉의 자료에 대하여 m=3인 가능한 B-트리를 만들면 〈그림 13.9〉와 같이 되는데, 이 B-트리는 모든 비실패 노드의 차수가 2이거나 3이 된다. 실제로 차수가 3인 B-트리에 대한 조건 ①, ②와 m-way 검색 트리의 정의에 의하면 모든 비실패 노드는 차수가 반드시 2 또는 3이어야 함을 알 수 있다.

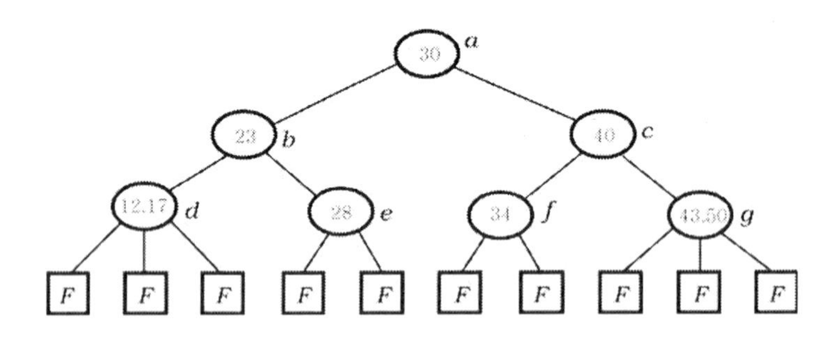

〈그림 13.9〉 그림 13.7의 데이터에 대한 차수 3의 B-트리

어떤 차수의 B-트리에 있는 비실패 노드의 총수는 같은 차수의 최선의 검색 트리에 있는 비실패 노드의 총수보다 클 수 있다. 그러나 항상 최선의 검색 트리를 유지하는 것보다 B-트리에서 노드의 삽입과 삭제가 더욱 용이하다. 따라서 색인을 사용할 때 최적의 m-way검색 트리 대신에 B-트리를 사용하는 것이 특히 동적 테이블을 유지할 경우에는 효과적이다.

(4) 트라이 색인법

키 값의 크기가 일정하지 않을 때 특히 유용한 색인 구조로서 트라이(trie)가 있다. 트라이는 키 값 전체가 아니라 그 일부에 의해 각 레벨의 분기가 결정되는 차수가 2보다 큰 트리를 말한다. 〈그림 13.10〉은 트라이의 한 예인데, 트라이는 분기 노드(branch node)와 정보 노드(information node)라는 두 가지 형태의 노드로 구성된다.

분기 노드는 키 값이 알파벳으로 이루어진 경우의 트라이라면 〈그림 13.10〉과 같이 27개(blank, *A*~*Z*)의 포인터 필드를 갖는다. 키 값 안의 모든 문자들은 알파벳 26자 중의 어느 하나이고, 공백 문자는 키 값의 종료에 사용된다. 첫 레벨에서 모든 키 값은 첫 문자에 따라 27개의 서로 다른 서브트라이(subtrie)로 나누어지게 된다. 즉 *t*->ptr[*i*]는 알파벳 중 *i*번째 문자로 시작되는 모든 키 값을 갖는 서브트라이에 대한 포인터이다. *j*번째 레벨에서의 분기는 *j*번째 문자에 의해 결정된다.

서브트라이가 단 하나의 키 값만을 가질 경우, 이 서브트라이는 하나의 정보 노드로 대치 된다. 이 노드는 키 값과 그에 관련된 정보, 이를테면 그 키 값에 관한 레코드의 주소 등을 포함하고 있다. 〈그림 13.10〉에서 사각형으로 나타낸 것이 분기 노드이고, 타원형으로 나타낸 것이 정보 노드이다.

트라이에서 어떤 키 값 *k*를 찾으려면 *k*를 구성하는 문자들로 분해하여 이들에 의하여 분기 과정을 추적해 나아가면 된다.

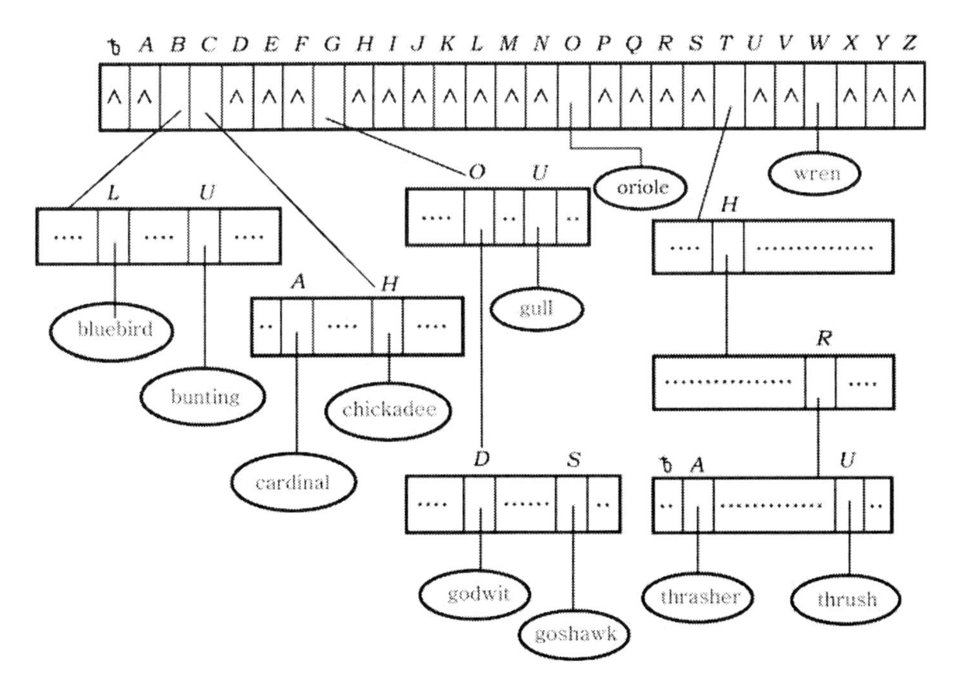

〈그림 13.10〉 트라이의 예

트라이에서 *k*를 찾는 알고리즘을 기술하면 [알고리즘 13.1]과 같다. 여기에서 *p*가 정보 노드라면 *p*=NULL의 상태는 분기 노드가 아닌 것으로 가정하였고, 정보 노드 *p*가 나타내는 키 값은 *p*->key로 나타내었다.

【알고리즘 13.1】 트라이 검색

```
trinode *trie(trinode *t, char x[])
/* 키 값 k를 트라이 t에서 검색한다. i번째 레벨에서의 분기는 키의 i번째 문자에
 의해 결정된다고 가정한다. */
{
  int i;
  char c, k[20];
  trinode *p;
  /* i의 끝에 최소한 하나의 공백이 있다고 가정한다. */
  strcpy(k, x);
  strcat(k, ' ');
  i = 1;
  p = t;
  while (p is a branch node)
  {
     c = i-th character of k;
     p = p->link[c];
     i++;
  }
  if (p==null || strcmp(p->key, x)) return(null);
  else return(p);
}
```

TRIE 알고리즘에서 분기 노드와 정보 노드를 합하여 트라이의 레벨을 *l*이라고 할 때, 검색 시간은 최악의 경우에 $O(l)$이다.

13.4 직접 편성 파일

13.4.1 직접 파일의 구성

직접 파일(direct file)은 기억 공간의 임의의 장소에 순서없이 무작위로 직접 수록하는 파일로서 임의 파일(random file)이라고도 한다.

레코드가 기억될 주소를 결정하는 방법으로는 직접 주소법(direct addressing), 디렉토리 조사(directory lookup), 해싱(hashing) 등이 있다.

① 직접 주소법 : 레코드의 크기가 일정할 경우, 기억 장소를 레코드의 크기와 동일하게 분할하고, 레코드 번호와 1 : 1로 대응시켜 해당 위치에 저장하는 방법이다. 즉 38번 레코드는 기억 장소의 38번째 위치(location)에 저장하고, 45번 레코드는 45번째 위치에 저장한다.

② 디렉토리 조사 : 가변적 크기의 레코드로 구성된 파일에서 어떤 레코드를 검색하고자 할 때 그 레코드가 저장된 디렉토리를 조사하여 찾을 수 있도록 주소를 결정하는 방법이다.

③ 해싱 : 적절한 해싱 함수(hashing function)를 이용하여 레코드의 키를 번지로 변환해서 기억 공간의 주소를 결정하는 방법이다.

13.4.2 직접 파일의 장단점

직접 파일은 순차 파일의 단점을 해결해 주며, 삽입이나 삭제가 용이하다. 특히 임의 (random) 처리에 적합하고, 모든 레코드의 액세스 시간이 일정하여 빈번한 자료 검색에 효율적이다. 반면에 직접 파일은 주소 결정을 위한 키 변환 과정이 필요하고, 기억 공간의 활용율이 저하된다.

또 레코드가 키 값의 순서대로 배열되어 있지 않기 때문에 질의의 일괄 처리가 비효율적이며, 범위를 다루는 질의를 처리할 경우에는 효율이 떨어진다는 단점을 가지고 있다.

13.5 특수 편성 파일

13.5.1 링크 편성 파일

링크 편성(linked organization)이 순차 편성(sequential organization)과 근본적으로 다른 점은 레코드의 논리적 순서와 기억 매체에 저장된 물리적 순서가 다르다는 점이다.

순차 편성의 경우에는 파일 내의 i번째 레코드의 위치(location)를 l_i라고 하면 $i+1$번째 레코드의 위치는 레코드의 길이가 c일 때 l_{i+c}가 된다. 그러나 링크 편성의 경우에는 $i+1$번째 레코드의 위치는 i번째 레코드의 포인터 필드의 값으로 지정된다.

기본 키에 의하여 오름차순으로 링크 편성이 된 파일의 경우 삽입이나 삭제는 용이하지만 특정의 레코드를 검색하기 위해서는 처음부터 포인터를 따라 차례로 추적해 나아가야 하므로 시간 낭비가 크다. 따라서 이런 시간 낭비를 최소화하기 위해서는 별도의 어떤 색인 구조를 사용하는 것이 좋다.

특히 여러 개의 키를 사용하는 파일에 있어서 기본 키를 제외한 보조 키 중에서 하나의 키에 대하여 여러 개의 레코드를 검색할 경우도 있는데, 이 경우에는 이들에 대하여 〈그림 13.11〉처럼 색인을 만들어 링크 구조로 표시한다. 이렇게 링크 편성을 하면 리스트의 길이가 짧아지므로 검색 시간이 줄어든다.

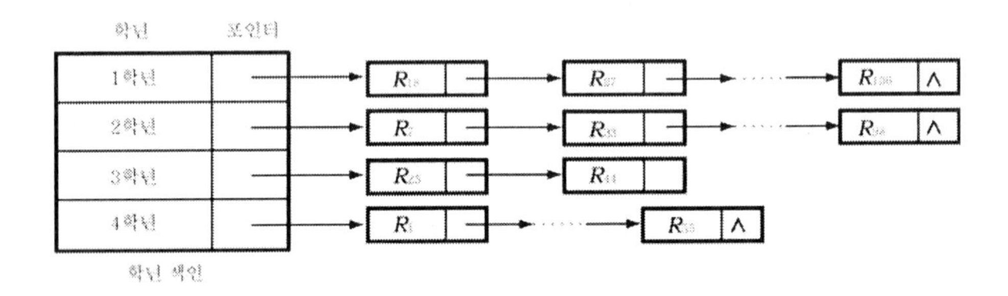

〈그림 13.11〉 학년 색인과 그에 따른 연결 리스트

〈그림 13.11〉과 같은 링크 편성의 개념을 이용하여 여러 개의 키로 구성된 파일에 대하여 각 키에 대한 색인을 만들어 각각의 레코드가 여러 개의 리스트에 속하도록 다중 리스트(multilist) 구조로 편성할 수도 있다.

예를 들어 〈표 13.1〉과 같은 자료에 대하여 사원 번호, 직종, 성별, 봉급을 키로 하여 다중 리스트를 만들면 〈그림 13.12〉와 같이 된다.

〈표 13.1〉 사원 파일의 자료

사원 번호	이 름	직 종	주 소	성 별	학 력	봉 급	결혼 여부
800 ㉮	이길수	프로그래머	서 울	남	대 졸	100만원	미혼
510 ㉯	김영식	분 석 가	성 남	여	대 졸	150만원	기혼
950 ㉰	박창현	분 석 가	부 천	여	전문졸	120만원	기혼
750 ㉱	조영순	프로그래머	구 리	여	대 졸	90만원	미혼
620 ㉲	노재호	프로그래머	의정부	남	대 졸	120만원	기혼

파일을 다중 리스트 구조로 편성할 때에는 각 레코드는 관련된 모든 정보 필드 외에 각 키에 대한 링크 필드 하나씩을 더 갖는다.

다중 리스트에 새 리스트를 삽입하는 것은 각 리스트가 무엇에 관해 어떤 순서로 유지되어야 한다는 조건만 없으면 그 레코드를 각 리스트 앞에 삽입시키면 되므로 간단하다. 삭제는 레코드의 후위 포인터(backward pointer)가 없는 단순 링크인 경우는 어려우나 이중 연결 리스트(doubly linked list)로 만들면 용이하다. 만일 이중 연결 리스트를 사용하지 않는다면 코럴 링(coral ring) 구조를 사용할 수 있다.

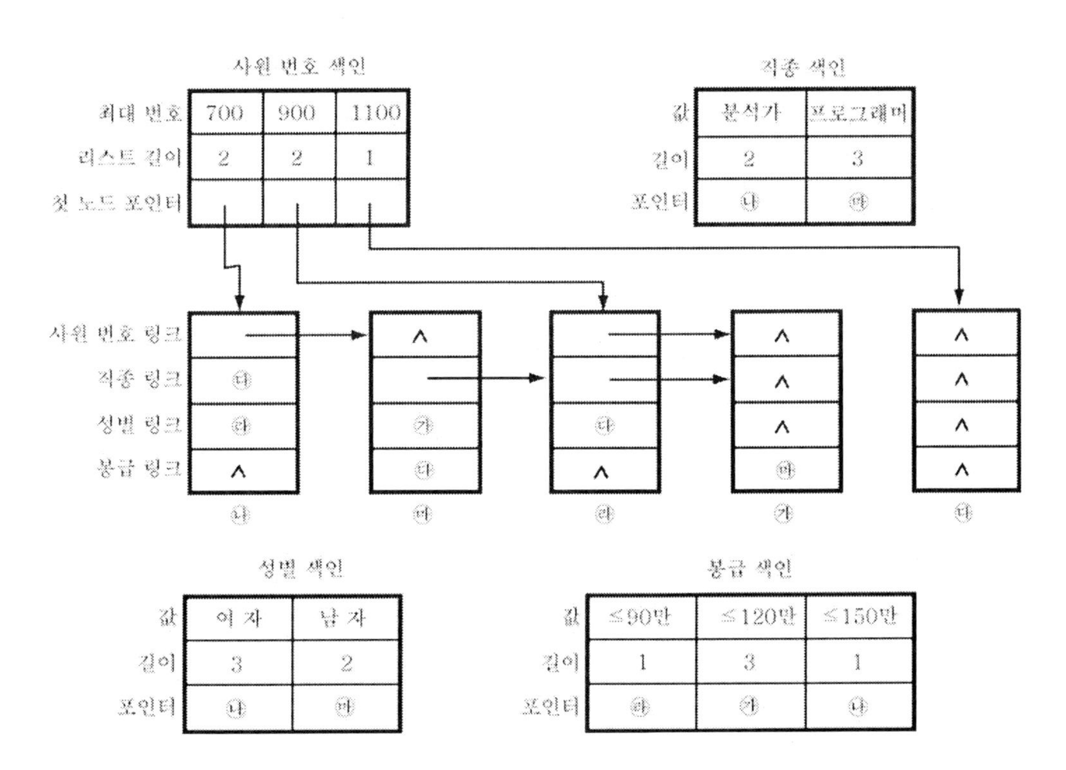

〈그림 13.12〉 사원 파일의 다중 리스트 표현

코럴 링 구조는 이중으로 연결된 다중 리스트의 한 변형으로서, 각 리스트는 헤드 노드를 갖는 원형 리스트이다.

어떤 키 값 $K_i=x$에 대한 연결 리스트의 헤드 노드는 값 x를 갖는 정보 필드를 갖는데, 키 K_i에 대한 필드는 링크 필드로 대치된다. 이 리스트에 포함되는 어떤 레코드 y와 관련된 키 K_i는 코럴 링에서 전위 포인터인 y.flink와 후위 포인터인 y.blink를 가진다.

flink 필드는 키 K_i에 대한 같은 값을 갖는 모든 레코드들을 연결하는 데 사용되며, 이것은 헤드 노드를 갖는 원형 리스트를 형성하고, 각각의 정보 필드에는 링 안의 레코드들에 대한 K_i의 값을 유지한다.

한편 blink 필드는 후위 포인터(backward pointer)로 쓰이기도 하고, 어떤 것들은 헤드 노드를 가리키는 데 쓰이기도 한다. 이것을 구별하기 위해서는 별도의 flag[i]를 설정하여 y.flink[i]=1 이면 y.blink[i]는 후위 포인터이고, y.flag[i]=0 이면 y.blink[i]는 헤드 노드 포인터로 한다. 실제로는 flag필드를 두지 않고, y.blink[i]〉0 이면 후위 포인터, y.blink[i]〈0 이면 헤드 노드 포인터로 사용하는 것이 보통이다.

레코드 y.blink[i]의 blink 필드가 후위 포인터로 사용될 때는 키 K_i 대한 원형 리스트에서 이에 앞서는 가장 가까운 레코드 z를 가리키기 때문에 y.blink[i]는 z.blink[i]를 가리키게 된다. 따라서 어떤 원형 리스트에서 후위 포인터를 가진 모든 레코드들은 원래의 방향과는 반대 방향의 원형 리스트를 형성한다.

후위 포인터를 갖는 원형 리스트를 구성하면 삽입이나 삭제시에 그 노드의 선행 노드를 처음부터 검색하지 않아도 직접 파악이 되므로 그 작업이 용이하다.

이러한 구조에서 blink는 원래의 키 필드보다 크기가 작은 것이 보통이므로 전체적인 기억 공간은 절약되지만 검색 시간은 증가한다는 단점이 있다.

색인은 다중 리스트의 경우처럼 유지되지만 색인의 항들은 헤드 노드를 가리키게 되고, 또 각 노드들은 키들에 따라 동시에 여러 개의 링 구조에 속하게 된다.

〈그림 13.13〉은 어떤 파일에서 기술사에 대한 코럴 링을 나타낸 것이다.

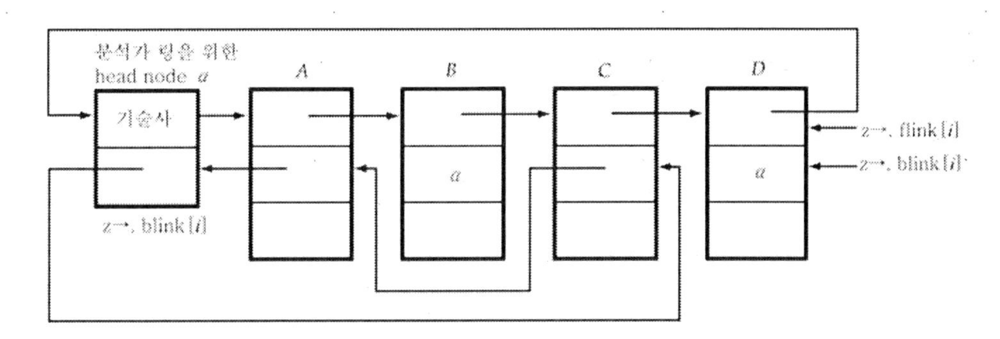

〈그림 13.13〉 기술사에 대한 코럴 링

〈그림 13.13〉에 의하면 전위 포인터에 따른 원형 리스트는 α, *A*, *B*, *C*, *D*를 포함하고, 후위 포인터에 따른 원형 리스트는 α, *C*, *A*를 포함하며, 노드 *B*와 *D*의 blink는 헤드 노드를 가리킨다.

13.5.2 역 파 일

역파일(inverted file) 구조는 각각의 키에 대하여 하나의 색인 테이블을 갖는데, 각 색인 테이블은 특정의 키 값을 갖는 모든 레코드의 주소를 포함한다.

예를 들어 〈표 13.1〉과 같은 파일에 대하여 〈그림 13.14〉와 같은 4개의 색인 테이블을 만든다.

역파일을 구성하면 어떤 키에 대한 값이 동일한 레코드들을 색인 테이블을 통하여 직접 그 주소를 확인할 수 있다는 장점이 있다.

예를 들어 사원 중 프로그래머를 모두 검색하고자 한다면 직종 색인에서 프로그래머 항에 있는 ㉮, ㉱, ㉲를 통하여 찾아지고, 봉급이 120만원인 사원을 찾으려면 봉급 색인에서 세 번째 항에 있는 ㉰, ㉲를 통하여 찾아진다. 또 남자 프로그래머로서 봉급이 100만원인 사원을 찾는다면 직종 색인, 성별 색인, 봉급 색인 등 3개의 색인에서 프로그래머={㉮, ㉱, ㉲}, 남자={㉮, ㉲}, 100만원={㉮}의 교집합을 구하여 '㉮'임을 찾을 수 있다.

사원 번호 색인

510	㉯
620	㉲
750	㉱
800	㉰
950	㉮

직종 색인

분석가	㉯,㉰
프로그래머	㉮,㉱,㉲

성별 색인

남	㉮,㉲
여	㉯,㉰,㉱

봉급 색인

90만원	㉱
100만원	㉮
120만원	㉰,㉲
150만원	㉯

〈그림 13.14〉 역파일의 예

역파일은 하나 이상의 키에 관련된 레코드들을 검색하기에 편리하다는 장점은 있으나 색인을 위한 기억 공간이 많이 소요된다는 단점을 가지고 있다.

13.5.3 세포 분할 파일

파일의 검색 시간을 줄이기 위하여 기억 매체를 여러 개의 세포(cell)로 분할하여, 하나의 리스트는 특정의 세포(cell)에 위치하도록 제한하는 형태로 구성하는 것을 세포 분할 파일(cellular partition file)이라고 한다.

여기에서 하나의 세포는 1개의 디스크 팩일 수도 있고, 또 하나의 실린더일 수도 있는데, 이것은 리스트의 크기에 좌우된다. 어떤 리스트가 특정의 실린더에 존재하면 디스크의 헤드를 이동하지 않고도 전체 레코드를 액세스할 수 있고, 또 여러 개의 팩으로 파일이 구성된 경우, 팩 단위로 리스트가 수록되어 있으면 여러 개의 리스트를 병행 처리할 수 있다는 장점이 있다.

세포 분할 파일에서도 색인 테이블을 두게 되는데, 이 때 각 항은 그 리스트의 주소와 리스트를 구성하는 레코드의 수를 나타내는 (addr, length)의 쌍으로 구성한다.

이제까지 특수 편성 파일들을 살펴보았는데, 실제 응용에서는 하나의 파일에 대하여 어떤 키에 대해서는 코럴 링(coral ring)으로 구성하고, 또 다른 키에 대해서는 역파일이나 단순한 다중 리스트로 구성하는 등 복합된 형태로 편성할 수도 있다.

Exercise

1. 학교 전산소의 디스크들이 팩(pack)당 300개의 실린더, 10개의 면(surface) 그리고 실린더당 20개의 트랙(track)으로 되어 있다. 또 평균 회전 지연 시간은 10ms, 실린더를 찾는 평균 시간은 5ms이다. 각 트랙에는 10,000바이트가 있고 한 바이트를 전송하는 시간은 0.001ms일 때, 다음 물음에 답하여라.

(1) 디스크 드라이브에 9000개의 레코드들이 순차적 파일로 저장되어 있다. 한 트랙에 10개의 레코드들이 들어갈 때, 필요한 실린더의 개수를 구하여라. 또한 파일을 순차적으로 읽는데 걸리는 시간을 구하여라.

(2) 디스크의 한 트랙에 4개의 레코드가 A B C D의 순서로 저장되어 있다. 1/2 정도는 B C D A의 순서로 이들 레코드를 액세스하고, 1/4 정도는 B D C A의 순서로, 또 1/4 정도는 A D C B의 순서로 레코드들을 액세스할 때 평균 회전 지연 시간을 구하여라.

2. 디스크에 있는 여러 레코드들의 길이를 구하는 공식을 길이=100+(40+RL+KL)×NR 이라 할 때(단, RL=레코드의 길이, KL=키의 길이, NR=레코드의 개수)

(1) 길이가 300바이트인 10개의 키가 없는(nonkeyed) 레코드를 저장하기 위한 바이트의 개수를 구하여라.

(2) 길이가 200바이트인 15개의 키가 있는(keyed) 레코드를 저장하기 위한 바이트의 개수를 구하여라. (단, 키를 저장하기 위하여 10 바이트가 필요하다고 가정하여라)

3. 색인 순차 파일이 12개의 비블록화 고정 길이 키 레코드(unblocked fixed-length keyed record)를 갖고 한 트랙에 3개의 레코드가 들어갈 수 있다고 가정한다. 첫 번째 레코드의 키는 5이고, 두 번째 레코드의 키는 10, 그리고 세 번째 레코드의 키는 15, 즉 키의 값이 5씩 증가한다고 하고 기본 자료 영역(prime data area)과 색인 영역(index area)을 나타내어라.

4. 문제 3에서 다음 작업이 일어난 후 기본 자료 영역과 오버플로우 영역(overflow area)을 나타내어라.

(1) 레코드 22가 삽입되었다.

(2) 레코드 22와 레코드 16이 삽입되었다.

(3) 레코드 22와 레코드 16, 그리고 레코드 21이 삽입되었다.

5. 순차 파일, 색인 순차 파일 그리고 직접 파일을 사용하기에 적당한 예를 들어라.

6. 문제 5의 파일들을 사용하기에 부적당한 예를 들어라.

7. 가변 길이(variable length) 레코드들로 구성되어 있는 파일이 있다. 먼저 6개의 레코드의 키와 길이가 아래와 같다. 키의 길이가 10바이트라 하고 최대 블록의 크기는 300바이트 그리고 레코드들은 늘어나지 않는다고 할 때 다음 물음에 답하여라.

A	200
B	10
C	45
D	110
E	90
F	35

(1) 레코드들이 비블록화(unblocked)가 되어 있을 때 첫 번째 트랙을 나타내어라.

(2) 레코드들이 블록화(blocked)가 되어 있을 때 첫 번째 트랙을 나타내어라.

8. B-트리를 이용한 파일에서 추가와 삽입을 행하는 함수를 작성하여라.

9. B-트리에 5, 7, 2, 0, 3, 4, 6, 1, 8, 8, 9를 순서대로 추가할 때 생성되는 B-트리를 구하여라.

10. 문제 9에 의해 생긴 B-트리에서 3을 삭제한 뒤의 B-트리를 구하여라.

11. 다음 자료를 이용하여 트라이(trie)를 만들어라.

- Data : ames, avenger, avro, heinkel, helldiver, maccini, marauder, mustang, spider, skyhawk

12. 키들의 값이 왼쪽에서 오른쪽으로 한번에 한 문자씩 취해질 때 트라이에 키 x를 추가하는 프로그램을 작성하여라.

13. 다음과 같은 키들이 있다. 숫자 분석법(digit analysis)에 의하여 3자리 수의 주소를 구한다면 어떤 열(column)들의 숫자를 조합하여 주소화하는 것이 좋은지 그 이유를 들어라.

431-63-2548

431-62-1234

431-67-9004

431-58-0397

431-56-3636

431-67-7890

431-63-1010

14. 다음을 수행하는 과정을 간단히 나타내어라.

(1) 다중 리스트(multilist)에서 key 1=프로그래머이고, key 2=서울인 모든 레코드를 구하여라. 이 작업을 수행하기 위하여 몇 번의 액세스가 필요한지를 구하여라. (각 액세스는 단지 하나의 레코드만 검색하는 것을 나타낸다.)

(2) 코럴링(coral ring)을 사용한다면 (1)의 작업을 수행하는 데 몇 번의 액세스가 필요한지 구하여라.

(3) 역 파일(inverted file)을 사용하여 (1)의 작업을 수행하는 데 몇 번의 액세스가 필요한지 구하여라.

15. 역 파일의 기본 개념을 설명하고, 이런 파일을 구성하는 것의 능률적인 예를 들어 보아라.

이충세

- 미국 University of South Carolina 전산학박사
- 충북대학교 전산정보원 원장 역임
- 미국 University of North Dakota 전산학과 조교수
- 동아대학교 경영정보학과 부교수
- 미국 Colorado State University 전산학과 방문 강의 교수
- 현재 : 충북대학교 소프트웨어학과 교수

김현수

- 서울대학교 계산통계학과(전산학 이학사)
- 한국과학기술원 전산학과(전산학 공학석사)
- 한국과학기술원 전산학과(전산학 공학박사)
- 한국전자통신연구원(Post Doc.)
- 금오공과대학교 컴퓨터공학부(조교수)
- 현재 : 충남대학교 컴퓨터공학과 교수

C언어로 구현한 **자료구조**

1판 1쇄 발행 2014년 02월 25일
1판 2쇄 발행 2016년 02월 25일
저 자 이충세·김현수
발 행 인 이범만
발 행 처 **21세기사** (제406-00015호)
경기도 파주시 산남로 72-16 (10882)
Home-page : www.21cbook.co.kr
E-mail : 21cbook@naver.com
ISBN 978-89-8468-473-7

정가 23,000원